Dr.-Ing. Stefan Einbock

studierte allgemeinen Maschinenbau an der Hochschule Esslingen und promovierte an der TU Dresden im Bereich der Betriebsfestigkeit.

Das theoretische Wissen zur Betriebsfestigkeit, Statistik und Zuverlässigkeit vermittelt er in Kooperation mit dem Verein deutscher Ingenieure (VDI) als erfolgreicher Seminarleiter der Seminare „Betriebsfestigkeitsberechnung" sowie „Bauteile robust auslegen und effizient erproben". Außerdem hält er regelmäßig Vorträge an Hochschulen.

Zusätzlich ist er Autor mehrerer Bücher zur Auslegung von Bauteilen und deren statistischer und experimenteller Absicherung.

Bei der Robert Bosch GmbH leitet er im Geschäftsbereich Powertrain Systems das Kompetenzzentrum für Metalle.

Stefan Einbock

STATISTIK FÜR INGENIEURE (MIT EXCEL)
Datenauswertung schnell verstehen & anwenden

Mit

330 Seiten,
106 Grafiken,
26 Excel-Tools und
begleitendem Blog http://einbock-akademie.de/blog

Bibliografische Informationen der Deutschen Nationalbibliothek:

Die Deutsche Nationalbibliothek verzeichnet diese Publikation in der Deutschen National-bibliografie; detaillierte bibliographische Daten sind im Internet über http://dnb.d-nb.de abrufbar.

© 2018 Stefan Einbock, http://einbock-akademie.de

Herstellung und Verlag: BoD – Books on Demand, Norderstedt.

ISBN: 9783746074023

Statistik ist eine Zusammenfassung von Methoden, welche uns erlauben vernünftige Entscheidungen im Falle von Ungewissheit zu treffen.

W. Allen Wallis; Harry V. Roberts (1956)

1   EINFÜHRUNG

Um es sofort vorweg zu sagen: ich bin ein großer Freund statistischer Methoden. Ich bin überzeugt, dass mit Hilfe der Statistik Daten deutlich intensiver ausgewertet und interpretiert werden können und dass die Methoden von jedem richtig angewandt werden können. Zusätzlich lassen sich häufig auch Versuche, wenn sie statistisch richtig geplant sind deutlich effizienter durchführen. Außerdem behaupte ich, dass Statistik auch viel Spaß macht. Warum? Einfach weil man damit viele neue Dinge entdecken kann, und das alleine macht ja schon Spaß (schon für kleine Kinder ist das Erforschen Ihrer Umwelt sehr spannend!). Mit diesem Buch möchte ich Ihnen genau diese Möglichkeiten an die Hand geben. Es richtet sich deswegen an

- Interessierte Einsteiger.
- Ingenieure, Naturwissenschaftler und Studenten aus den technischen Berufen.
- alle die wenig Zeit für die Einarbeitung haben.
- alle, die schnell Daten auswerten oder statistische Methoden verstehen wollen.

Natürlich kenne ich auch die Vorurteile gegenüber der Statistik. Vielfach höre ich Sätze wie „traue keiner Statistik die du nicht selbst gefälscht hast!". Hier zeigt sich die Befürchtung, Daten falsch auszuwerten und damit keine vernünftigen Aussagen treffen zu können.

Mühsam und zeitintensiv habe ich mich in die Statistik eingearbeitet und dieses Wissen in zahlreichen Seminaren der EinbockAKADEMIE an Anwender und Einsteiger weitergegeben. Deswegen ist dieses Buch entstanden, das

- sich auf die wichtigsten Methoden der Statistik für Ingenieure und Naturwissenschaftler fokussiert,
- Hinweise für eine richtige und einfache Anwendung der Methoden enthält,
- eine schnelle Einarbeitung bietet und verständlich geschrieben ist,
- sich sehr stark an der einfach bedienbaren Software Excel orientiert,
- zahlreiche Praxistipps enthält, die Ihnen den „Sparringspartner" ersetzen sollen
- und für eine einfache Anwendung praktische Excel-Tools bereitstellt.

Kurz: das Ihnen ermöglicht die Statistik schnell zu verstehen und anzuwenden.

Um eine **schnelle Einarbeitung** zu gewährleisten, fokussiert dieses Buch auf die wichtigsten Methoden und beschränkt sich auf die absolut notwendige Mathematik. Zusätzlich finden Sie noch hilfreiche Tipps und Erfahrungen zu einer deutlichen Steigerung der Lerneffizienz. Für einen extrem schnellen Einstieg haben wir die wichtigsten Kapitel mit 🏃 versehen. Wenn Sie sich auf diese konzentrieren, ist dies der schnellst mögliche Einstieg. Mit Hilfe der Assistenten können Sie außerdem direkt die richtige Methode für Ihre Fragestellung finden.

Für eine **verständliche Vermittlung** des Inhaltes werden viele Abbildungen genutzt, die das Geschriebene untermalen. Zusätzlich werden komplizierte Sachverhalte durch praxisrelevante Beispiele erklärt. Es wird außerdem bewusst eine einfache, klare Sprache verwendet (der berufliche Alltag ist kompliziert genug). Zur Festigung des Verständnisses wird die Theorie zusätzlich durch umfangreiche praxisnahe Beispiele ergänzt. Jedes Kapitel schließt mit einer kurzen Zusammenfassung. Links sind auch als QR Code eingefügt, den Sie bequem mit dem Handy fotografieren und darauf zugreifen können. Zusätzlich werden wichtige Aussagen oder Formeln häufiger wiederholt. Das hilft dem Verständnis und dem Lesefluss.

Zur **einfachen Anwendung** der Methoden finden Sie nützliche Excel-Tools und am Ende eines jeden Kapitels finden Sie die konkrete Vorgehensweise in Excel. Sie können diese Tools hier
http://einbock-akademie.de/download/buch_statistik
herunterladen. Das Passwort finden Sie in der Fußnote von Seite 177. Für eine sichere Anwendung werden für jede Methode die einzuhaltenden Randbedingungen und mögliche Risiken übersichtlich angegeben. Mit Hilfe der Assistenten am Anfang des Buches und in dem jeweiligen Kapitel gelingt ihnen sehr schnell der Einstieg und sie können zielsicher die richtigen Methoden auswählen. Da die Datenauswertung oftmals mit Excel geschieht, werden für die wichtigsten Gleichungen die Excel-Formeln in folgender Form angegeben:
EXCEL: $= MITTELWERT(x_1; x_2; ... x_n)$.

Dieses Buch liefert Ihnen somit
- einen effizienten Einstieg in die Statistik,
- die Möglichkeit Daten selbständig zu planen und fachmännisch auszuwerten,
- einen selbständigen, berufsbegleitenden Einstieg in die Statistik,
- praxisorientierte Übungen zur Vertiefung des Gelernten.

Ich wünsche Ihnen genauso viel Freude beim Lesen und Anwenden der Methoden, wie ich sie beim Schreiben hatte und bin auf Ihre Rückmeldungen gespannt!

Stefan Einbock   Sommer 2018, Stuttgart

2   FEEDBACK WILLKOMMEN!

Da dieses Buch von Ingenieuren für Ingenieure geschrieben ist, möchte ich es gerne in Diskussion mit Ihnen weiterentwickeln.

Dieses Buch gefällt Ihnen? Dann freue ich mich auf eine ehrliche Rückmeldung auf www.amazon.de oder schreiben Sie mir eine Email an kontakt@einbock-akademie.de.

Haben Sie einen Fehler gefunden, der sich trotz größtmöglicher Sorgfalt eingeschlichen hat? Oder möchten Sie Feedback geben? Dann freue ich mich ebenfalls über eine kurze Email.

Fallen Ihnen weitere Themen ein, die Sie außerdem gerne in einer künftigen Auflage behandelt hätten? Bitte senden Sie einfach Ihre Themenwünsche per Email an mich. Ich werde diese sammeln und evtl. werde ich diese dann in meinem Blog veröffentlichen:

www.einbock-akademie.de/blog

Ich freue mich von Ihnen zu hören!   Stefan Einbock

INHALTSVERZEICHNIS

3   TIPPS: EFFIZIENTE EINARBEITUNG 🚀

Für viele wird die Einarbeitung in die Betriebsfestigkeit parallel zur Arbeit erfolgen. Deshalb ist es wichtig, diese so effizient wie möglich zu gestalten. Die Kapazität, welche zur Bearbeitung der Aufgaben zur Verfügung steht, kann man sich als ein leeres Glas vorstellen. Die Aufgaben kann man sich als Kugeln denken, wobei die Größe der Kugeln den Aufwand für die Aufgaben darstellt (siehe Abbildung 2-1).

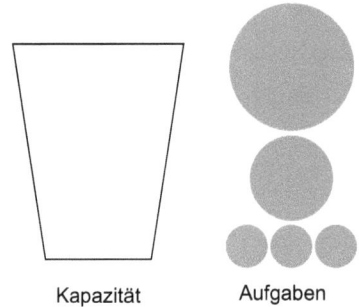

Kapazität   Aufgaben

Abbildung 3-1: Kapazität vs. Aufgaben

Größtmögliche Effizienz wird erreicht, wenn möglichst viele Aufgaben innerhalb eines Tages erledigt werden können. Es ist aus Effizienzgründen sinnvoll eine einmal begonnene Aufgabe auch abzuschließen. Es macht beispielsweise keinen Sinn bei einer Einarbeitung immer nur eine halbe Seite des Buches zu lesen und dann am nächsten Tag weiterzumachen. Dadurch können Aufgaben nicht beliebig klein werden.

Die kleineren Aufgaben repräsentieren beispielsweise die Bearbeitung von Emails, den Austausch mit Kollegen oder die schnelle, kurzfristige Beantwortung von Fragen. Die großen Aufgaben sind beispielsweise das Einarbeiten in die Betriebsfestigkeit, oder die Auslegung eines Bauteiles. Aus Effizienzgründen ist es wichtig die Aufgaben in der richtigen Reihenfolge zu bearbeiten (siehe Abbildung 2-2).

Werden zuerst die vielen kleinen Aufgaben erledigt, (Variante 1 aus Abbildung 2-2), dann bleibt am Ende des Tages nicht genügend Zeit, um die großen Aufgaben zu erledigen. Beginnt man dagegen mit den großen Aufgaben zuerst und lässt sich durch die kleinen nicht ablenken, dann ist ausreichend Zeit vorhanden. Im schlimmsten Fall muss dann eine der kleineren Aufgaben auf den nächsten Tag geschoben werden.

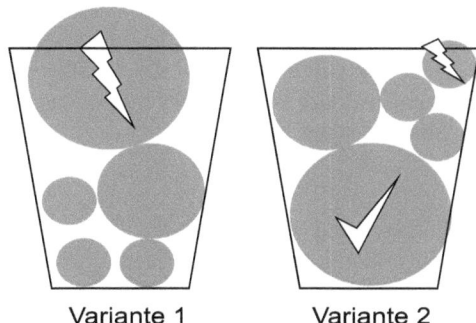

Variante 1   Variante 2

Abbildung 3-2: Einfluss der Reihenfolge bei der Aufgabenbearbeitung

Aus dieser Idee heraus ergeben sich sieben überraschend einfachen Tipps, wie Sie Ihre Lerneffizienz deutlich steigern können!

1. Legen Sie Ziele fest

   Setzen Sie sich konkrete Ziele, die Ihnen einen direkten Nutzen bringen. Ideal ist es, wenn Sie z. B. formulieren: „Für das Bauteil meiner Konstruktion werde ich zum xx.xx.xxxx die Sicherheitsfaktoren berechnen." Halten Sie diese Ziele schriftlich mit einem Zieltermin fest. Dies gibt Ihnen einen Fokus und motiviert, da erreichte Ziele abgehakt werden können.

2. Setzen Sie sich feste Zeiten

   Nehmen Sie sich konkrete Zeiten zum Lernen/Einarbeiten vor. Im beruflichen Alltag bieten sich hier oftmals die Wochentage Donnerstag oder Freitag an. Blocken Sie sich an einem dieser Tage min. zwei Stunden und nutzen diese für die Einarbeitung (das sind „nur" 5 % Ihrer zur Verfügung stehenden Zeit). Beginnen Sie mit den schwierigsten und größten Aufgaben zuerst.

3. Verstehen Sie den Gesamtzusammenhang

   Wenn Sie den Gesamtzusammenhang verstehen, hilft es Ihnen, das Gelernte in eine Struktur einzusortieren. Sie können sich dadurch besser fokussieren. Orientieren Sie sich beim Gesamtzusammenhang an der Gliederung dieses Buches. Die Lernzeit verkürzt sich und das Verständnis steigt.

4. Fertigen Sie Skizzen an

   Versuchen Sie das Gelernte so einfach wie möglich in Skizzen festzuhalten. Je einfacher die Skizzen werden, umso besser haben Sie den Zusammenhang verstanden. Skizzen können auch Mind Maps sein oder kurze Skizzen, die den Zusammenhang zwischen Ursache und Wirkung über Blockschaltbilder darstellen.

5. Lassen Sie sich nicht ablenken

Dies bedeutet, dass Outlook geschlossen und das Telefon stumm geschaltet ist. Ideal ist es, wenn Sie im Homeoffice oder in einem abgeschlossenen Raum arbeiten können. Der Fokus auf die eine Aufgabe steigt.

6. Lehren Sie

Erklären Sie Ihren Kollegen und Vorgesetzen Ihr Vorgehen und Ihre Erfahrungen. Je einfacher (und kürzer) Sie erklären und die Rückfragen Ihrer Kollegen beantworten können, umso größer ist ihr Verständnis. Das müssen Sie üben. Können Sie eine Frage nicht beantworten, zeigt dies eine Lücke auf, die Sie durch zusätzliches Studium schließen können. Sie werden merken, dass Ihr Ansehen bei Ihren Kollegen steigt. Sie erreichen schrittweise einen Expertenstatus.

7. Belohnen Sie sich

Belohnen Sie sich nach erreichten Zielen. Dies können auch Kleinigkeiten sein, z. B. ein früherer Feierabend, ein Kaffee mit den Kollegen oder etwas Zeit mit der Familie. Wichtig ist, dass Sie das Gefühl haben, sich etwas Gutes zu tun. Das motiviert!

4 ÜBERBLICK 🚀

Die Statistik lässt sich grob in zwei Bereiche unterteilen. Die deskriptive Statistik oder die beschreibende Statistik beschäftigt sich mit der Darstellung empirischer Daten in Kennzahlen, Tabellen oder Grafiken. Sie schafft die Basis für die Verwendung und Interpretation von Daten. Da wir Informationen sehr gut visuell aufnehmen, sind Grafiken von zentraler Bedeutung.

Im ersten Teil (Grundlagen) werden hierfür die wichtigsten Verfahren und Kennwerte vorgestellt. Beispiele hierfür sind durchschnittliche Einkommen, Alterspyramiden oder Verteilungen von Messwerten in Histogrammen. Diesen Teil der Statistik nennt man oft auch beschreibende Statistik. Dafür werden sowohl grafische, also auch rechnerische Verfahren genutzt.

Mit Hilfe des zweiten Teils (Daten erheben) werden wir erfahren, worauf es bei der Erhebung von Daten ankommt. Das schließt die Versuchsplanung und die Messsystemanalyse mit ein.

Der dritte Teil (Daten auswerten) ist die induktive oder schließende Statistik. Mit diesen Methoden können wir „Licht ins Dunkel" bringen. Sie erlauben Zusammenhänge zu erkennen, Unterschiede festzustellen oder auch von kleinen Stichproben auf größere Mengen zu schließen. Dies geschieht überwiegend in drei Schritten, nach denen alle Tests beschrieben sind.

Beim vierten Teil (Daten richtig präsentieren) erfahren Sie, worauf es bei der Darstellung Ihrer Ergebnisse ankommt.

Teil 1: Grundlagen (Kapitel 7 – 11)
Praxis ohne Theorie leistet immer noch mehr als Theorie ohne Praxis. – Quintilian

Es werden die wichtigsten Verfahren vorgestellt, um Daten zu beschreiben. Dazu werden sowohl grafische als auch rechnerische Verfahren gezeigt. Wichtig hierbei ist, immer mit möglichst vielen verschiedenen Methoden die Daten zu betrachten. Jede Methode ist dabei eine Sicht auf Ihre Daten. Je mehr Sichtweisen Sie bekommen, umso sicherer sind Ihre Aussagen.

Im Kapitel 7 lernen Sie die wichtigsten Grundbegriffe kennen. Dies schafft Klarheit in der Kommunikation und vermeidet Missverständnisse.

In Kapitel 8 werden die zentralen rechnerischen Merkmale der Statistik eingeführt, um Streuungen und mittlere Werte zu beschreiben.

In Kapitel 9 werden die wichtigsten grafischen Methoden der Statistik vorgestellt. Diese sind sehr wertvoll, da wir Menschen mit Grafiken besonders gut umgehen können.

In Kapitel 10 erfahren Sie alles Notwendige zu den wichtigsten statistischen Verteilungen für Ingenieure. Die statistischen Verteilungen kann man auch zu den Grafiken zählen. Da diesen aber eine zentrale Rolle zukommen, werden sie in einem separaten Kapitel behandelt.

In Kapitel 11 behandeln wir den Umgang mit streuenden Daten. Dazu wird der Vertrauensbereich eingeführt, mit dem trotz Unsicherheiten genaue Aussagen möglich sind.

Teil 2: Daten erheben (Kapitel 12 und 13)
oder: Wer misst, misst Mist! – Grundgesetz der Messtechnik

In Kapitel 12 lernen Sie, wie sie Daten erheben und worauf Sie bei einer Stichprobenauswahl achten müssen. Dies ist insbesondere deswegen relevant, da praktisch alle Aussagen auf der Basis von Stichproben erfolgen.

In Kapitel 13 erfahren Sie, wie Sie in einfachen Schritten, mit Hilfe der Messsystemanalyse sicherstellen, dass Sie aus den gemessenen Daten auch die richtigen Schlüsse ziehen können und wie Sie Messunsicherheiten minimieren.

Teil 3: Datenauswertung (Kapitel 14, 15 und 16)
oder: Trends und Exemplarisches erkennen, Zufälliges und Flüchtiges verdrängen - das kann und sollte die Statistik leisten. – Tyll Necker

Das Kapitel 14 versetzt Sie in die Lage, Daten so auszuwerten und grafisch aufzubereiten, dass diese leicht verständlich sind und interpretiert werden können. Zusätzlich lernen Sie, wie Sie zufällige Zusammenhänge (Korrelationen) von signifikanten unterscheiden und wie Sie diese nutzen können.

In Kapitel 15 zeigen wir Ihnen, wie Sie mit Hilfe statistischer Tests einfach überprüfen können, ob Unterschiede zufällig oder handlungsrelevant (statistisch signifikant) sind.

In Kapitel 16 behandeln wir das umfangreiche Thema Ausreißer. Das schließt das Auffinden von Ausreißern und den richtigen Umgang mit Ausreißern ein.

Mit Hilfe von Kapitel 17 können Sie notwendige Stichprobenumfänge berechnen, oder Aussagen über die Power eines statistischen Tests geben.

Teil 4: Daten präsentieren (Kapitel 18 und 18.3)
oder: Traue keiner Statistik, die du nicht selbst gefälscht hast – Autor unbekannt.

Meiner Erfahrung nach wird die Statistik manchmal aus Unwissenheit, oder – schlimmer – aus Absicht falsch angewendet, um Daten im eigenen Sinne zu präsentieren. In beiden Fällen sind die Aussagen dann nutzlos. Ziel muss es sein, mit Hilfe der Statistik aus den Daten so viel wie möglich zu lernen. Ihnen also ein Maximum an Informationen zu entlocken. Dazu ist neben der richtigen Einstellung auch das richtige Wissen nötig.

Kapitel 18 gibt Ihnen Hinweise, wie Sie Daten fachmännisch interpretieren sowie präsentieren und wie Sie den Eindruck von Manipulationen vermeiden. Daneben werden auch Hinweise zur richtigen Einstellung bei der Präsentation der Ergebnisse gegeben.

In Kapitel 18.3 erfahren Sie, wie Daten schnell und einfach manipuliert werden. Dieses ist mein Lieblingskapitel. Wir sind davon überzeugt, dass man mit dieser Art der Darstellung am meisten lernt, welche Gefahren bei statistischen Methoden lauern und wie man diese vermeidet.

Vergessen Sie allerdings niemals, dass die Statistik nur ein Hilfsmittel ist! Am wichtigsten ist und bleibt die Ingenieursmäßige Interpretation und Analyse der Aussagen!

5 NÜTZLICHE HELFER: DIE ASSISTENTEN 🚀

Da die Methoden vielfältig sind und außerdem die Namen verwirrend, haben wir einen einfachen Assistenten entwickelt, mit dem Sie abhängig von Ihrer Fragestellung schnell und bequem das richtige Kapitel finden, in dem Ihre Fragen beantwortet werden siehe Abbildung 5-1.

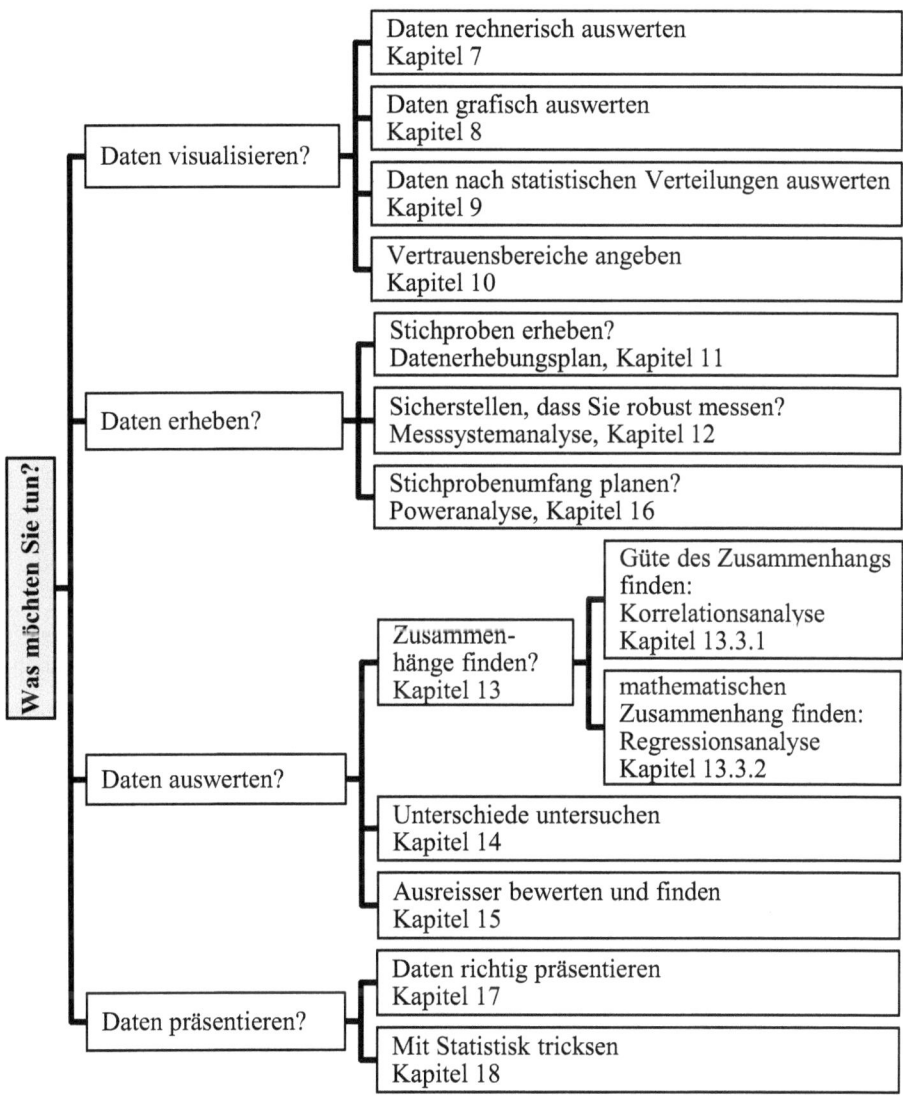

Abbildung 5-1 Assistent zur Datenanalyse (Überblick)

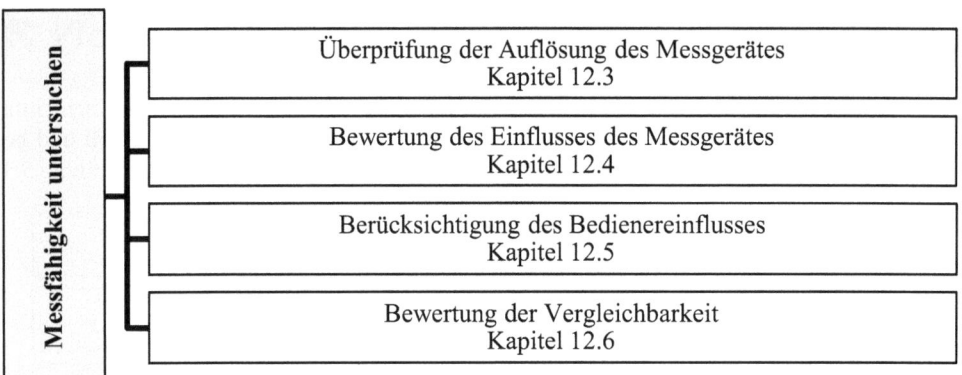

Abbildung 5-2: Assistent der Messsystemanalyse

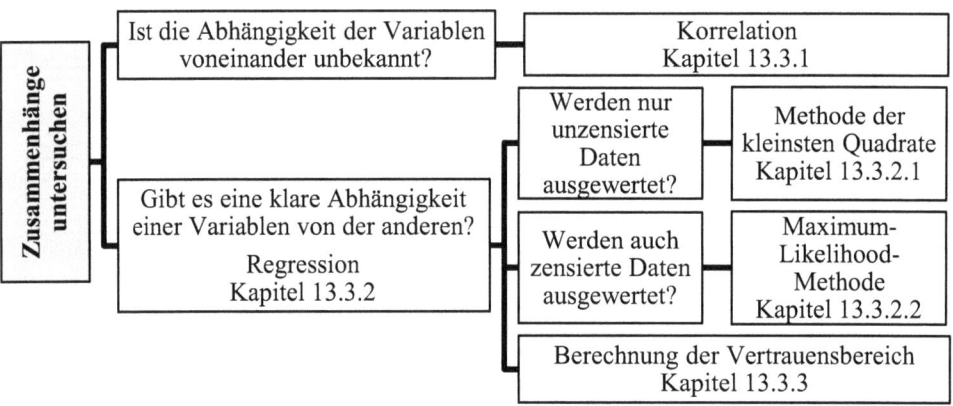

Abbildung 5-3: Assistent zur Analyse von Zusammenhängen

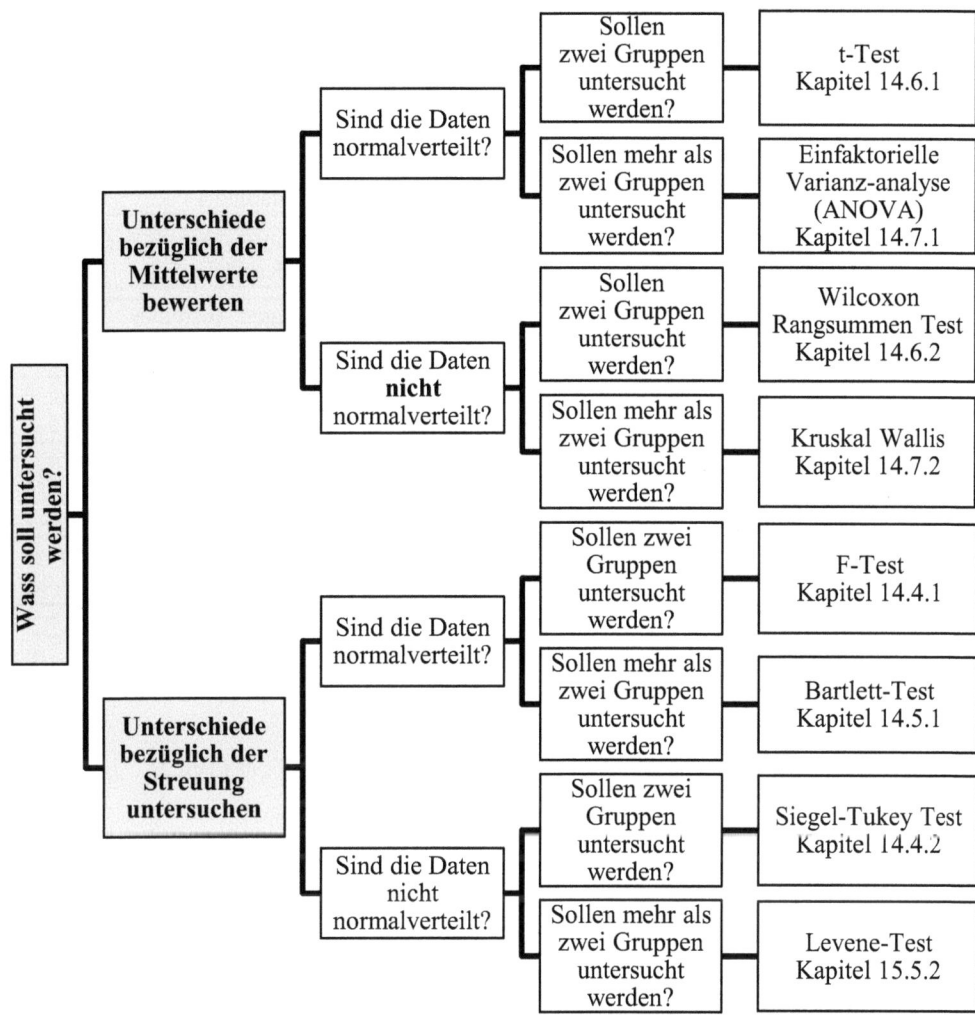

Abbildung 5-4: Assistent zur Auswahl des richtigen statistischen Tests (Teil 1)

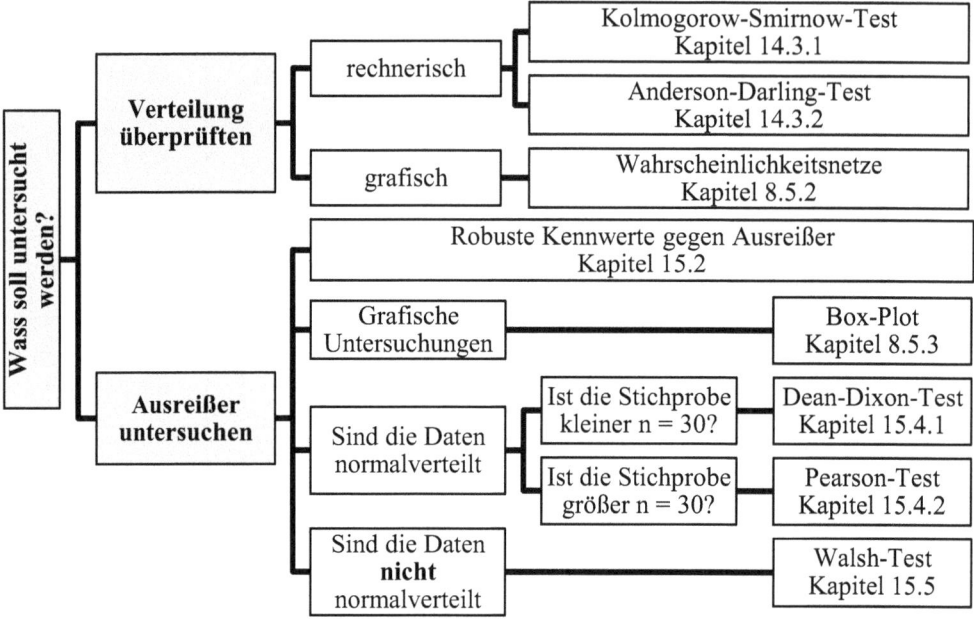

Abbildung 5-5: Assistent zur Auswahl des richtigen statistischen Tests (Teil 2)

In den weiteren Kapiteln finden Sie zusätzliche, detailliertere Assistenten:

- Assistent zur Analyse von Zusammenhängen (Abbildung 14-1, Seite 117)
- Assistent für statistische Tests (Abbildung 15-1, Seite 160)
- Assistent für Verteilungstests (Abbildung 15-4, Seite 169)
- Assistent zur Analyse von Streuungen (Abbildung 15-8, Seite 190)
- Assistent zur Analyse von Mittelwerten (Abbildung 15-14, Seite 213).

Zusätzlich haben wir Ihnen für alle vorgestellten statistischen Tests nützliche Excel-Tools bereitgestellt, mit denen Sie bequem Ihre Daten auswerten können.

6   EINFÜHRUNG IN EXCEL

Die wahrscheinlich größte Stärke von Excel ist, dass praktisch jeder die Software kennt und bereits mit ihr gearbeitet hat. Daneben bietet Excel praktisch beliebige Möglichkeiten Daten schnell und einfach zu analysieren und grafisch aufzubereiten. Auch ist Rechnen mit Excel sehr einfach möglich.

Dieses Kapitel behandelt Excel in der Tiefe, in welcher es für die Inhalte dieses Buches benötigt wird. Sollten Sie bereits viel Erfahrung mit Excel haben, können Sie dieses Kapitel wahrscheinlich überspringen.

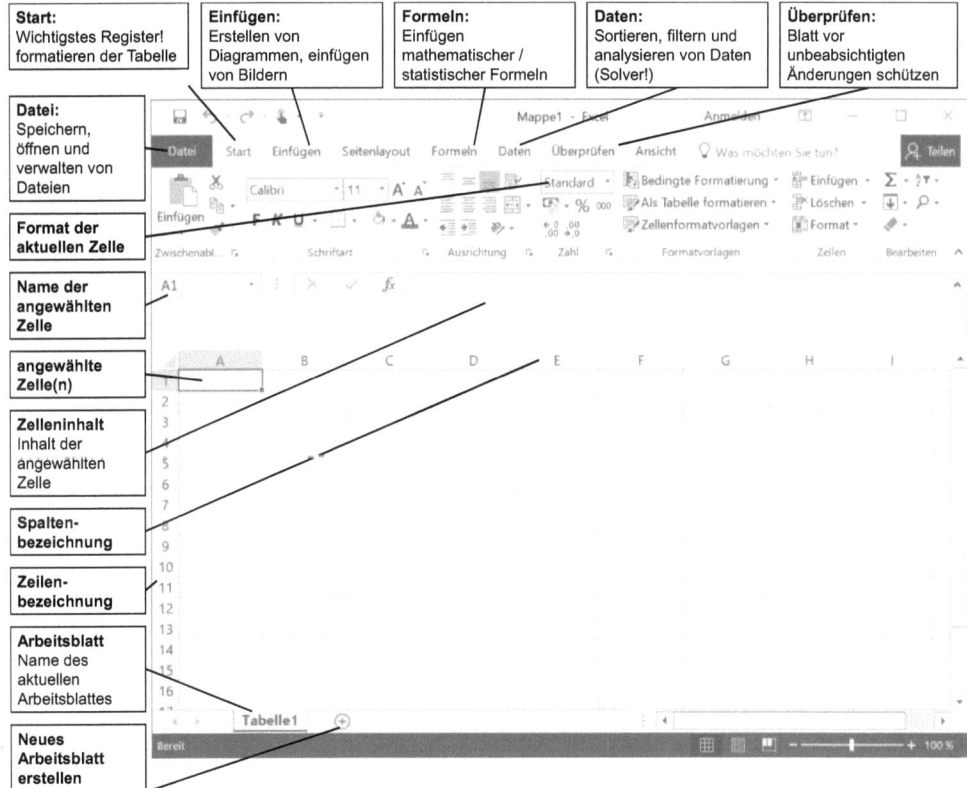

Abbildung 6-1: Startbildschirm von Excel

Wird Excel geöffnet, so erhält man das Bild aus Abbildung 6-1. Dieses kann je nach Version von Excel leicht variieren. Im oberen Teil befindet sich das Menü mit den Reitern Datei, Start, Einfügen usw.. Über dieses Menü werden alle Einstellungen vorgenommen.

Beim Drücken auf einen der Reiter im Menü ändert sich das direkt unter dem Menü befindliche Menüband oder es öffnet sich ein neues Fenster.

Im Menü „Datei" können Dateien geöffnet, gespeichert, gedruckt oder auch allgemeine Einstellungen vorgenommen werden. Das Menüband ist in Blöcke unterteilt. Wird beispielsweise das Menü „Start" ausgewählt dann erscheint das Menüband aus Abbildung 6-2. Die angezeigten Blöcke sind dann „Zwischenablage", „Schriftart", „Ausrichtung", ..., „Bearbeiten".

Abbildung 6-2: Das Menüband unterhalb des Menüs „Start"

Soll im Menü „Start" und im Block „Schriftart" eine Auswahl getroffen werden, dann wird in diesem Buch folgende Kurzschreibweise verwendet: Start→Schriftart.

Nachfolgend werden die wichtigsten Menüs kurz vorgestellt:

Im Menü „Datei" können neue Arbeitsblätter aufgerufen (Datei→Neu) werden, bestehende Arbeitsblätter unter dem existierenden Namen (Datei→Speichern) oder unter neuem Namen gespeichert werden (Datei→Speichern unter). Einstellungen für Excel werden in Datei→Optionen vorgenommen.

Unter „Start" können Exceltabellen zur besseren Lesbarkeit formatiert werden. Es lassen sich Farben der Zellen, Schriften oder Zellenformate ändern, bzw. Rahmenlinien anpassen.

Mit dem Menü „Einfügen" lassen sich Diagramme erstellen und somit die Daten visualisieren. Das sind z. B. x-y Plots, Balkendiagramme oder Tortendiagramme.

Das Menü „Formeln" liefert alle nötigen Werkzeuge um mit den vorhandenen Daten zu rechnen. Es können beispielsweise automatisch Mittelwerte von Daten berechnet werden. Auch das Eintragen und Rechnen mit eigenen mathematischen Formeln ist möglich.

Das Menü „Daten" erlaubt im Block „Daten→Analyse" eine umfangreiche statistische Analyse der Daten. Daneben bietet sich die Möglichkeit Daten zu sortieren und zu filtern (um beispielsweise nur die extern gemessenen Zugfestigkeiten zu sehen).

6.1 UMGANG MIT DATEN

Excel ist als Matrix aufgebaut. Das bedeutet, dass die Daten in Spalten und Zeilen gespeichert werden. Spalten werden mit Großbuchstaben wie A, B, ... und Zeilen mit Zahlen wie 1, 2, 3, ... beschriftet. Jede Zelle erhält einen eindeutigen Namen. Dieser besteht aus dem Spaltennahmen und dem Zeilennamen. Die oberste linke Zelle erhält also den Zellenname A1.

Üblicherweise werden die Datensätze in Excel so aufgebaut, dass in einer Spalte immer die Variablen stehen (also z. B. die Zugfestigkeit) und in den Zeilen dann die Werte. Die erste Spalte erhält dann oftmals eine fortlaufende Nummer zur eindeutigen Identifizierung eines jeden Datensatzes. In Abbildung 6-3 ist ein Beispiel für einen typischen Datensatz gegeben.

In diesem Fall wurden Zugversuche ermittelt. Alle vorhandenen Informationen zu den Zugfestigkeiten, den Prüforten und dem Prüftag sind in dem Bereich von Spalte B und Zeile 2 (kurz: Zelle B2) und Spalte D und Zeile 13 (kurz: D13) abgelegt. Der Versuch Nr. 10 lieferte eine Zugfestigkeit von 441 MPa, wurde Inhouse am 15.05.2017 durchgeführt.

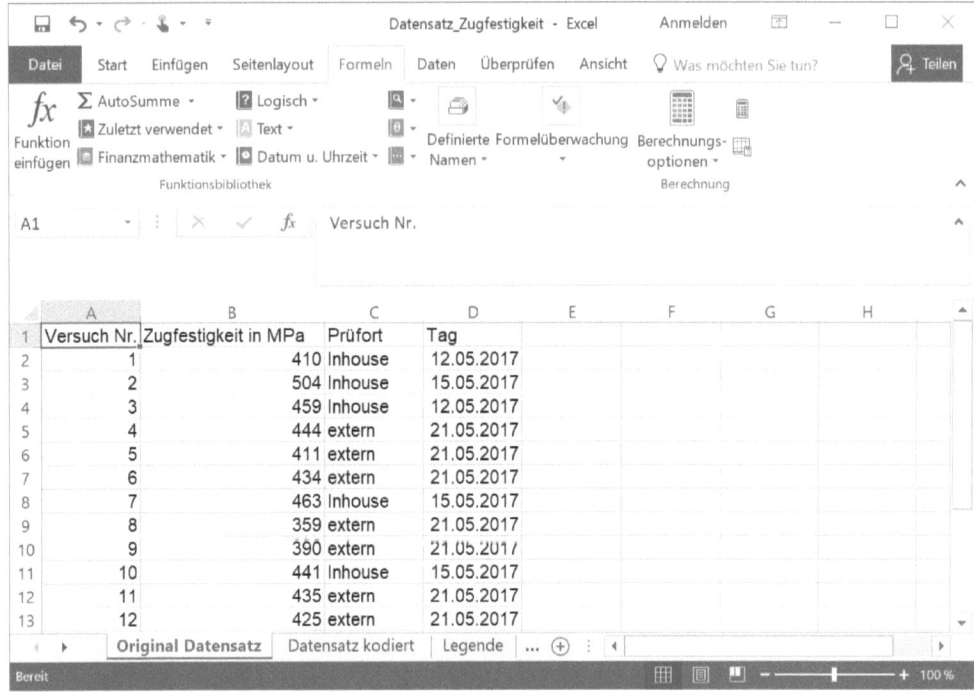

Abbildung 6-3: Aufbau eines typischen Datensatzes

In jede Zelle können prinzipiell zwei Dinge eingetragen werden. Das sind Daten oder Formeln. Daten lassen sich bei Excel noch einmal in numerische (also Zahlen) und nichtnumerische (also z. B. Buchstaben) Daten unterteilen. Mit numerischen Werten kann gerechnet werden. Nichtnumerische Werte lassen dies nicht zu. Excel kennzeichnet das jeweilige Format in der Darstellung (siehe Abbildung 6-4).

Alle numerischen Daten werden in Excel rechtsbündig dargestellt. Dazu zählen Daten wie Zahlen, Uhrzeiten, ein Datum, Währungen oder prozentuale Werte. Die nichtnumerischen Werte werden dagegen linksbündig dargestellt. Das sind beispielsweise Buchstaben, beliebige Zeichenfolgen, unsinnige Datumsangaben, eine Mischung aus Zahlen und Buchstaben oder Zahlen mit dem Punkt als Dezimaltrennzeichen.

	A	B
1	Zahlen (numerisch)	Daten (nichtnumerisch)
2	2246	Stuttgart
3	2254,77	2245.4
4	45%	45 Prozent
5	254,47 €	254,47 £
6	31.01.2018	32.01.18
7	07:07:45	

Abbildung 6-4: Darstellung von Daten in Excel

Es ist immer einfacher mit Zahlen zu arbeiten als mit Texten. Deswegen werden Datensätze häufig so modifiziert, dass anstelle von Texten mit Zahlen gearbeitet wird. Das Vorgehen wird als Kodierung des Datensatzes bezeichnet. Im vorliegenden Beispiel kodieren wir den Prüfort. Es gilt Inhouse = 1 und extern = 2. Der Datensatz gleicht dann Abbildung 6-5.

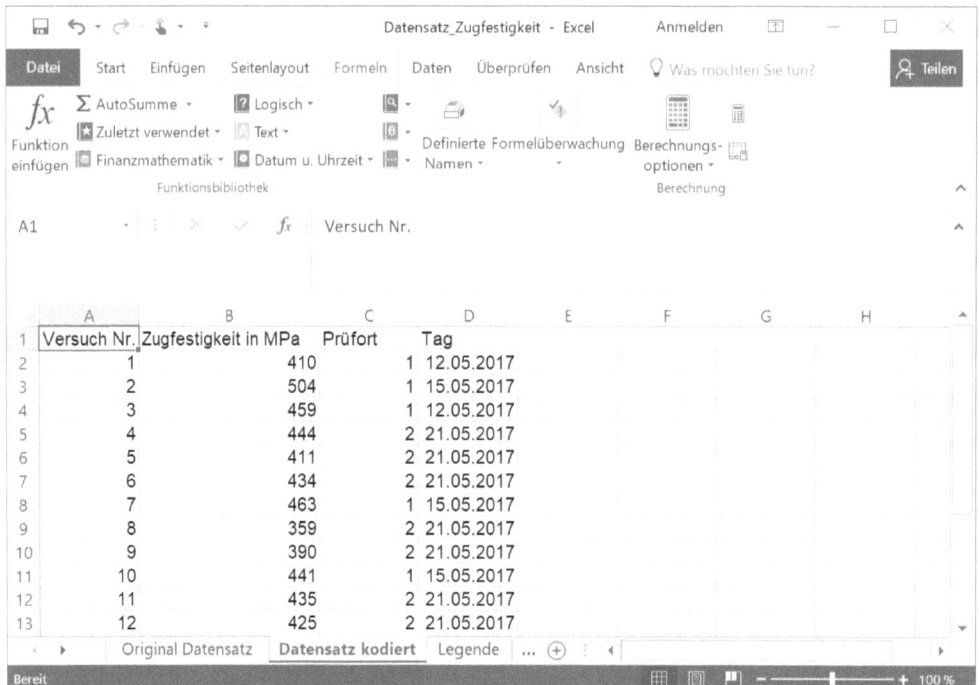

Abbildung 6-5: Kodierter Datensatz bzgl. des Prüfortes

Um die Kodierungen und den Datensatz in Summe auch später noch zu verstehen, wird eine Legende benötigt (Abbildung 6-6). In diese Legende werden alle wichtigen Informationen zu den Variablen, der Skala der Daten eingetragen (siehe Kapitel 7 auf Seite 35). Die Skalen von Daten sind entscheidend für die statistischen Tests. Manchmal sind Datensätze unvollständig, weil Messwerte unplausibel waren, die Informationen nicht bekannt sind oder aus sonstigen

Gründen. In diesen Fällen werden die fehlenden Werte durch einen Fantasiewert ersetzt. Einzige Bedingung für diesen Wert ist, dass dieser nicht im Datensatz vorkommen darf. Im Beispiel von Abbildung 6-6 werden fehlende Werte mit * gekennzeichnet.

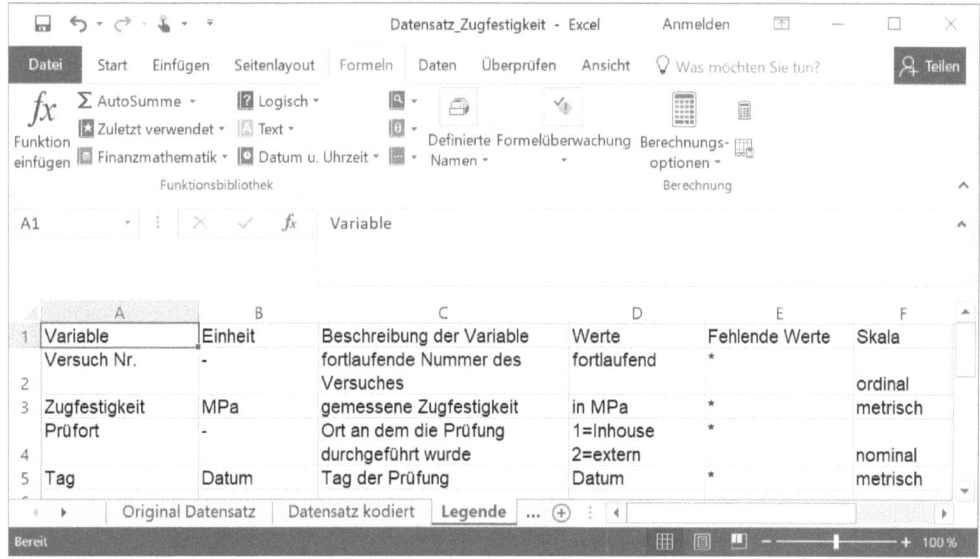

Abbildung 6-6: Legende eines Datensatzes

6.2 DATEN EINFÜGEN

Es gibt prinzipiell drei Arten wie Daten nach Excel kommen. Die einfachste Art ist das Eintragen der Daten per Hand. Leider ist dies auch die fehleranfälligste Art.

Eine weitere Möglichkeit besteht darin, die Daten per Copy Paste in Excel einzufügen. Der gewünschte Datensatz wird markiert und mittels der Tastenkombination „Strg + C" in die Zwischenablage kopiert. In Excel wird dann die Zelle markiert, an welcher der Datensatz eingefügt wird. Durch die Tastenkombination „Strg + V" wird der Datensatz anschließend aus der Zwischenablage in diese Zelle kopiert.

Die dritte Möglichkeit besteht im Datenimport. Diesen finden Sie unter „Datei→Externe Daten abrufen". Hier können Sie dann wählen woher die Daten kommen, z. B. aus Textdateien oder andern externen Quellen.

Hierbei sei angemerkt, dass öfter Probleme mit der Formatierung oder dem Datenformat auftreten. Excel erkennt manchmal nicht die Trennungen zwischen Daten oder interpretiert Trennzeichen wie den „." gerne anders als der Nutzer. Richten Sie sich beim Aufbereiten der Daten auf einen relativ großen Zeitraum ein!

6.3 MIT DATEN RECHNEN (FORMELN)

Eine statistische Analyse von Daten bedeutet, dass mit den Daten gerechnet wird. Dazu werden Formeln benötigt. In Excel ist dies sehr bequem möglich. Es gibt zwei Möglichkeiten mit Formeln zu rechnen. Zum Einen kann die Formel direkt und händisch in die Zelle eingetragen werden. Soll beispielsweise der Inhalt von Zelle B2 mit dem Inhalt von Zelle B3 addiert werden und das Ergebnis in Zelle B14 ausgegeben werden, dann schreibt man in Zelle B14 folgende Formel: = B2 + B3

Diese Formeln können beliebig kompliziert werden. Es sind alle gängigen mathematischen Operationen (z. B. *, /, +, -) möglich. Auch Klammerausdrücke oder Potenzen (^) können eingegeben werden.

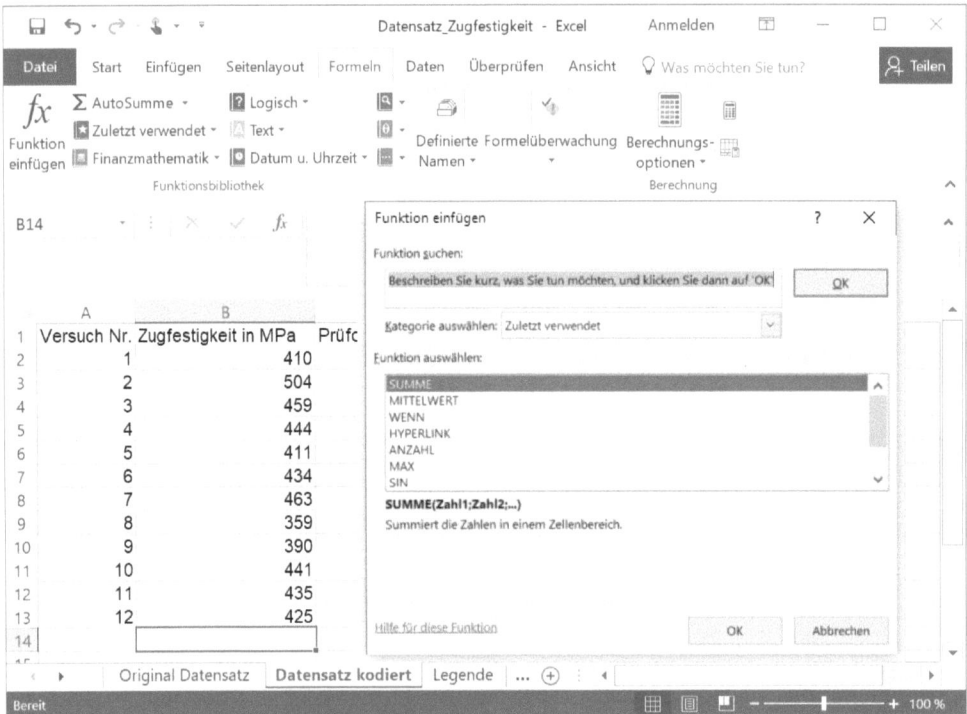

Abbildung 6-7: Formeln in Excel einfügen

Zum Anderen kann für typische mathematische Funktionen wie die Berechnung des Mittelwertes oder der Quadratwurzel auf bereits vorhandene Gleichungen in Excel zurückgegriffen werden. Angenommen, es soll der Mittelwert der Zugfestigkeiten aus obigem Beispiel berechnet und in die Zelle B14 ausgegeben werden. Dazu wird die Zelle B14 markiert und unter „Datei→Formeln" die Schaltfläche „Funktion einfügen" (Abbildung 6-7) gewählt. Es öffnet sich dann das Fenster „Funktionen einfügen". Hier kann aus einer Vielzahl von Funktionen ausgewählt werden.

Für die Berechnung des Mittelwertes wird die Funktion „MITTELWERT" gewählt und mit „OK" die Auswahl bestätigt. Danach können die Zellen ausgewählt werden, für welche der Mittelwert berechnet werden soll. Durch drücken und halten der „Strg" Taste und gleichzeitiges Auswählen mit der linken Maustaste können einzelne Zellen gewählt werden. Wird die „Strg" Taste nicht gedrückt, dann kann durch gedrückt halten des linken Maustaste ein ganzer zusammenhängender Bereich von Zellen ausgewählt werden. Für das Beispiel werden alle Zellen von B2 bis B13 ausgewählt.

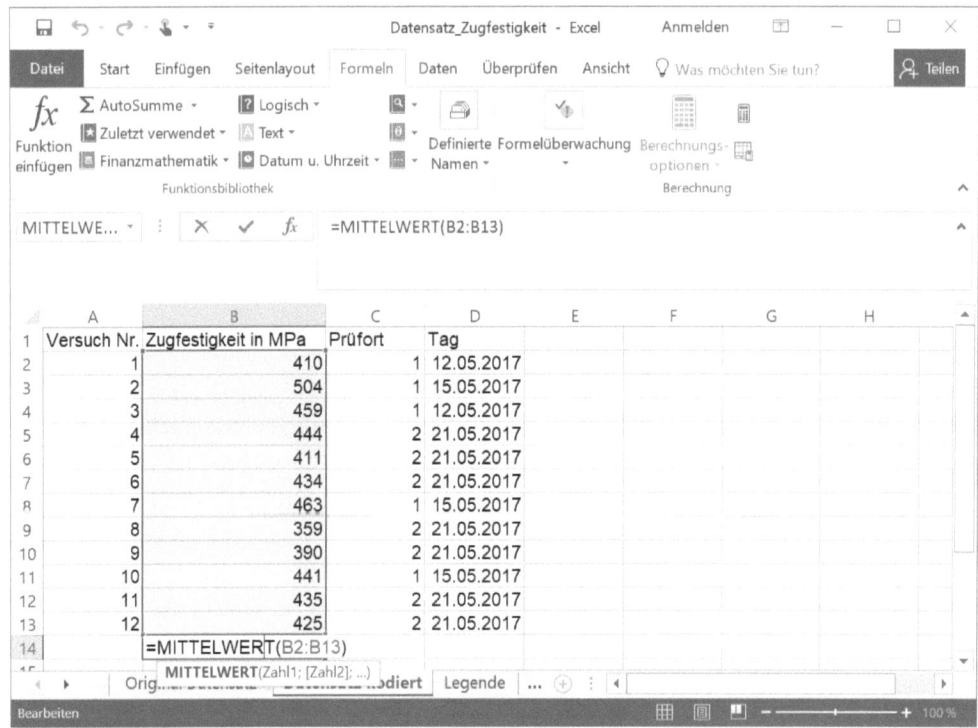

Abbildung 6-8: Ergebnis der Berechnung des Mittelwertes

Abbildung 6-8 zeigt das Ergebnis, wenn die Zelle B14 durch einen Doppelklick ausgewählt wird. Es wird die Funktion angezeigt, die von Excel auf Grund unserer Wahl automatisch eingetragen wurde. Diese lautet: =MITTELWERT(B2:B13).

Theoretisch hätten wir auch direkt diese Formel in die Zelle B14 eintragen können. In diesem Buch werden alle Formeln für die in Excel Funktionen existieren wie folgt angegeben: EXCEL: =MITTELWERT(B2:B13). Je erfahrener Sie werden, umso eher werden Sie auf die direkte Eingabe übergehen. Für eine bequeme Auswahl der Formeln ist auch die Hilfefunktion von Excel sehr wertvoll.

6.4 DAS GEHEIME EXCEL-TOOL 🚀

In Excel gibt es ein etwas verstecktes, aber sehr wertvolles Werkzeug zur Statistik. Dieses kann unter „Datei→Optionen→Add-Ins→Verwalten" freigeschaltet werden. Wählen Sie hier in dem Dropdown Menü „Excel-Add-Ins" aus (Abbildung 6-9).

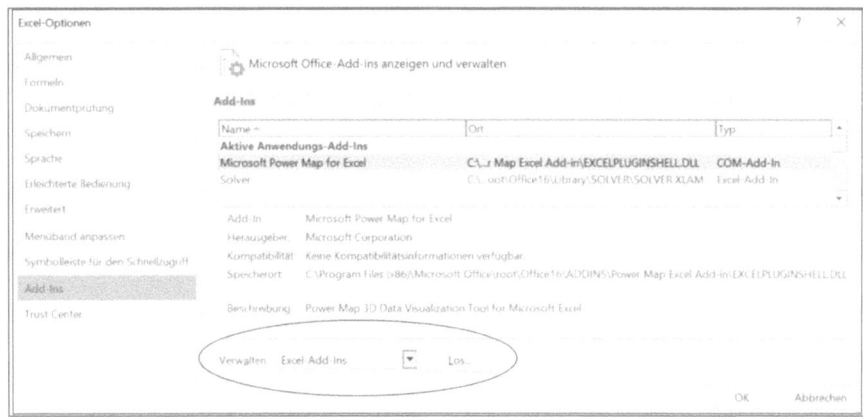

Abbildung 6-9: Excel Add-Ins in Excel einfügen

Im sich öffnenden Menü „Add-Ins" wählen Sie die beiden Add-Ins „Analyse-Funktionen" und „Solver" aus. Anschließend werden diese beiden Werkzeuge im Excel freigeschaltet.

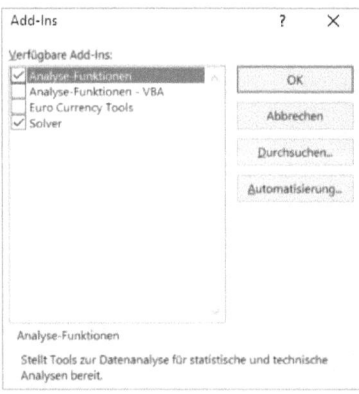

Abbildung 6-10: Auswahl der nötigen Excel Add-Ins

Über das Menü „Daten→Analyse" können Sie jetzt auf die beiden Funktionen „Solver" und „Datenanalyse" zugreifen. Mit Hilfe der Datenanalyse stehen Ihnen jetzt eine Vielzahl statistischer Funktionen zur Verfügung (vgl. Abbildung 6-11). Der Solver hilft bei der Lösung iterativer Probleme.

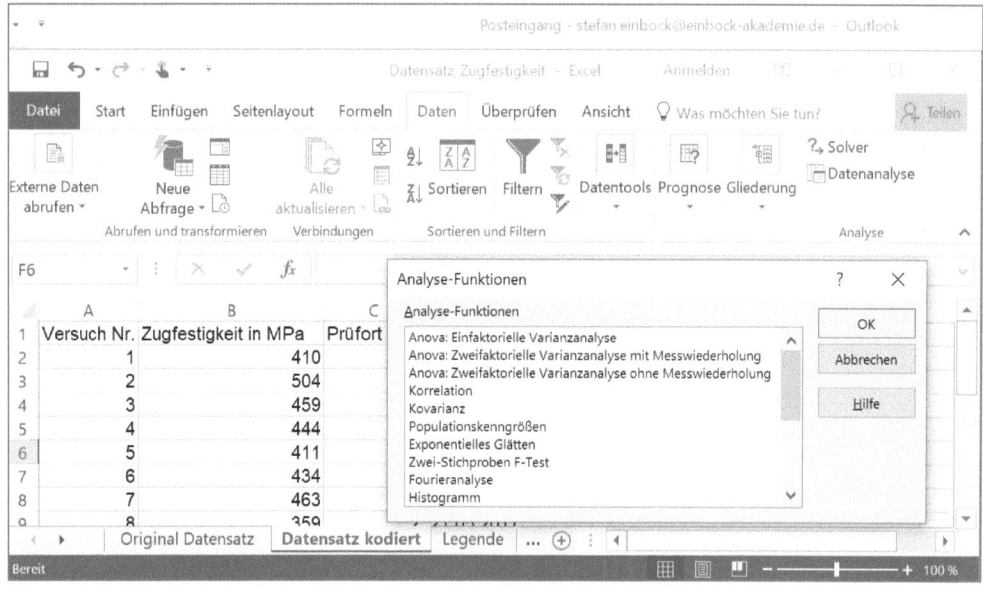

Abbildung 6-11: Das geheime Excel-Tool zur Datenanalyse

6.5   AUF DEN PUNKT

- Es ist immer einfacher mit Zahlen zu arbeiten als mit Texten. Deshalb wird ein Datensatz kodiert, indem Text durch Zahlen ersetzt wird.
- Ein Datensatz in Excel ist so gegliedert, dass die Variablen in Spalten sortiert sind und die Werte in Zeilen.
- In der Legende werden alle wichtigen Informationen zu den Daten, Variablen, Skala der Daten und zu fehlenden Daten beschrieben.
- In Excel können mit Hilfe von Funktionen bequem mathematische Berechnungen durchgeführt werden.
- Formeln werden entweder unter „Datei→Formeln" die Schaltfläche „Funktion einfügen" in die gewünschte Zelle eingefügt oder direkt in die Zelle in der Art =MITTELWERT(B2:B13) eingetragen.
- Unter „Datei→Optionen→Add-Ins→Verwalten" im Menü „Excel-Add-Ins" können die Add-Ins „Analyse-Funktionen" und „Solver" aktiviert werden.
- Über das Menü „Daten→Analyse" können Sie auf die beiden Funktionen „Solver" und „Datenanalyse" zugreifen. Diese helfen bei der statistischen Analyse und beim Lösen iterativer Probleme.

TEIL 1: GRUNDLAGEN

In diesem Kapitel führen wir die wichtigsten Begriffe der Statistik ein, um sowohl die Mittelwerte, als auch die Streuungen von Daten zu beschreiben. Auch den dazu passenden Einstieg in Excel erklären wir noch kurz.

Wie immer bei der Statistik ist es wichtig, Vorsicht walten zu lassen, selbst bei relativ einfach erscheinenden Aussagen. Empirische Daten werden häufig in Kennzahlen dargestellt, etwa in Form von Mittelwerten. Folgende statistisch richtige Aussage zeigt, wie schnell Fehler passieren können: Im Vatikan gibt es zwei Päpste pro km².

Das ist natürlich Nonsens, aber statistisch richtig, da die Fläche des Vatikan nur 44 ha beträgt.

In diesem Kapitel lernen Sie:

- Wichtige Kennwerte zur Bewertung der Lage der Versuche kennen (sog. Lageparameter).
- Wichtige Kennwerte zur Bewertung der Streuungen der Versuchswerte kennen (sog. Formparameter).
- Kennwerte kennen, die durch Ausreißer oder extreme Werte kaum beeinflusst werden (sog. robuste Kennwerte).

7 WICHTIGE BEGRIFFE UND MERKMALE 🚀

Wie jedes Fachgebiet bedient sich auch die Statistik eines spezifischen Wortschatzes. Im Folgenden werden die wichtigsten Begriffe erläutert.

Wahrscheinlichkeit:

„Die Theorie der Wahrscheinlichkeit ist ein System, das uns beim Raten hilft" – Richard Feynmann.

Jetzt ist die Frage, was raten bedeutet! Raten bedeutet, eine Entscheidung auf Basis von Ungewissheit zu treffen. Insofern ist die Wahrscheinlichkeit ein Maß für Vertrauen oder Irrtum. ABER: Die Wahrscheinlichkeit ist niemals ein Versprechen, liefert also keine Garantien!

Was bedeuten also 10 % Wahrscheinlichkeit eines Produktausfalls? Das bedeutet, dass ein Ausfall von 10 % der Teile wahrscheinlicher ist als ein Ausfall von 20 % der Teile. Es könnten allerdings auch 12 % sein, oder 7%. Erst bei sehr großen Zahlen werden die realen Ausfallzahlen immer stärker zu den 10 % tendieren.

Merkmalswert

Der Merkmalswert ist der Messwert, welcher statistisch ausgewertet werden soll. Dies kann im Falle der Betriebsfestigkeit eine gemessene Zugfestigkeit, Dauerfestigkeit oder Zyklenzahl sein.

Grundgesamtheit

Bei der Grundgesamtheit handelt es sich um alle möglichen Messwerte des Merkmalswertes. Dies beinhaltet im Beispiel der gemessenen Zugfestigkeit eines Werkstoffes wirklich alle möglichen Zugfestigkeiten dieses Werkstoffes. Eine messtechnische / experimentelle Ermittlung der Grundgesamtheit ist auf Grund der Anzahl der nötigen Versuche im Bereich der Ingenieurtechnik selten möglich. Ausnahmen sind hier die Messung von Merkmalen in der Fertigung.

Stichprobe

Es wird versucht auf Basis der Messung einer Stichprobe auf die Grundgesamtheit zu schließen. Wenn dies möglich ist, weil die Stichprobe und die Grundgesamtheit vergleichbare Eigenschaften haben, spricht man von einer repräsentativen Stichprobe.

Die Stichprobe ist der Umfang der gemessenen Merkmalswerte. Sie ist ein Teil der Grundgesamtheit. Mit steigender Stichprobenanzahl wird die Schätzung der Grundgesamtheit immer genauer. Neben der Größe der Stichprobe spielt vor allem die Qualität eine Rolle (vgl. dazu die Ausführungen in Kapitel 12.3.

Vertrauensbereich

Üblicherweise wird auf Basis einer Stichprobe die Verteilung der Grundgesamtheit geschätzt. Der Vertrauensbereich ist dann der Bereich, in dem das Ergebnis der Grundgesamtheit mit einer gewissen Wahrscheinlichkeit (der Vertrauenswahrscheinlichkeit) erwartet wird.

Anhand eines Beispiels zur Wahlprognose werden die Begriffe Grundgesamtheit, Stichprobe und Vertrauensbereich noch einmal näher erläutert.

Das Ergebnis der Bundestagswahl soll mit Hilfe von Umfragen vorhergesagt werden. Dazu werden zufällig Wähler vor der Wahl befragt (siehe linkes Bild von Abbildung 7-1). Diese Wähler bilden die Stichprobe. Wichtig ist hier eine gute Auswahl, denn würde die Stichprobe nur aus Wählern im Süden der Republik befragt (siehe rechtes Bild von Abbildung 7-1) würde ein falsches Bild entstehen.

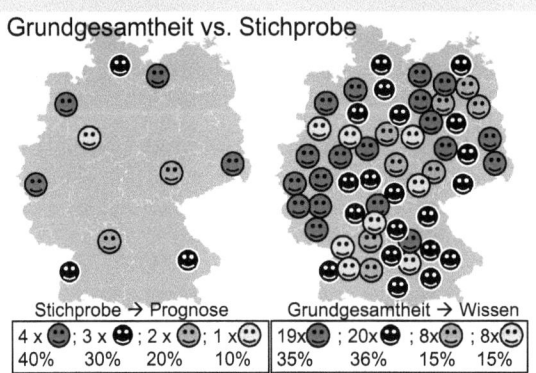

Abbildung 7-1: Erklärung der Begriffe Grundgesamtheit und Stichprobe am Beispiel der Wahlprognose

Basierend auf deren Antworten wird auf das Ergebnis der Bundestagswahl prognostiziert. Im vorliegenden Beispiel wird für die rote Partei ein Wahlergebnis von 40% und für die schwarze

Partei ein Wahlergebnis von 30 % erwartet. Würde eine zweite Umfrage mit einer etwas anderen Stichprobe durchgeführt, dann müsste man mit etwas anderen Ergebnissen rechnen!

Um mit den Streuungen zwischen den Stichproben umzugehen, wird ein Vertrauensbereich angegeben. Das bedeutet, dass die rote Partei, basierend auf der Stichprobe wahrscheinlich ein Ergebnis von 40 +/- x% erreichen wird. Die x% sind der Vertrauensbereich.

Erst wenn alle Stimmen ausgezählt sind, liegt das wirkliche Ergebnis vor. In diesem Fall spricht man von der Grundgesamtheit.

Skalen von Daten

Die Statistik versucht generell Daten auszuwerten. Dabei spielt es zunächst keine Rolle, ob es sich bei den Daten um Zahlen oder andere Größen handelt. Die Statistik kennt drei wichtige Arten von Daten, metrisch, ordinal oder nominal skalierte Daten (Tabelle 7-1).

Tabelle 7-1: Arten von Daten und deren Skalenniveau

Beispiel	Größe	Art und Skala	Güte
Alter Länge eines Bauteils	Beliebige nicht ganzzahlig Werte	Stetige oder kontinuierliche (metrische Skala)	sehr hoch
Anzahl Kinder / Familie Noten Charge eines Bauteils	1, 2, 3, … Sehr gut, gut, … 1554, 1555, ….	Abzählbar, diskret (ordinale Skala)	hoch
Haarfarbe, Fertigungsort	Rot, blond, … Indien, China, …	Kategorial (nominale Skala)	gering

Nominal skalierte Daten sind beispielsweise Kategorien wie Geschlecht, Farbe, Baugruppe, oder Ähnliches. Eine nominale Skalierung ermöglicht eine eindeutige Unterscheidung zwischen den Daten. Es gibt einen eindeutigen Unterschied zwischen einem gelben und einem grünen Bauteil. Die Ausprägung nominal skalierter Daten kann eine beliebige Anzahl an Kategorien umfassen. Eine statistische Auswertung von nominal skalierten Daten ist möglich, besitzt allerdings die geringste Güte.

Ordinal skalierte Daten sind beispielsweise Schulnoten oder Klassierungen. Hierbei ist neben der eindeutigen Kennzeichnung zusätzlich noch eine Sortierung der Daten möglich. Die Schulnote gut ist besser als befriedigend. Damit ist die Aussagegüte ordinal skalierter Daten höher. Es kann eine eindeutige Rangordnung hergestellt werden. Typisch hierfür sind Umfragen z. B. bezüglich der Produktqualität (hoch, mittel oder gering) oder der Kundenzufriedenheit (sehr gut, gut, befriedigend, unbefriedigend).

Metrisch skalierte Daten sind etwa Messwerte wie Längenmessungen. Bei diesen Daten ist neben der eindeutigen Ausprägung (Länge = 15,43 mm) und der Sortierung der Daten (Länge1 =15,43 mm ist größer als Länge2 = 14,82 mm) auch noch der Abstand zwischen den Werten eindeutig bekannt (Länge1 – Länge 2 = 0,61 mm). Deshalb besitzen metrisch skalierte Daten die höchste Datengüte.

Aus den oben genannten Gründen sollte immer versucht werden metrisch skalierte Daten zu nutzen. Diese haben die höchste Aussagegüte. Die in diesem Buch behandelten statistischen Methoden beziehen sich alle auf metrisch skalierte Daten.

Praxistipp

In der Technik treten allerdings oftmals ordinal skalierte Daten auf. Das ist zum Beispiel der Fall bei der Zählung von Schwingspielen. Diese können nur ganzzahlige positive Werte annehmen und sind damit ordinal skaliert. Was also tun? Wenn die Ausprägung genügend groß ist (ab etwa sieben Werten) können ordinal skalierte Daten quasi als metrisch skalierte Daten angesehen werden.

Bei Umfragen stellt man oft eine Frage in dieser Richtung: wie zufrieden waren Sie mit dem Produkt (1 = sehr gut, 6 = gar nicht).
Als Ergebnis liefert diese Frage ordinal skalierte Daten, welche nicht ausgewertet werden können.
Eine mögliche Lösung könnte sein, die Kunden zu bitten ein Kreuz auf einem Zahlenstrahl zu setzen:

Sehr gut ---x--------- gar nicht

und dann die Abstände auszumessen. Auf diese Art erhält man wieder metrisch skalierte Daten.

---

8 BESCHREIBUNG DER MITTLEREN WERTE UND STREUUNGEN 🚀

Einen ersten Eindruck über die Verteilung von Versuchsergebnissen kann man mit relativ einfachen Maßzahlen erreichen. Im Wesentlichen interessieren hier Kennwerte zur Beschreibung der im Mittel erreichten Messwerte (der Lage der Verteilung der Messwerte → Lageparameter) und Kennwerte zur Beschreibung der Streuung der Messwerte (der Form der Verteilung der Messwerte → Formparameter). Zusätzlich werden noch die wichtigsten Wahrscheinlichkeiten genannt. Beschrieben werden diese Parameter am Beispiel gemessener Zugfestigkeiten des Stahls S350GD (siehe Tabelle 8-1).

Tabelle 8-1: Versuchswerte von Zugversuchen eines S350GD
Links: Sortiert nach der Versuchsreihenfolge
rechts: Sortiert nach der Größe von R_m

Versuch Nr.	Zugfestigkeit R_m in MPa		Rang i	Versuch Nr.	Zugfestigkeit R_m in MPa
1	410		1	8	359
2	504		2	9	390
3	459		3	1	410
4	444		4	5	411
5	411		5	12	425
6	434		6	6	434
7	463		7	11	435
8	359		8	10	441
9	390		9	4	444
10	441		10	3	459
11	435		11	7	463
12	425		12	2	504

Typische Maße für Wahrscheinlichkeiten sind:

Prozent (%)	$1 / 100 = 1\%$
Promille (‰)	$1 / 1\,000 = 1\,‰$
Parts per million (ppm)	$1 / 1\,000\,000 = 1$ ppm (Technische Null)

8.1 DER MITTELWERT (LAGE)

Der Mittelwert $\bar{x}$ (mathematisch: empirischer arithmetische Mittelwert) berechnet sich aus den Versuchsergebnissen x_i und der Anzahl n der Versuche:

$$\bar{x} = \frac{x_1 + x_2 + \cdots + x_n}{n} = \frac{\sum_{i=1}^{n} x_i}{n} \tag{1}$$

Er repräsentiert damit den Mittelwert der Stichprobe. Wird die Grundgesamtheit angenommen, dann wird $\bar{x}$ durch μ ersetzt. Bezogen auf die Werte von Tabelle 8-1 ist:

$$\bar{R}_m = \frac{R_{m1} + R_{m2} + \cdots + R_{m12}}{n} = \frac{410 + 504 + \cdots + 425}{12} = 431 \text{ MPa}$$

$$\text{EXCEL: } = \text{MITTELWERT}(x_1; x_2; \dots x_n)$$

Den Mittelwert kann man sich als Schwerpunkt der Versuchswerte vorstellen, wenn jedem Versuchspunkt eine Masse zuordnet wird. Damit reagiert der Mittelwert sehr anfällig auf Ausreißer. Abbildung 8-1 zeigt noch einmal anschaulich den Mittelwert.

Abbildung 8-1: Visualisierung des Mittelwertes

8.2 DER MEDIAN (LAGE)

Robuster gegenüber Ausreißern ist der Median. Unterhalb des Medians liegen genauso viele Versuchswerte wie oberhalb. Er teilt die Stichprobe in zwei gleich große Teile. Da der Median an der zentralen Stelle der Versuche steht, wird er auch als Zentralwert bezeichnet.

Dazu ein Beispiel:

Angenommen, Sie suchen sich gerade einen neuen Job und würden gerne so viel wie möglich verdienen. Aus diesem Grund betrachten sie die Einkommensstatistik von Deutschland. Hier fällt eine Stadt besonders auf: Heilbronn, die Stadt mit dem höchsten Pro Kopf Einkommen. Im Schnitt verdient hier jeder Einwohner 41 707 € / Jahr (Netto!). Der bundesweite Durchschnitt liegt bei 21 117 € / Jahr (Netto). Die Entscheidung fällt also leicht. Sie suchen sich einen Job in Heilbronn, denn hier verdient man fast doppelt so viel wie im Bundesdurchschnitt[1].

---

[1] Stand 2014: https://www.finanzen100.de/finanznachrichten/wirtschaft/heilbronn-fuehrt-das-staedteranking-an-in-dieser-deutschen-stadt-verdient-jeder-einwohner-im-schnitt-41-000-euro-netto_H1070365865_332802/

Aber Halt! Eine genauere Betrachtung der Einkommensverteilung bringt die Ursachen ans Tageslicht. In Heilbronn wohnt Dieter Schwarz. Eigentümer von Lidl und Kaufland und reichster Mann Deutschlands mit einem geschätzten Vermögen von 17 Milliarden €. Sein Einkommen alleine verzerrt die Statistik derart, dass der Mittelwert keine vernünftige Aussage liefert! Das Einkommen von Hr. Schwarz ist also ein „Ausreißer".

Zur Ermittlung des Medians x̃ werden die Versuchswerte der Größe nach vom kleinsten x_1 zum größten Wert x_n sortiert (vgl. Tabelle 8-1, rechts). Der Median ist der Wert, für den genau 50% der Werte kleiner und 50% der Werte größer sind. Bei einer ungeraden Anzahl von Versuchen ist der Versuchswert des mittleren Ranges der Median. Im Falle einer geraden Versuchsanzahl ist der Median der Mittelwert der beiden mittleren Ränge. Im Falle von fünf Messwerten ist der Median also der drittgrößte Messwert (vgl. Abbildung 8-2 oder Tabelle).

Versuch Nr.	Zugfestigkeit R_m in MPa
1	410
2	504
3	459
4	444
5	411
6	434
7	463
8	359
9	390
10	441
11	435
12	425

Median

☆ Messwerte

Median x̃

Abbildung 8-2: Visualisierung des Medians

Mathematisch wird der Median folgendermaßen berechnet:

$$\tilde{x} = \begin{cases} \frac{1}{2}(x_{n \cdot 0,5} + x_{n \cdot 0,5+1}), & \text{wenn } n = \text{gerade Zahl} \\ x_{\lfloor n \cdot 0,5+1 \rfloor}, & \text{wenn } n = \text{ungerade Zahl} \end{cases}$$

(2)

$$\text{EXCEL} := \text{MEDIAN}(x_1; x_2; \dots x_n).$$

Dabei ist n der Stichprobenumfang und $\lfloor x \rfloor$ die Abrundungsfunktion. Das bedeutet, dass mit dieser Funktion der Wert x immer abgerundet wird. Es ist also für $\lfloor x = 2{,}7 \rfloor = 2$ oder $\lfloor x = 21{,}01 \rfloor = 21$.

Dazu ein kleines Beispiel:
Für das Beispiel Tabelle 8-1 berechnet sich der Median aus dem Mittelwert der Zugfestigkeiten des Ranges 6 und 7:

$$\tilde{x} = \frac{R_{m,6} + R_{m,7}}{2} = \frac{R_{m,6} + R_{m,7}}{2} = \frac{434\ \text{MPa} + 435\ \text{MPa}}{2} = 434{,}5\ \text{MPa}. \tag{3}$$

Neben Mittelwerten interessiert auch, wie stark die Werte streuen, also voneinander abweichen. Dazu werden verschiedene Formparameter genutzt.

8.3 DIE SPANNWEITE (STREUUNG)

Um sich einen Eindruck zu verschaffen, wie stark die Messwerte auseinander liegen bildet man die Spannweite R. Das ist nichts anderes als die Differenz aus maximalem und minimalem Messwert:

$$R = x_{max} - x_{min}$$
$$\text{EXCEL:} = \text{MAX}(x_1;\ x_2;\ \dots x_n) - \text{MIN}(x_1;\ x_2;\ \dots x_n). \tag{4}$$

Gleichzeitig ist aber die Spannweite sehr sensibel gegenüber extremen Werten in der Stichprobe. Sie reagiert also sehr stark auf Ausreißer.

8.4 DIE VARIANZ (STREUUNG)

Die Varianz (Formparameter) der Grundgesamtheit:

Mit Hilfe der Varianz $\sigma_{N,x}^2$ wird die mittlere quadratische Abweichung vom Mittelwert beschrieben. Die Summe der Abweichungen zum Mittelwert $(x_i - \mu)$ ist stets Null. Deshalb werden zur Berechnung der Varianz die Abweichungen zum Mittelwert quadriert, aufsummiert und auf die Anzahl an Werten n bezogen.

$$\sigma_{N,x}^2 = \frac{\sum_{i=1}^{n}(x_i - \mu)^2}{n} \tag{5}$$

$$\sigma_{N,Rm}^2 = \frac{(R_{m1} - \bar{R}_m)^2 + (R_{m2} - \bar{R}_m)^2 + \cdots + (R_{m12} - \bar{R}_m)^2}{n}$$

$$= \frac{(410 - 431)^2 + (504 - 431)^2 + \cdots + (425 - 431)^2}{12}$$

$$= 1335\ \text{MPa}^2$$

$$\text{EXCEL:} = \text{VARIANZENA}(x_1;\ x_2;\ \dots x_n)$$

Ein Beispiel dazu:

Die Varianz der Grundgesamtheit wird verwendet, wenn tatsächlich die Grundgesamtheit ausgewertet wird. Dies ist beispielsweise der Fall, wenn im Rahmen einer Volkszählung (z. B. Zensus von 2011) die Daten aller Bürger erfasst und ausgewertet werden. In diesem Fall wurde tatsächlich die Grundgesamtheit ermittelt. Im technischen Bereich ist dies eher die Ausnahme.

Die Varianz (Formparameter) der Stichprobe

Die aus einer Stichprobe berechnete Stichprobenvarianz (s_x^2, mathematisch: empirische Varianz) ist ein Schätzwert für die Varianz der Grundgesamtheit. Bei der Berechnung der empirischen Varianz s_x^2, muss der Mittelwert $\bar{x}$ aus der Stichprobe berechnet (geschätzt) werden. Aus Sicht der Mathematik verliert man dadurch einen Freiheitsgrad. Deshalb wird nicht durch n, sondern $n - 1$ dividiert.

$$s_x^2 = \frac{\sum_{i=1}^{n}(x_i - \bar{x})^2}{n - 1} \tag{6}$$

$$
\begin{aligned}
s_{Rm}^2 &= \frac{(R_{m1} - \bar{R}_m)^2 + (R_{m2} - \bar{R}_m)^2 + \cdots + (R_{m12} - \bar{R}_m)^2}{n - 1} \\
&= \frac{(410 - 431)^2 + (504 - 431)^2 + \cdots + (425 - 431)^2}{12 - 1} \\
&= 1468 \ \text{MPa}^2
\end{aligned}
$$

EXCEL: = VARIANZA(x_1; x_2; ... x_n).

Ein Beispiel dazu:

Wird auf Basis einer Umfrage auf das Wahlergebnis geschlossen, dann muss mit der empirischen Varianz gerechnet werden, da von der Stichprobe (Umfrage) auf die Grundgesamtheit (Stimmen aller Wähler) geschlossen wird.

8.5 DIE STANDARDABWEICHUNG (STREUUNG)

Die Standardabweichung (Formparameter) der Grundgesamtheit

Die Standardabweichung $\sigma_{N,x}$ ist die Wurzel der Varianz. Sie macht das Quadrat rückgängig und liefert einen anschaulichen Wert in derselben Einheit, wie die Merkmalswerte:

$$
\sigma_{N,x} = \sqrt{\sigma_{N,x}^2} = \sqrt{\frac{\sum_{i=1}^{n}(x_i - \mu)^2}{n}}
$$

$$
\sigma_{N,Rm} = \sqrt{\sigma_{N,Rm}^2} = \sqrt{1335 \ \text{MPa}^2} = 36{,}5 \ \text{MPa} \tag{7}
$$

EXCEL: = STABW.N(x_1; x_2; ... x_n)

Die Standardabweichung (Formparameter) der Stichprobe

Die (empirische) Standardabweichung s_x ist die Wurzel der empirischen Varianz:

$$s_x = \sqrt{s_x^2} = \sqrt{\frac{\sum_{i=1}^{n}(x_i - \bar{x})^2}{n-1}} \tag{8}$$

$$s_{Rm} = \sqrt{s_{Rm}^2} = \sqrt{1468\ MPa^2} = 38\ MPa$$

EXCEL: = STABW.S(x_1; x_2; ... x_n).

8.6   DER VARIATIONSKOEFFIZIENT (STREUUNG)

Um zwei Streuungen miteinander vergleichen zu können, bildet man den Variationskoeffizienten v. Wichtig ist dies, da üblicherweise statistische Variablen mit großem Mittelwert auch eine größere Varianz / Standardabweichung haben als eine Variable mit kleinem Mittelwert. Ein Vergleich der Varianzen bei unterschiedlichen Mittelwerten ist somit nicht möglich. Eine Normierung schafft diese Möglichkeit. Deswegen wird für den Variationskoeffizienten die Standardabweichung auf den Mittelwert bezogen. Häufig wird der Variationskoeffizient in Prozent angegeben:

$$v = \frac{s_x}{\bar{x}} \tag{9}$$

EXCEL: = STABW.S(x_1; x_2; ... x_n) / MITTELWERT(x_1; x_2; ... x_n)

8.7   DIE QUARTILE (STREUUNG)

Sowohl die Varianz, als auch die Standardabweichung sind Größen, die durch Ausreißer stark beeinflusst werden. Quartile sind hier deutlich robuster. Die Quartile teilen die Stichprobe in vier gleich große Teile ein (vgl. auch Abbildung 8-3):

- Unterhalb des 1. Quartils (dem 25% Quartil $x_{25\%}$) liegen 25% der Werte
- Unterhalb des 2. Quartils (oder dem Median) liegen 50% der Werte und
- Unterhalb des 3. Quartils (dem 75% Quartil $x_{75\%}$) liegen 75% der Werte

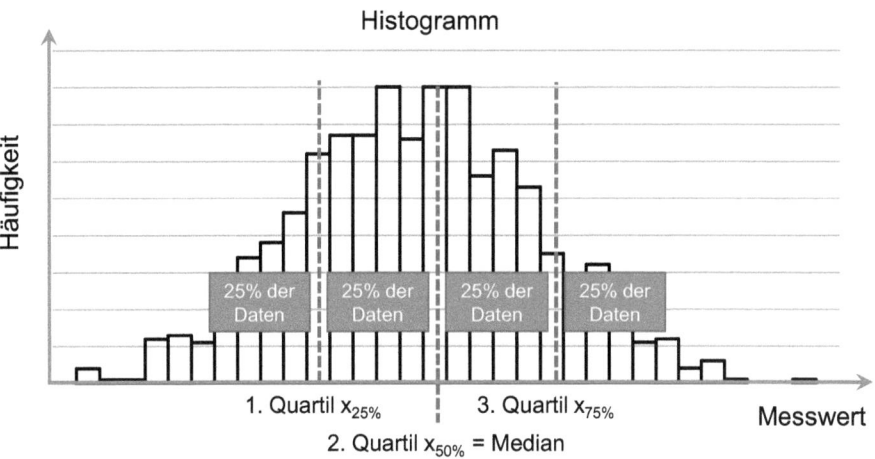

Abbildung 8-3: Erklärung der Quartile

Zur Ermittlung der Quartile wird die Stichprobe der Größe nach vom kleinsten zum größten Wert sortiert. Der kleinste Wert ist der Wert ist x_1 und der größte Wert x_n. Mathematisch ausgedrückt berechnet sich das 25%- und das 75%-Quartil wie folgt:

$$x_{25\%} = \begin{cases} \frac{1}{2}\left(x_{n\cdot0,25} + x_{n\cdot0,25+1}\right), & \text{wenn } n \cdot 0{,}25 \text{ ganzzahlig} \\ x_{\lfloor n\cdot0,25+1\rfloor}, & \text{wenn } n \cdot 0{,}25 \text{ nicht ganzzahlig} \end{cases}$$

EXCEL: $= \text{QUARTIL.EXKL}(x_1; x_2; \dots x_n ; 1)$ (10)

$$x_{75\%} = \begin{cases} \frac{1}{2}\left(x_{n\cdot0,75} + x_{n\cdot0,75+1}\right), & \text{wenn } n \cdot 0{,}75 \text{ ganzzahlig} \\ x_{\lfloor n\cdot0,75+1\rfloor}, & \text{wenn } n \cdot 0{,}75 \text{ nicht ganzzahlig} \end{cases}$$

EXCEL: $= \text{QUARTIL.EXKL}(x_1; x_2; \dots x_n ; 3)$

Dabei ist n der Stichprobenumfang und $\lfloor x \rfloor$ die Abrundungsfunktion. Das bedeutet, dass mit dieser Funktion der Wert x immer abgerundet wird. Es ist also $\lfloor x = 1{,}7 \rfloor = 1$ oder $\lfloor x = 27{,}01 \rfloor = 27$.

Dazu ein kleines Beispiel:
Für die Daten des Zugversuches aus Tabelle 8-1 sollen die Quartile $x_{25\%}$ und $x_{75\%}$ berechnet werden.
Dazu wird die Stichprobe der Größe nach sortiert (siehe ebenfalls Tabelle 8-1, rechts, Seite 37). Es liegen n = 12 Werte vor. Da $n \cdot 0{,}25 = 3$ und $n \cdot 0{,}75 = 9$ und beide Werte ganzzahlig sind, gilt nach Gleichung (10)

$$x_{25\%} = \frac{1}{2}\left(x_{n\cdot0,25} + x_{n\cdot0,25+1}\right) = \frac{1}{2}(x_3 + x_4) = \frac{1}{2}(410 + 411)$$ (11)
$$x_{25\%} = 410{,}5 \text{ MPa}$$

$$x_{75\%} = \frac{1}{2}\left(x_{n \cdot 0,75} + x_{n \cdot 0,75+1}\right) = \frac{1}{2}(x_9 + x_{10}) = \frac{1}{2}(444 + 459)$$
$$x_{75\%} = 451,5\ \text{MPa}.$$

Das 25% Quartil liegt bei $x_{25\%} = 410,5$ MPa und
das 75%-Quartil ist $x_{75\%} = 451,5$ MPa.

8.8 AUF DEN PUNKT

- Bei den Streuungskennwerten, wie Varianz und Standardabweichung steht immer die Stichprobenzahl im Nenner. Das bedeutet: je kleiner die Stichprobe umso größer wird die Streuung geschätzt!
- Der Mittelwert beschreibt den Schwerpunkt der Versuche. Ausreißer verzerren den Mittelwert deutlich.
- Der Median teilt eine Stichprobe in zwei gleich große Hälften, dadurch ist er robuster gegenüber Ausreißern.
- Streuungen können über die Standardabweichung oder die Varianz beschrieben werden.
- Der einfachste Kennwert zur Beschreibung der Streuung ist die Spannweite. Diese reagiert sehr stark auf Ausreißer.
- Quartile teilen die Messwerte in vier gleiche Teile ein. Diese sind ebenfalls sehr robust gegenüber Ausreißern.

8.9 ARBEITEN MIT EXCEL 🚀

Die Berechnung der Standardwerte der Statistik kann entweder mit den angegebenen Formeln erfolgen oder mit Hilfe des geheimen Excel-Tools. Nachdem das Excel Add-In nach Kapitel 6.4 installiert wurde, können Sie unter Daten → Analyse → Datenanalyse das Auswahlmenü der Analysefunktionen öffnen (siehe Abbildung 5-1). Für eine Standardanalyse wird die Analyse-Funktion „Populationskenngrößen" ausgewählt.

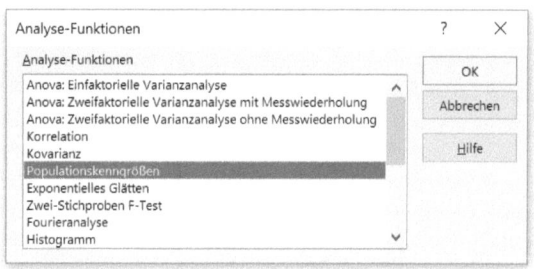

Abbildung 8-4: Berechnung der Standardstatistik mit den Analysefunktionen

Es öffnet sich dann das Auswahlmenü „Populationskenngrößen" von Abbildung 8-5. In dem Feld „Eingabebereich" geben Sie den Bereich ein, der ausgewertet werden soll. In unserem Fall sollen die Zugfestigkeiten aus dem Beispiel von Tabelle 8-1 von Seite 37 ausgewertet werden. Diese befinden sich in den Zellen B2 bis B13, also im Bereich B2:B13.

Abbildung 8-5: Analysefunktion "Populationskenngrößen"

Das Feld „Auswahlbereich" gibt an, unterhalb welcher Zelle die Ergebnisse ausgegeben werden sollen. Wir wählen für unseren Fall die Zelle F1.

Um die Standardauswertung durchzuführen, wird noch das Feld „Statistische Kenngrößen" ausgewählt. Zusätzlich kann auch noch der Vertrauensbereich des Mittelwertes mit angegeben werden, wenn das Feld „Konfidenzniveau für Mittelwert" ausgewählt wird.

Als Ergebnis gibt Excel die Standardstatistik dann in den Zellen links unterhalb der Zelle F1 aus (vgl. Abbildung 8-6). Der Standardfehler wird nach Gleichung (50) von Seite 79 und das Konfidenzintervall (oder der Vertrauensbereich) nach Gleichung (52) von Seite 79 berechnet.

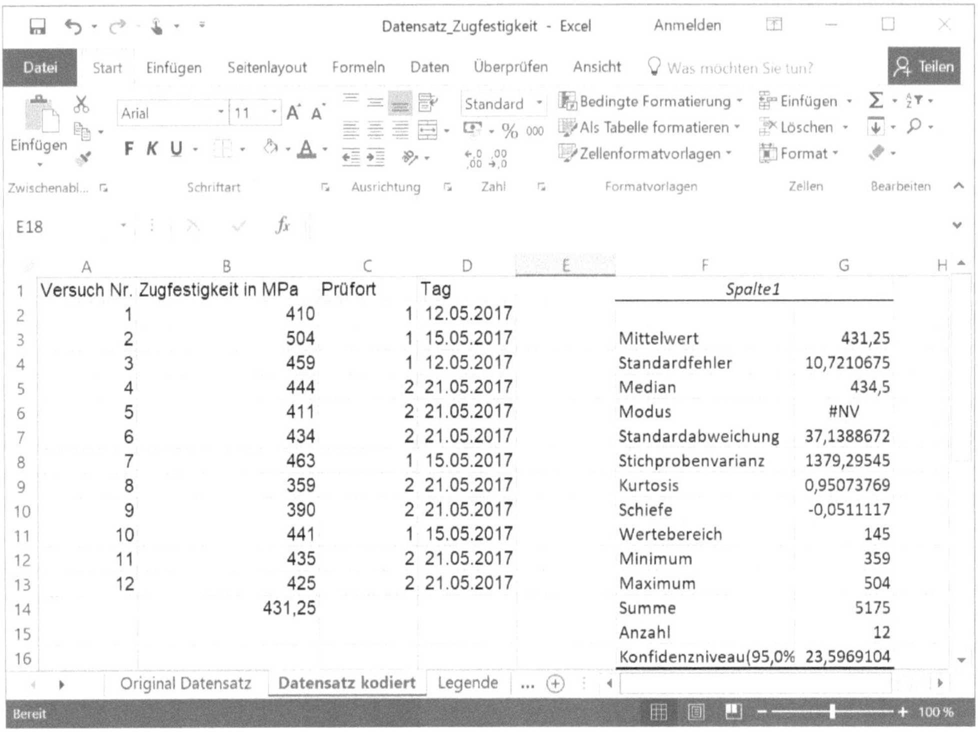

	A	B	C	D	E	F	G
1	Versuch Nr.	Zugfestigkeit in MPa	Prüfort	Tag		*Spalte1*	
2	1	410	1	12.05.2017			
3	2	504	1	15.05.2017		Mittelwert	431,25
4	3	459	1	12.05.2017		Standardfehler	10,7210675
5	4	444	2	21.05.2017		Median	434,5
6	5	411	2	21.05.2017		Modus	#NV
7	6	434	2	21.05.2017		Standardabweichung	37,1388672
8	7	463	1	15.05.2017		Stichprobenvarianz	1379,29545
9	8	359	2	21.05.2017		Kurtosis	0,95073769
10	9	390	2	21.05.2017		Schiefe	-0,0511117
11	10	441	1	15.05.2017		Wertebereich	145
12	11	435	2	21.05.2017		Minimum	359
13	12	425	2	21.05.2017		Maximum	504
14		431,25				Summe	5175
15						Anzahl	12
16						Konfidenzniveau(95,0%	23,5969104

Abbildung 8-6: Ausgabe der Analyse-Funktion "Populationsstatisik"

9 WICHTIGE GRAFIKEN 🚀

9.1 DAS HISTOGRAMM UND DIE DICHTEFUNKTION

Die Verteilung der Versuchswerte (also deren Häufung) kann über das Histogramm und die Dichtefunktion beschrieben und visualisiert werden. Diese zeigt anschaulich, an welchen Stellen sich Versuchswerte häufen. Dazu werden die Versuchswerte in Histogrammen dargestellt und die Form des Histogramms durch eine Dichtefunktion beschrieben.

Die wichtigen vier Schritte von den Versuchswerten über das Histogramm zur Dichtefunktion zeigt Abbildung 9-1 am Beispiel gemessener Zugfestigkeiten.

Schritt a) Eintragung der Merkmalswerte

Im ersten Schritt werden die Versuchswerte x_i (in der Statistik Merkmalswerte genannt) auf der Abszisse eingetragen (vgl. die weißen Punkte im oberen linken Bild von Abbildung 9-1). Dabei geht die Reihenfolge der Versuche verloren. Es ist erkennbar, dass sich im mittleren Bereich der Zugfestigkeiten die Ergebnisse häufen. Die Dichte der Versuchswerte steigt.

Schritt b) Einteilung der Klassen

Zur Visualisierung der Dichte der Versuchswerte (der Häufigkeiten) wird die Abszisse in gleich große Abschnitte eingeteilt. Diese Abschnitte bezeichnet man als Klassen. Den Vorgang als Klasseneinteilung.

Die Berechnung der Klassenanzahl j geschieht nach [1] abhängig von der Anzahl der Merkmalswerte n:

$$j \approx 1 + 3{,}32 \cdot \log_{10}(n) \tag{12}$$

Alternativen zur Ermittlung der Klassenanzahl sind [2]:

$$j \approx \sqrt{n} \tag{13}$$
$$j \approx 2 \cdot \sqrt[3]{n} \tag{14}$$
$$j \approx \sqrt[3]{16 \cdot n} + 0{,}5 \tag{15}$$

Für Versuchsanzahlen < 100 unterscheiden sich die Ergebnisse nur geringfügig. Erst für größere Versuchszahlen sind die Unterschiede deutlich, wobei in der beruflichen Praxis die Versuchsanzahl in aller Regel deutlich kleiner 100 sein wird.

Die Klassenbreite b berechnet sich nach:

$$b = \frac{\text{Spannweite R}}{\text{Klassenanzahl j}} = \frac{\text{Maximalwert} - \text{Minimalwert}}{\text{Klassenanzahl j}} \tag{16}$$

Die kleinste Klasse beginnt beim Minimalwert der Versuchswerte und die größte Klasse endet beim Maximalwert (vgl. Abbildung 9-1 b)).

Es wird jeder der Merkmalswerte einer Klasse zugeordnet, die Anzahl der in jeder Klasse liegenden Versuchswerte n_k gezählt und auf der Abszisse dargestellt. Als Ergebnis liegt die absolute Anzahl der Versuche in jeder Klasse (h_{abs}) vor:

$$h_{abs} = \text{Anzahl der Versuche je Klasse } n_k. \tag{17}$$

Alternativ ist eine relative Angabe möglich. Dazu bezieht man die Anzahl der Versuchswerte je Klasse n_k auf die gesamte Anzahl n der Versuche. Das Ergebnis ist die relative Anzahl an Versuchen je Klasse (h_{rel}). Dies ist die üblichere Darstellung:

$$h_{rel} = \frac{\text{Anzahl der Versuche je Klasse } n_k}{\text{Anzahl der Versuche n}}. \tag{18}$$

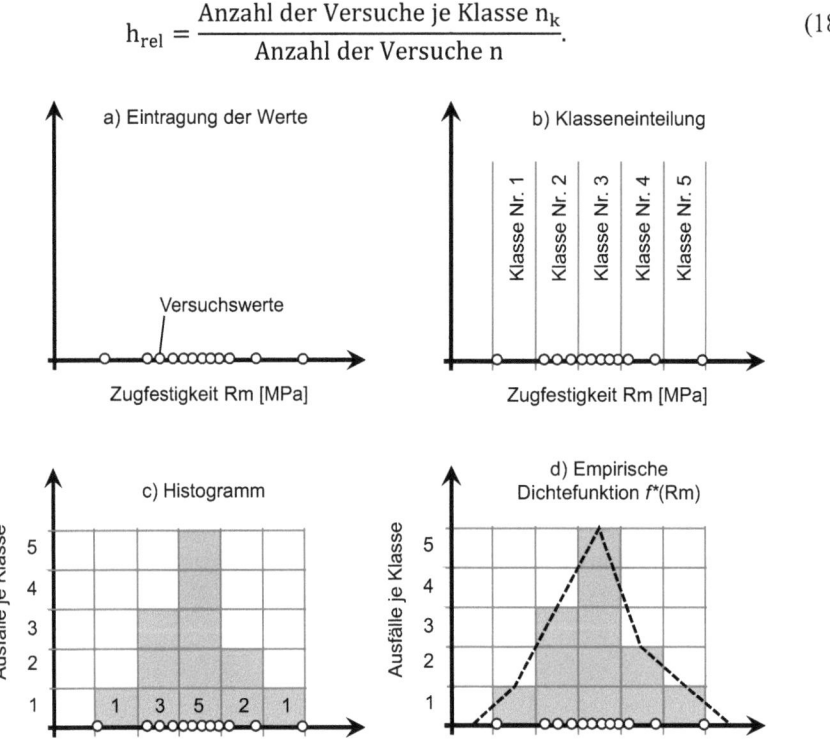

Abbildung 9-1: Vier Schritte von den Versuchswerten zur Dichtefunktion

Schritt c) Histogramm ermitteln

Jeder Versuchswert wird der entsprechenden Klasse zugeordnet und die Anzahl der Merkmalswerte jeder Klasse grafisch auf der Ordinate dargestellt. Bezieht man die Anzahl der Merkmalswerte je Klasse auf die Gesamtzahl der Versuche, ergibt sich eine relative (prozentuale) Darstellung. Als Ergebnis liegt das Histogramm nach (vgl. Abbildung 9-1 c) vor.

Schritt d) Dichtefunktion bestimmen

Das Verbinden der Extremwerte jeder Klasse mit Geradenstücken liefert die empirische Dichtefunktion $f^*(x)$ (siehe Abbildung 9-1 d)). Im Falle der Zugfestigkeiten ist dies $f^*(Rm)$. Die Dichtefunktion beschreibt in ihrer absoluten Form die Anzahl der Ausfälle (oder Anzahl der Ereignisse) für den Versuchswert x. In der relativen Form gibt $f^*(x)$ die Häufigkeit eines Ausfalls (oder Häufigkeit von Ereignissen) für den entsprechenden Versuchswert x an.

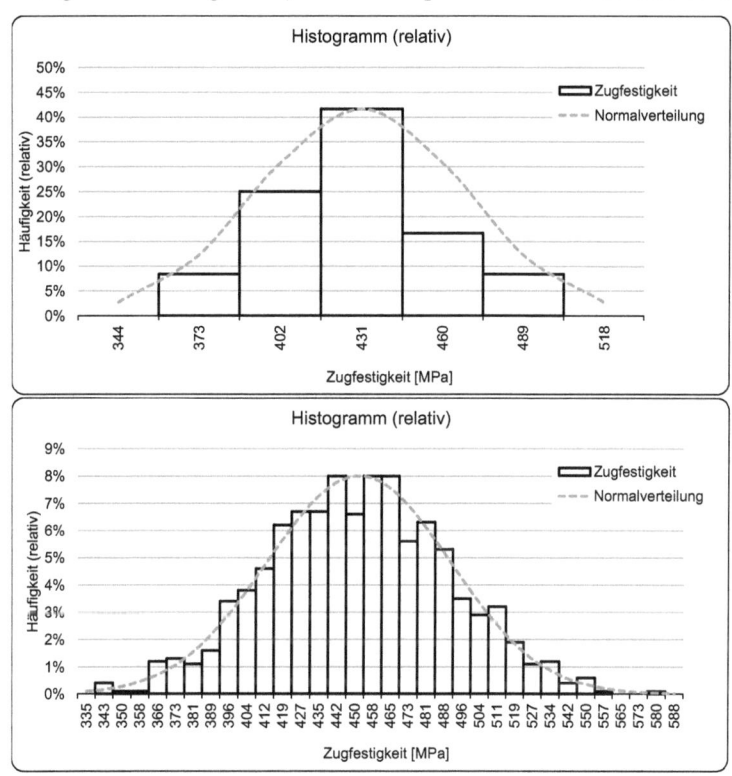

Abbildung 9-2: Histogramm und Ideale Dichtefunktion der Zugfestigkeiten.
oben: n=12, unten: n=1000

Da der Versuchswert oftmals eine Lebensdauer ist, beschreibt die Dichtefunktion auch die Häufigkeit eines Ausfalles zu einem bestimmten Zeitpunkt.

Durch die Bezeichnung „empirische" Dichtefunktion wird darauf hingewiesen, dass es sich um das Ergebnis eines Versuches handelt, bei dem nur eine Stichprobe (Versuchsanzahl $n_{Versuch} = n$) untersucht wurde. Wird die Versuchsanzahl gesteigert, nähert sich die empirische Dichtefunktion der idealen Dichtefunktion an (Abbildung 9-2).

Für den Grenzübergang von n → ∞ ergibt sich die ideale Dichtefunktion. Im Falle der Zugfestigkeiten ist die ideale Dichtefunktion eine Normalverteilung.

Zur Bestimmung der idealen Dichtefunktion müssten für das vorliegende Beispiel alle Zugfestigkeiten des Werkstoffes S350GD geprüft werden. Man spricht dann von der Grundgesamtheit der Versuchswerte. Dies ist unmöglich. Deshalb wird versucht von der Stichprobe
auf die Grundgesamtheit zu schließen, also ausgehend von der empirischen Dichtefunktion
$f^*(x)$ die ideale Dichtefunktion $f(x)$ abzuschätzen.

Die Dichtefunktion beantwortet die Frage: wie wahrscheinlich ist es, dass die Zugfestigkeit
genau bei 402 MPa liegt (oder z. B. mein Auto genau morgen um 10:30 Uhr eine Panne hat).
Häufig ist diese Aussage für den Ingenieur nicht wirklich interessant. Interessanter ist ja die
Antwort auf die Frage: wie wahrscheinlich ist es, dass die Zugfestigkeit größer als 402 MPa
ist (oder z. B. wie wahrscheinlich ist es, dass ich mit meinem Auto in den ersten 3 Jahren keine
Panne habe)? Diese Aussage liefert das Wahrscheinlichkeitsnetz.

9.2 DAS WAHRSCHEINLICHKEITSNETZ

Als Ingenieur interessiert z. B. wie viele Teile bis zu einem Zeitpunkt ausgefallen oder noch
intakt sind. Diese Darstellung liefert das Wahrscheinlichkeitsnetz. Für das Beispiel der Zugversuche lässt sich aus dem Wahrscheinlichkeitsnetz ablesen, mit welcher Wahrscheinlichkeit
die Zugfestigkeit über oder unter einem bestimmten Wert liegt.

Mathematisch gesprochen wird im Wahrscheinlichkeitsnetz die Summenhäufigkeit abgetragen. Diese ist das Integral der Dichtefunktion $f(x)$ und wird Verteilungsfunktion $F(x)$ genannt.

Abbildung 9-3 beschreibt die zwei Schritte von der empirischen Dichtefunktion $f^*(x)$ zur empirischen Verteilungsfunktion $F^*(x)$.

Schritt 1) Ermittlung der Summenhäufigkeit

Die Verteilungsfunktion baut auf der Dichtefunktion auf. Der erste Schritt besteht darin, das
Histogramm nach Kapitel 8 zu bestimmen. Dazu werden die Versuchswerte auf der Abszisse
abgetragen, die Klassen eingeteilt und die Häufigkeiten der Versuchswerte je Klasse ermittelt
(oberes linkes Bild von Abbildung 9-3).

Addiert man zu der Anzahl der Versuchswerte $h_{abs}(m)$ der aktuellen Klasse m die Anzahl der
Versuchswerte für alle kleineren Klassen, ergibt sich die Summenhäufigkeit $H_{abs}(m)$ (unteres
linkes Bild der Abbildung 9-3).

Berechnet wird die Summenhäufigkeit $H_{abs}(m)$ der m-ten Klasse somit nach:

$$H_{abs}(m) = \sum_{i=1}^{m} h_{abs}(i), \quad \text{mit i: Klassennummer.} \tag{19}$$

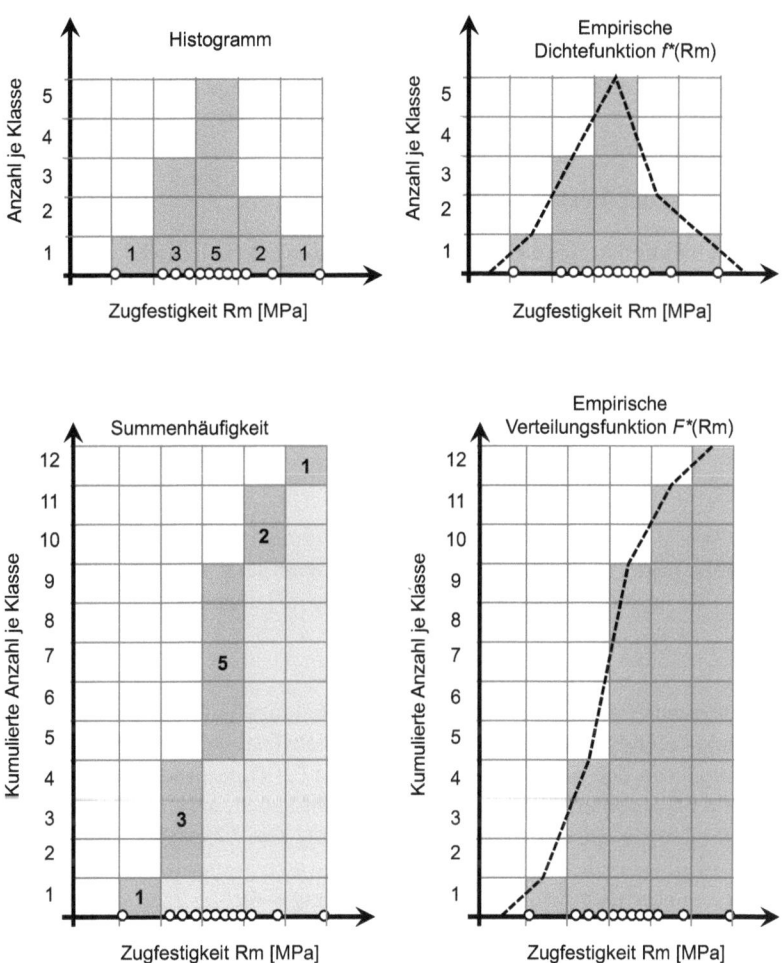

Abbildung 9-3: der Weg von der empirischen Dichtefunktion (obere Bilder) zur empirischen Verteilungsfunktion (untere Bilder)

Am Beispiel der Zugfestigkeiten aus Abbildung 9-3 berechnet sich die Summenhäufigkeit $H_{abs}(3)$ der mittlere Klasse (m = 3) wie folgt:

$$H_{abs}(3) = \sum_{i=1}^{3} h_{abs}(i) = h_{abs}(1) + h_{abs}(2) + h_{abs}(3) = 1 + 2 + 5$$

$$H_{abs}(3) = 9$$

Wird diese anstelle der absoluten Anzahl $h_{abs}(m)$ mit der relativen Anzahl $h_{rel}(m)$ (vgl. Gleichung (18)) gearbeitet, berechnet man die relative Summenhäufigkeit $H_{rel}(m)$ analog:

$$H_{rel}(m) = \sum_{i=1}^{m} h_{rel}(i), \qquad \text{mit i: Klassennummer.} \tag{20}$$

Die Summenhäufigkeit entspricht also mathematisch dem Integral der Dichtefunktion. Anschaulich beschreibt sie für das Beispiel der Zugversuche für wie viele Proben die Zugfestigkeit kleiner oder gleich einem bestimmten Wert ist.

Schritt 2) Ermittlung der Verteilungsfunktion

Analog zur Dichtefunktion liefert das Verbinden der Extremwerte jeder Klasse die empirische Verteilungsfunktion $F^*(x)$. Abbildung 9-3 illustriert dies in den rechten Bildern. Wie für die Dichtefunktion gilt auch hier, dass sich die empirische Verteilungsfunktion $F^*(x)$ mit steigendem Stichprobenumfang der idealen Verteilungsfunktion $F(x)$ annähert.

Für $n \rightarrow \infty$ bildet das Integral über die Dichtefunktion $f(x)$ die Verteilungsfunktion $F(x)$:

$$F(x) = \int_0^x f(x)dx. \tag{21}$$

Sortiert man die Werte x_i einer Stichprobe mit dem Umfang n vom kleinsten Wert zum größten Wert der Größe nach (wobei $x_1 < x_2 < \cdots < x_n$), dann lässt sich die empirische Verteilungsfunktion $F^*(x_i)$ nach der Schätzformel von Rossow [3] angeben[2]:

$$F^*(x_i) = \frac{3i - 1}{3n + 1}. \tag{22}$$

Im Falle von Lebensdauerversuchen beschreibt die Verteilungsfunktion, wie viele Bauteile bis zu einem Zeitpunkt bereits ausgefallen sind. In der Betriebsfestigkeit wird deshalb anstelle der Verteilungsfunktion von der Ausfallwahrscheinlichkeit $P_A(x)$ gesprochen. Will man wissen, wie viele Bauteile bis zu einem Zeitpunkt noch überlebt haben, spricht man in der Betriebsfestigkeit von der Überlebenswahrscheinlichkeit $P_Ü(x)$. Die Überlebenswahrscheinlichkeit $P_Ü(x)$ und die Ausfallwahrscheinlichkeit $P_A(x)$ addieren sich immer zu eins, wenn mit den relativen Häufigkeiten gearbeitet wird (vgl. auch Abbildung 8-4):

$$\begin{aligned} P_A(x) &= F(x) \\ P_Ü(x) &= 1 - P_A(x). \\ P_Ü(x) &= 1 - F(x). \end{aligned} \tag{23}$$

Da die Ausfallwahrscheinlichkeit eine direkte Aussage über die Robustheit des Produktes liefert, kommt ihr bei der Bauteilauslegung eine große Bedeutung zu. Typische, zulässige Ausfallwahrscheinlichkeiten für robust ausgelegte technische Produkte liegen im Bereich von ppm, also $P_{A,zul}(x) \approx 10^{-6}$.

---

[2] Daneben existieren noch weitere Vorschläge wie $F^*(x_i) = \frac{i-0,5}{n}$; $F^*(x_i) = \frac{i-3/8}{n-1/4}$;... es wird die Formel von Rossow empfohlen, da sich diese in der Betriebsfestigkeit durchgesetzt hat.

Die Verteilungsfunktion der Ausfallwahrscheinlichkeit beantwortet die Frage: wie wahrscheinlich ist es, dass das Bauteil bis zu oder ab dem Zeitpunkt x ausfällt (z. B. mein Auto innerhalb der ersten 10 Jahre eine Panne hat).

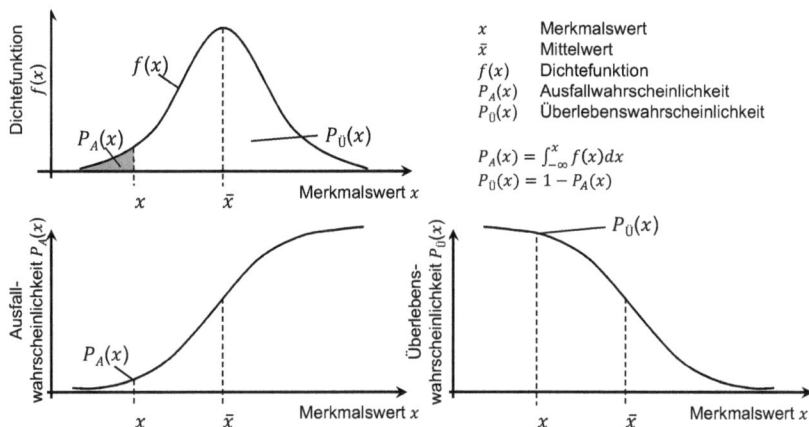

x Merkmalswert
$\bar{x}$ Mittelwert
$f(x)$ Dichtefunktion
$P_A(x)$ Ausfallwahrscheinlichkeit
$P_0(x)$ Überlebenswahrscheinlichkeit

$$P_A(x) = \int_{-\infty}^{x} f(x)dx$$
$$P_0(x) = 1 - P_A(x)$$

Abbildung 9-4: Visualisierung der Abhängigkeit zwischen Ausfallwahrscheinlichkeit $P_A(x)$ und Überlebenswahrscheinlichkeit $P_0(x)$

Das Wahrscheinlichkeitsnetz

Eine alternative Darstellung der Ausfallwahrscheinlichkeit gegenüber den Versuchswerten ermöglicht das Wahrscheinlichkeitsnetz. Es hat den Vorteil, dass die Verteilungsfunktion durch geschickte Teilung der Ordinate als Gerade dargestellt wird. Dies bedeutet, dass das Wahrscheinlichkeitsnetz immer nur für eine Verteilung gilt. Abbildung 8-5 zeigt dies für das Beispiel der gemessenen Zugfestigkeiten. Typischerweise wird immer mit der relativen Anzahl der Ausfälle gearbeitet.

Zu beachten ist, dass die Teilung der Ordinate abhängig von der Verteilung ist. Sie ist nichtlinear. Für die in der Betriebsfestigkeit relevanten Verteilungen werden im Anhang (Kapitel 20.6) Wahrscheinlichkeitsnetze für das tägliche Arbeiten zur Verfügung gestellt. Außerdem finden Sie in der Statistik Tool Box die nötigen Werkzeuge.

Ein zusätzlicher Nutzen der Wahrscheinlichkeitsnetze liegt in der relativ einfachen Möglichkeit zur Interpretation von Versuchsdaten. Liegen die Versuchsdaten (Stichprobe) näherungsweise auf einer Geraden, kann angenommen werden, dass die Verteilung der Grundgesamtheit der Daten der angenommenen Verteilung entspricht. Ein Beweis ist dies jedoch nicht.

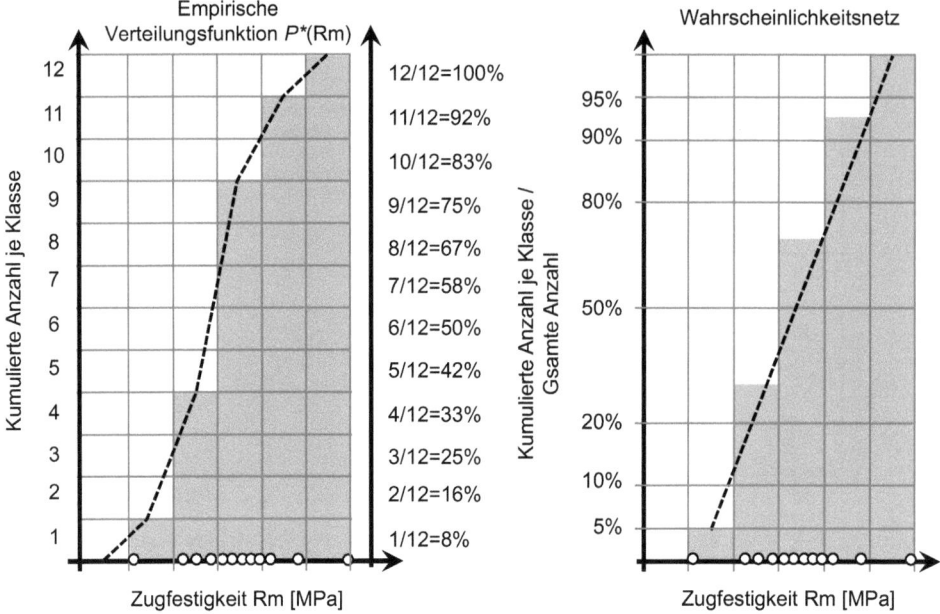

Abbildung 9-5: Schematische Darstellung der empirischen Verteilungsfunktion im Wahrscheinlichkeitsnetz

Für große Stichproben (n > 30) wird wie oben beschrieben vorgegangen [4]:

Bildung von Klassen (Gleichung (12), Seite 47),

1. Ermittlung der relativen Klassenhäufigkeiten $h_{rel}(i)$ (Gleichung (18), Seite 48),
2. Berechnung der relativen Summenhäufigkeiten $H_{rel}(i)$ (Gleichung (20), Seite 52), wobei die relative Summenhäufigkeit der Ausfallwahrscheinlichkeit entspricht ($H_{rel}(i) = P_A(i)$) und
3. Eintragung der relativen Summenhäufigkeiten (über der oberen Klassengrenze) in das Wahrscheinlichkeitspapier.

Für kleine Stichproben (n ≤ 30) ist eine Klassenbildung nicht sinnvoll [4]. Das bessere Vorgehen ist:

- Die Berechnung der relativen Summenhäufigkeiten $H_{rel}(i)$ erfolgt üblicherweise nach der Schätzformel von Rossow [3]:

$$H_{rel}(i) = F^*(i) = \frac{3i - 1}{3n + 1}$$

$$\text{(24)}$$

mit i: Rang des Versuchs, n: Versuchsanzahl.

- Für das Beispiel von Tabelle 8-1 von Seite 37 berechnet sich die Summenhäufigkeit des siebten Ranges zu (vgl. Tabelle 9-1):

$$H_{rel}(7) = F^*(7) = \frac{3\cdot7-1}{3\cdot12+1} = \frac{20}{37} = 0{,}541 = 54\%.$$

- Eintragung der relativen Summenhäufigkeit $H_{rel}(i)$ über den zugehörigen Versuchswerten im Wahrscheinlichkeitsnetz für $i = 1,2,\dots,n$.

Tabelle 9-1: relative Summenhäufigkeiten der gemessenen Zugfestigkeiten

Rang i	Versuch Nr.	Zugfestigkeit in MPa	Relative Summenhäufigkeit nach Rossow
1	8	359	5,4%
2	9	390	13,5%
3	1	410	21,6%
4	5	411	29,7%
5	12	425	37,8%
6	6	434	45,9%
7	11	435	54,1%
8	10	441	62,2%
9	4	444	70,3%
10	3	459	78,4%
11	7	463	86,5%
12	2	504	94,6%

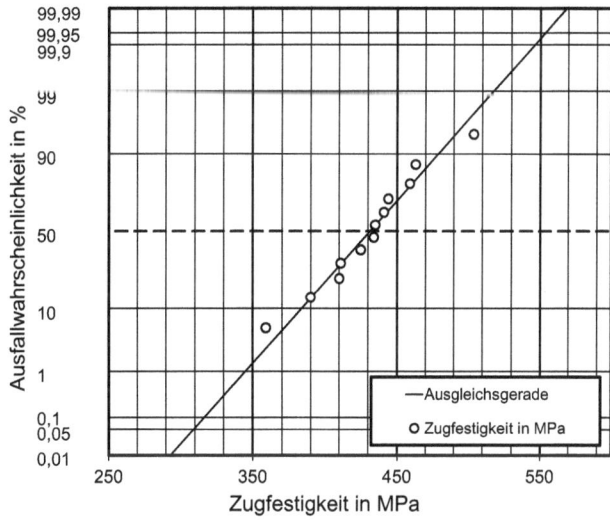

Abbildung 9-6: Eintragen gemessener Zugfestigkeiten im Wahrscheinlichkeitsnetz

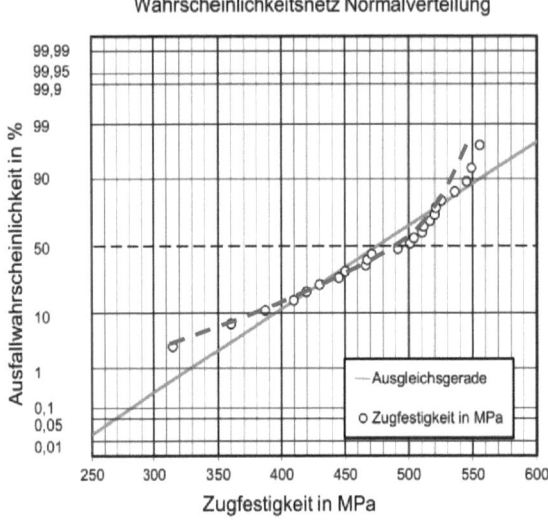

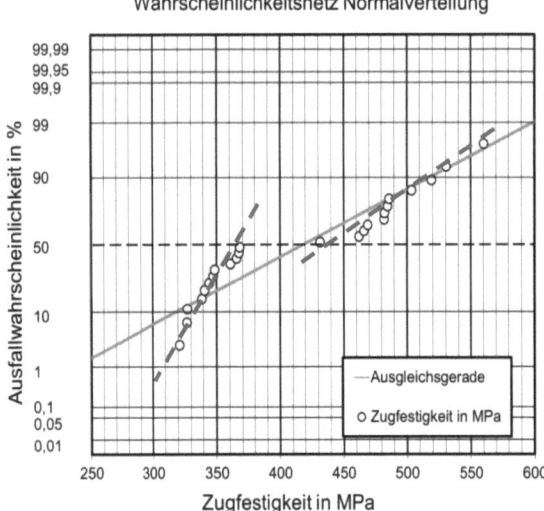

Abbildung 9-7: Beispiele für Auffälligkeiten im Wahrscheinlichkeitsnetz.
Oberes Bild: die angenommene Verteilung widerspricht der Stichprobenverteilung.
Unteres Bild: es liegt eine Mischverteilung vor (siehe gestrichelte Geraden).

Häufig nähern sich die Versuchswerte der Stichprobe im Wahrscheinlichkeitsnetz nicht einer Gerade an. Typisch sind zwei Fälle, die in Abbildung 9-7 dargestellt:

- Krümmung: Die angenommene Verteilung stimmt nicht mit der tatsächlichen Verteilung überein. Die Bewertung muss für andere Verteilungen (z. B. Weibull, log. Normalverteilung) erfolgen.
- Mehrere Geraden: Es liegt eine Mischverteilung vor. Die Stichprobe setzt sich in Wahrheit aus zwei oder mehr voneinander verschiedenen Verteilungen zusammen. Jede der Verteilungen muss separat in einem eigenen Wahrscheinlichkeitsnetz ausgewertet werden.

9.3   DER BOX-WHISKER PLOT

Mit Hilfe des Box-Whisker-Plots (kurz: Box-Plot) werden Streuungsdaten inkl. Ausreißern grafisch dargestellt. Der Vorteil grafischer Methoden liegt in der schnellen Erfassung des Inhaltes (der Mensch kann grafische Informationen um ein Vielfaches schneller verarbeiten, als rechnerische oder schriftliche). Im Boxplot werden auf übersichtliche Art

- der Median $\tilde{x}$,
- die robusten Kennwerte zur Streuung (das 25%- und 75%- Quartil),
- der typische Bereich der Messwerte durch den unteren und den oberen Whisker,
- sowie die Ausreißer

dargestellt, siehe Abbildung 9-8.

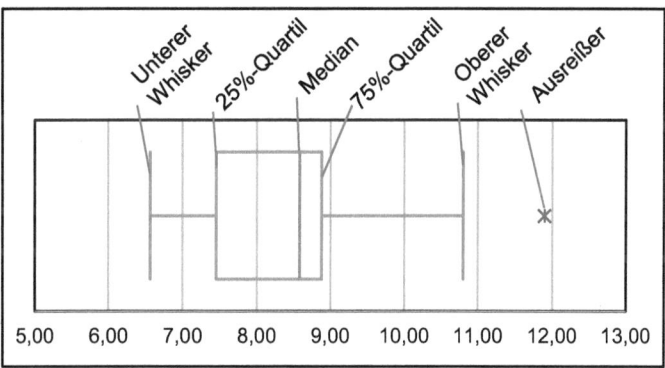

Abbildung 9-8: Box-Plot inkl. Erklärung

Der Median $\tilde{x}$ berechnet sich nach Gleichung (2) von Seite 39 und wird als senkrechter Strich innerhalb der Box dargestellt.

Die Quartile $x_{25\%}$ und $x_{75\%}$ berechnen sich nach Gleichung (10) von Seite 43. Sie bestimmen die Box im Box-Plot.

Die Whisker berechnen sich nach [5] aus den Quartilen und den Daten. Dazu müssen wir noch den Interquartilsabstand IQR kennenlernen. Dieser ist der Abstand zwischen den beiden Quartilen $x_{25\%}$ und $x_{75\%}$:

$$IQR = x_{75\%} - x_{25\%}. \tag{25}$$

Der Interquartilsabstand ist somit die Länge der Box im Box-Plot.

Der untere Whisker geht bis zum Maximum aus

- dem Abstand des 1,5-fachen IQR vom 25%-Quartil ($w_{min} = x_{25\%} - 1,5 \cdot IQR$) und
- dem Wert x_i, der am weitesten vom 25%-Quartil entfernt und gleichzeitig größer oder gleich ist wie der Abstand des 1,5-fachen IQR vom 25%-Quartil.

Der obere Whisker geht bis zum Minimum aus

- dem Abstand des 1,5-fachen IQR vom 75%-Quartil ($w_{max} = x_{75\%} + 1,5 \cdot IQR$) und
- dem Wert x_j, der am weitesten vom 75%-Quartil entfernt und gleichzeitig kleiner oder gleich ist wie der Abstand des 1,5-fachen IQR vom 75%-Quartil.

Mathematisch formuliert berechnen sich die Whisker folgendermaßen:

$$\text{unterer Whisker} = MAX\{w_{min} = x_{25\%} - 1,5 \cdot IQR; \; x_i),$$
$$\text{oberer Whisker} = MIN\{w_{max} = x_{75\%} + 1,5 \cdot IQR; \; x_j). \tag{26}$$

Die Ausreißer sind alle Werte, welche entweder unterhalb des unteren Whiskers oder oberhalb des oberen Whiskers liegen.

Da dies sehr kryptisch ist, ein kleines Beispiel zur Berechnung der Whisker:

Für die Zugfestigkeiten aus Tabelle 8-1, Seite 37 sollen die beiden Whisker ermittelt werden.
Aus Kapitel 8.7 ergeben sich
das 25%-Quartil: $x_{25\%} = 410,5$ MPa
das 75% Quartil: $x_{75\%} = 451,5$ MPa
Damit ist der Interquartilsabstand nach Gleichung (25)

$$IQR = x_{75\%} - x_{25\%} = (451,5 - 410,5)MPa = 41MPa. \tag{27}$$

Berechnung des unteren Whiskers:
Der Abstand des 1,5-fache IQR vom 25%-Quartil ist:
$w_{min} = x_{25\%} - 1,5 \cdot IQR = (410,5 - 1,5 \cdot 41)MPa = 349MPa.$
Der Wert x_i, welcher am weitesten vom 25%-Quartil entfernt und gleichzeitig größer oder gleich ist wie der Abstand des 1,5-fachen IQR vom 25%-Quartil ist
$x_i = x_1 = 359MPa.$
Nach Gleichung (26) ist der

$$\text{unterer Whisker} = MAX\{w_{min}; \; x_i)$$
$$= MAX\{349MPa; 359MPa\} = 359MPa. \tag{28}$$

Berechnung des oberen Whiskers:
Der Abstand des 1,5-fache IQR vom 75%-Quartil ist:
$w_{max} = x_{75\%} + 1,5 \cdot IQR = (451,5 + 1,5 \cdot 41)MPa = 513MPa.$
Der Wert x_j, der am weitesten vom 75%-Quartil entfernt und gleichzeitig kleiner oder gleich ist wie der Abstand des 1,5-fachen IQR vom 75%-Quartil ist

$x_j = x_{12} = 504 \text{MPa}.$

Nach Gleichung (26) (349) ist der

$$\text{obere Whisker} = \text{MIN}\{w_{max}; x_i)$$
$$= \text{MIN}\{513 \text{MPa}; 504 \text{MPa}\} = 504 \text{MPa}. \tag{29}$$

Danach liegen alle Werte innerhalb der Whisker. Es sind keine Ausreißer erkennbar.

9.4 AUF DEN PUNKT

Die Dichtefunktionen:

- Die Auswertung von Versuchen sollte immer auch visuell erfolgen. Wir Menschen verstehen Bilder meist besser und schneller als Worte.
- Zur Bewertung der Häufung von Daten eignet sich ideal das Histogramm.
- Für kleine Stichproben können die empirischen Verteilungen deutlich von der idealen Verteilung abweichen.
- Wenn Streuungen zufällig sind, dann verteilen sie sich entsprechend einer der klassischen statistischen Verteilungen.

Der Box-Whisker Plot

- liefert eine schnelle Übersicht über die grobe Verteilung der Versuchswerte,
- ist robust gegenüber Ausreißern,
- stellt Quartile dar.

Das Wahrscheinlichkeitsnetz:

- Es ist ideal, um die Ausfallwahrscheinlichkeit zu beschreiben.
- Für kleine Stichproben (eher die Regel als die Ausnahme!) berechnet man die Ausfallwahrscheinlichkeiten der Versuchswerte nach Rossow.
- Für jede Verteilung muss ein spezifisches Wahrscheinlichkeitsnetz genutzt werden.
- Liegen die Versuchspunkte nicht näherungsweise auf einer Geraden, hat dies oftmals einen der beiden Gründe:
  - Die Verteilung der Daten entspricht nicht der Verteilung des Wahrscheinlichkeitsnetzes.
  - Es liegt eine Mischverteilung vor.

9.5   ARBEITEN MIT EXCEL 🚀

9.5.1   DAS HISTOGRAMM-TOOL

Die Darstellung eines Histogramms kann entweder mit dem mitgelieferten Excel-Tool erfolgen oder mit Hilfe des geheimen Excel-Tools. Da die Histogramm-Funktion von Excel allerdings etwas unhandlich ist, wird das mitgelieferte Excel-Tool empfohlen. Dieses kann hier http://einbock-akademie.de/download/buch_statistik heruntergeladen werden. Im Reiter Histogramm finden Sie dort das Histogramm-Tool, vgl. Abbildung 9-9.

Geben Sie einfach Ihre Daten in Spalte C ab Zeile 11 ein. Zur Beschriftung der x-Achse können Sie den Text in Zelle C10 eintragen. Als Ergebnis erhalten Sie ein Histogramm mit absoluten und eines mit relativen Häufigkeiten. Die durchgezogene Linie ist die theoretische Normalverteilung.

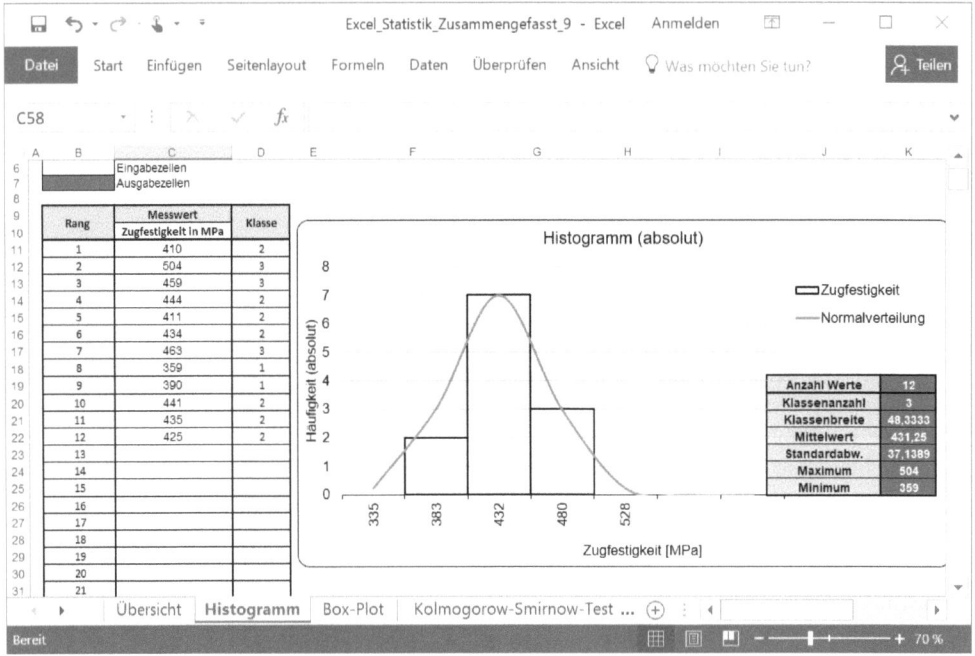

Abbildung 9-9: Excel-Tool des Histogramms

9.5.2 DAS WAHRSCHEINLICHKEITSNETZ-TOOL

Um Wahrscheinlichkeitsnetze darzustellen finden Sie in der Statistik Toolbox für die wichtigsten Verteilungen eine Vorlage. Unter den Reitern

- Normalverteilung
- Log. Normalverteilung und
- Weibullverteilung

sind die Wahrscheinlichkeitsnetze für die jeweilige Verteilung abgelegt. Um das Wahrscheinlichkeitsnetz darzustellen, tragen Sie einfach die Daten in die Spalte E ab Zeile 20 ein. Es werden dann automatisch die Kennwerte der Verteilung (Form- und Lageparameter) in den Zellen D16 und D17 ausgegeben und das Wahrscheinlichkeitsnetz inklusive des 90% Vertrauensbereiches dargestellt. Heruntergeladen werden kann die Statistik Tool Box unter: http://einbock-akademie.de/download/buch_statistik .

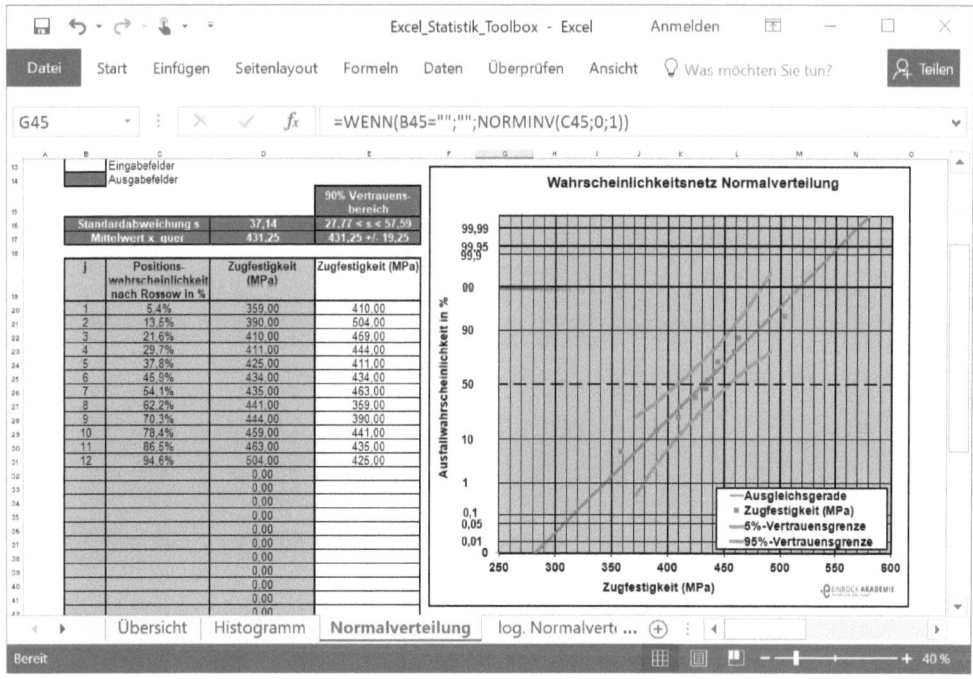

Abbildung 9-10: Excel-Tool des Wahrscheinlichkeitsnetzes am Beispiel Normalverteilung

9.5.3 DAS BOX-WHISKER-PLOT-TOOL

Die Darstellung eines Box-Plots ist in Excel standardmäßig nicht möglich. Mit dem mitgelieferten Excel-Tool kann der Box-Plot sehr einfach dargestellt werden. Es kann hier http://einbock-akademie.de/download/buch_statistik heruntergeladen werden. Im Reiter Box-Plot finden Sie dort das Box-Plot-Tool, vgl. Abbildung 9-11.

Geben Sie einfach Ihre Daten in Spalte C ab Zeile 28 ein. Als Ergebnis erhalten Sie einen Box-Plot inkl. der Markierung der potenziellen Ausreißer durch ein rotes X (siehe dazu auch Abbildung 9-8 von Seite 57).

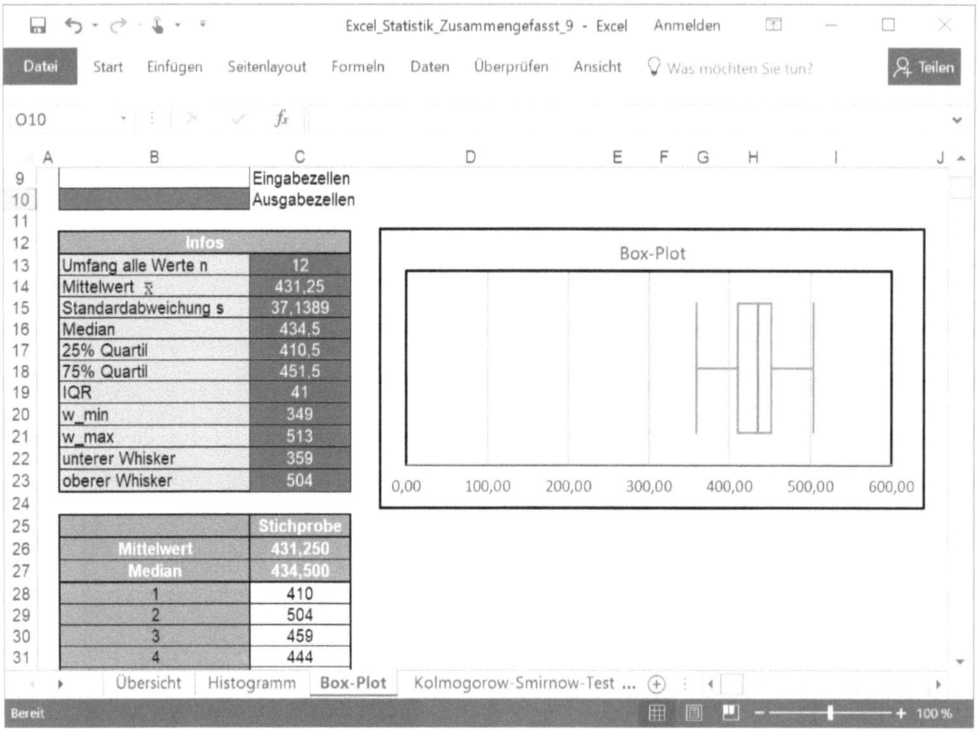

	Infos	
Umfang alle Werte n	12	
Mittelwert $\bar{x}$	431,25	
Standardabweichung s	37,1389	
Median	434,5	
25% Quartil	410,5	
75% Quartil	451,5	
IQR	41	
w_min	349	
w_max	513	
unterer Whisker	359	
oberer Whisker	504	

	Stichprobe
Mittelwert	431,250
Median	434,500
1	410
2	504
3	459
4	444

Box-Plot

Abbildung 9-11: Excel-Tool des Box-Plots

10 WICHTIGE STATISTISCHE VERTEILUNGEN 🚀

Typische, für die Betriebsfestigkeit relevante Verteilungsfunktionen sind die Normalverteilung und die logarithmische Normalverteilung. Mit Hilfe der Normalverteilung wird häufig die Verteilung statischer Festigkeitskennwerte wie die der Zugfestigkeit beschrieben. Die logarithmische Normalverteilung wird überwiegend zur Bewertung der Streuungen von Lebensdauern und Schwingfestigkeitskennwerten wie der Dauerfestigkeit genutzt. Mit Hilfe der Weibullverteilung werden ebenfalls Lebensdauerversuche ausgewertet, aber auch Windgeschwindigkeiten, Strahlungen oder Ausfallraten technischer Systeme. Sie ist sehr flexibel und einfach anwendbar.

In diesem Kapitel lernen Sie:

* Die wichtigste Verteilung kennen, um zufällige Einflüsse zu beschreiben.
* Auf beliebige Wahrscheinlichkeiten umzurechnen.
* Wann Sie welche Verteilung nutzen.

10.1 DIE NORMALVERTEILUNG

Der Verlauf der Dichtefunktion f(x) der Normalverteilung (oder auch Gauß Verteilung) ist die Glockenkurve. Bei der Normalverteilung handelt es sich um eine symmetrische Verteilung, da der Verlauf der Dichtefunktion symmetrisch zum Mittelwert $\bar{x}$ ist (vgl. Abbildung 10-1).

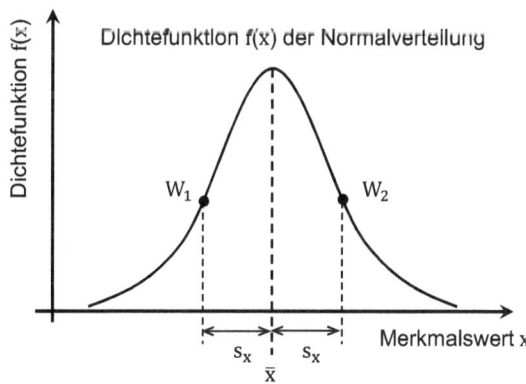

Abbildung 10-1: Die Dichtefunktion der Normalverteilung

Die Normalverteilung wird über zwei Parameter charakterisiert, den Mittelwert $\bar{x}$ (Lageparameter) und die Standardabweichung s_x (Formparameter). Wir sprechen hier also von einer zweiparametrischen Verteilung. Je größer der Mittelwert, umso größer sind im Mittel die gemessenen Merkmalswerte (siehe Abbildung 10-2).

Die Standardabweichung s_x beschreibt die Form (Breite) der Verteilung. Mit steigender Standardabweichung wird die Streuung größer, die Dichtefunktion wird breiter. Damit steigt auch die Unsicherheit des Messergebnisses (vgl. auch Abbildung 10-2). Grafisch interpretiert ist die Standardabweichung s der Abstand des Wendepunktes W der Dichtefunktion vom Mittelwert $\bar{x}$ (vgl. Abbildung 10-1).

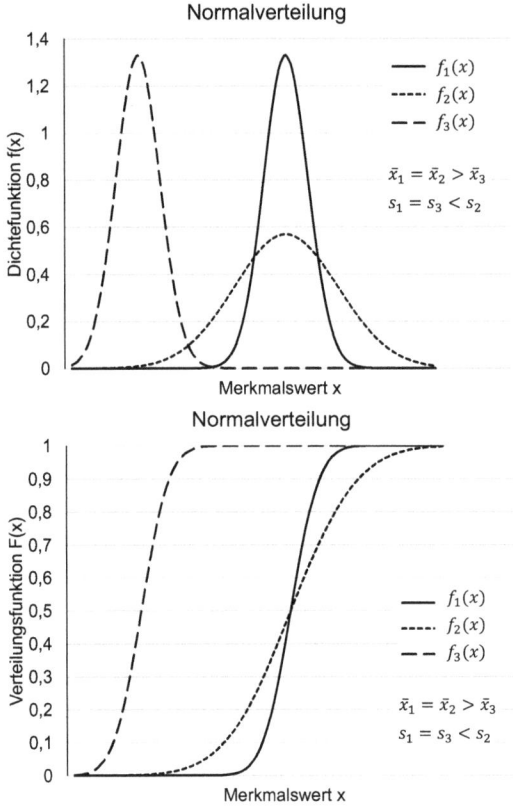

Abbildung 10-2: schematischer Verlauf verschiedener Normalverteilungen

Aus dem Mittelwert $\bar{x}$ nach Gleichung (1) $\bar{x} = \frac{\sum_{i=1}^{n} x_i}{n}$ und der Standardabweichung s_x nach Gleichung (8) $s_x = \sqrt{\frac{\sum_{i=1}^{n}(x_i - \bar{x})^2}{n-1}})$ der Stichprobe wird die empirische Dichtefunktion ($f^*(x)$) bestimmt.

Ist dagegen der Mittelwert bzw. die Standardabweichung der Grundgesamtheit gemeint, so gelten die Bezeichnungen μ für den Mittelwert bzw. σ für die Standardabweichung. Aus diesen Parametern wird die ideale Dichtefunktion $f(x)$ bestimmt. Damit können die Gleichungen

(1) und (8) als Schätzfunktionen des Mittelwertes und der Standardabweichung der Grundgesamtheit angesehen werden.

Nach Gleichung (21) von Seite 52 gilt für die Verteilungsfunktion
$F(x) = \int f(x)\,dx$.

Nach Gleichung (23) von Seite 52 gilt für die Ausfallwahrscheinlichkeit:
$P_A(x) = F(x)$

und für die Überlebenswahrscheinlichkeit:

$P_\ddot{U}(x) = 1 - F(x)$.

Für die Normalverteilung gilt damit:

Empirische Dichtefunktion:

$$f^*(x) = \frac{1}{s_x\sqrt{2\pi}} \cdot e^{\left(-\frac{(x-\bar{x})^2}{2s_x^2}\right)} \tag{30}$$

EXCEL: =NORM.VERT(x; Mittelwert; Standardabweichung; FALSCH)

Ideale Dichtefunktion:

$$f(x) = \frac{1}{\sigma\sqrt{2\pi}} \cdot e^{\left(-\frac{(x-\mu)^2}{2\sigma^2}\right)} \tag{31}$$

Verteilungsfunktion:

$$F(x) = \int_{-\infty}^{\infty} f(x)\,dx \tag{32}$$

$$F(x) = \int_{-\infty}^{\infty} \frac{1}{\sigma\sqrt{2\pi}} \cdot e^{\left(-\frac{(x-\mu)^2}{2\sigma^2}\right)}\,dx.$$

EXCEL: =NORM.VERT(x; Mittelwert; Standardabweichung; WAHR)

mit der Kreiszahl $\pi = 3{,}141\ldots$ und der Euler'schen Zahl $e = 2{,}718\ldots$

Die Berechnung des Integrals der Normalverteilung (also der Verteilungsfunktion) ist schwierig. Zur Berechnung der Ausfallwahrscheinlichkeit bieten sich zwei pragmatische Möglichkeiten an:

- Die Verwendung von Excel oder
- Die Nutzung von Tabellen.

Zu 1) Die Verwendung von Excel:

Mit

EXCEL: =NORM.VERT(x; Mittelwert; Standardabweichung; WAHR)

kann für einen gegebenen Mittelwert und eine gegebene Standardabweichung für jeden Merkmalswert die Ausfallwahrscheinlichkeit berechnet werden.

Bei gegebener Ausfallwahrscheinlichkeit wird der zugehörige Merkmalswert mit

EXCEL: =NORM.INV(Ausfallwahrscheinlichkeit; Mittelwert; Standardabweichung).

berechnet.

Zu 2) mit Hilfe von Tabellen:

Ein beliebiger Merkmalswert x hat den Abstand a vom Mittelwert $\bar{x}$. Zusätzlich kann dieser Abstand a kann auch als Vielfaches z der Standardabweichung s_x beschrieben werden:

$$a = x - \bar{x} = z \cdot s_x \tag{33}$$

Der Wert z wird in der Statistik als Schranke bezeichnet und berechnet sich nach:

$$z = \frac{a}{s_x} \tag{34}$$

EXCEL: =NORM.S.INV(Wahrscheinlichkeit)

Typische Wahrscheinlichkeiten werden für die Normalverteilung in Abhängigkeit der Vielfachen der Standardabweichung angegeben:

$\bar{x} - 1 \cdot s_x$ oder $z = -1$ mit 15,87% Wahrscheinlichkeit
$\bar{x} - 2 \cdot s_x$ oder $z = -2$ mit 2,28% Wahrscheinlichkeit
$\bar{x} - 3 \cdot s_x$ oder $z = -3$ mit 0,14% Wahrscheinlichkeit

Tabelle 10-1: Schranken der Normalverteilung (Auswahl)

Wahrscheinlichkeit P_A in				Schranke
absolut	ppm	Promille ‰	Prozent %	z
0,5	500000	500	50	0
0,4	400000	400	40	-0,253
0,3	300000	300	30	-0,524
0,2	200000	200	20	-0,842
0,1	100000	100	10	-1,282
0,05	50000	50	5	-1,645
0,01	10000	10	1	-2,326
0,005	5000	5	0,5	-2,576
0,001	1000	1	0,1	-3,09
0,0005	500	0,5	0,05	-3,291
0,0001	100	0,1	0,01	-3,719
0,00005	50	0,05	0,005	-3,891
0,00001	10	0,01	0,001	-4,265
0,000005	5	0,005	0,0005	-4,417
0,000001	1	0,001	0,0001	-4,753

Dieses Wissen wird z. B. genutzt, um aus einem Wahrscheinlichkeitsnetz einfach auf grafische Art die Standardabweichung zu ermitteln. Dazu wird bei der Ausfallwahrscheinlichkeit von 15,87% der zugehörigen Merkmalswert abgelesen. Der Abstand dieses Merkmalswertes zum Mittelwert ist dann die Standardabweichung. Tabelle 10-1 zeigt diese Schranken abhängig von der Ausfallwahrscheinlichkeit für die Standardnormalverteilung. Sie gilt für eine Standardabweichung von s = 1. Eine ausführliche Tabelle ist im Anhang angegeben (Tabelle 20-4).

Dazu ein kleines Beispiel:
Die Bauteile werden auf die Zugfestigkeit ausgelegt. Es soll der Werkstoff S350GD verwendet werden. Die Auslegung basiert auf der Stichprobe aus Tabelle 8-1 von Seite 37. Ziel ist es, die Wahrscheinlichkeit des Ausfalls des Bauteils auf $P_A < 5\%$ zu drücken.
Frage 1: Auf welche Zugfestigkeit muss ausgelegt werden?
Frage 2: Wie groß ist die Sicherheit, die dann angenommen wurde?

Lösung 1) Grafisch:

Im Diagramm von Abbildung 9-6 auf Seite 55 wird die Zugfestigkeit bei einer Ausfallwahrscheinlichkeit von $P_A = 5\%$ direkt abgelesen:

$R_m(P_A = 5\%) \approx 360\,\text{MPa}$.

Anstelle der mittleren Zugfestigkeit von 431 MPa wird das Bauteil auf eine Zugfestigkeit von $R_m = 360\,\text{MPa}$ ausgelegt.

Die Sicherheit berechnet sich zu

$$S = \frac{\overline{R}_m}{R_m(P_A = 5\%)} = \frac{431}{360} = 1,2.$$

Lösung 2) Rechnerisch:

Aus Tabelle 10-1 wird die zur gesuchten Ausfallwahrscheinlichkeit gehörende Schranke u abgelesen. Das ist $z(P_A = 5\%) = -1,645$.
Mit Gleichung (8) von Seite 42 wird die Standardabweichung s_x der gemessenen Stichprobe der Zugfestigkeiten berechnet:

$$s_x = s_{Rm} = \sqrt{\frac{\sum_{i=1}^{n}(R_{mi} - \overline{R}_m)^2}{n - 1}} = 37\,\text{MPa}.$$

Mittels Gleichung (1) der Seite 38 berechnet sich der Mittelwert der Stichprobe:

$$\overline{x} = \overline{R}_m = \frac{\sum_{i=1}^{n} R_{mi}}{n} = 431\,\text{MPa}$$

Gleichung (33) von Seite 66 liefert den Abstand a vom Mittelwert:

$$a = |\bar{x} - x| = z \cdot s_x$$
$$= |\bar{R}_m - R_m(P_A = 5\%)| = z(P_A = 5\%) \cdot s_{Rm}$$
$$= -1{,}645 \cdot 37\,\text{MPa}$$
$$a = -61\,\text{MPa}.$$

Ebenfalls aus Gleichung (33) von Seite 66 erhält man durch Umstellen abschließend den gewünschten Wert der Zugfestigkeit ($R_m(P_A = 5\%)$):

$$a = R_m(P_A = 5\%) - \bar{R}_m$$
$$R_m(P_A = 5\%) = a + \bar{R}_m$$
$$= -61\,\text{MPa} + 431\,\text{MPa}$$
$$R_m(P_A = 5\%) = 370\,\text{MPa}$$

Unter der Annahme, dass die an Proben ermittelten Zugfestigkeiten auf das Bauteil übertragbar sind, wird anstelle der mittleren Zugfestigkeit von 431 MPa wird auf Rm = 360 MPa ausgelegt.

Die Sicherheit berechnet sich wieder zu

$$S = \frac{\bar{R}_m}{R_m(P_A = 5\%)} = \frac{431}{370} = 1{,}16.$$

Die Sicherheiten der rechnerischen und zeichnerischen Lösung unterscheiden sich auf Grund von Ablesegenauigkeiten.

10.2 DIE LOGARITHMISCHE NORMALVERTEILUNG

Die logarithmische Normalverteilung ergibt sich aus der Normalverteilung, indem anstelle des Versuchswertes x der logarithmierte Versuchswert $\log_{10} x$ als Merkmal verwendet wird. Insbesondere für die Auswertung von Lebensdauern ist die logarithmische Normalverteilung das Mittel der Wahl. Es sind also die logarithmierten Versuchswerte normalverteilt. Folglich werden auch Mittelwert und Standardabweichung der logarithmischen Normalverteilung analog zur Normalverteilung berechnet.

Abbildung 10-3 zeigt schematisch den Verlauf der Dichtefunktion und der Ausfallwahrscheinlichkeit der logarithmischen Normalverteilung für verschiedene Standardabweichungen und Mittelwerte. Es zeigt sich, dass die logarithmische Normalverteilung eine linksschiefe Verteilung ist. Sie hat ihre Symmetrie bezüglich des Mittelwertes verloren. Unter Verwendung des logarithmierten Merkmals $\log_{10} x_i$ wird der Mittelwert analog Gleichungen (1)

$$\bar{x} = \frac{\sum_{i=1}^{n} \log_{10} x_i}{n} \tag{35}$$

und die Standardabweichung entsprechend Gleichung (8) aus der Stichprobe berechnet:

$$s_x = \sqrt{\frac{\sum_{i=1}^{n} (\log_{10} x_i - \bar{x})^2}{n-1}}. \tag{36}$$

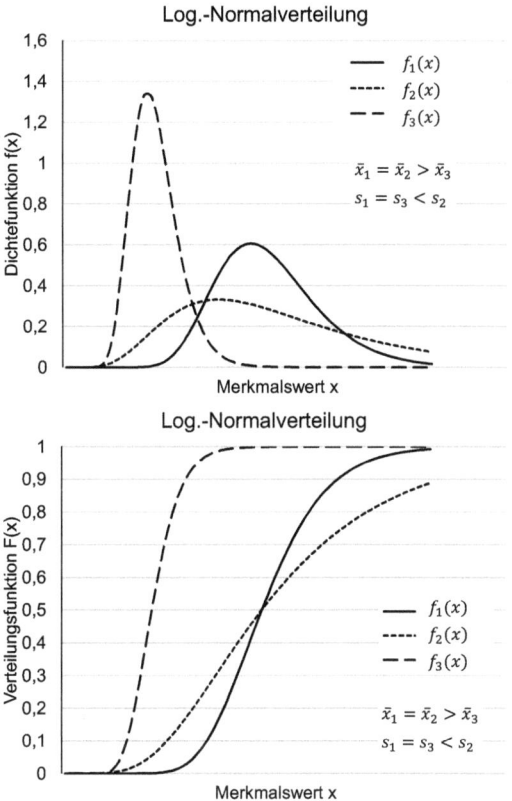

Abbildung 10-3: Schematischer Verlauf der logarithmischen Normalverteilung

Für die logarithmische Normalverteilung gilt damit:

Empirische Dichtefunktion:

$$f^*(x) = \frac{1}{x \cdot s_x \cdot \sqrt{2\pi}} \cdot e^{\left(-\frac{(\log_{10}x - \bar{x})^2}{2s_x^2}\right)} \tag{37}$$

EXCEL: =LOGNORM.VERT(x; Mittelwert; Standardabweichung; FALSCH)

Ideale Dichtefunktion:

$$f(x) = \frac{1}{x \cdot \sigma \cdot \sqrt{2\pi}} \cdot e^{\left(-\frac{(\log_{10}x - \mu)^2}{2\sigma^2}\right)} \tag{38}$$

Verteilungsfunktion: (39)

$$F(x) = \int_{-\infty}^{\infty} f(x)dx$$

$$F(x) = \int_{-\infty}^{\infty} \frac{1}{x \cdot \sigma \cdot \sqrt{2\pi}} \cdot e^{\left(-\frac{(\log_{10}x - \mu)^2}{2\sigma^2}\right)} dx.$$

EXCEL: =LOGNORM.VERT(x; Mittelwert; Standardabweichung; WAHR)

mit der Kreiszahl $\pi = 3,141\ldots$ und der Euler'schen Zahl $e = 2,718\ldots$.

Bei der Berechnung des Integrals der logarithmischen Normalverteilung trifft man auf dieselben Schwierigkeiten wie bei der Normalverteilung. Es kann wieder mittels Tabellenwerten (vgl. Tabelle 10-1) oder Excel analog des Vorgehens von Kapitel 10.1 erfolgen.

10.3 DIE WEIBULLVERTEILUNG

Die Weibullverteilung findet starke Anwendung im Bereich der Zuverlässigkeitstechnik. Mit ihr lassen sich sehr bequem Ausfallwahrscheinlichkeiten von Bauteilen berechnen. Neben der einfachen Anwendung ist vor allem ihre flexible Anwendung ein großer Vorteil.

Die flexible Anwendung macht sich dadurch bemerkbar, dass mit Hilfe der Weibullverteilung verschiedene statische Verteilungen dargestellt werden können. Das sind die Normalverteilung (Auswertung von Messungen), die log. Normalverteilung (Auswertung von Wöhlerversuchen) und die Exponentialverteilung (z. B. Auswertung von Windgeschwindigkeiten oder Strahlungen). Überwiegende Anwendung findet sie in der Auswertung von Lebensdauerversuchen.

Die Weibullverteilung wird durch zwei oder drei Parameter beschrieben. In der zweiparametrischen Form, sind dies der Skalenwert λ (das ist der Lageparameter, vergleichbar mit dem Mittelwert der Normalverteilung) und dem Weibullexponenten b (dies ist der Formparameter, vergleichbar mit der Standardabweichung der Normalverteilung).

Je größer der Skalenwert λ, umso größer sind die im Mittel gemessenen Merkmalswerte. Abhängig vom Weibullexponenten b ergeben sich unterschiedliche Verteilungsformen (Abbildung 10-4).

Der Weibullexponent b beschreibt die Form (Breite) der Verteilung. Mit steigendem Weibullexponenten wird die Streuung geringer, die Dichtefunktion wird schmaler. Damit sinkt auch die Unsicherheit des Messergebnisses (vgl. auch Abbildung 10-2).

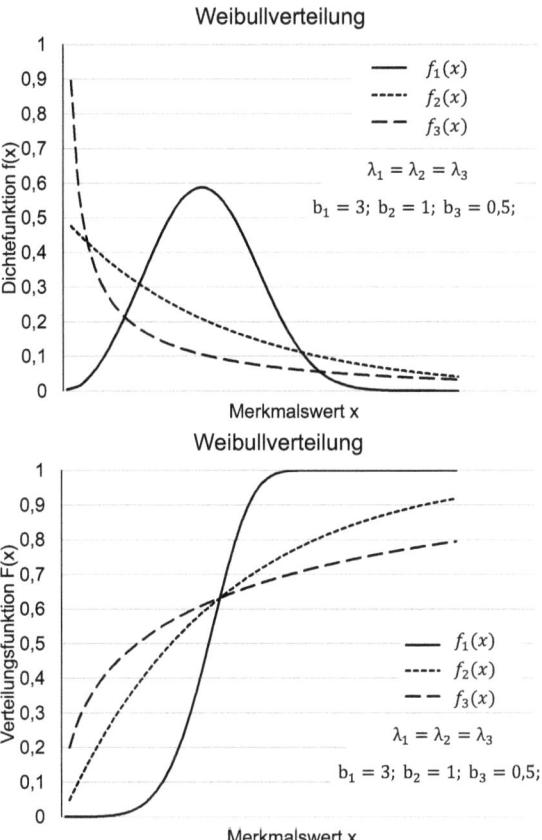

Abbildung 10-4: schematischer Verlauf der Weibullverteilung

Nach Gleichung (21) gilt für die Verteilungsfunktion
$F(x) = \int f(x)\,dx$. Für die Weibullverteilung gilt:

Dichtefunktion:

$$f(x) = \lambda \cdot b \cdot (\lambda \cdot x)^{b-1} e^{-(\lambda \cdot x)^b}$$

EXCEL: =WEIBULL.VERT (x; Skalenwert λ; Exponent b; FALSCH)   (40)

Verteilungsfunktion:

$$F(x) = \int_{-\infty}^{+\infty} \lambda \cdot b \cdot (\lambda \cdot x)^{b-1} e^{-(\lambda \cdot x)^b}\,dx.$$

$$F(x) = 1 - e^{-(x/\lambda)^b}$$

EXCEL: =WEIBULL.VERT (x; Exponent b; Skalenwert λ; WAHR)   (41)

mit der Euler'schen Zahl e = 2,718....

An der Verteilungsfunktion erkennt man die einfache Handhabbarkeit der Weibullverteilung, da das Integral der Dichtefunktion der Weibullverteilung geschlossen integrierbar ist. Dies ermöglicht eine einfache Berechnung der Verteilungsfunktion.

Die Parameter der Weibullverteilung Skalenwert λ und Exponent b können aus einer Stichprobe bestimmt werden. Dazu wird die Weibullverteilung als Gerade in einem Diagramm dargestellt (dem Wahrscheinlichkeitsnetz):

$$\ln\left(\ln\frac{1}{1-F(x)}\right) = b \cdot \ln x - b \cdot \ln\lambda \tag{42}$$

$$y = m \cdot x + c, \text{also}$$
$$y = \ln\left(\ln\frac{1}{1-F(x)}\right)$$
$$x = \ln x$$
$$m = b$$
$$c = -b \cdot \ln\lambda$$

Mit Hilfe der Regressionsrechnung (der Methode der kleinsten Quadrate nach Kapitel 14.3.2.1) kann von den Daten einer Stichprobe mit dem Umfang n auf den Skalenparameter und den Weibullexponenten geschlossen werden. Dazu werden die Messwerte der Größe nach sortiert (vom kleinsten zum größten). Der kleinste Wert erhält den Rang $i = 1$, der zweitkleinste den Rang $i = 2$, usw.. Anschließend wird mit Gleichung (22) von Seite 52 jedem Stichprobenwert x_i ein Wert der empirischen Verteilungsfunktion $F^*(x_i)$ zugewiesen:

$$F^*(x_i) = \frac{3i-1}{3n+1}. \tag{43}$$

Der Weibullexponent b berechnet sich mit Hilfe der Methode der kleinsten Quadrate analog Gleichung (109) von Seite 135

$$m = \frac{\sum_{i=1}^{n}(x_i - \bar{x})(y_i - \bar{y})}{\sum_{i=1}^{n}(x_i - \bar{x})^2}. \tag{44}$$

Einsetzen von (42) liefert

$$b = \frac{\sum_{i=1}^{n}(\ln x_i - \bar{x})\left(\ln\left(\ln\frac{1}{1-F^*(x_i)}\right) - \bar{y}\right)}{\sum_{i=1}^{n}(\ln x_i - x)^2}, \tag{45}$$

mit den Mittelwerten:

$$\bar{x} = \frac{\sum_{i=1}^{n}x_i}{n} = \frac{\sum_{i=1}^{n}\ln x_i}{n}, \tag{46}$$
$$\bar{y} = \frac{\sum_{i=1}^{n}y_i}{n} = \frac{\sum_{i=1}^{n}\ln\left(\ln\frac{1}{1-F^*(x_i)}\right)}{n}.$$

Der Skalenwert λ berechnet sich mit den obigen Mittelwerten

$$c = \bar{x} - m\bar{x}$$
$$-b \cdot \ln\lambda = \bar{y} - b\bar{x} \tag{47}$$
$$\lambda = e^{-\frac{\bar{y}-b\bar{x}}{b}}$$

Mit diesen Parametern kann die Weibullverteilung eindeutig beschrieben werden.

10.4 AUF DEN PUNKT

Die Normalverteilung

- Häufig sind statische Festigkeitskennwerte wie Zugfestigkeit oder Streckgrenze normalverteilt.
- Die meisten Messwerte wie Durchmesser, Längen, Ströme,.. sind normalverteilt
- Wird beschrieben durch den Lageparameter (Mittelwert $\bar{x}$) und den Formparameter (Standardabweichung s_x).

Die logarithmische Normalverteilung

- Sie wird zur Bewertung von Lebensdauerversuchen oder Schwingfestigkeitskennwerten verwendet.

Die Weibullverteilung

- Typischerweise wird die Weibullverteilung für Lebensdauerwerte wie Verschleiß oder Alterung verwendet.
- Mit ihr lässt sich eine Normalverteilung annähern, wodurch sie sehr flexibel ist.
- Sie ist mathematisch einfach handhabbar, da geschlossen integrierbar.
- Sie wird durch die zwei Parameter, den Weibullexponenten b (Formparameter) und den Skalenwert λ (Lageparameter) beschrieben.

11 DER VERTRAUENSBEREICH

Die experimentelle Ermittlung von beispielsweise Werkstoffkennwerten erfolgt immer auf Basis einer Stichprobe, d. h. von allen Versuchen, die theoretisch möglich wären (Grundgesamtheit) wird nur ein kleiner Teil für die Versuche verwendet (Stichprobe). Es ist davon auszugehen, dass zusätzliche Stichproben von den Werten der ersten Stichprobe abweichen werden. Es streuen also nicht nur die Ergebnisse einer Stichprobe, sondern auch die Stichproben selbst. Die Unsicherheiten, die aus den Streuungen der Stichproben resultieren, werden mit dem Vertrauensbereich bewertet.

Im Beispiel von Tabelle 11-1 beinhaltet die Stichprobe 12 Proben, an denen die Zugfestigkeit gemessen wurde. Im Ergebnis stellt man fest, dass die Zugfestigkeiten dieser Stichprobe streuen. Für diese Stichprobe 1 wurde ein Mittelwert von $\overline{R}_{m_1}$ = 431 MPa und eine Standardabweichung von $s_{R_m,1}$ = 37 MPa ermittelt (Tabelle 11-1).

Tabelle 11-1: Drei Stichproben der Zugfestigkeit

Rang	Zugfestigkeiten in MPa		
	Stichprobe 1	Stichprobe 2	Stichprobe 3
1	359	366	371
2	390	376	391
3	410	387	397
4	411	389	399
5	425	405	418
6	434	405	419
7	435	414	432
8	441	423	438
9	444	446	444
10	459	449	448
11	463	450	470
12	504	481	487
Mittelwert	431	416	426
Standardabweichung	37	35	34

In Tabelle 11-1 sind außerdem die gemessenen Zugfestigkeiten des gleichen Werkstoffes für zwei zusätzliche Stichproben zusammengefasst. Daraus ist erkennbar, dass sich – wie erklärt – die Stichproben voneinander unterscheiden.

Abbildung 11-1 visualisiert die Ergebnisse der drei Stichproben im Wahrscheinlichkeitsnetz inklusive ihrer Ausgleichsgeraden.

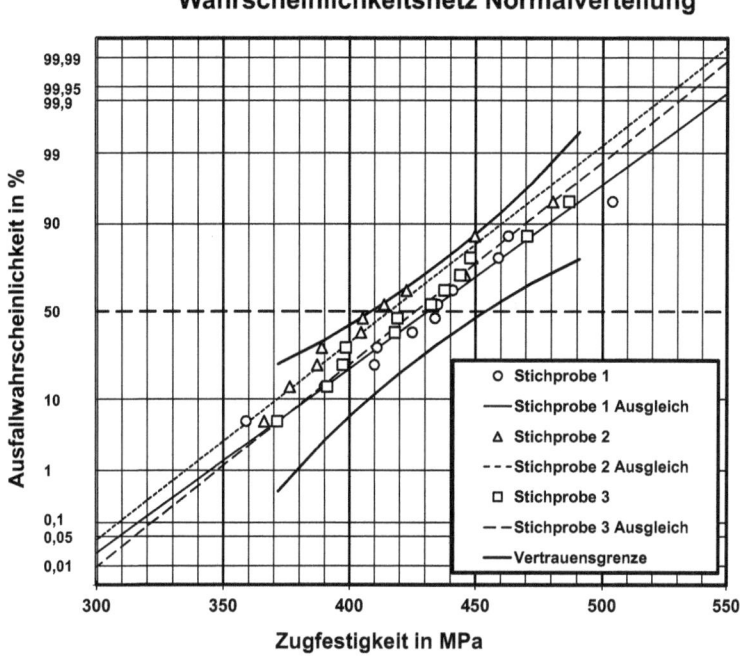

Abbildung 11-1: Zugfestigkeiten von drei Stichproben

Ziel ist es, die Verteilung der Grundgesamtheit möglichst genau aus der Stichprobe zu bestimmen. Deshalb wird ein Vertrauensbereich angegeben, in dem die Verteilung der Grundgesamtheit liegen wird, wenn sie auf Basis der Stichprobe geschätzt wird. Die Aussage ist mit einer Wahrscheinlichkeit, der Vertrauenswahrscheinlichkeit behaftet. Diese Wahrscheinlichkeit wird durch den Anwender festgelegt. Typische Werte sind: 80%, 90% oder 95%. Liegt die festgesetzte Vertrauenswahrscheinlichkeit bei 90% so spricht man von einem 90%-igen Vertrauensbereich. Dies bedeutet, dass 90% der Versuche in diesem Bereich liegen werden. Der 90%-ige Vertrauensbereich ist begrenzt durch die 5%- und 95%-Vertrauensgrenze.

Insbesondere bei kleinen Stichproben (n < 30) muss der Vertrauensbereich berücksichtigt werden.

Je kleiner die Vertrauenswahrscheinlichkeit gewählt wird, umso schmaler wird dieser. Der Vertrauensbereich wird außerdem umso enger, je größer die Stichprobenanzahl ist.

Abbildung 11-1 zeigt drei Stichproben inkl. des 90%-igen Vertrauensbereich der ersten Stichprobe. Daraus ist erkennbar, dass alle Messwerte innerhalb des Vertrauensbereiches liegen. Die wahre Verteilung der Grundgesamtheit liegt mit 90%-iger Wahrscheinlichkeit innerhalb des angegebenen Bereiches.

Eine sehr große Vertrauenswahrscheinlichkeit vergrößert den Vertrauensbereich deutlich. Das bedeutet, dass keine sinnvolle Aussage mehr getroffen werden kann. Es handelt sich also um ein Abwägen zwischen zwei möglichen Fehlern:

1. Auf Basis der Stichprobe wird angenommen, dass die Verteilung der Grundgesamtheit innerhalb des Vertrauensbereiches liegt. In Wahrheit liegt sie aber außerhalb. Für das Beispiel würde dies bedeuten, dass die mittlere Zugfestigkeit (Ausfallwahrscheinlichkeit 50%) der Grundgesamtheit entweder kleiner als 410 MPa oder größer als 455 MPa ist.
   Risiko: Die Zugfestigkeit wird zu hoch geschätzt, es droht der Bauteilausfall.
   Dieser Fehler sinkt, wenn die Wahrscheinlichkeit erhöht wird.

2. Auf Basis der gewählten Wahrscheinlichkeit des Vertrauensbereiches wird der Vertrauensbereich so groß, dass er die Zugfestigkeiten eines deutlich „schlechteren" Werkstoffes wie z. B. S235JR mit einschließt.
   Risiko: die Zugfestigkeit wird zu gering angenommen, es drohen zu hohe Kosten, da ein günstigerer Werkstoff eingesetzt werden könnte.
   Dieser Fehler steigt, wenn die Wahrscheinlichkeit erhöht wird.

Ein guter Kompromiss zwischen beiden Fehlern ist gefunden, wenn die Wahrscheinlichkeit des Vertrauensbereiches bei etwa 80...90% gewählt wird [6].

11.1 DER VERTRAUENSBEREICH VON VERTEILUNGEN

Für Verteilungen wird der Vertrauensbereich im Wahrscheinlichkeitsnetz angegeben. Dazu werden zusätzlich zum Mittelwert noch zwei Kurven eingezeichnet, die den Vertrauensbereich kennzeichnen, in dem sich Verteilung der Grundgesamtheit der Daten befinden wird.

Die Ermittlung der Vertrauensgrenzen

Für die Stichprobe 1 aus Tabelle 11-1 von Seite 74 soll der Vertrauensbereich bestimmt werden. Die Daten der gemessenen Zugfestigkeiten $R_{m,i}$ sind noch einmal in Tabelle 11-2 zusammengefasst. Das Vorgehen zur Ermittlung der Vertrauensgrenzen besteht aus folgenden Schritten:

Schritt 1:

Sortierung der Messdaten dem Rang nach (siehe Tabelle 11-2 zweite Spalte). Und Berechnung der Ausfallwahrscheinlichkeiten der Ausgleichsgeraden für jeden Rang (nach Gleichung (24) Seite 54):

$P_A(R_{m,i}) = \frac{3i-1}{3n+1}$ mit i: Rang des Versuchs, n: Versuchsanzahl (siehe Tabelle 11-2 dritte Spalte). Die Eintragung der Punkte ins Wahrscheinlichkeitsnetz zeigt Abbildung 10-2 von Seite 78 im oberen linken Bild. Zusätzlich zu den Versuchspunkten wird noch die Ausgleichsgerade von Hand eingezeichnet.

Tabelle 11-2: Berechnung der Vertrauensbereiche für eine Stichprobe

Rang	Stichprobe 1	$P_{A,50\%}(Rm_i)$ nach Rossow	Ausfallwahrscheinlichkeiten Vertrauensbereich	
			$P_{A,5\%}(Rm_i)$	$P_{A,95\%}(Rm_i)$
1	359	5,4%	0,4%	22,1%
2	390	13,5%	3,0%	33,9%
3	410	21,6%	7,2%	43,8%
4	411	29,7%	12,3%	52,7%
5	425	37,8%	18,1%	60,9%
6	434	45,9%	24,5%	68,5%
7	435	54,1%	31,5%	75,5%
8	441	62,2%	39,1%	81,9%
9	444	70,3%	47,3%	87,7%
10	459	78,4%	56,2%	92,8%
11	463	86,5%	66,1%	97,0%
12	504	94,6%	77,9%	99,6%

Schritt 2:

Ermittlung der Ausfallwahrscheinlichkeiten $P_{A,5\%}(x_i)$ und $P_{A,95\%}(x_i)$ der 5% und 95% Vertrauensgrenzen für jeden Rang nach Tabelle 20-5 und Tabelle 20-6. Diese Werte sind in den Spalten vier und fünf der Tabelle 11-2 zusammengefasst. Werden die Punkte ins Wahrscheinlichkeitsnetz eingetragen, ergibt sich das obere rechte Bild von Abbildung 10-2 von Seite 78.

Alternativ kann der Vertrauensbereich nach Clopper/Pearson [7] auch für beliebige Wahrscheinlichkeiten berechnet werden. Der Vertrauensbereich hat eine Irrtumswahrscheinlichkeit / Signifikanz von α und ist durch die $\frac{\alpha}{2}$ sowei die $1 - \frac{\alpha}{2}$ Vertrauensgrenze begrenzt. Die Vertrauensgrenzen berechnen sich für jeden Rang nach:

$$P_{A,\frac{\alpha}{2}}(x_i) = \left(1 + \frac{n - i + 1}{i \cdot F_{\frac{\alpha}{2};2i;2(n-i+1)}}\right)^{-1}$$

$$P_{A,1-\frac{\alpha}{2}}(x_i) = \left(1 + \frac{n - i - 1}{i \cdot F_{1-\frac{\alpha}{2};2i;2(n-i-1)}}\right)^{-1}$$

(48)

mit
der dem Rang i,
dem Stichprobenumfang n,
der Irrtumswahrscheinlichkeit (Signifikanz) α,
dem Quantil der F-Verteilung $F_{\frac{\alpha}{2};\upsilon_1;\upsilon_2}$ mit den Freiheitsgraden $\upsilon_1 = 2i$ und $\upsilon_1 = 2(n - i + 1)$
sowie $F_{1-\frac{\alpha}{2};\upsilon_1;\upsilon_2}$ mit den Freiheitsgraden $\upsilon_1 = 2i$ und $\upsilon_1 = 2(n - i - 1)$.

Die Quantile der F-Verteilung lassen sich mit Hilfe von Excel berechnen:

$$\text{EXCEL: } F_{\frac{\alpha}{2};\upsilon_1;\upsilon_2} = \text{F.INV}(\frac{\alpha}{2}; \upsilon_1; \upsilon_2), \text{ bzw.}$$

$$\text{EXCEL: } F_{1-\frac{\alpha}{2};\upsilon_1;\upsilon_2} = \text{F.INV}(1 - \frac{\alpha}{2}; \upsilon_1; \upsilon_2).$$

(49)

Schritt 3:

Das händische Verbinden der Punkte der Vertrauensgrenzen liefert dann den Vertrauensbereich. Vergleiche dazu das untere Bild in Abbildung 10-2.

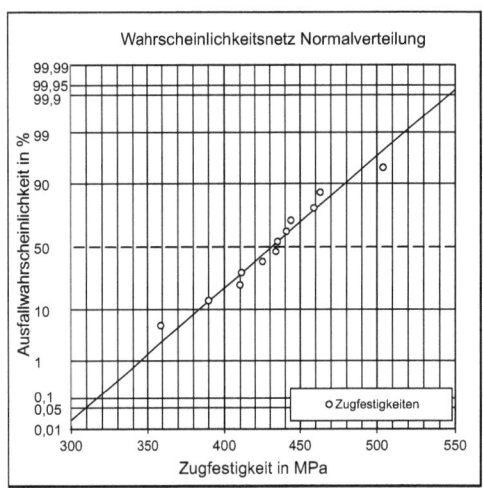
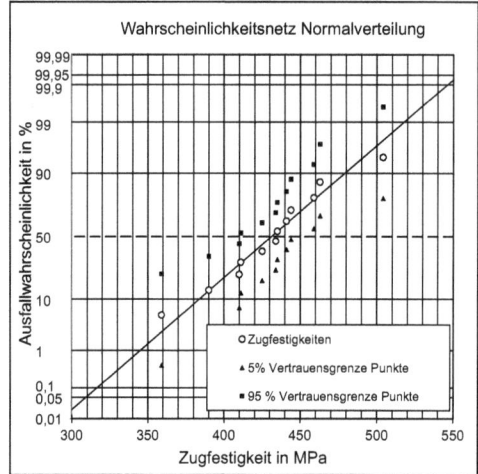

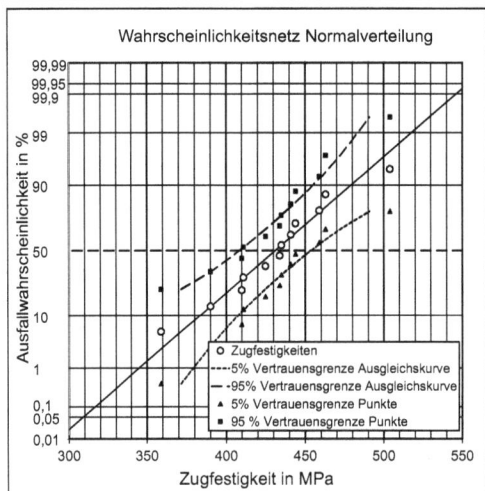

Abbildung 11-2: Drei Schritte von den Versuchspunkten zum Vertrauensbereich

Fazit:

Vertrauensbereiche ermöglichen eine Schätzung der Verteilung der Grundgesamtheit von Messwerten auf Basis von Stichproben. Üblicherweise wird der 90%-ige Vertrauensbereich gewählt. Zur Auswertung eigener Versuchsdaten steht ein Excel-Tool zum kostenlosen Download zur Verfügung: http://einbock-akademie.de/download/buch_statistik.

11.2 DER VERTRAUENSBEREICH DES MITTELWERTES

Wird der Mittelwert einer Stichprobe nach Gleichung (1) von Seite 38 berechnet, dann stellt auch diese Berechnung eine Schätzung des Mittelwertes μ der Grundgesamtheit dar. Auch hierfür kann ein Vertrauensbereich angegeben werden. Dieser berechnet sich aus dem Standardfehler des Mittelwertes:

$$\sigma(\bar{x}) = \frac{s_x}{\sqrt{n}} = \frac{\sqrt{\frac{\sum_{i=1}^{n}(x_i - \bar{x})^2}{n-1}}}{\sqrt{n}} \tag{50}$$

mit
der Standardabweichung s_x der Stichprobe nach Gleichung (8),
dem Stichprobenumfang n und
dem Mittelwert $\bar{x}$ der Stichprobe nach Gleichung (1).

Und ist begrenzt durch die untere μ_u und die obere Grenze μ_o:

$$\mu_u \leq \mu \leq \mu_o:$$
$$\bar{x} - t_{\alpha/2,\upsilon} \cdot \sigma(\bar{x}) \leq \mu \leq \bar{x} + t_{\alpha/2,\upsilon} \cdot \sigma(\bar{x})$$
$$\bar{x} - t_{\alpha/2,\upsilon} \cdot \frac{s_x}{\sqrt{n}} \leq \mu \leq \bar{x} + t_{\alpha/2,\upsilon} \cdot \frac{s_x}{\sqrt{n}} \tag{51}$$

mit
der Standardabweichung s_x der Stichprobe nach Gleichung (8),
dem Stichprobenumfang n,
dem Mittelwert $\bar{x}$ der Stichprobe nach Gleichung (1) und
dem Perzentil der t-Verteilung $t_{\alpha/2,\upsilon}$ mit ($\upsilon = n - 1$) Freiheitsgraden.

Etwas anders geschrieben gilt also für den wahren Mittelwert μ der Grundgesamtheit

$$\mu = \bar{x} \pm t_{\alpha/2,\upsilon} \cdot \frac{s_x}{\sqrt{n}} \tag{52}$$

Mit dem Perzentil der t-Verteilung $t_{\alpha/2,\upsilon}$ mit ($\upsilon = n - 1$) Freiheitsgraden wird der Einfluss der Vertrauenswahrscheinlichkeit $1 - \alpha$ berücksichtigt. Dieses Perzentil kann nach Tabelle 20-1 abgelesen oder Excel berechnet werden:

$$\text{EXCEL: } t_{\alpha/2,\upsilon} = \text{T.INV}(\alpha/2; \upsilon). \tag{53}$$

Abbildung 11-3 visualisiert die Vertrauensbereiche.

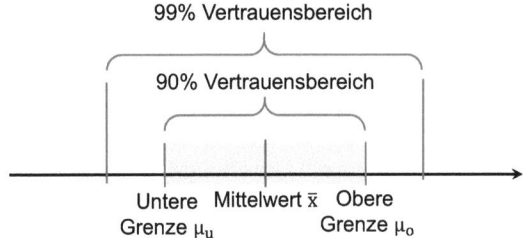

Abbildung 11-3: schematische Darstellung des Vertrauensbereiches des Mittelwertes

Dazu ein Beispiel:

Es soll der Vertrauensbereich für den Mittelwert der Zugfestigkeiten der ersten Stichprobe aus Tabelle 11-1 von Seite 74 berechnet werden. Nach Tabelle 11-1 ist der Mittelwert $\bar{R}_{m,1} = 431$ MPa und die Standardabweichung $s_{R_m,1} = 37$ MPa.

Lösung:

Zuerst wird die Vertrauenswahrscheinlichkeit festgelegt. Es wird eine Vertrauenswahrscheinlichkeit von 90% gewählt. Es gilt somit für die Irrtumswahrscheinlichkeit $\alpha = 10\%$. Aus Tabelle 20-1 von Seite 320 lesen wir das Quantil der t-Verteilung $t_{\alpha/2,\upsilon}$ mit $\upsilon = n - 1 = 12 - 1 = 11$ ab:

$$t_{\alpha/2,\upsilon} = t_{10\%/2,11} = t_{5\%,11} = 1{,}796. \tag{54}$$

Mit $t_{5\%,11} = 1{,}796$, dem Mittelwert $\bar{R}_{m,1} = 431$ MPa und der Standardabweichung $s_{R_m,1} = 37$ MPa werden jetzt die Grenzen des Vertrauensbereiches nach Gleichung (51) berechnet:

$$\mu_u \leq \bar{x} \leq \mu_o:$$
$$\bar{x} - t_{\alpha/2,\upsilon} \cdot \frac{s_x}{\sqrt{n}} \leq \bar{x} \leq \bar{x} + t_{\alpha/2,\upsilon} \cdot \frac{s_x}{\sqrt{n}}$$
$$431\text{MPa} - 1{,}796 \cdot \frac{37\text{MPa}}{\sqrt{12}} \leq \bar{R}_{m,1} \leq 431\text{MPa} + 1{,}796 \cdot \frac{37\text{MPa}}{\sqrt{12}} \tag{55}$$
$$412\text{MPa} \leq \bar{R}_{m,1} \leq 450\text{MPa}$$

Der wahre Mittelwert bewegt sich mit 90% Wahrscheinlichkeit im Bereich von $412\text{MPa} \leq \bar{R}_{m,1} \leq 450\text{MPa}$.

11.3 DER VERTRAUENSBEREICH DER STANDARDABWEI-CHUNG

Für die Standardabweichung s_x kann ebenfalls ein Vertrauensbereich angegeben werden, in dem sich die Standardabweichung der Grundgesamtheit σ befindet:

$$s_x \cdot \sqrt{\frac{(n-1)}{\chi^2_{df,\alpha/2}}} \leq \sigma \leq s_x \cdot \sqrt{\frac{(n-1)}{\chi^2_{df,1-\alpha/2}}} \tag{56}$$

mit
der Standardabweichung der Stichprobe s_x nach Gleichung (8),
dem Stichprobenumfang n und
dem Quantil der χ^2 -Verteilung $\chi^2_{df,\alpha}$.

Das Quantil der χ^2 -Verteilung $\chi^2_{df,\alpha}$ wird Tabelle 20-3 von Seite 322 abhängig vom Freiheitsgrad df $= n - 1$ und der Wahrscheinlichkeit α entnommen oder in Excel berechnet:

$$\text{EXCEL: } \chi^2_{df,\alpha} = \text{CHIQU.INV.RE } (\alpha; df). \tag{57}$$

Dazu ein Beispiel:

Es soll der Vertrauensbereich für die Standardabweichung der Zugfestigkeiten der ersten Stichprobe aus Tabelle 11-1 von Seite 74 berechnet werden. Nach Tabelle 11-1 ist die Standardabweichung $s_{R_m,1} = 37$ MPa.

Lösung:

Zuerst wird die Vertrauenswahrscheinlichkeit festgelegt. Es wird eine Vertrauenswahrscheinlichkeit von 95% gewählt. Es gilt somit für die Irrtumswahrscheinlichkeit $\alpha = 5\%$. Aus Tabelle 20-3 von Seite 322 lesen wir die Quantile χ^2 -Verteilung $\chi^2_{df,\alpha/2}$ und $\chi^2_{df,1-\alpha/2}$ mit df $= n - 1 = 12 - 1 = 11$ ab:

$$\chi^2_{df,\alpha/2} = \chi^2_{11,5\%/2} = \chi^2_{11,2,5\%} = 21,92. \tag{58}$$
$$\chi^2_{df,1-\alpha/2} = \chi^2_{11,1-5\%/2} = \chi^2_{11,97,5\%} = 3,82.$$

Mit $\chi^2_{11,2,5\%} = 21,92$ und $\chi^2_{11,97,5\%} = 3,82$ sowie der Standardabweichung $s_{R_m,1} = 37$ MPa werden jetzt die Grenzen des Vertrauensbereiches nach Gleichung (56) berechnet:

$$s_x \cdot \sqrt{\frac{(n-1)}{\chi^2_{df,\alpha/2}}} \leq \sigma \leq s_x \cdot \sqrt{\frac{(n-1)}{\chi^2_{df,1-\alpha/2}}}$$

$$37 \text{ MPa} \cdot \sqrt{\frac{(12-1)}{21,92}} \leq \sigma \leq 37 \text{ MPa} \cdot \sqrt{\frac{(12-1)}{3,82}} \tag{59}$$

$$26,2 \leq s_{R_m,1} \leq 62,8 \text{ MPa}$$

Die wahre Standardabweichung wird sich mit 95% Wahrscheinlichkeit im Bereich von $27,7 \leq s_{R_m,1} \leq 57,6$ MPa befinden.

11.4 DER VERTRAUENSBEREICH DES WEIBULLEXPONEN-TEN B

Der Vertrauensbereich des Weibullparameters b kann in Abhängigkeit der Signifikanz α und dem Stichprobenumfang n in Anlehnung an [8] berechnet werden:

$$b = b \pm b \cdot z_{1-\alpha/2} \cdot \frac{0{,}78}{\sqrt{n}} \qquad (60)$$

mit
der Schranke $z_{1-\alpha/2}$ der Normalverteilung nach Gleichung (34), Seite 66 oder Tabelle 10-1, Seite 66 und dem Stichprobenumfang n.

11.5 DER VERTRAUENSBEREICH DES SKALENPARAME-TERS Λ

Für den Vertrauensbereich des Skalenparameters λ der Weibullverteilung gilt [8]

$$\lambda = \lambda \pm \lambda \cdot z_{1-\alpha/2} \cdot \frac{1{,}052}{b \cdot \sqrt{n}} \qquad (61)$$

In Abhängigkeit des Stichprobenumfangs n, des Weibullexponenten b und der $z_{1-\alpha/2}$ der Normalverteilung nach Gleichung (34) auf Seite 66 oder Tabelle 10-1 von Seite 66 sowie der Signifikanz α.

11.6 AUF DEN PUNKT

- Vertrauensbereiche ermöglichen eine Bewertung der Unsicherheiten beim Schätzen der Verteilung auf Basis von Stichproben.
- Der Vertrauensbereich ist umso kleiner, je größer die Stichprobe ist. Die Sicherheit der Schätzung nimmt also mit zunehmendem Stichprobenumfang zu.
- Der Vertrauensbereich ist umso kleiner, je größer die Irrtumswahrscheinlichkeit ist.
- Erfahrungswerte zeigen, dass Vertrauensbereiche von 90% ausreichend gut sind.
- Die Schätzung von Mittelwerten ist mit deutlich geringeren Stichproben möglich (kleinerer Vertrauensbereich), als die Schätzung von Streuungen.
- Unter http://einbock-akademie.de/download/buch_statistik finden Sie ein Tool zur Visualisierung des Vertrauensbereiches.

11.7 WICHTIGE FORMELN

Allgemeine Kennwerte:

Mittelwert:

$$\bar{x} = \frac{\sum_{i=1}^{n} x_i}{n}$$

EXCEL: = MITTELWERT$(x_1; x_2; \dots x_n)$

Standardabweichung der Stichprobe:

$$s_x = \sqrt{\frac{\sum_{i=1}^{n} (x_i - \bar{x})^2}{n-1}}$$

EXCEL: = STABW.N$(x_1; x_2; \dots x_n)$

Ermittlung von Histogrammen:

Bestimmung der Anzahl an Klassen

$$j \approx 1 + 3{,}32 \cdot \log_{10}(n)$$

Berechnung der Klassenbreite

$$b = \frac{\text{Maximalwert} - \text{Minimalwert}}{\text{Klassenanzahl } j}$$

Berechnung der empirischen Verteilungsfunktion:

$$F^*(x) = \frac{3i - 1}{3n + 1}$$

Eintragung von Versuchswerten im Wahrscheinlichkeitsnetz:

Berechnung der Positionswahrscheinlichkeit / Ausfallwahrscheinlichkeit

$$H_{rel}(i) = P_A(i) = \frac{3i - 1}{3n + 1}, \text{ mit i: Rang des Versuchs, n: Versuchsanzahl}$$

Berechnung der Normalverteilung

Empirische Dichtefunktion:

$$f^*(x) = \frac{1}{s_x\sqrt{2\pi}} \cdot e^{\left(-\frac{(x-\bar{x})^2}{2s_x^2}\right)}$$

EXCEL: =NORM.VERT(x; Mittelwert; Standardabweichung; FALSCH)

Ideale Dichtefunktion:

$$f(x) = \frac{1}{\sigma\sqrt{2\pi}} \cdot e^{\left(-\frac{(x-\mu)^2}{2\sigma^2}\right)}$$

Verteilungsfunktion:

$$F(x) = \int_{-\infty}^{\infty} f(x)\,dx$$

$$F(x) = \int_{-\infty}^{\infty} \frac{1}{\sigma\sqrt{2\pi}} \cdot e^{\left(-\frac{(x-\mu)^2}{2\sigma^2}\right)}\,dx.$$

EXCEL: =NORM.VERT(x; Mittelwert; Standardabweichung; WAHR)

Berechnung der logarithmischen Normalverteilung:

Empirische Dichtefunktion:

$$f^*(x) = \frac{1}{x \cdot s_x \cdot \sqrt{2\pi}} \cdot e^{\left(-\frac{(\log_{10}x-\bar{x})^2}{2s_x^2}\right)}$$

EXCEL: =LOGNORM.VERT(x; Mittelwert; Standardabweichung; FALSCH)

Ideale Dichtefunktion:

$$f(x) = \frac{1}{x \cdot \sigma \cdot \sqrt{2\pi}} \cdot e^{\left(-\frac{(\log_{10}x-\mu)^2}{2\sigma^2}\right)}$$

Verteilungsfunktion:

$$F(x) = \int_{-\infty}^{\infty} f(x)\,dx$$

$$F(x) = \int_{-\infty}^{\infty} \frac{1}{x \cdot \sigma \cdot \sqrt{2\pi}} \cdot e^{\left(-\frac{(\log_{10}x - \mu)^2}{2\sigma^2}\right)} dx.$$

EXCEL: =LOGNORM.VERT(x; Mittelwert; Standardabweichung; WAHR)

Berechnung der Weibullverteilung

Dichtefunktion:

$$f(x) = \lambda \cdot b \cdot (\lambda \cdot x)^{b-1} e^{-(\lambda \cdot x)^b}$$

EXCEL: =WEIBULL.VERT (x; Skalenwert λ; Exponent b; FALSCH)

Verteilungsfunktion:

$$F(x) = \int_{-\infty}^{+\infty} \lambda \cdot b \cdot (\lambda \cdot x)^{b-1} e^{-(\lambda \cdot x)^b} dx.$$

$$F(x) = 1 - e^{-(\lambda \cdot x)^b}$$

EXCEL: =WEIBULL.VERT (x; Skalenwert λ; Exponent b; WAHR)

11.8 ARBEITEN MIT EXCEL 🚀

Um Wahrscheinlichkeitsnetze inkl. der Vertrauensbereiche darzustellen, finden Sie in der Statistik Toolbox für die wichtigsten Verteilungen eine Vorlage. Unter den Reitern

- Normalverteilung,
- Log. Normalverteilung und
- Weibullverteilung

sind die Wahrscheinlichkeitsnetze für die jeweilige Verteilung abgelegt. Um das Wahrscheinlichkeitsnetz darzustellen, tragen Sie einfach die Daten in die Spalte E ab Zeile 20 ein. Es werden dann automatisch die Kennwerte der Verteilung (Form- und Lageparameter) in den Zellen D16 und D17 ausgegeben und das Wahrscheinlichkeitsnetz inklusive des gewünschten Vertrauensbereiches dargestellt. Heruntergeladen werden kann die Statistik Tool Box unter: http://einbock-akademie.de/download/buch_statistik. Siehe dazu auch Abbildung 9-10 von Seite 61. Für die Normalverteilung werden in Spalte E zusätzlich noch die Vertrauensbereiche der Standardabweichung und des Mittelwertes ausgegeben.

TEIL 2: DATEN ERHEBEN

12 STICHPROBEN ERHEBEN

Ziel ist es, dass aus den Daten (das können Zahlen, Messwerte, Begriffe, … sein) für uns greifbare Informationen werden. Dafür ist es von zentraler Bedeutung, dass möglichst viele konkrete Zahlen, Daten und Fakten (ZDF) gesammelt, aufbereitet und ausgewertet werden.

> **Praxistipp**
> Wie bereits besprochen, bilden die Daten das Rückgrat der statistischen Analyse. Deshalb ist es besonders wichtig nur mit vertrauenswürdigen Daten zu arbeiten. Insbesondere bei historischen Daten oder Daten, die Sie nicht selbst erzeugt haben, ist Vorsicht geboten. Nehmen Sie in Bezug auf Ihre Daten deshalb immer eine kritische Sicht ein. Kennzeichnen Sie Annahmen deutlich als solche.

Bei der Datenerhebung handelt es sich um die Sichtung und Verwendung bereits vorhandener Daten sowie die Ermittlung neuer Daten durch Versuche oder Messungen. Um möglichst zielgerichtet vorzugehen, ist es wichtig sich vorab Gedanken über die Ziele zu machen.

Die Datenerhebung verfolgt dabei im Wesentlichen das Ziel, die richtigen Informationen über die Einflüsse auf das Untersuchungsziel zu erhalten. Dabei müssen alle Einflüsse statistisch repräsentativ enthalten sein. Damit sollten die folgenden Fragen gestellt werden:

1. Warum sollten die Daten ermittelt werden (siehe Kapitel 12.1)?
   - Sollen Unterscheide oder Zusammenhänge gefunden werden?
   - Wie ist die Ursache-Wirkungs-Beziehung zwischen X und Y (z. B. über ein Ishikawa Diagramm)?
   - Kann die Ursache-Wirkungs-Beziehung mit den vorhandenen Daten ermittelt werden?
   - Welche Verteilung wird erwartet (vgl. Kapitel 10)?

2. Welche Daten / Messgrößen sollen erfasst werden (Kapitel 12.2)?
   - Welche Rahmenbedingungen sind gleichzeitig mit zu erfassen?
   - In welchem Zeitraum / an welchem Ort / in welchem Rahmen müssen die Daten erhoben werden?
   - Wer misst / ermittelt die Daten und bis wann liegen die Daten vor?

3. Wie werden die zu erwartenden Streuungen abgedeckt (Kapitel 12.3)?
   - Welchen Umfang hat die Stichprobe (vgl. die Poweranalyse von Kapitel 17)?
   - Wie wird die Stichprobe ermittelt?

4. Mit welchem Messsystem werden diese Daten gemessen / ermittelt, und ist das Messsystem fähig (siehe Messsystemanalyse in Kapitel 13)?
5. Wie sollen die Daten dargestellt werden (siehe Kapitel 18)?

> **Praxistipp**
> Im Datenerhebungsplan werden genau diese Fragen beantwortet und die Datenerhebung systematisch organisiert. Dafür liegt ein Exceltool vor.

12.1 WARUM SOLLTEN DIE DATEN ERMITTELT WERDEN?

Die wichtigste Frage, die es zu beantworten, gilt ist immer das Warum. Je klarer und je genauer diese Frage beantwortet werden kann, umso effektiver wird die Datenerhebung werden. Häufig zielt die Untersuchung auf die Analyse von Ursache-Wirkungs-Beziehungen zwischen zwei Variablen.

In diesem Fall kann es sich anbieten mit Hilfe eines Ursache-Wirkungs-Diagramms (oder auch Fischgrät- oder Ishikawa Diagramm) zu arbeiten (siehe Abbildung 12-1). Weitere nicht besprochene Möglichkeiten sind die Fehlerbaumanalyse [9] oder die Cause & Effect Matrix [10].

Zentrum des Ishikawa Diagramms ist ein horizontaler Pfeil, der nach rechts zeigt. Am Ende des Pfeiles wird das Problem beschrieben, z. B. die Wärmebehandlung des Stahles führt zu einer Absenkung der Festigkeit. Von oben und unten stoßen die möglichen Ursachen auf den zentralen Pfeil. Diese sind oftmals in folgende Cluster unterteilt (wobei beliebige eigene Cluster möglich sind):

- Mensch (keine Ausbildung des Bedieners)
- Maschine (der Wärmebehandlungsprozess ist ungeeignet)
- Material (Material nicht geeignet zur Wärmebehandlung)
- Methode (Temperaturen zu hoch)
- Mitwelt (im Werk herrscht eine andere Luftfeuchtigkeit als angenommen)
- Messung (Ofen hat höhere Temperaturen eingeregelt als angezeigt)
- Money (aus Kostengründen wird im Ausland wärmebehandelt)
- Management (Termindruck bei der Einführung des Prozesses)

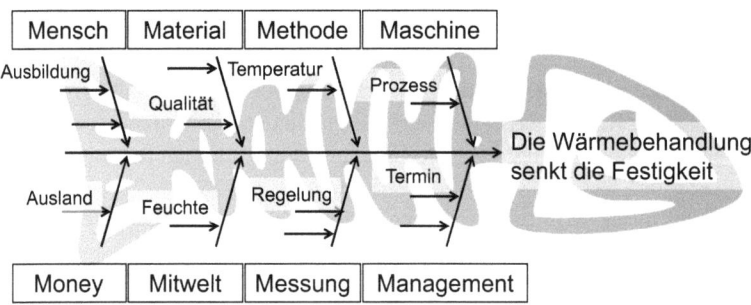

Abbildung 12-1: Ishikawa Diagramm

Jedem dieser Cluster werden dann mit Hilfe von Kreativitätstechniken, wie Brain-Storming, mögliche Ursachen zugeordnet (siehe die Hinweise in den Klammern in obiger Aufzählung).

Alle Ursachen werden priorisiert und dann abhängig der Priorität bearbeitet. Oftmals handelt es sich dabei um einen iterativen Prozess. Durch die Visualisierung werden neue Ursachen entdeckt, die es anschließend wieder zu priorisieren gilt.

Jede der Ursachen, kann eine statistische Analyse zur Folge haben und ist dann das „Warum" im Datenerhebungsplan. Abhängig von der Fragestellung und der angenommenen Verteilung der Daten (siehe dazu Kapitel 10) ist dann die geeignete statistische Methode zu definieren (siehe dazu die Kapitel 14 und 15).

12.2 WELCHE DATEN / MESSGRÖßEN SOLLEN ERFASST WERDEN?

Hier werden Überlegungen angestellt, welcher Messwert ermittelt werden soll. Wichtig ist hierbei immer die Einheit mit anzugeben, es sind schon Raketen der NASA auf Grund von Einheitenfehlern am Ziel vorbeigeflogen [1]. Beispiel können sein:

- die Konzentration einer Lösung in g/l,
- ein geometrischer Messwert an einer Stelle im Bauteil in mm,
- der elektrische Widerstand eines elektrischen Leiters in Ω.

Neben den Einheiten und der Messgröße müssen unbedingt die Randbedingungen, unter denen gemessen werden soll, dokumentiert werden. Dies schließt den Messort, den Zeitpunkt und auch die Bedingungen wie Temperaturen, Medien, … mit ein.

Die Erfahrung lehrt allerdings zwei Dinge. Zum einen ist jede noch so gute Beschreibung immer fehleranfällig, da sie Interpretationsspielraum lässt. Zum anderen ist nicht alles sinnvoll messbar, was man gerne gemessen hätte.

Idealerweise werden deswegen die Messbedingungen und -größen immer mit demjenigen besprochen, der die Messungen durchführt. Aus diesen Besprechungen können dann auch direkt die Termine für die Durchführung der Messungen festgehalten werden.

12.3 WIE WERDEN DIE ZU ERWARTENDEN STREUUNGEN ABGEDECKT? 🚀

Die vorliegende Stichprobe wird zur Interpretation und für die Schlussfolgerungen bzw. die Entscheidungsfindung genutzt.

Wenn die Stichprobe nicht die Realität bzw. die erwartete Realität bestmöglich widerspiegelt, unterliegen alle Schlussfolgerungen einem hohen Risiko für Fehlentscheidungen. Man spricht dann von einer nicht repräsentativen Stichprobe.

---

[1] https://www.focus.de/wissen/mensch/tid-8659/forschung_aid_234688.html

Je kleiner die Stichprobe gewählt wird, umso eher treten extremale Ereignisse auf. Aus diesem Grund ist es wichtig, bei den statistischen Tests den Stichprobenumfang mit Hilfe der Poweranalyse (siehe Kapitel 17) richtig abzuschätzen.

Dazu ein Beispiel:

Wenn eine Münze fünfmal geworfen wird, dann ist es deutlich (fast zehnmal so häufig) wahrscheinlicher, dass nur Zahl kommt ($0,5^4 = 0,031$) als dies bei acht Münzwürfen der Fall ist ($0,5^8 = 0,0039$). So ist es auch bei kleinen Stichproben deutlich wahrscheinlicher, dass ein Ergebnis rein zufällig statistisch signifikant ist. Deswegen ist es unbedingt nötig den richtigen Stichprobenumfang zu wählen.

Das Gemeine ist, dass der Stichprobenumfang alleine nicht entscheidend ist. Eine Stichprobe ist dann repräsentativ, wenn in ihr ausreichend Informationen enthalten sind, die die Realität oder die erwartete Realität widerspiegeln. Die Stichprobe muss somit gleiche Eigenschaften wie die Grundgesamtheit aufweisen, oder etwas anders ausgedrückt, die Mittelwerte und Streuungen in der Stichprobe sollten vergleichbar mit der Grundgesamtheit sein. Es muss also viel Wert auf die Bildung der Stichprobe gelegt werden.

Dazu ein Beispiel [11]:

Im Jahr 1936 fand in den USA die Präsidentschaftswahl statt. Gewählt wurde zwischen A. Landon und F.D. Roosevelt. Im Vorfeld der Wahl wurde von der Zeitschrift Literary Digest 2,3 Millionen Wähler bezüglich ihres Wahlverhaltens mit einem Fragebogen befragt. Im Ergebnis wurde vorausgesagt, dass A. Landon mit 57% der Stimmen gegenüber F. D. Roosevelt mit 43 % der Stimmen gewinnen wird.

Nach Auszählung der Stimmen lag jedoch Roosevelt mit 62 % der Stimmen deutlich vorne. Wie war das passiert?

Ursache war eine nicht repräsentative Stichprobe. Die Stichprobe spiegelte also nicht die Grundgesamtheit aller Wähler wieder. Bei der Stichprobenerhebung wurden zwei Fehler gemacht. Der Fragebogen wurde nur an registrierte Telefon- und Autobesitzer versandt. Zur damaligen Zeit bedeutete dies, dass nur wohlhabende Personen befragt wurden. Zusätzlich musste der Fragebogen von den Personen zurückgesandt werden (es wurden 10 Millionen Fragebögen versandt, aber nur 2,3 Millionen kamen zurück). Die Personen, welche den Fragebogen zurückgesandt haben, hatten prinzipiell ein großes Interesse an einer Änderung. Beides führte dazu, dass in der Prognose Landon bevorzugt wurde.

Interessant ist, dass parallel zur Umfrage mit 2,3 Millionen Befragten der Zeitschrift Literary Digest eine zweite Umfrage durch Hr. Georg Gallup stattfand, die das Ergebnis richtig prognostizierte. Hr. Gallup setzte auf eine neue Art der Umfrage. Diese Umfrage wurde aber kaum beachtet, da sie anhand einer Stichprobe von nur 50.000 Personen stattfand.

Fazit: Es kommt weniger auf die Größe der Stichprobe, als vielmehr ihre Qualität an.

In manchen Fällen muss die Stichprobenwahl zufällig aus einem Datensatz erfolgen. Um dies zu erreichen werden gerne Zufallszahlen genutzt. Das Vorgehen ist dann Folgendes:

- Die Messdaten werden durchnummeriert von 1...n,
- Es wird eine Anzahl an Zufallszahlen ermittelt (z. B. mit Excel), die dem Stichprobenumfang entspricht. Wobei die Zufallszahlen Werte kleiner oder gleich dem Stichprobenumfang n annehmen dürfen.
- Die Datensätze werden ausgewählt, die den Nummern, der Zufallszahlen entsprechen.

In Excel können Zufallszahlen unter Daten → Analyse → Data Analysis (im geheimen Statistik Tool) erstellt werden (als Verteilung wird dann die Gleichverteilung oder in Englisch Distribution → uniform gewählt). Siehe dazu auch Abbildung 12-2.

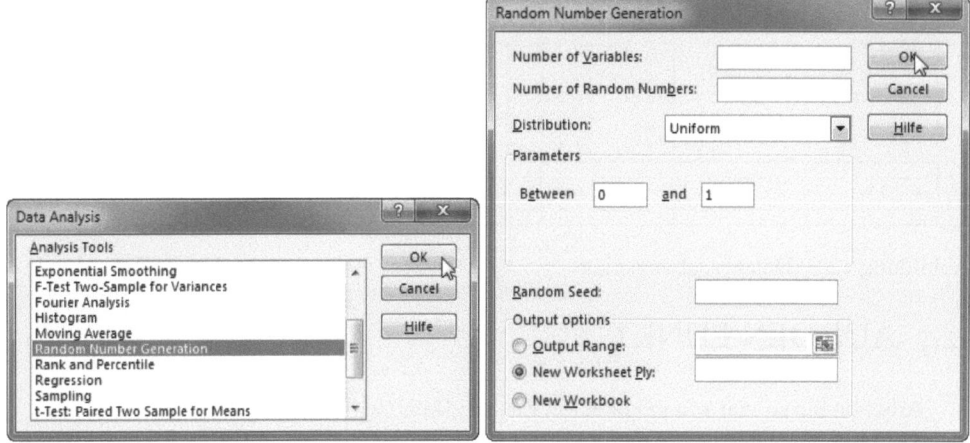

Abbildung 12-2: Erzeugung von Zufallszahlen in Excel unter (Daten → Analyse → Data Analysis)

12.4 MIT WELCHEM MESSSYSTEM WERDEN DIESE DATEN GEMESSEN?

In diesem Punkt wird nach dem Kapitel 13 zur Messsystemanalyse sichergestellt, dass mit dem richtigen Messsystem gemessen wird, und dass dieses Messsystem auch richtige Ergebnisse liefert.

12.5 WIE SOLLEN DIE DATEN DARGESTELLT WERDEN?

Es macht Sinn, bereits beim Planen der Messungen zu überlegen, wie die Ergebnisse dargestellt werden sollen. Möglichkeiten dazu werden im Kapitel 18 und 18.3 vorgestellt. Wichtig ist das insbesondere deshalb, da die verschiedenen Darstellungen unterschiedliche Datenformate benötigen. Zusätzlich bieten Ihnen diese Darstellungen eine Interpretation der ermittelten Ergebnisse und eine Validierung der Messungen.

12.6 DATENERHEBUNGSPLAN 🚀

Der Datenerhebungsplan bietet eine einfache Übersicht zur Beantwortung der obigen Fragen. Abbildung 12-3 zeigt die Vorlage eines solchen Datenerhebungsplans in Excel. Der Einfachheit halber wird mit Excel gearbeitet. Primär kommt es darauf an, eine Übersicht über die Planung zu erhalten, die auch diskutiert werden kann, um Vollständigkeit zu erreichen.

Nr.	1. Warum sollten die Daten ermittelt werden (siehe Kapitel 15-17)?				2. Welche Daten / Messgrößen sollen erfasst werden?				3. Wie werden die zu erwartenden		4. Mit welchem Messsystem werden diese Daten gemessen / ermittelt? Und ist das Messsystem fähig (siehe Messsystemanalyse in Kapitel 14)?	5. Wie sollen die Daten dargestellt werden (siehe Kapitel 20 und 21)?
	Sollen Unterschiede oder Zusammenhänge gefunden werden?	Wie ist der Ursache-Wirkungs-Beziehung zwischen X und Y (z.B. über ein Ishikawa Diagramm)?	Kann die Ursache-Wirkungs-Beziehung mit den vorhandenen Daten ermittelt werden?	Welche Verteilung wird erwartet (vgl. Kapitel 10)?	Welche Rahmenbedingungen sind gleichzeitig mit zu erfassen?	In welchem Zeitraum / an welchem Ort / in welchem Rahmen müssen die Daten erhoben werden?	Wer misst / ermittelt die Daten ?	Bis wann liegen die Daten vor?	Welchen Umfang hat die Stichprobe?	Wie wird die Stichprobe ermittelt?		
1												
2												
...												
n												

Abbildung 12-3: Datenerhebungsplan

12.7 AUF DEN PUNKT

- Arbeiten Sie so viel wie möglich mit Zahlen, Daten und Fakten (ZDF).
- Mit Hilfe des Ishikawa Diagramms und Brainstorming Methoden lässt sich effektiv die Frage beantworten, warum eine statistische Untersuchung nötig ist.
- Idealerweise werden alle Messungen immer mit demjenigen durchgesprochen, der die Messungen durchführt.
- Die Ermittlung der Stichprobe ist die Basis des Statistischen Tests! Ihr sollte deswegen größtmögliche Aufmerksamkeit gewidmet werden.
- Neben dem Umfang der Stichprobe ist vor allem deren Qualität entscheidend.
- Eine Stichprobe ist dann repräsentativ, wenn sie die gleichen Eigenschaften aufweist wie die Grundgesamtheit.
- Der Datenerhebungsplan ist ein einfaches Werkzeug, um eine statistische Analyse systematisch zu planen.

13 MESSSYSTEMANALYSE (MSA)

Ein Grundgesetz der Messtechnik lautet: Wer misst, misst Mist. Damit ist gemeint, dass jede Messung, egal wie genau diese ist, immer mit einer gewissen Unsicherheit einhergeht. Eine vernünftige Aussage über ein Messergebnis ist nur möglich, wenn die Messunsicherheit sowie die zu messende Genauigkeit bekannt und das Messmittel für den gewünschten Einsatz geeignet ist.

Es gilt, Messmittel so auszuwählen, dass das zu messende Merkmal mit einer ausreichenden Genauigkeit gemessen werden kann. Dafür wird die Unsicherheit der Messung bekannt sein. Die Fähigkeit[1] der Messmittel wird durch den Vergleich von Messunsicherheit und Toleranz des Merkmals ermittelt. Dies geschieht mit Hilfe der Messsystemanalyse (MSA). Alle Inhalte orientieren sich stark an dem Leitfaden zum Fähigkeitsnachweis von Messsystemen der Q-DAS® GmbH [12].

Die Fähigkeit eines Messmittels ist vorwiegend bei neuen Geräten oder geänderten Bedingungen nachzuweisen. Änderungen sind Änderungen bzgl. Bedienung, Art, Überholung, Standort, Umgebungsbedingungen,…. Wichtig ist, dass die Messmittelfähigkeit immer nur im Zusammenspiel mit einem Maß und einem Bediener ermittelt werden kann. Niemals für das Messmittel alleine.

Mit einer Messsystemanalyse wird also die Erzeugung von Messwerten hinterfragt. Auf Basis der Messungen werden unternehmerische Entscheidungen getroffen. Eine Missachtung kann technische und/oder wirtschaftliche Risiken bedeuten. Die MSA beantwortet die Fragestellung:

- Wie gut unterstützt die Auflösung des Messgerätes die Zielsetzung der Frage?
- Wie wird der Messwert durch Handhabung, Gerät, Abtastung etc. beeinflusst?
- Ist dieser Einfluss in Bezug auf die Fragestellung bzw. Zielsetzung akzeptabel?
- Wie lässt sich der Einfluss reduzieren?

In diesem Kapitel lernen Sie:

- wie Sie mit den (bekannten) Unsicherheiten beim Messen umgehen können,
- wie Sie die Unsicherheiten von Messmitteln nachweisen können,
- wie eine Messsystemanalyse (MSA) durchgeführt wird,
- Ergebnisse einer MSA zu interpretieren.

---

[1] Synonym zur Fähigkeit wird häufig auch von der Eignung gesprochen. Beide Begriffe sind als gleichwertig anzusehen.

13.1 ASSISTENT EINER MESSSYSTEMANALYSE 🚀

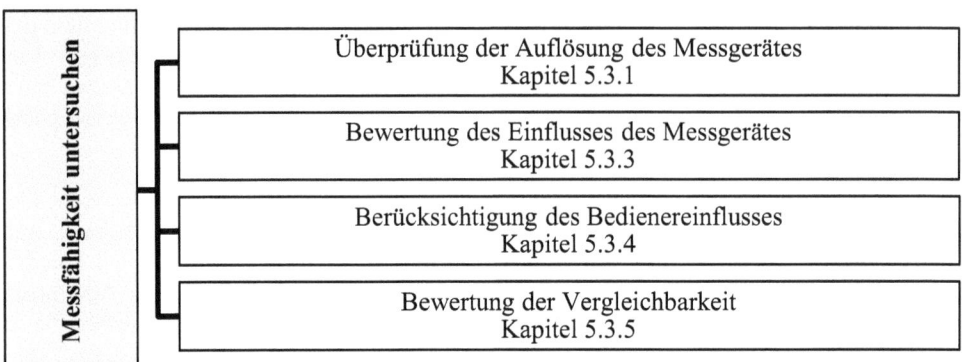

Abbildung 13-1: Assistent der Messsystemanalyse

13.2 GRUNDLAGEN

Einführend in die MSA werden die wichtigsten Begriffe behandelt um mit einer einheitlichen Sprache zu sprechen.

Das Messgerät ist das Gerät, mit dem die Merkmale gemessen werden. Es kann alleine oder auch in Kombination mit zusätzlichen Einrichtungen verwendet werden.

Messmittel sind alle Dinge, die für eine Messung nötig sind. Darunter fallen die Messgeräte aber auch Arbeitsanweisungen, Hilfsmittel, Normale, ….

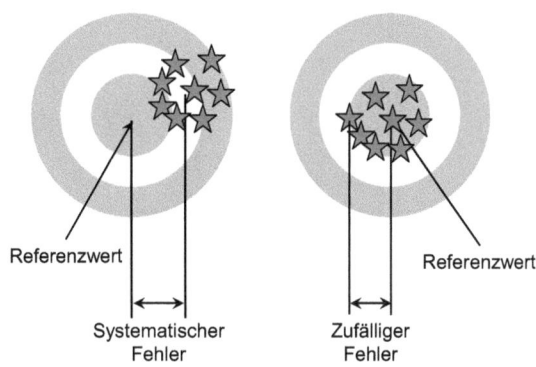

Abbildung 13-2: Fehlerarten am Beispiel einer Zielscheibe erklärt

Ein Einstellmeister/Normal liefert den Referenzwert einer Messung. Dies ist ein Wert der exakt bekannt ist. Ein Beispiel dafür ist das Ur-Meter oder das Ur-Kilogramm. Mit beiden Werten wird der Referenzwert für die Längenmessung bzw. die Messung der Masse festgelegt (vgl. Abbildung 13-2).

Ein zufälliger Fehler liegt vor, wenn die Messergebnisse zufällig vom erwarteten Wert (dem Referenzwert) abweichen. Diese Abweichung kann dann üblicherweise mit einer statistischen Verteilung beschrieben werden (vgl. Abbildung 13-2). Der zufällige Fehler wird über die Standardabweichung der Messwerte und die Toleranz des Merkmals bewertet.

Ein systematischer Fehler ist eine Abweichung des Mittelwertes der Messung vom erwarteten Mittelwert, dem Referenzwert (vgl. Abbildung 13-2). Die Größe des systematischen Fehlers wird durch den Vergleich des Mittelwertes der Messungen und dem Referenzwert bewertet. Manchmal wird der systematische Fehler auch als Genauigkeit oder Richtigkeit bezeichnet.

Die Wiederholpräzision, Wiederholbarkeit oder Präzision gibt an, wie stark die Messungen streuen, wenn die Messung an demselben Prüfling mit demselben Prüfer am selben Ort mit demselben Messgerät mehrfach durchgeführt wird. In diesem Fall wird die Standardabweichung der Messwerte als Gütekriterium verwendet.

Die Richtigkeit gibt an, wie groß der systematische Fehler ist. Dazu wird der Mittelwert der Messung mit dem Referenzwert verglichen.

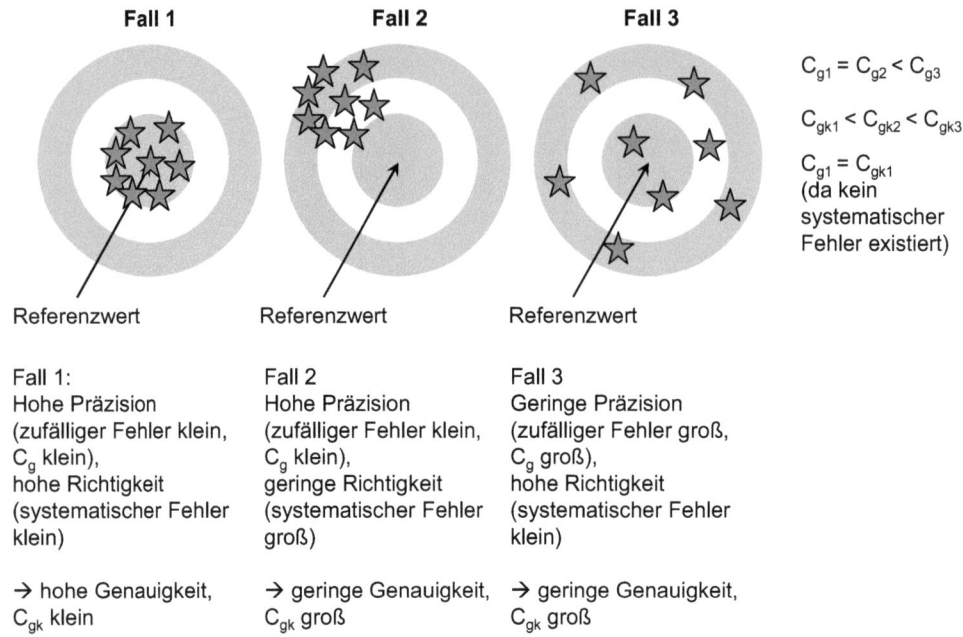

Abbildung 13-3: Beschreibung der Begriffe Präzision, Richtigkeit und Genauigkeit am Beispiel einer Zielscheibe

Die Genauigkeit einer Messung beschreibt das Zusammenspiel von zufälligem und systematischem Fehler. Je geringer beide sind, umso genauer ist die Messung. Dazu wird sowohl der Mittelwert, als auch die Standardabweichung bewertet.

Am Beispiel der Zielscheibe von Abbildung 13-3 werden noch einmal die Begriffe der Präzision, Richtigkeit, Genauigkeit, zufälliger und systematischer Fehler grafisch erklärt.

Die Vergleichspräzision oder Nachvollziehbarkeit gibt an, wie stark die Messungen streuen, wenn derselbe Prüfling durch mehrere Prüfer, an verschiedenen Orten mit mehreren Geräten gleichen Typs durchgeführt wird. Dabei wird immer nur ein Faktor (z. B. nur der Prüfer) gleichzeitig geändert. Es wird also derselbe Prüfling mit zwei Prüfern am gleichen Ort mehrfach gemessen. Danach wird der nächste Faktor variiert (z. B. der Ort).

Die Linearität einer Messung bedeutet, dass der Zusammenhang zwischen Messgröße und Messausgabe linear ist. Dies bedeutet beispielsweise, dass bei der Temperaturmessung mit einem Flüssigkeitsthermometer die gemessene Temperatur (Messgröße) linear zur Ausdehnung der Flüssigkeit (Messausgabe) ist. Es wird überprüft, ob die Messfähigkeit über den gesamten Messbereich gegeben ist.

Die Stabilität einer Messung bedeutet, dass die Messgenauigkeit zeitlich konstant ist. Die Messungen werden also in festgelegten zeitlichen Abständen mit demselben Prüfer und an demselben Ort wiederholt. Die Differenzen der Mittelwerte der verschiedenen zeitlichen Messungen sind ein Maß für die Stabilität.

13.3 SCHRITT 1: BEWERTUNG DER AUFLÖSUNG DES MESSGERÄTES

Im ersten Schritt wird überprüft, ob die Auflösung des Messgerätes ausreichend hoch ist. Dazu wird die Auflösung des Messgerätes (RE) durch die Toleranz des zu messenden Merkmals (T) geteilt. Dieses Maß %RE darf nicht über 5% liegen:

$$%RE = \frac{\text{Auflösung des Messgerätes (RE)}}{\text{Toleranz des zu messenden Merkmals (T)}}$$
$$%RE \begin{cases} \leq 5\%, & \text{geeignete Auflösung} \\ > 5\%, & \text{zu geringe Aulösug} \end{cases}$$

(62)

Dazu ein Beispiel

Es soll ein Durchmessermaß von 75 ± 0,2 mm mit einem mechanischen Messschieber gemessen werden. Dann ist die Toleranz des zu messenden Merkmals TOL = 2 · 0,2mm = 0,4mm. Ein Messschieber hat eine Auflösung von RE = 0,05 mm. Damit ist

$$%RE = \frac{RE}{T} = \frac{0,05mm}{0,4mm} = 0,125 = 12,5\% > 5\%$$

Daher ist die Auflösung des Messschiebers nicht ausreichend.

13.4 SCHRITT 2: FUNKTIONSPROBE DES MESSGERÄTES

Wenn aus Schritt 1 sichergestellt ist, dass die Auflösung des Messgerätes geeignet ist, wird dessen Funktion überprüft. Die Funktionsprüfung ist nötig, da sichergestellt werden muss, dass mit dem Messgerät auch das Merkmal gemessen werden kann. Es kann beispielsweise sein, dass ein Innendurchmesser mit einem Messschieber mangels Zugängigkeit nicht gemessen werden kann. Fällt diese Probe negativ aus, muss ein anderes Messgerät gewählt werden oder das Merkmal kann nicht gemessen werden.

13.5 SCHRITT 3: VERFAHREN 1 (WIEDERHOLPRÄZISION)

In diesem Schritt wird die Wiederholpräzision von neuen oder geänderten Messsystemen ermittelt. Häufig wird dieser Schritt auch Messsystemanalyse nach Verfahren 1 oder Typ 1 bezeichnet. In diesem Schritt werden zwei Fähigkeitskennwerte berechnet, der C_g- und der C_{gk}-Wert. Anhand dieser beider Kennwerte wird die Eignung des Messgerätes beurteilt.

Mit dem C_g-Wert wird der zufällige Fehler bewertet, dieser gibt die Wiederholpräzision an. Der C_{gk}-Wert bewertet sowohl den zufälligen, als auch den systematischen Fehler, er ist also ein Maß für die Genauigkeit. Beide Kennwerte werden firmenspezifisch festgelegt. Für die Ermittlung dieser Fähigkeitskennwerte wird ein Normal (bzw. Einstellmeister) mehrmals vermessen, die Ergebnisse dokumentiert und ausgewertet. Liegt kein Normal vor, dann wird nur die Wiederholpräzision mit dem C_g-Wert ausgewertet.

Voraussetzungen der Messsystemanalyse nach Verfahren 1:

- Die Messwerte sind normalverteilt (zu überprüfen mit den Tests nach Kapitel 15.3).
- Es wurden mindestens 25 Messungen durchgeführt.

Aus Schritt 1 ist für das zu messende Merkmal die Toleranz T und die Auflösung des Messgerätes RE bekannt. Das Merkmal wird dann mit Hilfe des Normals gemessen. Es ist darauf zu achten, dass der Referenzwert x_m des Normals im Toleranzfeld des Merkmals liegt. Die Toleranz ist der Abstand zwischen der unteren Spezifikationsgrenze USG (dem kleinsten zulässigen Wert) und der oberen Spezifikationsgrenze OSG (dem größten zulässigen Wert), siehe auch Abbildung 13-4:

$$T = OSG - USG. \tag{63}$$

Am Messort wird das Normal 25 – 30 mal vermessen. Wobei 25 Wiederholungen die untere Grenze sind. Besser sind 50 Wiederholungen. Bei der Messung muss die Messvorschrift unbedingt eingehalten und durch denselben Prüfer durchgeführt werden.

> **Praxistipp**
> Untersuchungen haben gezeigt, dass sich nach 10 Wiederholungen gemessene Standardabweichung nicht mehr signifikant ändern. Deswegen ist es in der Praxis häufig ausreichend, wenn 25 – 30 mal gemessen wird, insbesondere wenn der Messvorgang sehr lange dauert.

Aus den Messwerten $x_{g,i}$ wird nach Gleichung (1) von Seite 38 der Mittelwert $\bar{x}_g$

$$\bar{x}_g = \frac{\sum_{i=1}^{n} x_{g,i}}{n} \tag{64}$$

und die Standardabweichung s_g nach Gleichung (8) von Seite 42 berechnet:

$$s_g = \sqrt{\frac{\sum_{i=1}^{n}\left(x_{g,i} - \bar{x}_{g,i}\right)^2}{n-1}}. \tag{65}$$

Aus der Toleranz des Merkmals T, dem Mittelwert $\bar{x}_{g,i}$ und der Standardabweichung s_g werden der C_g-und der C_{gk}-Wert berechnet.

Der C_g-Wert berechnet die Wiederholpräzision und wird auch als potenzieller Messmittelfähigkeitsindex bezeichnet. Potenziell deswegen, da der beobachtete Mittelwert nicht in die Berechnung einfließt. Er drückt aus, wie gut die Messfähigkeit bestenfalls ist, indem nur der zufällige Fehler durch die Standardabweichung bewertet wird. Der systematische Fehler wird in diesem Fall ignoriert. Anschaulich ist der C_g-Wert in Abbildung 13-4 dargestellt. Zur Berechnung des C_g-Werts wird das Verhältnis aus einem Prozentsatz der Toleranz (z. B. 20% der Toleranz: $0{,}2 \cdot T$) zur Streuung der Messwerte (z. B. sechsfache Standardabweichung: $6 \cdot s_g$) gebildet:

$$C_g = \frac{0{,}2 \cdot T}{6 \cdot s_g}.$$

(66)

$$C_g \begin{cases} \geq 1{,}33, & \text{Messgerät ist fähig} \\ < 1{,}33, & \text{Messgerät ist nicht fähig} \end{cases}$$

> **Praxistipp**
> Die Definition der Berechnung des C_g-Wertes ist betriebsabhängig. Orientieren Sie sich hier an Ihren internen Vorgaben. Nach [12] liegt die Erfahrung vor, dass Messwerte außerhalb des Bereiches von $\pm 2 \cdot s_g$ auf eine defekte Messung oder andere Fehler zurückzuführen sind. Das bedeutet, dass der Bereich von $\pm 2 \cdot s_g$ die Streuung der Messwerte vollständig abdeckt.

Der C_{gk}-Wert ist das Maß für die Genauigkeit, indem der systematische Fehler auf den zufälligen Fehler bezogen wird. Der systematische Fehler ist die Abweichung des Mittelwertes der Messung $\bar{x}_g$ vom Referenzwert x_m ($|\bar{x}_g - x_m|$). Der zufällige Fehler wird durch die Standardabweichung der Messung s_g berücksichtigt:

$$C_{gk} = \frac{0{,}1 \cdot T - |\bar{x}_g - x_m|}{3 \cdot s_g}.$$

(67)

$$C_{gk} \begin{cases} \geq 1{,}33, & \text{Messgerät ist fähig (genau)} \\ < 1{,}33, & \text{Messgerät ist nicht fähig (ungenau)} \end{cases}$$

Anschaulich ist der C_{gk} Wert also der Abstand des gemessenen Mittelwertes von der Spezifikationsgrenze (siehe Abbildung 13-4).

Es ist auch möglich, die minimal erforderliche Toleranz T eines Merkmals zu berechnen. Dazu wird Gleichung (67) nach der Toleranz T umgestellt und z. B. $C_{gk} = 1{,}33$ vorgegeben:

$$T = \frac{3 \cdot s_g \cdot C_{gk} + |\bar{x}_g - x_m|}{0{,}1}$$

$$T = \frac{4 \cdot s_g + |\bar{x}_g - x_m|}{0{,}1}.$$

(68)

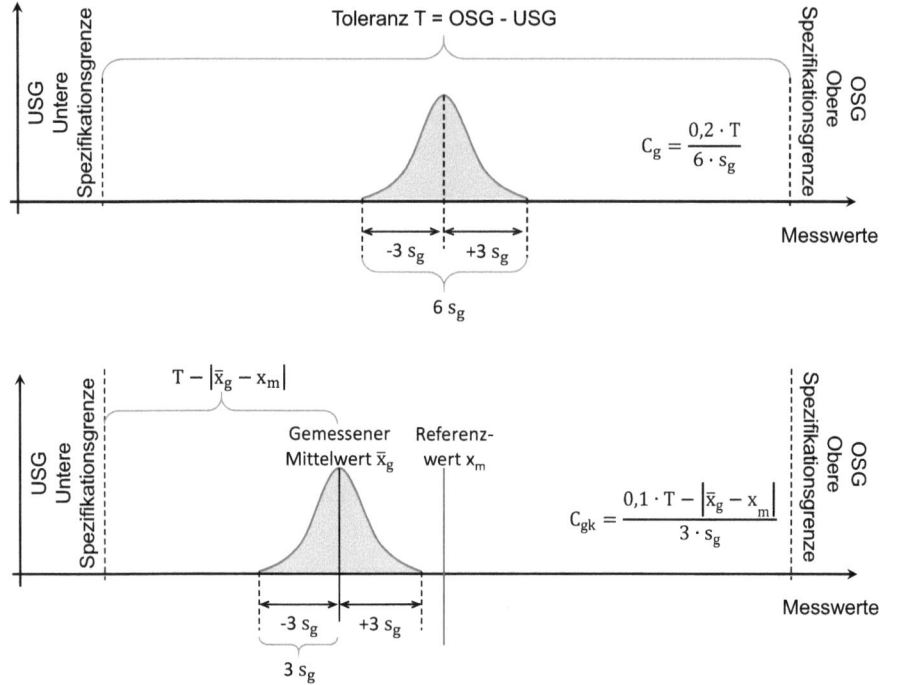

Abbildung 13-4: Visualisierung des C_g-und C_{gk}-Wertes.

Was bedeuten die beiden Kennwerte anschaulich? Ein C_g-Wert größer 1,33 bedeutet, dass sich 99,99966 % der Messwerte (das sind die sechs Standardabweichungen) innerhalb von 20 % der Toleranz des Merkmals befinden. Oder etwas anders formuliert, die Streuungen der Messwerte machen nur 20 % der zulässigen Toleranz aus. Dadurch bleibt noch Luft für Abweichungen vom Referenzwert.

Ein C_{gk}-Wert größer 1,33 bedeutet auch noch, dass trotz der Abweichung des gemessenen Mittelwertes vom Referenzwert noch genügend Abstand zur Toleranzgrenze ist. Trotz Mittelwertabweichung befinden sich immer noch 99,99966 % der Messwerte (das sind die sechs Standardabweichungen) innerhalb der Toleranz.

Die Grenzwerte für C_g- und C_{gk}-Wert größer 1,33 sind Festlegungen aus der Automobilindustrie. Für andere Industriezweige können andere Grenzwerte gelten.

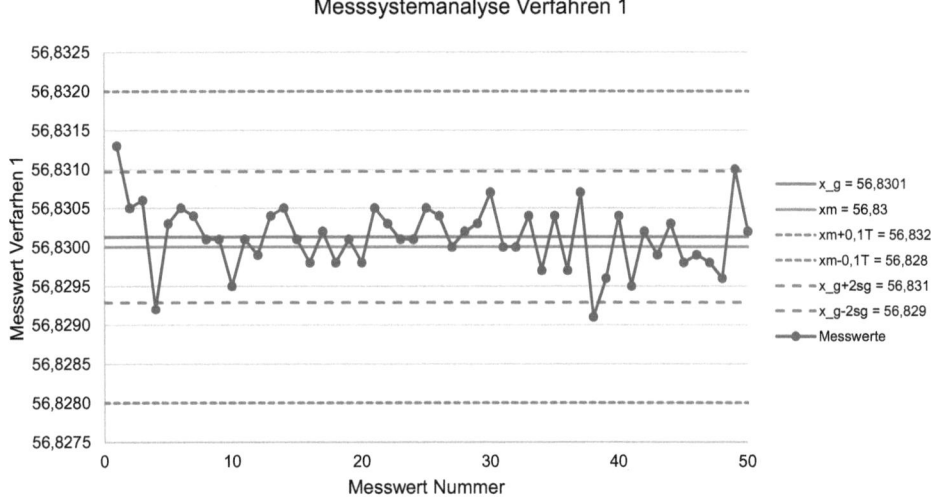

Abbildung 13-5: Beispiel für eine Messsystemanalyse nach dem Verfahren 1

Die Messwerte werden üblicherweise grafisch dargestellt (siehe Abbildung 13-5). Dazu werden die Messwerte der Reihe nach aufgetragen und zusätzlich der Referenzwert x_m sowie der gemessene Mittelwert $\bar{x}_g$ eingetragen. Zusätzlich visualisieren noch die Grenzen $\bar{x}_g \pm 2s_g$ den Bereich in dem sich 95,5% der Werte befinden sollten. Bei 50 Werten sollten also nur etwa 2-3 Werte außerhalb liegen. Die Grenze $x_m \pm 0,1T$ zeigt noch den Bereich, der 20% der Toleranz ausmacht an.

Was tun, wenn das Messgerät nicht fähig ist?

Wenn $C_{gk} < 1,33$ und $C_g > 1,33$, dann kann es sein, dass der Referenzwert x_m nicht richtig bestimmt wurde. In diesem Fall ist der Referenzwert zu überprüfen und gegebenenfalls anzupassen.

Wenn $C_{gk} < 1,33$ und $C_g < 1,33$, dann ist der zufällige Fehler zu groß, die Messung ist nicht genauer möglich. Evtl. muss eine größere Toleranz oder ein anderes Messverfahren gewählt werden.

Wenn $C_{gk} < C_g$, dann liegt ein Fehler in der Berechnung vor. Es muss gelten: $C_{gk} \geq C_g$.

13.6 SCHRITT 4: VERFAHREN 2 (VERGLEICHSPRÄZISION)

Im Schritt 4 (alternativ auch Verfahren 2 oder Typ 2 genannt) wird der Bedienereinfluss bei vorhandenen oder neuen Messgeräten am Einsatzort bewertet. Läuft der Messprozess vollständig automatisiert ab, dann kann der Bedienereinfluss vernachlässigt werden. In diesem Fall wird mit dem Verfahren 3 nach Schritt 5 gearbeitet.

Voraussetzungen für Verfahren 2:

- Erfolgreiche Messsystemanalyse nach Verfahren 1 (vorheriger Schritt)

Der Kennwert ist der %R&R Wert (prozentuale **R**epeatability & **R**eproducibility, auf deutsch: prozentuale Wiederholbarkeit und Vergleichspräzision). Zuerst wird der Umfang der

- Prüfer ($k \geq 2$),
- Teile ($n \geq 5$) und
- Messreihen je Prüfer ($r \geq 2$)

festgelegt. Dabei ist zu beachten, dass für das Produkt dieser drei Größen $k \cdot n \cdot r \geq 30$ eingehalten wird. Üblich sind folgende Werte: Zwei Prüfer ($k = 2$), 10 Teile ($n = 10$) und zwei Messreihen je Prüfer ($r = 2$).

Alle Teile müssen aus Gründen der Nachverfolgbarkeit gekennzeichnet werden (z. B. durch Nummerieren). Zusätzlich werden die Umgebungsbedingungen, bei denen gemessen wird (wie Ort, Raum, Temperatur, Bediener…) notiert.

Alle n Teile werden r-mal von jedem der Prüfer gemessen und die Ergebnisse dokumentiert. Im Detail:

Der erste Prüfer ($k = 1$) beginnt mit den Messungen. Er misst alle n Teile in der vorgegebenen Reihenfolge und dokumentiert die Messwerte ($x_{11,i}$). Dies ist die erste Messreihe ($r = 1$) des ersten Prüfers. Um die zweite Messreihe zu erhalten, wiederholt der erste Prüfer die Messungen aller n Teile in derselben Reihenfolge und dokumentiert die Ergebnisse ($x_{12,i}$). Dies wird solange wiederholt, bis die geforderte Anzahl an r Messreihen für den ersten Prüfer vorliegt. Obige Schritte werden anschließend von allen k Prüfern durchgeführt und die Messergebnisse dokumentiert. **Abbildung 13-6** beschreibt die Dokumentation der Messergebnisse.

Bewertung des Geräteeinflusses EV

Jeder Prüfer wird separat ausgewertet. Für jeden Prüfling eines Prüfers wird die maximale Spannweite $R_{k,i}$ berechnet. Das ist der größte Abstand zwischen zwei Messwerten desselben Prüflings:

$$R_{k,i} = \max. \text{Diff} \left| x_{k,1,i}; x_{k,2,i}; \dots; x_{k,r,i} \right|. \tag{69}$$

Aus diesen Spannweiten wird anschließend die mittlere Spannweite $\bar{R}_k$ für jeden Prüfer bestimmt:

$$\bar{R}_k = \frac{1}{n} \sum_{i=1}^{n} R_{k,i}. \tag{70}$$

Der Mittelwert aus allen mittleren Spannweiten $\bar{R}_k$ ist die Gesamtspannweite $\bar{\bar{R}}$:

$$\bar{\bar{R}} = \frac{1}{k} \sum_{i=1}^{k} \bar{R}_k. \tag{71}$$

Unter Zuhilfenahme des Korrekturfaktors K_1 (nach Tabelle 13-1) zur Berücksichtigung der Stichprobengröße wird mit der Gesamtspannweite $\bar{\bar{R}}$ der Geräteeinfluss EV (**E**quipment **V**ariation EV) berechnet:

$$EV = K_1 \cdot \bar{\bar{R}}. \tag{72}$$

$$\boxed{R_{1,1} = \text{max. Diff}\left(x_{1,1,1}; x_{1,2,1}\right) = \left|x_{1,1,1} - x_{1,2,1}\right|}$$

i	Prüfer 1			Prüfer 2		
	Messreihe 1, $x_{11,i}$	Messreihe 2 $x_{12,i}$	Spann-weite $R_{1,i}$	Messreihe 1 $x_{21,i}$	Messreihe 2 $x_{22,i}$	Spann-weite $R_{2,i}$
1	10,20	10,15	0,05	9,95	9,90	0,05
2	10,10	9,95	0,15	9,90	10,10	0,20
3	10,15	10,10	0,05	10,00	10,05	0,05
4	9,95	10,10	0,15	10,10	9,95	0,15
5	10,00	10,20	0,20	9,90	9,90	0,00
Mittel-wert	10,08	10,10	0,12	9,97	9,98	0,09
	10,09			9,975		

$$\bar{x}_{1,1} = \frac{1}{n}\sum x_{1,1,i} \qquad \bar{x}_{1,2} = \frac{1}{n}\sum x_{1,2,i} \qquad \bar{R}_1 = \frac{1}{n}\sum R_{1,i}$$

$$\bar{x}_1 = \frac{\bar{x}_{1,1} + \bar{x}_{1,2}}{2}$$

Abbildung 13-6: Beispiel zur Berechnung der Spannweiten

Bewertung des Prüfereinflusses AV

Zur Auswertung der Messwerte wird der Mittelwert der Messwerte eines jeden Prüfers $\bar{x}_k$ berechnet. Dies geschieht in der Art, dass zuerst die Mittelwerte $\bar{x}_{k,r}$ aller Messreihen eines Prüfers berechnet werden:

$$\bar{x}_{k,r} = \frac{1}{n}\sum_{i=1}^{n} x_{k,r,i}. \tag{73}$$

Der Mittelwert aller $\bar{x}_{k,r}$ eines Prüfers ist dann der gesuchte Wert $\bar{x}_k$:

$$\bar{x}_k = \frac{1}{r}\sum_{i=1}^{r} \bar{x}_{k,i}. \tag{74}$$

Tabelle 13-1: Korrekturfaktoren K_1 und K_2 zum Einfluss des Stichprobenumfangs

		Stichprobenumfang: für K_1: Anzahl der Messreihen (Wiederholungen) (r) für K_2: Anzahl der Prüfer (k)													
		2	3	4	5	6	7	8	9	10	11	12	13	14	15
K_2		3,65	2,70	2,30	2,08	1,93	1,82	1,74	1,67	1,62	1,58	1,54	1,51	1,48	1,45
K_1 — Anzahl Stichproben: $k \cdot n =$ Anzahl Prüfer (k) · Anzahl Teile (n)	2	4,03	2,85	2,40	2,15	1,98	1,86	1,77	1,71	1,65	1,60	1,56	1,52	1,49	1,47
	3	4,19	2,91	2,43	2,16	2,00	1,87	1,78	1,71	1,66	1,60	1,57	1,53	1,50	1,47
	4	4,26	2,94	2,44	2,17	2,00	1,88	1,79	1,72	1,66	1,61	1,57	1,53	1,50	1,48
	5	4,33	2,96	2,45	2,18	2,01	1,89	1,80	1,72	1,66	1,62	1,57	1,54	1,51	1,48
	6	4,37	2,98	2,47	2,19	2,01	1,89	1,80	1,72	1,66	1,62	1,58	1,54	1,51	1,48
	7	4,40	2,98	2,48	2,19	2,02	1,89	1,80	1,72	1,66	1,62	1,58	1,54	1,51	1,48
	8	4,40	3,00	2,48	2,19	2,02	1,89	1,80	1,73	1,67	1,62	1,58	1,54	1,51	1,48
	9	4,44	3,00	2,48	2,20	2,02	1,89	1,80	1,73	1,67	1,62	1,58	1,54	1,51	1,48
	10	4,44	3,00	2,48	2,20	2,02	1,89	1,80	1,73	1,67	1,62	1,58	1,54	1,51	1,48
	11	4,44	3,01	2,48	2,20	2,02	1,89	1,80	1,73	1,67	1,62	1,58	1,54	1,51	1,48
	12	4,48	3,01	2,47	2,20	2,02	1,89	1,81	1,73	1,67	1,62	1,58	1,54	1,51	1,48
	13	4,48	3,01	2,47	2,20	2,02	1,90	1,81	1,73	1,67	1,62	1,58	1,54	1,51	1,48
	14	4,48	3,01	2,47	2,20	2,03	1,90	1,81	1,73	1,67	1,62	1,58	1,54	1,51	1,48
	15	4,48	3,01	2,47	2,20	2,03	1,90	1,81	1,73	1,67	1,62	1,58	1,54	1,51	1,48
	>15	4,57	3,04	2,50	2,21	2,03	1,91	1,81	1,73	1,67	1,62	1,58	1,54	1,51	1,48

Aus den Mittelwerten aller Prüfer wird der größte Abstand zwischen den Ergebnissen der Prüfer bestimmt, indem die Differenz zwischen dem größten $\bar{x}_{k,max}$ und dem kleinsten Mittelwert $\bar{x}_{k,min}$ berechnet wird:

$$\bar{x}_{Diff} = \bar{x}_{k,max} - \bar{x}_{k,min}. \tag{75}$$

Daraus berechnet sich der Prüfereinfluss AV (**A**ppraiser **V**ariation AV) mit Hilfe eines Korrekturfaktors K_2 (nach Tabelle 13-1)

$$AV = K_2 \cdot \bar{x}_{Diff}. \tag{76}$$

Bewertung der Wiederholbarkeit und Vergleichspräzision %R&R

Eine Zusammenfassung des Geräteeinflusses EV und des Prüfereinflusses AV liefert die Messfähigkeit R&R (**R**epeatability & **R**eproducibility)

$$R\&R = \sqrt{EV^2 + AV^2}. \tag{77}$$

Bezieht man den R&R Wert auf die Toleranz T, so erhält man die prozentuale Darstellung %R&R:

$$\%R\&R = \frac{R\&R}{T} = \frac{\sqrt{EV^2 + AV^2}}{T}. \tag{78}$$

Interpretation der Ergebnisse:

$$\%R\&R \begin{cases} < 20\% & \text{geeignet (Empfehlung)} \\ < 30\% & \text{geeignet (Standard)} \\ > 20 \text{ bzw. } 30\,\% & \text{nicht geeignet.} \end{cases}$$ (79)

Durch Umstellen der Gleichung (108) kann außerdem die kleinste zulässige Toleranz berechnet werden:

$$\%R\&R = \frac{R\&R}{T} \geq 20 \text{ bzw. } 30\,\% \geq 0{,}2 \text{ bzw. } 0{,}3$$
$$T \geq \frac{R\&R}{0{,}2 \text{ bzw. } 0{,}3}.$$ (80)

Dazu ein Beispiel:

Für das Beispiel aus Abbildung 13-6 soll die Messsystemanalyse nach Verfahren 2 durchgeführt werden. Die Toleranz beträgt T = 1,5.

i	Prüfer 1			Prüfer 2		
	Mess-reihe 1, $x_{11,i}$	Mess-reihe 2 $x_{12,i}$	Mess-reihe 2 $x_{13,i}$	Mess-reihe 1 $x_{21,i}$	Mess-reihe 2 $x_{22,i}$	Mess-reihe 3 $x_{23,i}$
1	10,020	10,010	10,015	9,995	9,990	10,010
2	10,010	9,995	10,005	9,990	10,010	9,995
3	10,015	10,010	10,015	10,000	10,005	10,000
4	9,995	10,010	10,020	10,010	9,995	10,000
5	10,000	10,020	10,010	9,990	9,990	9,990

Lösung:

Zuerst werden die Voraussetzungen geprüft. Das ist:

• Erfolgreiche Messsystemanalyse nach Verfahren 1

Im Rahmen dieser Übung wird angenommen, dass diese Voraussetzung erfüllt ist.

Um eine ausreichende Datenbasis zu haben, ist außerdem die Bedingung zu überprüfen, ob für das Produkt aus

• Prüfer (k ≥ 2),
• Teile (n ≥ 5) und
• Messreihen je Prüfer (r ≥ 2)

k · n · r ≥ 30 gilt. Im vorliegenden Fall werden k=2 Prüfer, mit n=5 Teilen und n =3 Messreihen gemessen. Damit gilt:

k · n · r = 2 · 5 · 3 = 30.

Die Stichprobe ist also ausreichend.

Berechnung des Geräteeinflusses EV:
Für jeden Prüfling wird der maximale Unterscheid (die Spannweite R) zwischen den Mess-reihen für jeden Prüfer nach Gleichung (69) von Seite 102 berechnet.

$$R_{k,i} = \text{max. Diff} \left| x_{k,1,i}; x_{k,2,i}; \ldots; x_{k,r,i} \right|. \tag{81}$$

Für den ersten Prüfling (i = 1) des ersten Prüfers (k = 1) gilt

$$R_{1,1} = \text{max. Diff} \left| x_{1,1,1}; x_{1,2,1}; x_{1,3,1} \right|$$
$$= \text{max. Diff} \left| 10{,}020; 10{,}010; 10{,}015 \right| = 10{,}02 - 10{,}01 = 0{,}010. \tag{82}$$

Auf gleiche Art verfährt man mit den restlichen Prüflingen und mit Prüfer 2:
Für Prüfer 1

$$R_{1,1} = 10{,}020 - 10{,}010 = 0{,}010$$
$$R_{1,2} = 10{,}010 - 9{,}995 = 0{,}015$$
$$R_{1,3} = 10{,}015 - 10{,}010 = 0{,}005$$
$$R_{1,4} = 10{,}020 - 9{,}995 = 0{,}025$$
$$R_{1,5} = 10{,}020 - 10{,}000 = 0{,}020$$

Für Prüfer 2

$$R_{2,1} = 10{,}10 - 9{,}90 = 0{,}20$$
$$R_{2,2} = 10{,}10 - 9{,}90 = 0{,}20$$
$$R_{2,3} = 10{,}05 - 10{,}00 = 0{,}05$$
$$R_{2,4} = 10{,}10 - 9{,}95 = 0{,}15$$
$$R_{2,5} = 9{,}990 - 9{,}990 = 0{,}000. \tag{83}$$

Aus den Spannweiten $R_{k,i}$ wird mit Gleichung (70) von Seite 102 für jeden Prüfer eine mitt-lere Spannweite $\bar{R}_k$ berechnet:
Für Prüfer 1

$$\bar{R}_1 = \frac{1}{n}\sum_{i=1}^{n} R_{1,i} = \frac{1}{5}\sum_{i=1}^{5} R_{1,i} = \frac{1}{5}\left(R_{1,1} + R_{1,2} + \cdots + R_{1,5}\right)$$
$$= \frac{1}{5}(0{,}010 + 0{,}015 + \cdots + 0{,}020) = 0{,}015$$

Für Prüfer 2

$$\bar{R}_2 = \frac{1}{n}\sum_{i=1}^{n} R_{2,i} = \frac{1}{5}\sum_{i=1}^{5} R_{2,i} = \frac{1}{5}\left(R_{2,1} + R_{2,2} + \cdots + R_{2,5}\right)$$
$$= \frac{1}{5}(0{,}020 + 0{,}020 + \cdots + 0{,}000) = 0{,}012. \tag{84}$$

Der Mittelwert der mittleren Spannweiten für die beiden Prüfer ist die Gesamtspannweite $\bar{\bar{R}}$ nach Gleichung (71) von Seite 102:

$$\bar{\bar{R}} = \frac{1}{k}\sum_{i=1}^{k} \bar{R}_k = \frac{1}{2}\left(\bar{R}_1 + \bar{R}_2\right) = \frac{1}{2}(0{,}015 + 0{,}012) = 0{,}0135. \tag{85}$$

Für den Korrekturfaktor K_1 (nach Tabelle 13-1, Seite 104) gilt mit der Anzahl der Messrei-hen r = 3 und dem Produkt aus Teilezahl n und Prüferzahl k ($n \cdot k = 2 \cdot 5 = 10$)
$K_1 = 3{,}00.$

Nach Gleichung (72) von Seite 103 berechnet sich mit der Gesamtspannweite $\overline{\overline{R}}$ der Geräteeinfluss EV nach Gleichung (72) von Seite 103:

$$EV = K_1 \cdot \overline{\overline{R}} = 3{,}00 \cdot 0{,}0135 = 0{,}0405. \tag{86}$$

Berechnung des Prüfereinflusses AV

Es werden zuerst die Mittelwerte der Messwerte für jede Messreihe ermittelt (Gleichung (73) auf Seite 103):

$$\overline{x}_{k,r} = \frac{1}{n}\sum_{i=1}^{n} x_{k,r,i}.$$

Für Messreihe 1 von Prüfer 1 gilt:

$$\overline{x}_{1,1} = \frac{1}{5}\sum_{i=1}^{5} x_{1,1,i} = \frac{1}{5}(10{,}020 + 10{,}010 + \cdots + 10{,}000) = 10{,}008.$$

Für die restlichen Messreihen von Prüfer 1 gilt:

$$\overline{x}_{1,2} = \frac{1}{5}(10{,}010 + 9{,}995 + \cdots + 10{,}020) = 10{,}009$$

$$\overline{x}_{1,3} = \frac{1}{5}(10{,}015 + 10{,}005 + \cdots + 10{,}001) = 10{,}013 \tag{87}$$

Für Prüfer 2 gilt:

$$\overline{x}_{2,1} = \frac{1}{5}(9{,}995 + 9{,}990 + \cdots + 9{,}990) = 9{,}997$$

$$\overline{x}_{2,2} = \frac{1}{5}(9.990 + 10{,}010 + \cdots + 9{,}99) = 9{,}998$$

$$\overline{x}_{2,3} = \frac{1}{5}(10{,}010 + 9{,}995 + \cdots + 9{,}990) = 9{,}999$$

Aus den Mittelwerten der Prüfreihen wird mit Gleichung (74) von Seite 103 der Mittelwert der Messwerte jedes Prüfers $\overline{x}_k$ gebildet:

$$\overline{x}_k = \frac{1}{r}\sum_{i=1}^{r} \overline{x}_{k,i}$$

Für Prüfer 1 gilt:

$$\overline{x}_1 = \frac{1}{3}\sum_{i=1}^{3} \overline{x}_{1,i} = \frac{1}{3}\left(\overline{x}_{1,1} + \overline{x}_{1,2} + \overline{x}_{1,3}\right)$$

$$= \frac{1}{3}(10{,}008 + 10{,}009 + 10{,}013) \tag{88}$$

$$\overline{x}_1 = 10{,}010$$

Für Prüfer 2 gilt:

$$\overline{x}_2 = \frac{1}{3}\left(\overline{x}_{2,1} + \overline{x}_{2,2} + \overline{x}_{2,3}\right) = \frac{1}{3}(9{,}997 + 9{,}998 + 9{,}999) = 9{,}998$$

Damit ist die maximale Differenz der Mittelwerte $\bar{x}_{Diff}$ zwischen den Prüfern (Gleichung (75), Seite 104)

$$\bar{x}_{Diff} = \bar{x}_{k,max} - \bar{x}_{k,min} = 10{,}010 - 9{,}998 = 0{,}012 \qquad (89)$$

Mit Hilfe des Korrekturfaktors K_2 nach Tabelle 13-1 von Seite 104 in Abhängigkeit der Prüferzahl k=2:

$$K_2 = 3{,}65. \qquad (90)$$

berechnet sich der Prüfereinfluss AV nach Gleichung (75) von Seite 104:

$$AV = K_2 \cdot \bar{x}_{Diff} = 3{,}65 \cdot 0{,}012 = 0{,}0438. \qquad (91)$$

Berechnung der Wiederholbarkeit und Vergleichspräzision %R&R
Aus dem Geräteeinfluss EV und dem Prüfereinfluss AV berechnet sich der %R&R-Wert nach Gleichung (78) von Seite 104 mit der Toleranz T = 1,5:

$$\%R\&R = \frac{\sqrt{EV^2 + AV^2}}{T} = \frac{\sqrt{0{,}0405^2 + 0{,}0438^2}}{0{,}15} = 0{,}398 \qquad (92)$$

$$\%R\&R = 39{,}8\% > 30\%$$

Damit ist das Messgerät nicht fähig.

13.7 SCHRITT 5: VERFAHREN 3 (VERGLEICHSPRÄZISION)

Verfahren 3 oder auch Typ 3 ist ein Sonderfall von Verfahren 2, wenn kein Bedienereinfluss existiert. In diesem Fall wird analog Verfahren 2 (Kapitel 13.6) vorgegangen. Einziger Unterscheid ist, dass nur mit einem Prüfer gemessen wird. Der Kennwert ist somit ebenfalls der %R&R-Wert, welcher aus dem Umfang der

- Teile ($n \geq 5$) und
- Messreihen ($r \geq 2$)

bestimmt wird. Es gilt, dass das Produkt dieser beiden Größen $n \cdot r \geq 20$ eingehalten wird. Üblich sind folgende Werte: 10 Teile ($n = 10$) und zwei Messreihen ($r = 2$). Diese Methode kann auch angewandt werden, wenn die Daten nicht normalverteilt sind.

13.8 INTERPRETATION VON MESSSYSTEMANALYSEN

Im Falle von nicht fähigen Messsystemen wird ein gestuftes Vorgehen empfohlen. Zuerst empfiehlt es sich, das Messsystem zu überprüfen oder zu verbessern. Ist dies nicht möglich, muss ein besseres Messsystem beschafft werden, was häufig mit höheren Kosten verbunden ist. Falls auch dies nicht zielführend ist, folgt eine detaillierte Betrachtung des Merkmals, der Toleranz oder des Prozesses. Nur in Sonderfällen (also quasi als Notnagel) können auch Sonderregelungen getroffen werden (Abbildung 13-7).

Schritt 1: Verbesserung des Messsystems
Überprüfen Sie die Messeinrichtung. Fehler können hier beispielsweise beim Einspannen, Aufnehmen, Abtasten oder in der Führung liegen. Evtl. verkippt oder verklemmt sich auch der Prüfling. Neben der Messeinrichtung spielen oftmals auch die Umgebungsbedingungen eine große Rolle. Hier können Temperaturen, elektrische oder magnetische Strahlungen, Staub, Öl oder Erschütterungen sowie Luftbewegungen einen Einfluss auf das Messergebnis haben.

Außerdem kann auch das Messverfahren in Betracht gezogen werden. Dabei können die Software, Messgeschwindigkeiten, das Einstellverfahren oder auch die Zeiten eine Rolle spielen.

Zusätzlich sollten noch der Bediener und der Prüfling betrachtet werden. Beim Bediener können eine mangelhafte Einweisung, Sorgfalt, Sauberkeit oder auch die Handhabung das Ergebnis beeinflussen. Beim Prüfling können dies Rückstände, Oberflächeneigenschaften oder Toleranzen sein.

Schritt 2: Beschaffung eines neueren Messsystems
Es kann helfen, ein bedienerunabhängiges, berührungsloses oder auch absolut messendes Messsystem zu besorgen. Auch eine höhere Auflösung (< 5%) kann hilfreich sein.

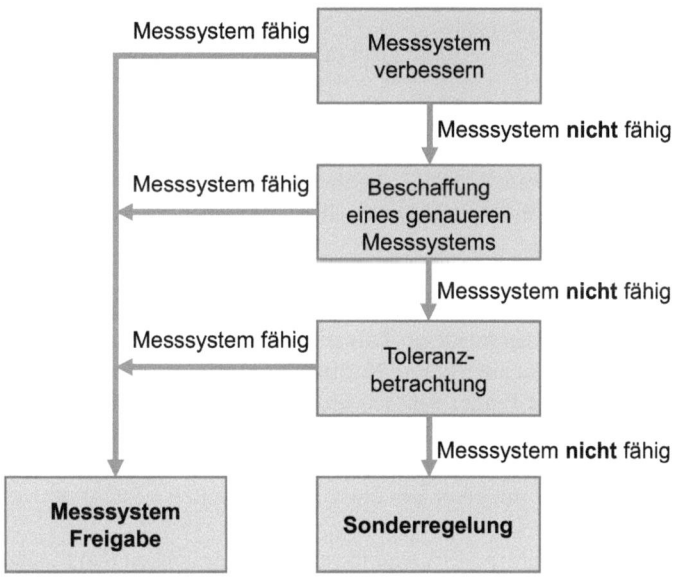

Abbildung 13-7: Vorgehen bei nicht fähigen Messsystemen

Schritt 3: Toleranzbetrachtungen
Manchmal kann die Toleranz angepasst werden, indem z. B. auf eine statistische Tolerierung übergegangen wird. Hier sind unbedingt die betroffenen Bereiche wie Entwicklung, Kunde, Produktion,…, einzubinden. Evtl. kann auch ein anderes zu messendes Merkmal definiert werden.

Schritt 4: Sonderregelung

In Ausnahmefällen kann in Abstimmung mit Messtechnikexperten eine Ausnahmeregelung getroffen werden. Auch hier müssen unbedingt betroffene Stellen eingeweiht werden. Das können sein: Der Kunde, die Entwicklung oder die Fertigung. Diese Regelung sollte regelmäßig überprüft und gegebenenfalls angepasst werden. Es kann helfen, zusätzlich zur Messung Maßnahmen zu treffen, die die Qualität sicherstellen. Denkbar sind hier ein genaueres Messgerät im Feinmessraum oder die Funktionsüberprüfung.

Praxistipp

Oftmals wird die Ursache intuitiv beim Bediener oder der Messeinrichtung gesehen. Vergessen Sie aber nicht die oftmals erheblichen Einflüsse aus Umgebung oder auch der Messstrategie!

13.9 AUF DEN PUNKT

- Nur fähige Messsysteme liefern vertrauenswürdige Ergebnisse. Deswegen sollte vor jeder Messung unbedingt die Messfähigkeit sichergesellt sein.
- Bei der Betrachtung der Messfähigkeit sind unbedingt die Einflüsse aus dem Prüfer und der Wiederholbarkeit zu beachten.
- Beginne immer mit der Bewertung der Auflösung des Messsystems die Messfähigkeitsuntersuchung.
- Große Streuungen sind immer kritischer als Mittelwertabweichungen. Mittelwertabweichungen können relativ einfach korrigiert werden. Streuungen erfordern ein tieferes Eingreifen in den Messprozess oder die Messbedingungen.
- Manchmal weichen Firmenvorgaben von den angegebenen Gleichungen ab. Dann sind Firmenvorgaben bindend.
- Die errechneten Kennwerte aus unterschiedlichen Messsystemanalysen nutzen die Toleranz und die in den Messwerten sichtbare Streuung. Die sich ergebenden Aussagen sind nicht dazu geeignet die verwendeten Toleranzen infrage zu stellen.
- Einige der Berechnungen nutzen eine Normalverteilung als Grundlage. Wann immer dies geschieht, stellt sich die Frage: Wurden die vorhandenen Werte auch auf das Vorliegen einer Normalverteilung geprüft? Und was, wenn diese nicht vorhanden ist?
- Die Ergebnisse einer MSA führen idealerweise in einen Dialog über die zutage tretenden Unterschiede und endet mit einer gemeinsam entwickelten Lösung zur Verbesserung des Messsystems.
- Gewissenhaft durchgeführte MSA sind die einzige Möglichkeit den Fehleranteil in einem Messwert zuverlässig zu schätzen. Mit dieser Schätzung können wir bestimmen, wie falsch der Messwert wahrscheinlich ist.

13.10 ARBEITEN MIT EXCEL 🚀

Für die Messystemanalyse liegen ebenfalls Werkzeuge in der Excel-Tool Box bereit.

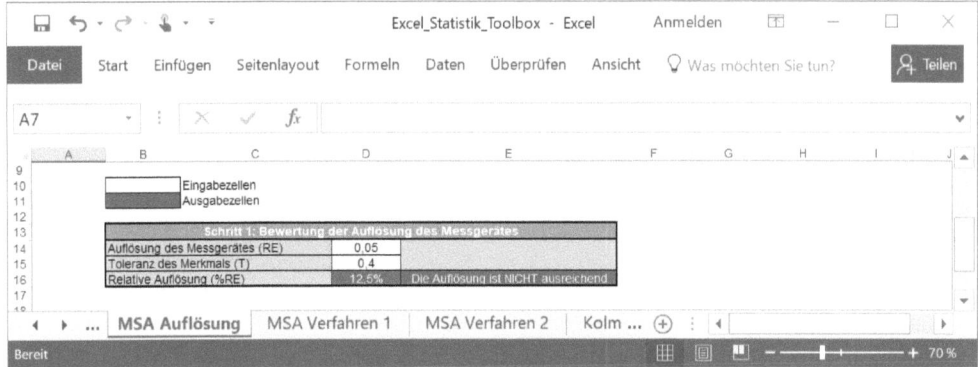

Abbildung 13-8: Excel-Tool zur Berechnung der Auflösung des Messgerätes

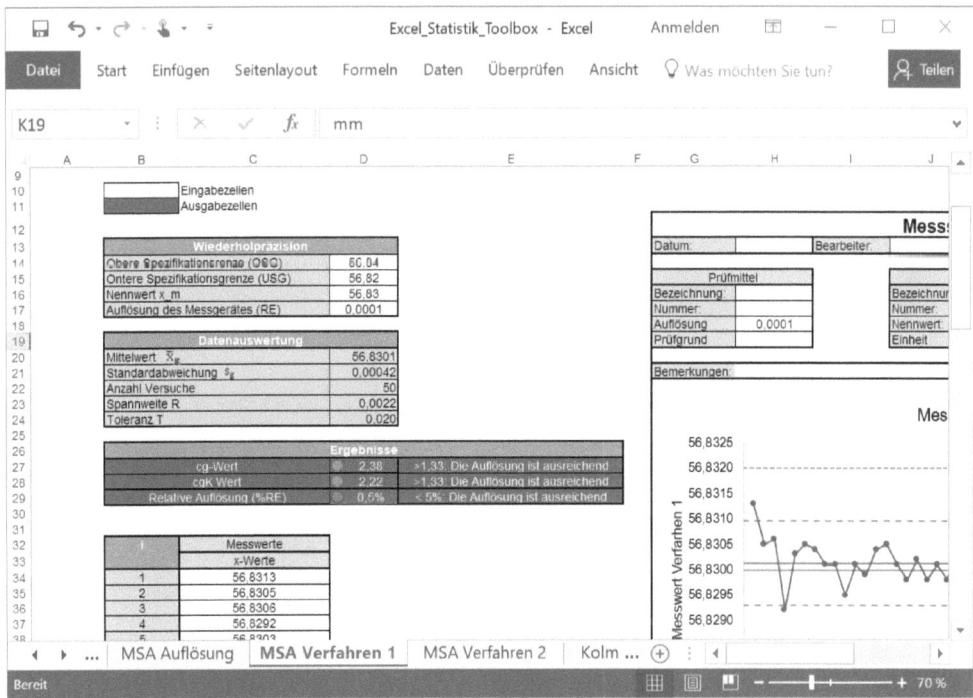

Abbildung 13-9: Excel-Tool zur Messystemanalyse nach Verfahren 1

Im Reiter „MSA Auflösung" können Sie die nötige Auflösung des Messgerätes berechnen lassen (Abbildung 13-8).

Um die Messsystemanalyse nach dem Verfahren 1 durchzuführen, wird der Reiter „MSA Verfahren 1" gewählt (siehe Abbildung 13-8). In die Zellen D14-D16 werden die Spezifikationsgrenzen, der Nennwert und die Auflösung des Messgerätes eingetragen. Die Messwerte können in Spalte C ab Zeile 34 eingetragen werden.

In den Zellen D27-E29 wird dann der C_g-Wert, der C_{gk}-Wert und die Auflösung berechnet und gleichzeitig ein Hinweis gegeben, ob die Werte ausreichend sind oder nicht.

In den Spalten G-P wird zusätzlich noch ein Berichtsblatt dargestellt, welches die gesamten Ergebnisse übersichtlich zusammenfasst und damit eine gute Dokumentation erlaubt. Siehe dazu Abbildung 13-10.

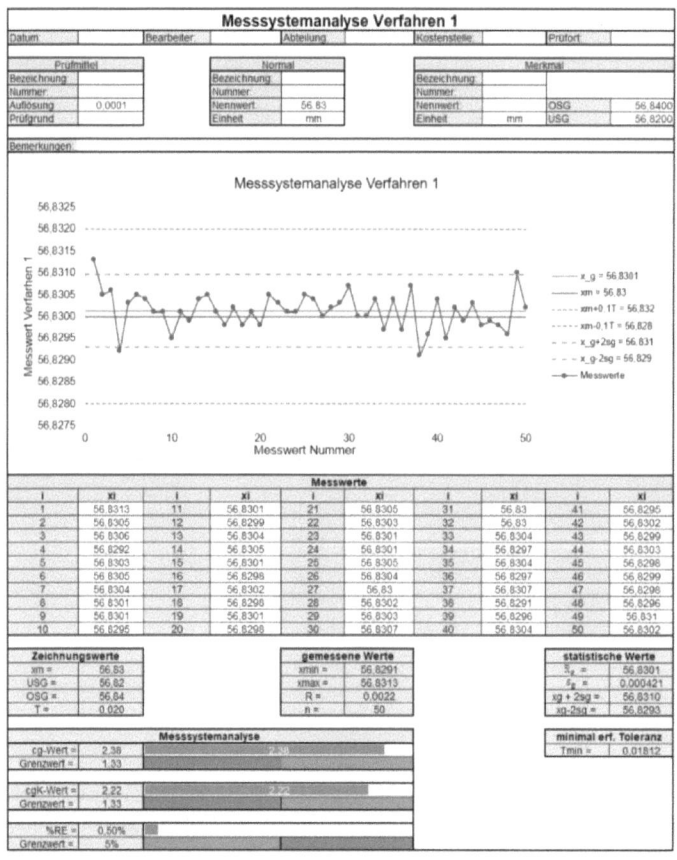

Abbildung 13-10: Übersichtsblatt der Messsystemanalyse nach Verfahren 1

Für eine Messsystemanalyse nach Verfahren 2 kann auf den Reiter „MSA Verfahren 2" zurückgegriffen werden (Abbildung 13-11). Hier werden alle Daten der verschiedenen Prüfer in den Bereich ab Zeile 55 eingetragen. Zusätzlich muss noch die Toleranz in Zelle D 17 eingetragen werden.

Das Ergebnis der Messsystemanalyse zeigen die Zellen B29-G29 in Form des %R&R Wertes.

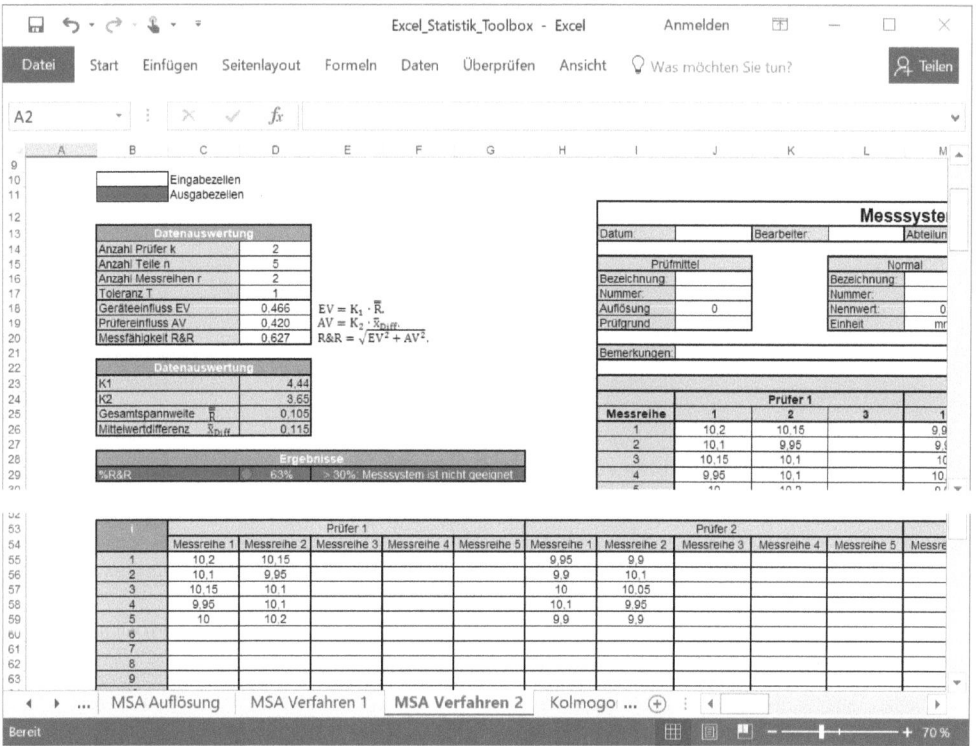

Abbildung 13-11: Excel-Tool zur Messsystemanalyse nach Verfahren 2

Wie beim Verfahren 1 wird auch für das Verfahren 2 ein übersichtlicher Bericht erstellt und in den Zellen I12-R51 dargestellt, vgl. dazu Abbildung 13-12.

Messsystemanalyse Verfahren 2

Datum:		Bearbeiter:		Abteilung:		Kostenstelle:		Prüfort:	

Prüfmittel		Normal		Merkmal		
Bezeichnung:		Bezeichnung:		Bezeichnung:		
Nummer:		Nummer:		Nummer:		
Auflösung	0	Nennwert:	0	Nennwert:	OSG	0,0000
Prüfgrund		Einheit	mm	Einheit	mm	USG	0,0000

Bemerkungen:

Messwerte

Messreihe	Prüfer 1			Prüfer 2			Prüfer 3		
	1	2	3	1	2	3	1	2	3
1	10,2	10,15		9,95	9,9				
2	10,1	9,95		9,9	10,1				
3	10,15	10,1		10	10,05				
4	9,95	10,1		10,1	9,95				
5	10	10,2		9,9	9,9				
6									
7									
8									
9									
10									

Ergebnis aus MSA Verfahren 1		Vorrausetzungen:		Messsystem ist	
Protokoll Nr.		Anzahl Prüfer k	2	fähig bis	20%
Ergebnis		Anzahl Teile n	5	bedingt fähig bis	30%
cg-Wert		Anzahl Prüfreihen r	2	nicht fähig bis	>30%
cgK-Wert		Bedingung n*k*r > 30	20		

Messsystemanalyse	Fazit
Geräteeinfluss EV 46,6%	> 30%: Messsystem ist nicht geeignet
Prüfereinfluss AV 42,0%	
Wiederholbarkeit %RE 62,7%	

Abbildung 13-12: Übersichtsblatt zur Messsystemanalyse nach Verfahren 2

13.11 WICHTIGE FORMELN

Berechnung der Toleranz T

$T = OSG - USG.$

Ermittlung der nötigen Auflösung des Messgerätes %RE:

$$\%RE = \frac{\text{Auflösung des Messgerätes (RE)}}{\text{Toleranz des zu messenden Merkmals (T)}}$$

$\%RE \begin{cases} \leq 5\%, & \text{geeignete Auflösung} \\ > 5\%, & \text{zu geringe Aulösug} \end{cases}$

Die Wiederholpräzision: Potenzieller Messmittelfähigkeitsindex C_g-Wert

$C_g = \dfrac{0{,}2 \cdot T}{6 \cdot s_g}$, mit der Toleranz T und der Standardabweichung s_g

$C_g \begin{cases} \geq 1{,}33, & \text{Messgerät ist fähig} \\ < 1{,}33, & \text{Messgerät ist nicht fähig} \end{cases}$

Die Wiederholpräzision: Messmittelfähigkeitsindex C_{gk}-Wert

$$C_{gk} = \frac{0{,}1 \cdot T - |\bar{x}_g - x_m|}{3 \cdot s_g},$$

mit Toleranz T, Standardabweichung s_g, Referenzwert x_m und Mittelwert $\bar{x}_g$

$C_{gk} \begin{cases} \geq 1{,}33, & \text{Messgerät ist fähig (genau)} \\ < 1{,}33, & \text{Messgerät ist nicht fähig (ungenau)} \end{cases}$

Geräteeinflusses EV

$EV = K_1 \cdot \bar{\bar{R}}$, mit Korrekturfaktor K_1 und Gesamtspannweite $\bar{\bar{R}}$

Prüfereinfluss AV

$AV = K_2 \cdot \bar{x}_{Diff}$, mit Korrekturfaktor K_2 und max. Mittelwertunterschied $\bar{x}_{Diff}$

Wiederholbarkeit und Vergleichspräzision %R&R

$\%R\&R = \dfrac{\sqrt{EV^2 + AV^2}}{T}$, mit Geräteeinfluss EV, Prüfereinfluss AV und Toleranz T

$\%R\&R \begin{cases} < 20\% & \text{geeignet (Empfehlung)} \\ < 30\% & \text{geeignet (Standard)} \\ > 20 \text{ bzw. } 30\,\% & \text{nicht geeignet.} \end{cases}$

TEIL 3: DATEN AUSWERTEN UND INTER-PRETIEREN

14 ZUSAMMENHÄNGE VON DATEN FINDEN (REGRESSION UND KORRELATION)

Oftmals werden Daten erhoben um Zusammenhänge zwischen den Daten zu erkennen. Dies kann beispielsweise die Auswirkung von Fertigungsparametern auf die Produktqualität sein. Es interessiert dann, welche Fertigungsparameter haben überhaupt einen signifikanten Einfluss auf die Produktqualität. In diesem Fall spricht man von Korrelationen, Kapitel 14.3.1. Eine alternative Fragestellung könnte sein, wie die Temperatur den elektrischen Widerstand eines Bauteils beeinflusst. Hier interessiert, wie stark sich der Widerstand mit zunehmender Temperatur ändert. Dann spricht man von Regression (Kapitel 14.3.2).

In diesem Kapitel lernen Sie:

- Wie Sie Daten maximale Informationen zu Zusammenhängen entlocken.
- Wie Sie mit Hilfe der Korrelationsanalyse aus Daten erfahren, welche Parameter einen Einfluss aufeinander ausüben.
- Wie Sie durch die Regressionsanalyse einen formelmäßigen Zusammenhang zwischen zwei Variablen bestimmen können.

14.1 ASSISTENT ANALYSE VON ZUSAMMENHÄNGEN 🚀

Der Assistent aus Abbildung 14-1 hilft bei der Auswahl der richtigen Methode.

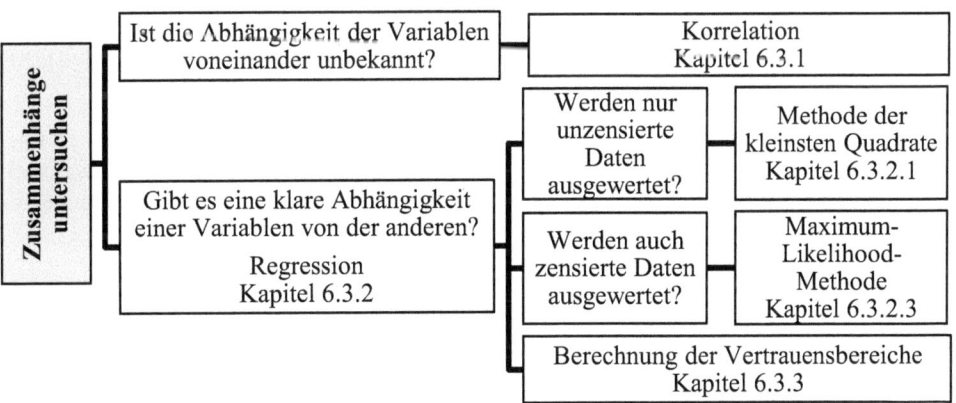

Abbildung 14-1: Assistent zur Analyse von Zusammenhängen

14.2 GRAFISCHE AUSWERTUNGEN UND IHR NUTZEN

Eigentlich sollte jede Analyse mit der grafischen Betrachtung der Daten beginnen. Die grafische Aufbereitung von Daten hat mehrere Vorteile. Wir Menschen sind sehr gut im Auswerten von Grafiken. Dazu ein kleines Experiment. In Abbildung 14-2 ist ein sog. CAPTCHA (engl. Completely Automated Public Turing test to tell Computers and Humans Apart) dargestellt. Mit Hilfe dieser CAPTCHA wird im Internet häufig überprüft, ob es sich bei dem Nutzer um einen Menschen oder Computer handelt.

Abbildung 14-2: Beispiel eines CAPTCHA

Nun zum Experiment. Bitte stoppen Sie die Zeit, die Sie benötigen, um den Inhalt des CAPTCHA zu entziffern. Im zweiten Teil des Tests berechnen Sie bitte im Kopf das Produkt aus $x = 37 \cdot 23$ und stoppen die Zeit.

Üblicherweise liegt die Zeit zum Entschlüsseln des CAPTCHA bei kleiner einer Sekunde. Dagegen liegt die Zeit für das Lösen der Rechenaufgabe deutlich oberhalb von 10 Sekunden.

Im letzten Teil des Experiments schätzen Sie, wie lange ein Computer für diese beiden Aufgaben benötigen würde.

Wir stellen fest, dass die Rechenaufgabe, welche für uns sehr aufwändig war, für den Computer innerhalb von Bruchteilen einer Sekunde gelöst wird. Dagegen ist das Lösen des CAPTCHA für den Computer nahezu unmöglich.

Dieses Beispiel soll zeigen, dass wir Menschen sehr schnell grafische Informationen erfassen und verarbeiten können. Wir sollten also so viel wie möglich auf grafische Methoden zurückgreifen, wenn wir Daten auswerten oder präsentieren. Wenn wir Zahlen oder Rechnungen interpretieren müssen, tun wir uns sehr viel schwerer!

Zur grafischen Analyse von Daten stehen verschiedenste Möglichkeiten zur Verfügung. Folgende Liste zählt die gängigsten Methoden auf:

- Histogramme veranschaulichen Häufigkeiten (vgl. dazu Abbildung 9-2),
- Wahrscheinlichkeitsnetze prüfen auf eine statistische Verteilung (siehe Abbildung 9-6)
- Box-Plots zur Bewertung von Ausreißern und Streuungen (siehe Abbildung 16-2)
- Streudiagramme, also klassische Diagramme, welche Zusammenhänge zeigen (siehe Abbildung 14-3).

In Abbildung 14-3 ist ein klassisches Streudiagramm dargestellt. Neben linearen Skalen sind somit auch beliebig andere Skalen möglich. So wird häufig mit logarithmischen Skalen gearbeitet. In Abbildung 14-3 sind zwei Beispiel dargestellt. Die obere Grafik zeigt Datenpunkte in einem Streudiagramm mit zwei linearen Achsen. Dies könnte z. B. die Leitfähigkeit von Halbleitern abhängig von der Temperatur darstellen. Es ist auf einen Blick erkennbar, dass es sich nicht um einen linearen Zusammenhang handelt, aber die Daten einem eindeutigen Trend folgen (also korrelieren). In der unteren Darstellung wurden dieselben Daten in einem Diagramm mit logarithmischer y-Achse dargestellt. Hier ergibt sich ein nahezu linearer Zusammenhang. Dies bestätigt dann den Trend und hebt außerdem die Streuungen der Daten besser hervor. Auch Ausreißer oder Besonderheiten werden hier gut sichtbar.

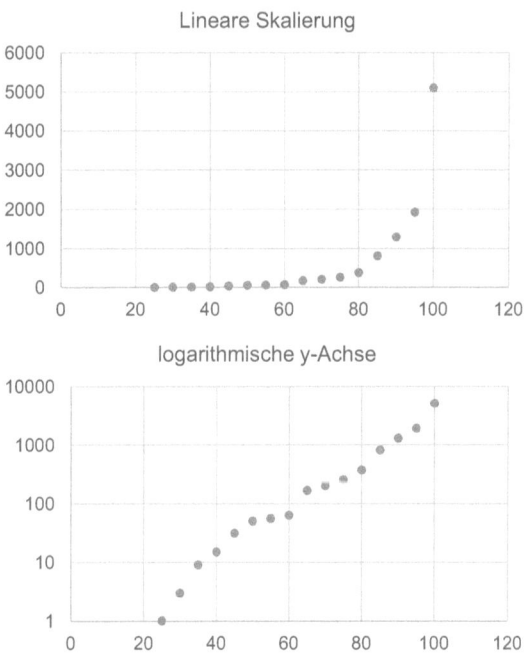

Abbildung 14-3: Beispiele für Daten in unterschiedlicher Skalierung

14.3 MODELLRECHNUNGEN UND IHRE ZIELE

Mit den in diesem Kapitel vorgestellten rechnerischen Methoden lassen sich Maßzahlen über die Güte des Zusammenhangs angeben (Korrelationen) und es kann der Zusammenhang zweier Variablen mathematisch beschrieben werden (Regressionsrechnung). Es ergeben sich also mathematische Modelle zur Beschreibung eines Zusammenhangs zwischen zwei Größen.

An dieser Stelle wird noch einmal darauf verwiesen, dass eine Datenanalyse immer sauber strukturierte Daten voraussetzt. Es ist deswegen immens wichtig bei der Datenerhebung und deren Dokumentation sehr sorgfältig vorzugehen (vgl. dazu auch die Ausführungen in Kapitel 12). Es erscheint trivial, dass die Modelle nur mögliche Zusammenhänge aufzeigen können, sofern diese Einflüsse in den Daten enthalten und nachweisbar sind. In der Praxis ist es leider häufig der Fall, dass bei der Datenerhebung nicht alle Einflüsse mitberücksichtigt oder diese nicht immer sauber getrennt wurden.

Alle mathematischen Modelle beinhalten Schlussfolgerungen, die mit einer Wahrscheinlichkeit versehen sind. Es sind somit keine absoluten Aussagen möglich. Wenn die Einflüsse nicht sauber bei der Strukturierung der Daten bzw. der Planung von den Stichproben getrennt wurden, sind diese auch in den Modellen nicht mehr trennbar, bzw. können übersehen werden.

14.3.1 KORRELATIONSANALYSE ODER: GIBT ES ZUSAMMENHÄNGE?

Mit Hilfe der Korrelationsanalyse kann der Grad eines linearen Zusammenhangs zwischen zwei Variablen berechnet werden. Wir müssen uns hierbei immer vor Augen halten, dass es sich dabei um einen Zusammenhang im Sinne der Statistik handelt. Ob dieser in der Realität (also auf Basis physikalischer, technischer, biologischer,… Überlegungen) auch existiert ist nachzuweisen. Man spricht in diesem Fall von einem Kausalzusammenhang (oder Ursache-Wirkungs-Beziehung).

Mit Hilfe der Statistik ist es möglich, z. B im technischen Bereich, durch die Korrelationsanalyse eine **potenzielle** Ursache-Wirkungs-Beziehung zu finden. Die reale Ursache-Wirkungs-Beziehung muss dann durch den Experimentator nachgewiesen werden. Das bedeutet, dass Korrelationsanalysen Hypothesen für Forschungen liefern können.

Ist mit Hilfe der Korrelationsanalyse eine potenzielle Ursache-Wirkungs-Beziehung gefunden worden, dann gibt es prinzipiell vier verschiedene Zusammenhänge zwischen den zwei Variablen A und B:

1. A ist Ursache von B
2. B ist Ursache von A
3. A und B haben eine gemeinsame Ursache
4. A und B korrelieren nur zufällig miteinander.

Im Fall von 1 und 2 (A ist die Ursache von B, bzw. B ist Ursache von A):

In diesem Fall, darf nur von A auf B und nicht von B auf A geschlossen werden. Ein Beispiel dazu: Es wird der Zusammenhang zwischen dem Sonnenaufgang (A) und dem Krähen des Hahnes (B) untersucht. Dabei wird festgestellt, dass beide zusammenhängen. Je früher die Sonne aufgeht, umso früher kräht der Hahn. In diesem Fall ist eindeutig der Sonnenaufgang die Ursache vom Krähen des Hahnes. Es gilt also die Aussage: Wenn die Sonne aufgeht, dann kräht der Hahn. A ist also Ursache von B.

Ein Rückschluss ist allerdings nicht möglich. Folgende Aussage gilt nicht: Wenn der Hahn kräht, dann geht auf jeden Fall die Sonne auf.

Noch ein Beispiel aus der Technik. Die Fertigungsqualität (A) sinkt immer Montags (B). Auch hier gilt: Der Wochentag Montag (B) ist eine Ursache für die Fertigungsqualität (A). Ein Rückschluss ist nicht möglich. Nur weil die Fertigungsqualität sinkt, muss nicht automatisch Montag sein.

Im Fall von 3 (A und B haben eine gemeinsame Ursache C):

In Fall 3 darf nicht von A auf B geschlossen werden. Da A und B eine gemeinsame Ursache C haben, muss diese in die Betrachtung einbezogen werden. Dies bedeutet, dass A keinen Einfluss auf B (oder umgekehrt) hat.

Ein nettes Beispiel dazu

In einer dänischen Untersuchung[1] wurde festgestellt, dass Studenten, die regelmäßig Alkohol trinken (A) seltener ihr Studium abbrechen (B). Oder deutlich verkürzt gesprochen: Alkohol vermindert den Studienabbruch. Nun sorgt aber weder ein häufigeres Trinken von Alkohol für bessere Noten, noch bedeuten bessere Studienergebnisse gleich einen höheren Alkoholkonsum. Die Korrelation zwischen Alkohol (A) und Studienleistung (B) hat keine direkte Korrelation, sondern vielmehr eine gemeinsame Ursache (C).

Die Autoren der Studie betonen eindeutig, dass für den Studienerfolg soziale Kontakte extrem wichtig sind. Diese werden häufig zu Beginn des Studiums auf Partys gefunden und gefestigt. Bleibt man diesen Feiern fern, dann fehlen die sozialen Kontakte und die Motivation das Studium durchzuhalten sinkt. Somit ist die gemeinsame Ursache der Besuch der Partys.

Eine Beeinflussung der Parameter A und B ist dann nur über die Größe C möglich. Dafür ist es nötig diese genau zu kennen.

---

[1] http://www.spiegel.de/lebenundlernen/uni/verblueffender-effekt-wer-bier-trinkt-bricht-seltener-das-studium-ab-a-1161904.html vom 02.2018

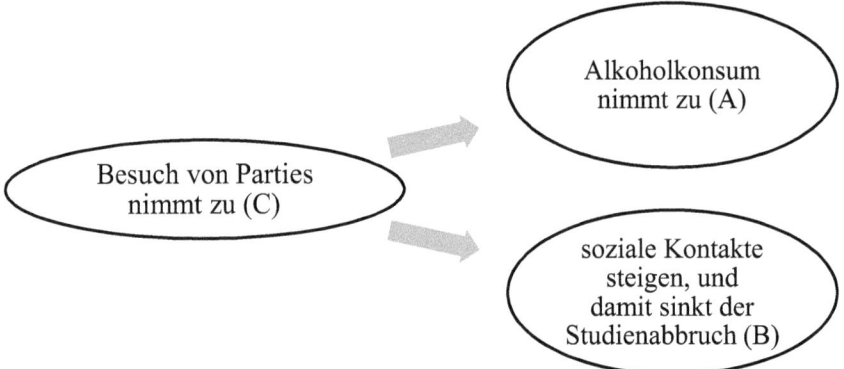

Abbildung 14-4: Beispiel für eine gemeinsame Ursache von (A) und (B)

Im Fall von 4 (A und B korrelieren nur zufällig miteinander):

Fall 4 ist der klassische Fall einer Scheinkorrelation. Es liegt eine Korrelation zwischen zwei Variablen vor, obwohl der Zusammenhang rein zufällig ist. Beispiele hierfür sind zahlreich und zum Teil sehr amüsant[1].

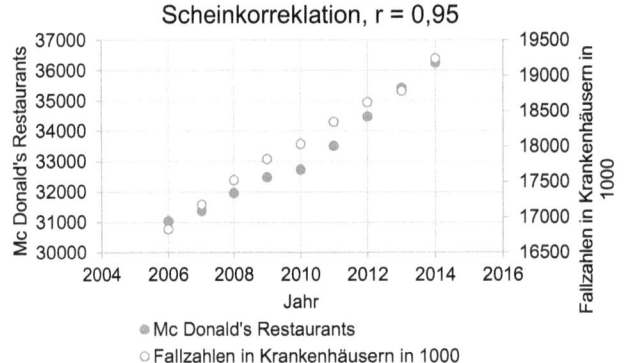

Abbildung 14-5: Beispiel für Scheinkorrelation

Die Wahrscheinlichkeit auf Scheinkorrelationen zu stoßen, nimmt mit der Größe des untersuchten Datensatzes zu. Je mehr Daten untersucht werden, umso häufiger wird man also eine Scheinkorrelation finden. Insbesondere im Bereich der Aktienanalyse sind die Datenmengen, die analysiert werden können immens. Dies führt immer wieder zu Scheinkorrelationen, die entdeckt und als neues Anlagekonzept verkauft werden. Zum Teil mit dem Ergebnis, dass die

---

[1] Wer sich für Scheinkorrelationen interessiert und schmunzeln möchte, dem empfehle ich die Seiten (vom 02.2018) https://scheinkorrelation.jimdo.com/ oder http://www.rp-online.de/panorama/wissen/lustige-scheinkorrelationen-bid-1.4239905

Korrelation kurz nach Veröffentlichung nicht mehr zutrifft und das Anlagekonzept führt zu verheerenden Aussagen.

Ein Beispiel für Scheinkorrelationen ist der Zusammenhang zwischen der Anzahl der Mc Donald's Restaurants und der Fallzahlen in Krankenhäusern aus Abbildung 14-5. Beide Werte sind hoch korreliert miteinander. Der Korrelationskoeffizient liegt bei r = 0,95. Da es hierfür aber keinerlei Ursache-Wirkung-Beziehung gibt, ist dieser Zusammenhang nur als rein zufällig anzusehen.

Praxistipp

Wenn nur lange genug gesucht wird, so findet sich immer eine Korrelation. Nur ist damit noch lange keine Ursache-Wirkung-Beziehung gefunden. Deswegen dienen Korrelationen entweder als Forschungshypothese. D. h. es schließt sich ihnen eine umfangreiche Analyse zu der Ursache-Wirkung-Beziehung an. Alternativ kann auch mit einer Theorie zu einer Ursache-Wirkung-Beziehung gestartet werden und diese mit Hilfe der Korrelationsrechnung überprüft werden.

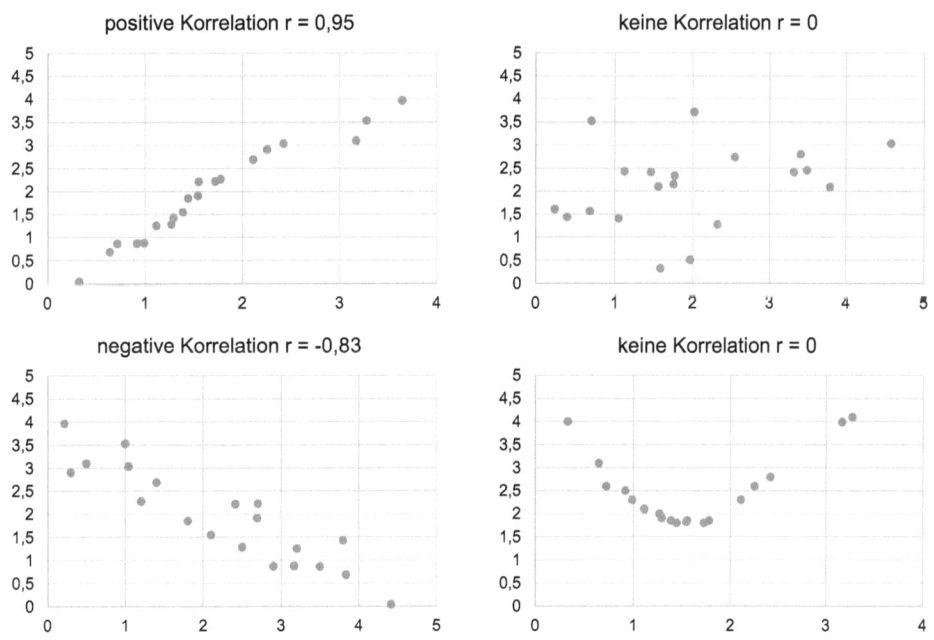

Abbildung 14-6: Beispiele für Korrelationskoeffizienten

Die mathematische Behandlung der Korrelation erfolgt über den Korrelationskoeffizienten r nach Bravais und Pearson. Der Korrelationskoeffizient nimmt Werte von $-1 \leq r \leq +1$ an und liefert eine Aussage über die Stärke und die Richtung des Zusammenhangs. In Abbildung 14-6 sind verschiedenen Daten und deren Korrelationskoeffizient dargestellt.

Je stärker der Zusammenhang ist, umso größer wird der Betrag des Korrelationskoeffizienten. Für r = 0 liegt kein Zusammenhang vor. Bei r = 1 ist der Zusammenhang zu 100% funktional.

Durch das Vorzeichen des Korrelationskoeffizienten ist eine Aussage über die Richtung des Zusammenhangs angegeben. Ist dieser positiv (r > 0), dann nimmt der Wert von B zu, wenn A steigt (je größer die angelegte Spannung, umso größer ist der Strom). Ist der Korrelationskoeffizient negativ (r < 0), dann nimmt der Wert von B ab, wenn A steigt (je weiter das Jahr voranschreitet, umso kleiner wird das Budget).

Keine Korrelation liegt vor dann ist r = 0. Dies kann der Fall sein, wenn sich die Datenpunkte rein zufällig als „Wolke" verteilen (siehe oberes rechtes Bild in Abbildung 14-6), oder wenn kein linearer (z.B. ein parabelförmiger) Trend erkennbar ist (siehe unteres rechtes Bild in Abbildung 14-6). Dies zeigt, wie wichtig die visuelle Betrachtung der Daten ist! Hier kann die mathematische Aussagen irreführen. Deswegen ist der Korrelationskoeffizient in diesem Fall bei r = 0.

Praxistipp

Die Berechnung der Korrelation mit Hilfe von Software ist sehr schnell und einfach. Deshalb besteht das Risiko, dass man Korrelationen übersieht, wenn diese nicht linear sind. Prüfen Sie deswegen immer vor der Korrelationsrechnung mit dem Streudiagramm auf nichtlineare Zusammenhänge.

Die Berechnung des Korrelationskoeffizienten nach Bravais-Pearson ist wie folgt definiert:

$$r = \frac{\sum_{i=1}^{n}[(x_i - \bar{x})(y_i - \bar{y})]}{\sqrt{\sum_{i=1}^{n}(x_i - \bar{x})^2 \cdot \sum_{i=1}^{n}(y_i - \bar{y})^2}} \tag{93}$$

EXCEL: $= KORREL(x_1 : x_n ; y_1 : y_n)$.

Mit
n dem Stichprobenumfang
$\bar{x}$ dem arithmetischen Mittelwert der x-Werte nach Gleichung (1)
$\bar{y}$ dem arithmetischen Mittelwert der x-Werte nach Gleichung (1)
x_i und y_i den x-bzw. y-Werten

Im Bereich der Technik spricht man von gut oder hoch korrelierten Zusammenhängen, wenn für den Korrelationskoeffizienten gilt:

$$r \geq 0{,}95. \tag{94}$$

Manchmal (z. B. bei Trendlinien in Excel) wird auch das Bestimmtheitsmaß B als Maß für die Korrelation angegeben. Das Bestimmtheitsmaß ist das Quadrat des Korrelationskoeffizienten. Damit geht hier die Aussage über die Richtung der Korrelation (ob positiv oder negativ) verloren.

$$B = r^2 = \left(\frac{\sum_{i=1}^{n}[(x_i - \bar{x})(y_i - \bar{y})]}{\sqrt{\sum_{i=1}^{n}(x_i - \bar{x})^2 \cdot \sum_{i=1}^{n}(y_i - \bar{y})^2}} \right)^2$$

(95)

$$\text{EXCEL:} = \text{BESTIMMTHEITSMASS}(x_1 : x_n ; y_1 : y_n)$$

Nimmt der Korrelationskoeffizient Werte von $r = -1$ oder $r = +1$ an, dann liegt ein exakter linearer Zusammenhang vor. Die Daten unterliegen keinerlei Streuungen. Der Zusammenhang wird dann durch eine Geradengleichung beschrieben:

$$y = m \cdot x + c.$$

(96)

Häufig lassen sich Daten, die keinen linearen Zusammenhang aufweisen, durch Transformation linearisieren. Dies geschieht z. B. dadurch, dass eine oder beide der Variablen beispielsweise durch logarithmieren transformiert wird (vgl. dazu auch Abbildung 14-3). Ein paar mögliche Transformationen zeigt Tabelle 14-1.

Tabelle 14-1: Mögliche Transformationen zur Linearisierung von Regressionsgleichungen

Transformation $x' =$	Transformation $y' =$	Gleichung	Ermittelte Konstanten der Regressionsgerade	
			$a' =$	$b' =$
x	$\log y$	$y = ab^x$	$\log a$	$\log b$
x	$\ln y$	$y = ae^{bx}$	$\ln a$	$\ln b$
x	$y + c$	$y = ax + b$	a	$b\text{-}c$
x	$\dfrac{1}{y}$	$y = \dfrac{a}{b+x}$	a	b
$\log x$	y	$y = a \log x + b$	a	b
$x + c$	y	$y = ax + b$	a	b
$\dfrac{1}{x}$	y	$y = \dfrac{a}{x} + b$	a	b
$\log x$	$\log y$	$y = ax^b$	a	$\log b$
Es gilt die Regressionsgerade $y' = a'x' + b'$				

Auch Kombinationen sind möglich, z. B. $y' = (y + a)^b$. Bei diesen Transformationen ist a eine beliebige Zahl. Analog kann auch für die x-Werte vorgegangen werden.

Für den Zusammenhang von x und y gilt dann

$$y' = m \cdot x' + c.$$

(97)

Die Berechnung des Bestimmtheitsmaßes oder des Korrelationskoeffizienten erfolgt ebenfalls mit der transformierten Variable x' bzw. y' anstelle der originalen Variablen x bzw. y.

> **Praxistipp**
>
> Die Transformation von Daten ist ein sehr mächtiges Werkzeug um Daten auszuwerten. Diese ermöglicht es, die Gleichungen für lineare Zusammenhänge auch für deutlich nichtlineare Beziehungen zwischen zwei Variablen zu nutzen. Die Transformation von Variablen ist keine Datenmanipulation, sondern ein legitimes und sehr gebräuchliches Mittel in der Statistik.

Dazu ein Beispiel:

Es wurde die Leitfähigkeit von 10 Dioden gemessen. Dazu wurde der Diodenstrom in Abhängigkeit der Diodenspannung gemessen. Tabelle 14-2 zeigt die Ergebnisse. Die Güte der Messung soll über den Korrelationskoeffizienten bewertet werden. Berechnen Sie im ersten Teil den Korrelationskoeffizienten. Tragen Sie danach außerdem die Daten in einem Streudiagramm auf und diskutieren Sie die Ergebnisse. Wie gehen Sie weiter vor?

Tabelle 14-2: Beispiel für die Ermittlung der Diodenkennlinie

Diodenspannung U in mV	Diodenstrom I in A
0,3	0,016
0,319	0,036
0,35	0,081
0,355	0,179
0,385	0,399
0,41	0,889
0,421	1,978
0,440	4,401
0,4603	9,795
0,481	21,80

Lösung:

Zunächst werden für die Daten aus Tabelle 14-2 die Mittelwerte ($\bar{x} = \bar{U}$ und $\bar{y} = \bar{I}$) der beiden Variablen nach Gleichung (1) berechnet:

$$\bar{x} = \bar{U} = \frac{\sum_{i=1}^{n} U_i}{n} = \frac{U_1 + U_2 + \cdots + U_n}{n} \tag{98}$$

$$= \frac{0,3 + 0,319 + \cdots + 0,481}{10} = 0,392 \text{ mV}$$

$$\bar{y} = \bar{I} = \frac{\sum_{i=1}^{n} I_i}{n} = \frac{I_1 + I_2 + \cdots + I_n}{n}$$

$$= \frac{0,016 + 0,036 + \cdots + 21,8}{10} = 3,96 \text{ A.}$$

Danach wird der Korrelationskoeffizienten r nach Gleichung (93) von Seite 124 berechnet:

$$r = \frac{\sum_{i=1}^{n}[(x_i - \bar{x})(y_i - \bar{y})]}{\sqrt{\sum_{i=1}^{n}(x_i - \bar{x})^2 \cdot \sum_{i=1}^{n}(y_i - \bar{y})^2}}$$

$$= \frac{\sum_{i=1}^{n}[(U_i - \bar{U})(I_i - \bar{I})]}{\sqrt{\sum_{i=1}^{n}(U_i - \bar{U})^2 \cdot \sum_{i=1}^{n}(I_i - \bar{I})^2}}$$

$$= \frac{[(U_1 - \bar{U})(I_1 - \bar{I})] + \cdots + [(U_n - \bar{U})(I_n - \bar{I})]}{\sqrt{[(U_1 - \bar{U})^2 + \cdots + (U_n - \bar{U})^2] \cdot [(I_1 - \bar{I})^2 + \cdots + (I_n - \bar{I})^2]}} \tag{99}$$

$$= \frac{[(0{,}3 - 0{,}392)(0{,}016 - 3{,}96)] + \cdots + [(0{,}481 - 0{,}392)(21{,}8 - 3{,}96)]}{\sqrt{[(0{,}3 - 0{,}392)^2 + \cdots + (0{,}481 - 0{,}392)^2] \cdot [(0{,}016 - 3{,}96)^2 + \cdots + (21{,}8 - 3{,}96)^2]}}$$

$$r = 0{,}75.$$

In Abbildung 14-7 werden die Daten im Streudiagramm dargestellt.

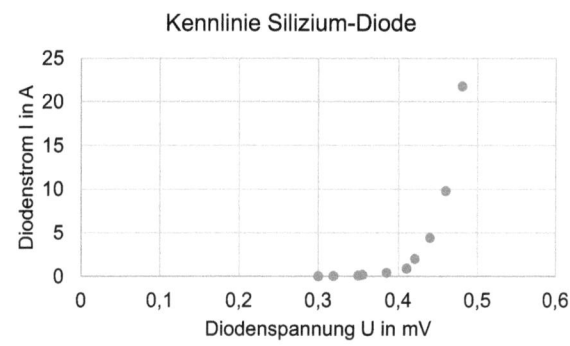

Abbildung 14-7: Darstellung der gemessenen Dioden-Kennlinie

Diskussion der Ergebnisse:
Da der Korrelationskoeffizient mit r = 0,75 < 0,95 relativ klein ist (vgl. Gleichung (94)), muss davon ausgegangen werden, dass die beiden Kennwerte nicht gut miteinander korrelieren. Das Bild ändert sich aber, wenn die Dioden-Kennlinie im Streudiagramm betrachtet wird. Hier ist ein eindeutiger Zusammenhang erkennbar. Dieser Zusammenhang ist nicht linear, was den geringen Korrelationskoeffizienten erklärt.
Eine Möglichkeit bietet jetzt die Transformation einer der Variablen an. Im Diagramm vermutet man einen exponentiellen Zusammenhang, also wird der Diodenstrom mit dem natürlichen Logarithmus logarithmiert:

$$y' = \ln y \tag{100}$$
$$I' = \ln I.$$

Es ergeben sich dann die Werte aus Tabelle 14-3.

Tabelle 14-3: Gemessene Diodenströme inkl. der Transformation.

Diodenspan-nung U in mV	Diodenstrom I in A	Diodenstrom logarithmiert I'=ln(I) in A
0,3	0,01628	-4,118
0,319	0,03623	-3,318
0,35	0,08062	-2,518
0,355	0,1794	-1,718
0,385	0,3993	-0,918
0,41	0,8887	-0,118
0,421	1,978	0,682
0,440	4,401	1,482
0,4603	9,795	2,282
0,481	21,80	3,082

Mit den logarithmierten Diodenströmen wird dann der Korrelationskoeffizient nach Gleichung (93) neu berechnet:

$$\overline{I'} = \frac{\sum_{i=1}^{n} I'_i}{n} = \frac{I'_1 + I'_2 + \cdots + I'_n}{n} = \frac{\ln I_1 + \ln I_2 + \cdots + \ln I_n}{n} \qquad (101)$$

$$= \frac{-4,118 - 3,318 + \cdots + 3,082}{10} = -0,518 \ \ln(A)$$

$$r = \frac{\sum_{i=1}^{n}\left[(U_i - \overline{U})(I'_i - \overline{I'})\right]}{\sqrt{\sum_{i=1}^{n}(U_i - \overline{U})^2 \cdot \sum_{i=1}^{n}\left(I'_i - \overline{I'}\right)^2}} \qquad (102)$$

$$= \frac{\left[(U_1 - \overline{U})(I'_1 - \overline{I'})\right] + \cdots + \left[(U_n - \overline{U})(I'_n - \overline{I'})\right]}{\sqrt{\left[(U_1 - \overline{U})^2 + \cdots + (U_n - \overline{U})^2\right] \cdot \left[\left(I'_1 - \overline{I'}\right)^2 + \cdots + \left(I'_n - \overline{I'}\right)^2\right]}}$$

$$= \frac{\left[(0,3 - 0,392)(-4,118 + 0,518)\right] + \cdots + \left[(0,481 - 0,392)(3,082 + 0,518)\right]}{\sqrt{\left[(0,3 - 0,392)^2 + \cdots + (0,481 - 0,392)^2\right] \cdot \left[(-4,118 + 0,518)^2 + \cdots + (3,082 + 0,518)^2\right]}}$$

$$r = 0,997$$

Das Streudiagramm der transformierten Dioden-Kennlinie ist in Abbildung 13-8 dargestellt.

Daraus ist der lineare Verlauf eindeutig erkennbar. Auch der Korrelationskoeffizient mit r = 0,997 spiegelt dies wider. Es zeigt sich, dass nur eine kombinierte Betrachtung von Rechen-

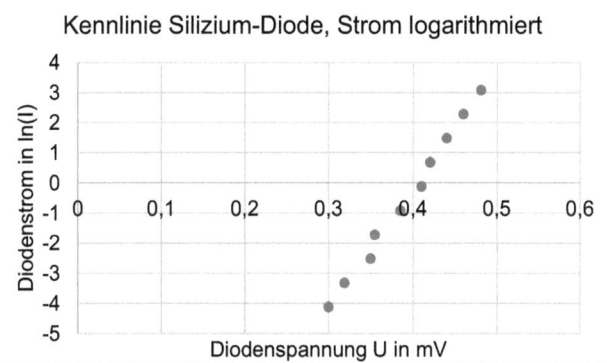

Abbildung 14-8: Linearisierte Dioden-Kennlinie

größen (Korrelationskoeffizient) und Grafiken die volle Information liefert. Insbesondere bei großen Datenmengen lauern hier viele potenzielle Fehler.

Mit Hilfe statistischer Tests kann überprüft werden, ob der Korrelationskoeffizient zufällig oder statistisch signifikant von null abweicht. Es kann also getestet werden, ob der Zusammenhang zwischen zwei Variablen statistisch signifikant ist. Dazu wird der t-Test verwendet. Für dessen Hintergründe vgl. Kapitel 15.6.1. Zur konkreten Durchführung eines solchen Tests siehe Kapitel 15.6.1.5.

14.3.2 REGRESSIONSANALYSE, ODER: WIE IST DER ZUSAMMENHANG?

Die Korrelation tätigt eine Aussage, wie stark der Zusammenhang zwischen zwei Variablen ist, lässt aber den funktionalen (formelmäßigen Zusammenhang). Hier hilft die Regressionsanalyse. Sie gibt die mathematische Beziehung zwischen zwei Variablen durch eine Gleichung an. Dadurch ist man in der Lage, eine quantitative (zahlenmäßige) Aussage über den Zusammenhang zwischen zwei Variablen zu treffen.

Häufig soll der Zusammenhang zwischen zwei Variablen (x und y) über Versuche ermittelt werden. Dazu wird eine Variable in einem festgelegten Bereich variiert (üblicherweise x) und die Auswirkung auf die zweite Variable (meist y) experimentell bestimmt. Bei der Variablen die variiert wird spricht man von der erklärenden Variablen. Die zweite Variable ist die zu erklärende Variable.

Ein Beispiel dazu ist die experimentell ermittelte Wöhlerlinie (siehe Abbildung 13-9). Im Wöhlerversuch wird die Spannungsamplitude variiert. Für jede Spannungsamplitude wird so lange getestet, bis die Lebensdauer erreicht, das Bauteil also gebrochen ist. In diesem Fall ist die Spannungsamplitude die erklärende Variable und die Lebensdauer die zu erklärende Variable. Die Versuchsergebnisse streuen. Als Ergebnis liegt also eine Datenpunktwolke und kein funktionaler Zusammenhang vor (vgl. Abbildung 13-9). Um in diese Datenpunktwolke eine Ausgleichsfunktion zu legen, werden Regressionsmethoden verwendet.

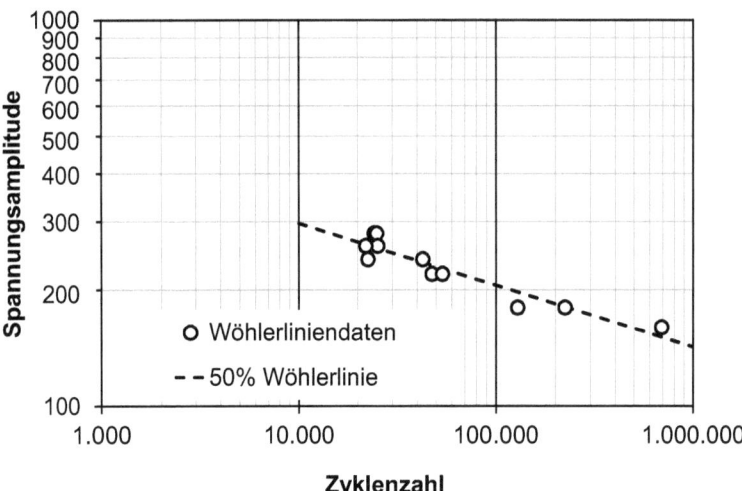

Abbildung 14-9: Ergebnisse eines Wöhlerversuches

Weitere Beispiele dafür sind

- Einfluss des Wochentages (x) auf den Verkauf von Produkten (y),
- Einfluss der Temperatur (x) auf die Leitfähigkeit des Werkstoffes (y).

Es werden üblicherweise zwei Anwendungsgebiete der Regressionsanalyse unterschieden.

1. Es soll von einer Variablen (der erklärenden Variablen x, die fest vorgegeben ist) auf die andere (die zu erklärende Variable y, welche gemessen wird) geschlossen werden. Ziel ist also die Prognose. Die Regressionsanalyse liefert dann den funktionalen Zusammenhang zwischen den beiden Variablen. Dies ist der Fall, wenn z. B. von der Temperatur auf die Reaktionsgeschwindigkeit geschlossen werden soll. Es wird also die Ursache-Wirkung-Beziehung mathematisch beschrieben.
2. Es soll herausgefunden werden, welche der erklärenden Variablen x_j einen Einfluss auf die zu erklärende Variable y haben. Ziel der Regressionsanalyse ist es dann, die Größe des Einflusses zu bestimmen. Alternativ kann auch ermittelt werden, welche Variablen keinen Einfluss oder redundante Einflüsse auf y haben.

Es wird davon ausgegangen, dass der Zusammenhang zwischen x und y linear ist. Somit gilt für die Regressionsfunktion

$$y = m \cdot x + c. \tag{103}$$

Auf die zu erklärende Variable y wirken auch noch nicht erfasste systematische Ursachen sowie zufällige Einflüsse. Deswegen weicht y üblicherweise von der über die Regressionsfunktion ermittelten Variablen $\hat{y}$ um die Störgröße ν ab.

$$\hat{y} = y + \nu = m \cdot x + c + \nu. \tag{104}$$

Mit Hilfe der Regressionsanalyse werden dann die Parameter m und c aus den vorhandenen Daten berechnet. Die optimale Regressionsfunktion (also die optimalen Parameter m und c) ist gefunden, wenn die Störgröße minimal ist. Für diesen mathematischen Vorgang werden zwei Verfahren vorgestellt:

- Die Methode der kleinsten Quadrate hat den Vorteil, dass sie direkt lösbar ist und bildet das Standardverfahren bei der Regressionsanalyse.
- Die Maximum Likelihood Funktion ist nur iterativ lösbar. Es wird also eine spezielle Software benötigt. Diese Methode hat aber den Vorteil, dass mit zensierten Daten gearbeitet werden kann.

Wie bei der Korrelationsanalyse sind auch bei der Regression Transformationen der Variablen möglich, siehe dazu Tabelle 14-1 von Seite 125. Im Falle der Wöhlerlinie erfolgt sowohl eine Transformation von x (der Schwingspielzahl N) als auch von y (der Spannungsamplitude σ_a) jeweils durch Logarithmieren.

Praxistipp

Der Fokus auf ein rein lineares Modell für die Regression erscheint auf den ersten Blick sehr vereinfachend. Häufig entsteht der Eindruck, dass das lineare Modell in der Berufspraxis eher eine Ausnahme als die Regel darstellt. Dazu werden zwei Gründe angeführt.
1) Die Modelle in der Realität sind meistens nicht linear.
2) Es wirkt manchmal mehr als ein Parameter auf die zu erklärende Variable.

Meiner Erfahrung nach sind diese Einwände berechtigt. Tatsächlich lassen sich beide Fälle trotzdem oftmals mit den vorgestellten Methoden behandeln. An zwei Beispielen möchten wir das demonstrieren.

Zu 1) Durch cleveres Anwenden der Transformation können sehr viele Funktionen linearisiert werden. Beispiele für mögliche Transformationen finden sich in den Gleichungen Tabelle 14-1 von Seite 125. Für die Ermittlung der Parameter der Weibullverteilung wurde diese auf eine lineare Form gebracht (vgl. Gleichungen (42) - (47) von Seite 72ff). Kompliziertere Funktionen, wie Polynome höherer Ordnung, erlauben zwar eine fast perfekte Anpassung an die vorhandenen Daten, sind aber bei Extrapolationen mit größter Sorgfalt zu behandeln. Siehe dazu auch die Ausführungen im weiteren Teil des Kapitels.

Zu 2) Mit der Gerade als Regressionsmodell kann „nur" der Einfluss einer erklärenden Variablen x auf die zu erklärende Variable y ermittelt werden. Dies ist der Fall, wenn beispielsweise der Einfluss mehrerer erklärender Variablen x_1, x_2, …, x_n auf y (z. B. der

Einfluss der Betriebsbedingungen x_1 und der Werkstoffeigenschaft x_2 auf die Lebensdauer eines Kugellagers y) untersucht werden soll. Impulsiv wird hier häufig nach Methoden wie dem Design of Experiments (DOE) zurückgegriffen.

In der Technik üblich und häufig angewendet wird ein kleiner Trick. Dazu werden die Einflüsse getrennt voneinander untersucht. Bei dem Beispiel der Kugellager-Lebensdauer wird also in zwei Schritten vorgegangen. Zuerst wird der Einfluss der Betriebsbedingungen x_1 auf die Kugellager-Lebensdauer y untersucht (und dabei der Werkstoff nicht geändert). Danach wird der Einfluss der Werkstoffeigenschaften x_2 auf die Kugellager-Lebensdauer y (bei gleichen Betriebsbedingungen) bewertet. Für beide Modelle können dann Gleichungen angegeben werden.

Zur Berechnung der Kugellager-Lebensdauer abhängig von den Betriebsbedingungen und der Werkstoffeigenschaften werden beide Einflüsse dann multiplikativ miteinander verbunden. Bedingung für dieses Vorgehen ist, dass die beiden getroffenen Annahmen (beide Größen sind unabhängig voneinander und die beiden Größen dürfen multiplikativ miteinander verknüpft werden) an Stichversuchen überprüft wurden.

Erst wenn obige Maßnahmen nicht mehr greifen, sollten Sie auf kompliziertere Modelle (wie Polynome höherer Ordnung) und Methoden (wie DOE) zurückgreifen. Erfahrungsgemäß lassen sich mit den beschriebenen Vorgehensweisen ca. 80 % der betrieblichen Fragestellungen lösen.

Zensierte Daten:

Bei zensierten Daten handelt es sich um Messungen oder Versuche, die nicht vollständig sind, deren Informationsgehalt also zensiert (beschnitten) ist. Für eine Regressionsanalyse sind diese Daten dann nicht verwendbar. Da deren Ermittlung aber häufig teuer war, wäre es schön, wenn diese trotzdem verwendet werden könnten. Möglich ist dies mit der Maximum Likelihood Funktion.

Zensierte Daten liegen z. B. vor, wenn etwa die Temperatur gemessen wurde, der maximale Wert aber unbekannt ist. Bekannt ist lediglich ein Schwellwert, der überschritten wurde. Möglich ist dies beispielsweise durch eine Störung des Messgerätes. Durch diese Störung ist lediglich bekannt, dass die Temperatur mindestens bei $T = 150°C$ lag, evtl. aber auch darüber. In diesem Fall kennt man nicht die genaue Temperatur, aber man weis, es gilt $T > 150°C$.

Im Falle der Wöhlerlinie nach Abbildung 13-9 liegen zensierte Daten vor, wenn eine Probe nicht gebrochen ist, aber die Laufzeit (Zyklenzahl) bekannt ist.

Vorsicht bei Extrapolationen:

Um eine Regressionsanalyse sinnvoll durchzuführen, sind ein paar Randbedingungen einzuhalten. Streng genommen ist die Regressionsfunktion nur in den Grenzen gültig, in denen sie ermittelt wurde. Das ist der Bereich, der durch die Versuchspunkte abgedeckt wird. Extrapolationen sind aus zwei Gründen kritisch.

Zum einen kann der lineare Zusammenhang verloren gehen, da sich z. B. die Ursache-Wirkung-Beziehung ändert. Bestimmt man beispielsweise den Einfluss der Temperatur auf die

Festigkeit eines Kunststoffes, dann ist dieser nur solange durch das Regressionsmodell gegeben, wie sich die Kunststoffeigenschaften nicht signifikant ändern. Das könnte beispielsweise beim Schmelzen oder bei Erreichen der Glasübergangstemperatur der Fall sein.

Zum anderen können die mathematischen Modelle außerhalb des Wertebereiches ihre Gültigkeit verlieren.

Eindrucksvoll zeigt dies das Beispiel mit der Diode.

Dazu werden nur die ersten 5 Werte der Tabelle 14-2 der Seite 126 in ein Diagramm eingetragen. Mit Hilfe einer Geraden werden die Versuchspunkte dann angenähert. Als Ergebnis erhält man das obere Bild in Abbildung 14-10. Die Annäherung der Versuchspunkte durch die Gerade ist nicht ideal, aber auch nicht richtig schlecht, in Anbetracht der kleinen Stichprobe.

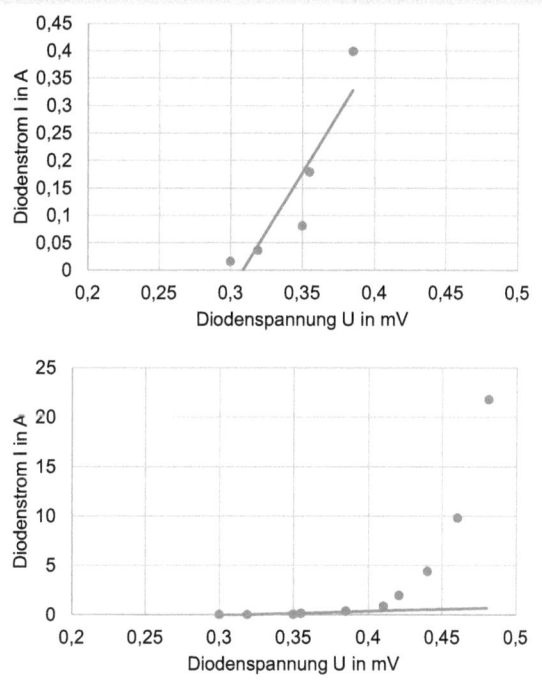

Abbildung 14-10: Beispiel für falsche Regressionsmodelle

Wird jetzt mit dieser Gerade extrapoliert (siehe unteres Bild in Abbildung 14-10), dann unterscheiden sich diese Werte extrem von den gemessenen. Ursächlich ist hier ein falsches Regressionsmodell. Wir haben ein lineares Modell angenommen. Die Annahme beruhte auf den ersten 5 Versuchsdaten und war relativ gut. Wird nun der Versuchsraum erweitert, also extrapoliert, dann zeigt sich, dass das angenommene Modell sehr ungenau ist. In diesem Fall hätte eine Transformation erfolgen müssen.

Dies veranschaulicht, dass bei Extrapolationen Vorsicht geboten ist, da Regressionsmodelle außerhalb des Datenbereichs zu deren Ableitung ihre Gültigkeit verlieren können

---

Praxistipp

Verwenden Sie bei Regressionsmodellen möglichst einfache Modelle, bzw. Modelle die sich bereits bewährt haben. Dies hat den Vorteil, dass hier auf Grund der Erfahrung in gewissem Maße Extrapolationen möglich sind. Konkret bedeutet dies, dass diese Modelle eine höhere Robustheit haben.

14.3.2.1 DIE METHODE DER KLEINSTEN QUADRATE

Abbildung 14-11 erklärt die Methode der kleinsten Quadrate (engl. ordinary least square, oder OLS) am Beispiel einer Geraden als Ausgleichsfunktion. Vorgeschlagen wurde diese Methode erstmals durch Gauß [13]. Da die Daten streuen, werden diese nicht ideal auf einer Geraden liegen, sondern etwas von ihr abweichen. Die Abweichung v_i bezeichnet man auch als Störgröße oder Residuum. Für jeden Datenpunkt $(x_i; y_i)$ wird die Störgröße (Residuum) v_i der y-Koordinate dieses Punktes y_i zur gesuchten Geraden $\hat{y}_i$ berechnet (Abbildung 14-11):

$$v_i = y_i - \hat{y}_i. \tag{105}$$

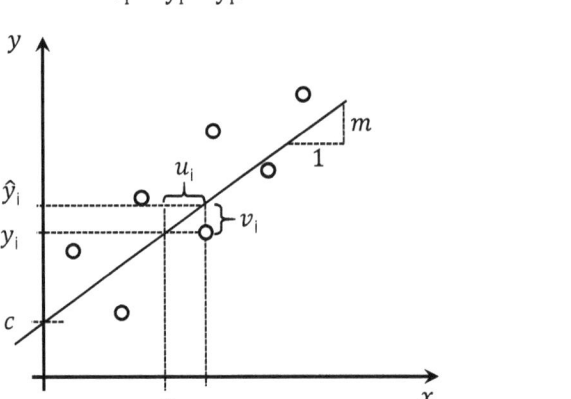

Abbildung 14-11: Erklärung der Regressionsmethode

Die ideale Gerade liegt vor, wenn die Summe der quadratischen Störgrößen $(v_i)^2$ minimal ist:

$$\sum_{i=1}^{n}(v_i)^2 = \sum_{i=1}^{n}(y_i - \hat{y}_i)^2 \rightarrow \min. \tag{106}$$

Da die Datenpunktwolke durch eine Gerade angenähert werden soll, gilt für $\hat{y}$:

$$\hat{y} = mx + c. \tag{107}$$

Einsetzen von (107) in (106) ergibt die Summe der quadratischen Störgröße in Abhängigkeit der Parameter m und c der Geradengleichung:

$$\sum_{i=1}^{n} (y_i - \hat{y}_i)^2 = \sum_{i=1}^{n} (y_i - (mx_i + c))^2. \tag{108}$$

Durch partielles Ableiten nach m und c sowie Nullstellensuche ergeben sich die Parameter m und c der idealen Geradengleichung:

$$m = \frac{\sum_{i=1}^{n}(x_i - \bar{x})\,(y_i - \bar{y})}{\sum_{i=1}^{n}(x_i - \bar{x})^2}, \tag{109}$$

EXCEL: =STEIGUNG(y;x)

$$c = \bar{y} - m\bar{x}, \tag{110}$$

EXCEL: =ACHSENABSCHNITT (y;x)

mit den Mittelwerten:

$$\bar{x} = \frac{\sum_{i=1}^{n} x_i}{n},$$
$$\bar{y} = \frac{\sum_{i=1}^{n} y_i}{n}. \tag{111}$$

EXCEL: =MITTELWERT(x),

EXCEL: =MITTELWERT(y).

Analog der beschriebenen Vorgehensweise lassen sich Datenpunktwolken auch durch beliebige Funktionen (z. B. Polynome) annähern. Es sind auch Ausgleichsfunktionen mit mehreren erklärenden Variablen möglich. Um auch nichtlineare Funktionen abbilden zu können kann, wie im Kapitel der Korrelationen beschrieben, auch mit den transformierten Variablen x' bzw. y' z. B. nach den Vorschlägen aus Tabelle 14-1 von Seite 125 gearbeitet werden. Dann ersetzt man einfach x bzw. y durch x' bzw. y'.

Im obigen Beispiel wurden die quadratischen Störgrößen in y-Richtung $(v_i)^2$ minimiert. Alternativ lassen sich die quadratischen Störgrößen auch in x-Richtung $(u_i)^2$ zu minimieren. Wobei dies eher die Ausnahme darstellt.

Für diese Methode muss eine Voraussetzung erfüllt sein:

• Die Störgrößen v_i (auch Residuum genannt) muss zufällig, also normalverteilt sein.

Die Überprüfung dieser Annahme kann entweder mit Hilfe des Wahrscheinlichkeitsnetzes (Siehe Kapitel 9.2) oder mit Hilfe statistischer Tests wie dem Anderson-Darling- oder dem Kolmogorow-Smirnow Test nach Kapitel 15.3 erfolgen. Sollten die Residuen nicht normalverteilt sein, kann dies ein Indiz auf eine falsche Modellwahl sein.

Die Güte des Zusammenhangs kann, wie im Kapitel 14.3.1 zur Korrelationsanalyse dargestellt wurde, mit dem Korrelationskoeffizienten bestimmt werden. Häufig wird im Rahmen einer Regressionsanalyse eher mit dem Quadrat des Korrelationskoeffizienten r^2, dem Bestimmtheitsmaß B, gearbeitet ($r^2 = B$), siehe Gleichung (95) von Seite 125.

Dazu ein Beispiel

Für das Beispiel aus Kapitel 14.3.1 soll die Diodenkennlinie berechnet werden. Die Kennwerte der Stichprobe werden der Übersicht halber noch einmal in Tabelle 14-4 aufgeführt.

Tabelle 14-4: Kennwerte der Diodenkennlinie

Diodenspan-nung U in mV	Diodenstrom I in A	Diodenstrom logarithmiert I'=ln(I) in A
0,3	0,01592	-4,14
0,319	0,03615	-3,32
0,35	0,08127	-2,51
0,355	0,1791	-1,72
0,385	0,3985	-0,92
0,41	0,8869	-0,12
0,421	1,978	0,68
0,440	4,401	1,48
0,4603	9,795	2,28
0,481	21,8	3,08

Es wurde festgestellt, dass die Diodenkennlinie eine Gerade darstellt, wenn der Diodenstrom logarithmiert wird. Zur Berechnung der Regressionsgerade werden vorab die Mittelwerte der x- und y-Werte nach Gleichung (111) berechnet:

$$\bar{x} = \bar{U} = \frac{\sum_{i=1}^{n} U_i}{n} = \frac{U_1 + U_2 + \cdots + U_n}{n} \qquad (112)$$

$$= \frac{0,3 + 0,319 + \cdots + 0,481}{10} = 0,39 \text{ mV}$$

$$\bar{y} = \bar{I}' = \frac{\sum_{i=1}^{n} I'_i}{n} = \frac{I'_1 + I'_2 + \cdots + I'_n}{n} = \frac{\ln I_1 + \ln I_2 + \cdots + \ln I_n}{n}$$

$$= \frac{-4,118 - 3,318 + \cdots + 3,082}{10} = -0,52 \ln(A).$$

Mit Hilfe dieser Mittelwerte werden jetzt die Parameter m und c der Regressionsgeraden nach Gleichung (109) und (110) berechnet:

$$m = \frac{\sum_{i=1}^{n}(x_i - \bar{x})(y_i - \bar{y})}{\sum_{i=1}^{n}(x_i - \bar{x})^2} = \frac{\sum_{i=1}^{n}(U_i - \bar{U})(I'_i - \bar{I'})}{\sum_{i=1}^{n}(U_i - \bar{U})^2}$$

$$= \frac{(0{,}3 - 0{,}39) \cdot (-4{,}14 + 0{,}52) + \cdots + (0{,}481 - 0{,}39) \cdot (3{,}08 + 0{,}52)}{10} \quad (113)$$

$$= 40 \ln(A) / mV$$

$$c = \bar{y} - m\bar{x} = \bar{I'} - m\bar{U} = -0{,}52\ln(A) - 40\ln(A)/mV \cdot 0{,}39mV$$

$$= -16{,}2$$

Abbildung 14-12 veranschaulicht die berechnete Ergebnisse. Hier werden im oberen Bild die Versuchspunkte und die berechnete Ausgleichsgerade dargestellt. Die y-Achse ist logarithmiert. Im unteren Bild ist die „klassische" Diodenkennlinie dargestellt, bei linearer y-Achse.

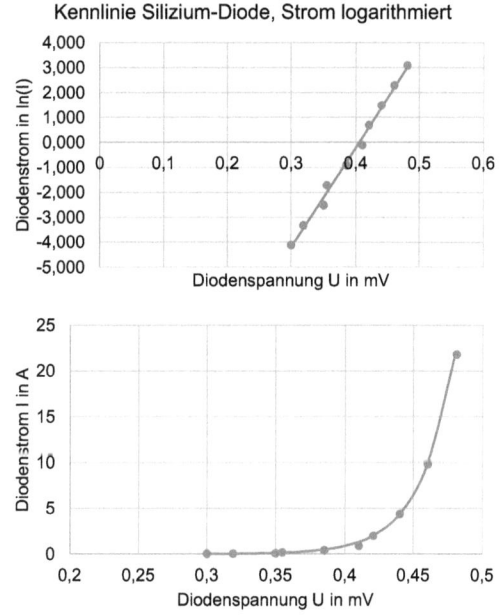

Abbildung 14-12: Diodenkennlinie mit der berechneten Ausgleichsgerade

Die Gleichung der Diodenkennlinie lautet damit:

$$\hat{y} = mx + c$$

$$\hat{I'} = mU + c$$

$$\ln \hat{I} = mU + c \quad (114)$$

$$\hat{I} = e^{mU+c} = e^{mU}e^{c} = e^{c}e^{mU} = e^{-16{,}2}e^{40\,U}$$

$$\hat{I} = 9{,}21 \cdot 10^{-8} \cdot e^{40\,U}$$

Die Überprüfung der Voraussetzung, dass die Residuen normalverteilt sind, erfolgt mit dem Wahrscheinlichkeitsnetz nach Kapitel 9.2.

Für die gemessenen Kennwerte der Diodenkennlinie I_i nach Tabelle 14-4 von Seite 136 werden die Störgrößen v_i nach Gleichung (105), Seite 134 berechnet. Dazu wird für jeden Messwert i der theoretische Wert des Diodenstroms ($\hat{I}'_i = \ln \hat{I}_i$) nach Gleichung (114) vom gemessenen Wert $\ln(I_i)$ nach Tabelle 14-4 abgezogen und in Tabelle 14-5 dokumentiert:

$$v_i = y_i - \hat{y}_i = \ln I_i - \ln \hat{I}'_i. \tag{115}$$

Tabelle 14-5: Die Residuen (Störgrößen) der Regressionsfunktion für die Diodenkennlinie

i	Diodenspannung U_i in mV	Diodenstrom I_i in A	Diodenstrom logarithmiert $I'_i = \ln I_i$ in A	$\ln \hat{I}'_i$	Residuum v_i
1	0,3	0,01592	-4,118	-4,2	0,063
2	0,319	0,03615	-3,318	-3,44	0,115
3	0,35	0,08127	-2,518	-2,2	-0,312
4	0,355	0,1791	-1,718	-2	0,282
5	0,385	0,3985	-0,918	-0,8	-0,115
6	0,41	0,8869	-0,118	0,2	-0,312
7	0,421	1,978	0,682	0,64	0,048
8	0,44	4,401	1,482	1,4	0,089
9	0,4603	9,795	2,282	2,212	0,090
10	0,481	21,8	3,082	3,04	0,052

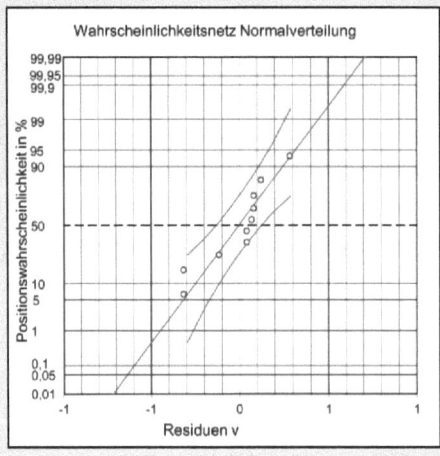

Abbildung 14-13: Residuen der Regressionsfunktion der Diodenkennlinie im Wahrscheinlichkeitsnetz

Um zu überprüfen, ob die Residuen v_i normalverteilt sind, wird mit dem Wahrscheinlichkeits-netz (dem Excel-Tool aus Kapitel 9.5.2) überprüft, siehe Abbildung 14-13. Da die Punkte in-nerhalb des Streubandes und näherungsweise auf einer Gerade liegen, kann angenommen wer-den, dass die Residuen normalverteilt sind. Die Voraussetzung der Regressionsanalyse ist da-mit erfüllt.

14.3.2.2 MAXIMUM LIKELIHOOD METHODE FÜR UNZENSIERTE DATEN

Eine Alternative zur Methode der kleinsten Quadrate ist die Maximum Likelihood Methode. Sie setzt allerdings einen Solver voraus, da die Lösung nur iterativ erfolgen kann. Iterative Lösungen sind immer stark von den gewählten Startbedingungen abhängig, so dass diesen eine besondere Bedeutung zukommt.

Da die Maximum Likelihood Methode außerdem auch für zensierte Daten oder beliebige Re-gressionsfunktionen angewendet werden kann, ist sie außerdem flexibler. In einem ersten Schritt betrachten wir nur den Umgang mit nichtzensierten Daten.

Es wird wieder davon ausgegangen, dass die zu erklärende Variable y und die erklärende Va-riable x linear zusammenhängen und dass y üblicherweise von der über die Regressionsfunk-tion ermittelten Variablen $\hat{y}$ um die Störgröße (oder auch Residuum) v abweicht:

$$v = y - \hat{y} = y - m \cdot x - c \tag{116}$$

Bei der Störgröße v handelt es sich um einen Fehler. Wenn dieser keine weiteren signifikanten Einflüsse enthält, dann ist die Störgröße v eine Zufallsvariable und es kann angenommen wer-den, dass v normalverteilt ist. Alternativ wird häufig auch die Störgröße als Residuum bezeich-net. Zusätzlich wird angenommen, dass der Mittelwert (Erwartungswert) der Störgröße null ist ($E(v) = \mu = 0$). Unter Annahme der Normalverteilung gilt für die Verteilung der Störgröße nach Gleichung (31) von Seite 65 also

$$f(v) = \frac{1}{\sigma\sqrt{2\pi}} \cdot e^{\left(-\frac{(v-\mu)^2}{2\sigma^2}\right)} = \frac{1}{\sigma\sqrt{2\pi}} \cdot e^{\left(-\frac{(v-0)^2}{2\sigma^2}\right)} = \frac{1}{\sigma\sqrt{2\pi}} \cdot e^{\left(-\frac{(v)^2}{2\sigma^2}\right)}. \tag{117}$$

Wird Gleichung (116) in (117) eingesetzt ergibt sich

$$f(v) = \frac{1}{\sigma\sqrt{2\pi}} \cdot e^{\left(-\frac{(y-m\cdot x-c)^2}{2\sigma^2}\right)}. \tag{118}$$

Die Voraussetzungen der Maximum Likelihood Methode sind damit:

- Die Kenntnis (oder Annahme) der Verteilung. In diesem Fall die Normalverteilung.
- Normalverteilte Residuen/Störgrößen. Diese Annahme kann mit dem Test aus Kapitel 15.3 überprüft werden.
- Die Residuen/Störgrößen haben einen Mittelwert von null.

Mit Hilfe der Maximum Likelihood Schätzung wird jetzt versucht, die Parameter m und c zu bestimmen. Anschaulich geschieht dies in folgenden Schritten (vgl. Abbildung 14-14 dazu).

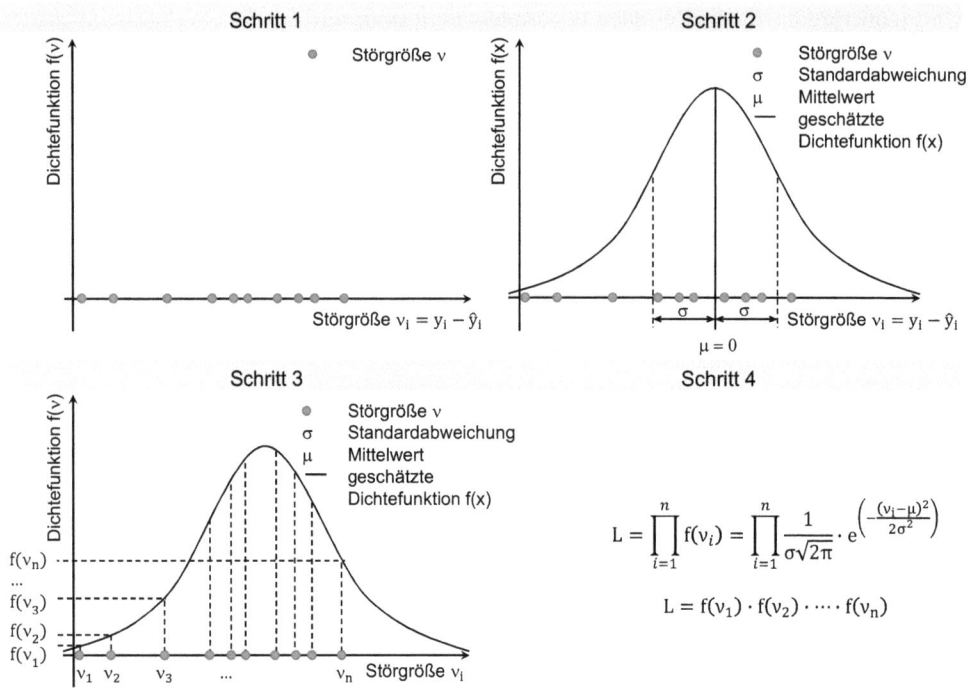

Abbildung 14-14: Visualisierung der Maximum Likelihood Methode

Schritt 1: Annahme der Kennwerte m und c der Geradengleichung und Berechnung der n Störgrößen v_i nach Gleichung (116). Danach werden die n Störgrößen v_i in ein Diagramm eingetragen.

Schritt 2: Annahme einer Standardabweichung σ für die Dichtefunktion der Störgröße f(v). Da angenommen wurde, dass für den Mittelwert $\mu = 0$ gilt, ist dieser bekannt.

Schritt 3: Berechnung der Wahrscheinlichkeit $f(v_i)$ für jeden Wert der Störgröße v_i.

Schritt 4: Berechnung des Produktes der Wahrscheinlichkeiten $f(v_i)$ für alle n Werte der Störgröße.

$$L = \prod_{i=1}^{n} f(v_i) = \prod_{i=1}^{n} \frac{1}{\sigma\sqrt{2\pi}} \cdot e^{\left(-\frac{(v_i)^2}{2\sigma^2}\right)} = f(v_1) \cdot f(v_2) \cdot \ldots \cdot f(v_n) \qquad (119)$$

Dieses Produkt wird als Likelihood Funktion bezeichnet.

Schritt 5: Wiederholung der Schritte 1-4 solange, bis die Likelihood-Funktion maximal wird. Die Störgröße v hängt nach Gleichung (116) von der Geradengleichung und damit von m und c ab. Deshalb müssen die Parameter m und c so gewählt werden, dass die Likelihood Funktion maximal wird. Ist dies der Fall, dann sind diese gewählten Parameter (m, c, σ und damit die

Dichtefunktion der Störgröße v) diejenigen, welche die größte Wahrscheinlichkeit auf Gültigkeit haben. Daher der Name Maximum Likelihood Methode.

In **Abbildung 14-14** sieht man, dass mit der geschätzten Dichtefunktion die Störgrößen nicht ideal abgebildet werden. Im rechten Teil der Dichtefunktion liegen keine Punkte der Störgröße. Damit hat auch die Likelihood Funktion noch nicht ihr Maximum erreicht.

Obiger Ablauf zeigt, dass es sich theoretisch um einen iterativen Prozess handelt. Wird allerdings die Likelihood-Funktion logarithmiert, dann wird aus dem Produkt eine Summenfunktion:

$$\ln L = \ln \prod_{i=1}^{n} f(v_i) = \ln f(v_1) + \ln f(v_2) + \cdots + \ln f(v_n)$$

$$\ln L = \sum_{i=1}^{n} f(v_i) = \ln \sum_{i=1}^{n} \frac{1}{\sigma\sqrt{2\pi}} \cdot e^{\left(-\frac{(v_i)^2}{2\sigma^2}\right)} = \ln\left[\left(\frac{1}{\sigma\sqrt{2\pi}}\right)^n \sum_{i=1}^{n} e^{\left(-\frac{(v_i)^2}{2\sigma^2}\right)}\right] \tag{120}$$

$$\ln L = -n \cdot \ln\left(\sigma\sqrt{2\pi}\right) - \frac{1}{2\sigma^2} \sum_{i=1}^{n} (v_i)^2$$

Einsetzen von (116) in (120), liefert

$$\ln L = -n \cdot \ln\left(\sigma\sqrt{2\pi}\right) - \frac{1}{2\sigma^2} \sum_{i=1}^{n} (y_i - mx_i - c)^2$$

$$= -n \cdot \ln\left(\sigma\sqrt{2\pi}\right) - \frac{1}{2\sigma^2} \sum_{i=1}^{n} (y_i - (mx_i + c))^2 \tag{121}$$

Diese Summenfunktion lässt sich leicht maximieren. Durch schrittweises Probieren (also iteratives Lösen) werden die Kennwerte σ, m und c solange variiert, bis das Maximum gefunden ist. Dazu wird eine Software wie z. B. der Solver in Excel benötigt. Dadurch ist die Methode sehr leistungsfähig.

Eine direkte Lösung ist auch möglich, indem man die erste Ableitung bildet, diese null setzt und dann nach den gesuchten Parametern σ, m und c auflöst. Die Likelihood Funktion (121) erreicht bei gegebenem σ ihr Maximum, wenn folgender Term minimal wird:

$$\sum_{i=1}^{n} (y_i - (mx_i + c))^2 \to \min. \tag{122}$$

Dieser Term ist identisch mit der Methode der kleinsten Quadrate (Gleichung (106)). Damit gelten für die Berechnung der Steigung m und des Achsenabschnittes c dieselben Gleichungen wie für die Methode der kleinsten Quadrate (Gleichung (109)-(111) von Seite 135):

$$m = \frac{\sum_{i=1}^{n}(x_i - \bar{x})(y_i - \bar{y})}{\sum_{i=1}^{n}(x_i - \bar{x})^2},$$

EXCEL: =STEIGUNG(y;x)

$$\tag{123}$$

$$c = \bar{y} - m\bar{x}, \tag{124}$$

EXCEL: =ACHSENABSCHNITT (y;x)

mit den Mittelwerten:

$$\bar{x} = \frac{\sum_{i=1}^{n} x_i}{n},$$

$$\bar{y} = \frac{\sum_{i=1}^{n} y_i}{n}. \tag{125}$$

EXCEL: =MITTELWERT(x)

EXCEL: =MITTELWERT(y)

Die Maximum Likelihood Methode liefert für eine Regression somit die gleichen Ergebnisse wie die Methode der kleinsten Quadrate. Ist eine lineare Funktion oder eine durch Transformation linearisierte Funktion zwischen zwei Variablen vorhanden, dann ist eine direkte Lösung wie oben beschrieben möglich. Für alle anderen Probleme wird ein rechnergestütztes schrittweises Lösen erforderlich.

Praxistipp

Mit Hilfe der Maximum Likelihood Methode ist es auch einfach möglich die Parameter beliebiger Verteilungen zu berechnen. Dazu wird für f(v) einfach anstelle der Normalverteilung die gewünschte Verteilung (z. B. Weibullverteilung) eingesetzt. Für das Lösen ist dann ein geeigneter Solver nötig. In unserer Statistik Toolbox[1] finden Sie ein passendes Excel-Tool.

14.3.2.3 MAXIMUM LIKELIHOOD METHODE FÜR ZENSIERTE DATEN

Zensierte Daten liegen vor, wenn nur ein Teil der Informationen bekannt ist, z. B.

- eine Lebensdauer, die mindestens erreicht wurde (t > x h),
- das Mindestalter einer Anlage (> x Jahre),
- das Mindestgehalt für eine Berufsgruppe (> x tausend €).

Um den Umgang mit zensierten Daten zu erklären, wird ein Beispiel genutzt: Elektrische Bauteile sollen thermisch ausgelegt werden. Dabei interessiert unter anderem die Durchschlagspannung U, bei welcher die Isolation nicht mehr gegeben ist. Um diese zu ermitteln, wurde ein Test mit 10 elektrischen Bauteilen gestartet. Es interessiert dabei die mittlere Durchschlagspannung und die Streuung. Bei dieser Prüfung konnte für sieben Teile die Durchschlagspannung bestimmt werden. Für drei Bauteile lag die Durchschlagspannung über dem Messbereich des Messgerätes, so dass diese nicht gemessen werden konnte. Abbildung 14-15 zeigt die Ergebnisse schematisch. Gesucht ist die mittlere Durchschlagspannung und die Streuung.

---

[1] http://einbock-akademie.de/download/buch_statistik

Bei den drei Bauteilen, die nicht ausgefallen sind, handelt es sich um zensierte Größen, da die Durchschlagspannung unbekannt ist. Allerdings ist die Mindestdurchschlagspannung bekannt. Mathematisch gesprochen ist für die sieben nicht zensierten Daten die Wahrscheinlichkeit des Ausfalls $f(U_i)$ bekannt. Für die drei zensierten Daten ist die Wahrscheinlichkeit der Verteilungsfunktion $F(U_i)$ bekannt. Diese gibt die Wahrscheinlichkeit an, mit der die Durchschlagspannung U über dem gemessenen Wert U^* liegt.

Diese Information kann man sich bei der Auswertung der Daten mit Hilfe der Maximum Likelihood Methode zunutze machen. Dazu wird für die nicht zensierten Daten die Wahrscheinlichkeit des Ausfalls $f(U_i)$ berechnet. Für die zensierten Daten wird die Wahrscheinlichkeit der Verteilungsfunktion $F(U_i)$ bestimmt. Mit diesen beiden Wahrscheinlichkeiten wird dann die Likelihood Funktion berechnet. Näheres dazu weiter unten.

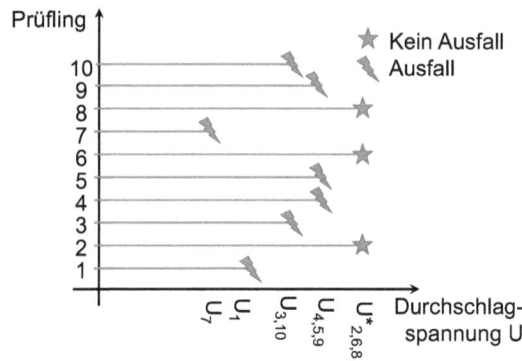

Abbildung 14-15: Beispiel für zensierte Daten bei vorzeitigem Versuchsabbruch.

Der Vorteil dabei ist, dass mehr Informationen bei der Berechnung des Mittelwertes der Durchschlagspannung genutzt werden. Dadurch wird dessen Berechnung genauer. Würde man nur mit den 7 Ausfällen die mittlere Durchschlagspannung berechnen, läge dieser Mittelwert unter dem wahren Mittelwert, da ja drei Bauteile eine höhere Durchschlagfestigkeit aufweisen. Das Vorgehen der Maximum Likelihood Methode für zensierte Daten ähnelt dem für nicht zensierten Daten.

Die Voraussetzungen sind:
- Die Kenntnis (oder eine Annahme) der Verteilung. In diesem Fall wird die Normalverteilung angenommen.
- Normalverteilte Residuen/Störgrößen. Diese Annahme kann mit dem Test aus Kapitel 15.3 überprüft werden.
- Die Residuen/Störgrößen haben einen Mittelwert von null. Mit Hilfe des t-Tests aus Kapitel 15.6.1.1 kann diese Annahme überprüft werden.

Mit Hilfe der Maximum Likelihood Schätzung wird jetzt versucht, die Parameter m und c zu bestimmen. Dazu werden die Störgrößen sowohl für die nicht zensierten Daten (v_i) sowie für die zensierten Daten (v_i^*) berechnet.

Anschaulich geschieht dies in folgenden Schritten (vgl. auch Abbildung 14-16 dazu).

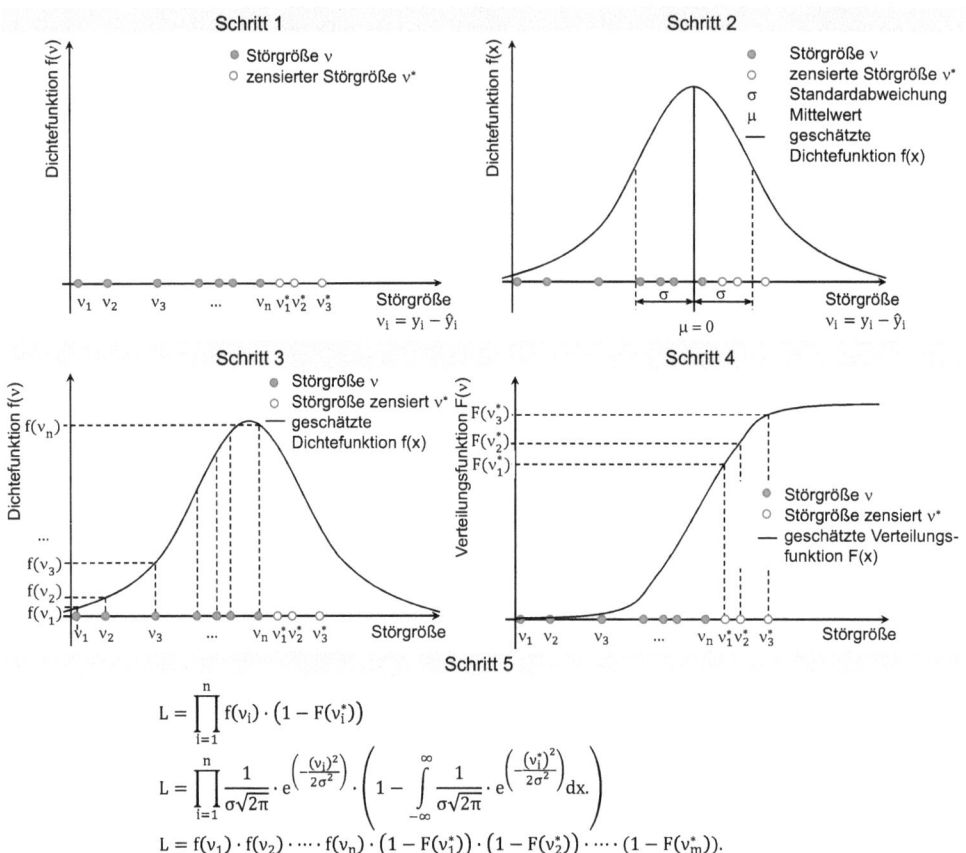

Abbildung 14-16: Beschreibung der Maximum Likelihood Methode für zensierte Daten

Schritt 1: Annahme der Kennwerte m und c der Geradengleichung. Danach werden die nicht zensierten Störgrößen v_i sowie die zensierten Störgrößen (v_i^*) nach Gleichung (116) berechnet und in ein Diagramm eingetragen.

Schritt 2: Annahme der Standardabweichung σ für die Dichtefunktion der Störgröße $f(v)$ und der Verteilungsfunktion der Störgröße $F(v)$. Da angenommen wurde, dass für den Mittelwert $\mu = 0$ gilt, ist dieser bekannt.

Schritt 3: Berechnung der Wahrscheinlichkeit $f(v_i)$ für jeden Wert der nicht zensierten Störgröße v_i.

Schritt 4: Berechnung der Wahrscheinlichkeit $1 - F(v_i^*)$ der Verteilungsfunktion für jeden Wert der zensierten Störgröße v_i^*.

Schritt 5: Berechnung des Produktes der Wahrscheinlichkeiten $f(v_i)$ für alle n Werte der nicht zensierten Störgröße v_i und der Wahrscheinlichkeiten $F(v_i^*)$ für alle m Werte der zensierten Störgröße v_i^*:

$$
\begin{aligned}
L &= \prod_{i=1}^{n} f(v_i) \cdot \left(1 - F(v_i^*)\right) \\
&= \prod_{i=1}^{n} \frac{1}{\sigma\sqrt{2\pi}} \cdot e^{\left(-\frac{(v_i)^2}{2\sigma^2}\right)} \cdot \left(1 - \int_{-\infty}^{\infty} \frac{1}{\sigma\sqrt{2\pi}} \cdot e^{\left(-\frac{(v_i^*)^2}{2\sigma^2}\right)} dx.\right) \\
&= f(v_1) \cdot f(v_2) \cdot \ldots \cdot f(v_n) \cdot \left(1 - F(v_1^*)\right) \cdot \left(1 - F(v_2^*)\right) \cdot \ldots \cdot (1 - F(v_m^*)).
\end{aligned}
\tag{126}
$$

Dieses Produkt wird auch als Likelihood Funktion bezeichnet.

Schritt 6: Wiederholung der Schritte 1-6 solange, bis die Likelihood-Funktion maximal wird. Die Störgröße v hängt nach Gleichung (116) von der Geradengleichung und damit von m und c ab. Deshalb müssen die Parameter m und c so gewählt werden, dass die Likelihood Funktion maximal wird. Ist dies der Fall, dann sind diese gewählten Parameter (m, c, σ und damit die Dichtefunktion der Störgröße v) diejenigen, welche die größte Wahrscheinlichkeit auf Gültigkeit haben.

Diese Vorgehensweise ist nur mit Rechnereinsatz lösbar. Unter anderem finden Sie in unseren Excel-Tools hierzu Hilfe. Wichtig ist hierbei, dass die Anzahl der nicht zensierten Daten immer deutlich über der Anzahl der zensierten Daten liegt.

14.3.3 Vertrauensbereiche der Regressionsmodelle

Die Regressionsgerade wird üblicherweise aus streuenden Daten einer Stichprobe bestimmt. In diesem Fall wird die Auswertung einer zweiten Stichprobe eine leicht andere Regressionsgerade ergeben. Dieser Einfluss kann bewertet werden, wenn ein Vertrauensbereich berechnet wird. Der Vertrauensbereich gibt dann den Bereich an, in dem sich die wahre Regressionsgerade der Grundgesamtheit der Daten befinden wird. Diese Aussage kann mit einer definierten Wahrscheinlichkeit getätigt werden, der Vertrauenswahrscheinlichkeit. Es ist ein vergleichbares Vorgehen wie bei der Ermittlung des Vertrauensbereiches der Wahrscheinlichkeitsnetze in Kapitel 11.1.

Hier werden zwei Vertrauensbereiche unterschieden. Das ist zum einen der Vertrauensbereich der Regressionsgerade (also quasi der Mittelwerte). Und zum anderen der Vertrauensbereich der Versuchspunkte (also der Bereich, in dem sich künftige Messwerte aufhalten werden) [14].

Üblicherweise wird der 90%-Vertrauensbereich angegeben. In diesem Fall gilt eine Irrtumswahrscheinlichkeit von $\alpha = 10\%$. Der 90 %-Vertrauensbereich (oder allgemein: Der α-Vertrauensbereich) ist begrenzt durch die 5%- und 95%-Vertrauensgrenzen (oder allgemein durch die $\alpha/2$- und $1-\alpha/2$ – Vertrauensgrenze).

Die Herleitung der Vertrauensgrenzen beruht auf einem t-Test. Dazu wird aus der Stichprobe die Streuung der y-Werte abhängig vom x-Wert berechnet. Die Vertrauensgrenzen sind dann für jedes x der y-Wert, bei dem eine Abweichung statistisch signifikant ist (mit der Irrtumswahrscheinlichkeit α). Dadurch ergibt sich ein Band, das sich um die Regressionsgrade legt. Im Bereich der Mittelwerte ($x = \bar{x}$) ist es am schmalsten und nimmt für größere und kleinere Werte zu [15], siehe auch Abbildung 10-2.

Der Vertrauensbereich der Regressionsgerade:

Der Vertrauensbereich der Regressionsgerade gibt an, in welchem Bereich die Regressionsgerade der Grundgesamtheit der Daten liegen wird. Die Aussage beruht auf der Irrtumswahrscheinlichkeit α. Dieser Vertrauensbereich ist relativ schmal. Er gibt nur die Aussage darüber, in welchem Bereich die mittleren Werte künftiger Beobachtungen liegen werden. Es ist damit keine Aussage möglich, in welchem Bereich eine einzelne künftige Beobachtung liegen wird.

Die Vertrauensgrenzen für die Irrtumswahrscheinlichkeit α und den Stichprobenumfang n berechnen sich nach

$$\hat{y}_{\alpha/2} = \hat{y} - s_2 \cdot t_{\alpha/2;\nu} \text{ (untere Vertrauensgrenze)}$$
$$\hat{y}_{1-\alpha/2} = \hat{y} + s_2 \cdot t_{\alpha/2;\nu} \text{ (obere Vertrauensgrenze)} \tag{127}$$

Darin ist
ν der Freiheitsgrad der t-Verteilung ($\nu = n - 2$),
$t_{\alpha;\nu}$ der t-Wert der t-Verteilung nach Tabelle 15-20 von Seite 216,
$\hat{y}$ der y-Wert der Regressionsgerade nach Gleichung (107) von Seite 134 und
s_2 ein Streuungskennwert nach Gleichung (128).

$$s_2 = \sqrt{\frac{\sum_{i=1}^{n}(y_i - \hat{y}_i)^2}{n-2}} \cdot \sqrt{\left[\frac{1}{n} + \frac{(x - \bar{x})^2}{\sum_{i=1}^{n}(x_i - \bar{x})^2}\right]}. \tag{128}$$

Mit
n der Anzahl der Stichprobenwerte,
y_i der y-Wert des i-ten Wertes der Stichprobe,
$\hat{y}_i$ der y-Wert der Regressionsgerade bei zugehörigem x_i,
x_i der x-Wert des i-ten Wertes der Stichprobe,
$\bar{x}$ der Mittelwert der x-Werte der Stichprobe nach Gleichung (1).

Dazu ein Beispiel

Für das Beispiel aus Kapitel 14.3.1 zur Ermittlung der Diodenkennlinie sollen die Vertrauensgrenzen der Regressionsgeraden für eine Vertrauenswahrscheinlichkeit von 90% berechnet und in ein Diagramm eingetragen werden. Diskutieren Sie, was genau der eingezeichnete Vertrauensbereich bedeutet.

Lösung:

Der Übersicht halber werden die Versuchsdaten noch einmal aufgeführt. Zusätzlich werden in der Tabelle noch die y-Werte der Regressionsgerade $\hat{y}_i = \hat{I}_i$ eingetragen. Die Regressionsgerade wird aus dem Beispiel von Seite 136 übernommen:

$$\hat{y} = mx + c \tag{129}$$

$$\hat{I}' = mU + c$$

$$\hat{I}' = 40 \cdot U - 16{,}2$$

i	Dioden-spannung U_i in mV	Diodenstrom I_i in A (gemessen)	Diodenstrom logarithmiert $I_i' = \ln(I_i)$ in A	Diodenstrom $\hat{I}_i'$ in A (Regression)
1	0,3	0,01592	-4,12	-4,19
2	0,319	0,03615	-3,32	-3,43
3	0,35	0,08127	-2,52	-2,20
4	0,355	0,1791	-1,72	-2,00
5	0,385	0,3985	-0,92	-0,80
6	0,41	0,8869	-0,12	0,20
7	0,421	1,978	0,68	0,61
8	0,440	4,401	1,48	1,39
9	0,460	9,795	2,28	2,20
10	0,481	21,8	3,08	3,03

Nach Gleichung (127) gilt für die Vertrauensgrenzen der Regressionsgerade

$$\hat{y}_{\alpha/2} = \hat{y} - s_2 \cdot t_{\alpha/2;\nu} \text{ (untere Vertrauensgrenze)} \tag{130}$$
$$\hat{I}'_{\alpha/2} = \hat{I}' - s_2 \cdot t_{\alpha/2;\nu} \text{ (untere Vertrauensgrenze)}$$
$$\hat{y}_{1-\alpha/2} = \hat{y} + s_2 \cdot t_{\alpha/2;\nu} \text{ (obere Vertrauensgrenze)}$$
$$\hat{I}'_{1-\alpha/2} = \hat{I}' + s_2 \cdot t_{\alpha/2;\nu} \text{ (obere Vertrauensgrenze)}$$

Bei der Vertrauenswahrscheinlichkeit von 90% ist die Irrtumswahrscheinlichkeit bei $\alpha = 10\%$. Der Stichprobenumfang ist $n = 10$ und damit ist der Freiheitsgrad $\nu = n - 2 = 8$. Nach Tabelle 15-20 von Seite 216 gilt dann für den t-Wert:

$$t_{\alpha/2;\nu} = t_{0,05;8} = 1{,}860. \tag{131}$$

s_2 berechnet sich nach Gleichung (128) und mit dem Mittelwert der Spannung $\bar{U} = 0{,}39$ mV nach Gleichung (116) von Seite 136:

$$s_2 = \sqrt{\frac{\sum_{i=1}^{n}(y_i - \hat{y}_i)^2}{n-2}} \cdot \sqrt{\left[\frac{1}{n} + \frac{(x - \bar{x})^2}{\sum_{i=1}^{n}(x_i - \bar{x})^2}\right]} \tag{132}$$

$$s_2 = \sqrt{\frac{\sum_{i=1}^{n}\left(I_i' - \hat{I}_i'\right)^2}{n-2}} \cdot \sqrt{\left[\frac{1}{n} + \frac{(U - \bar{U})^2}{\sum_{i=1}^{n}(U_i - \bar{U})^2}\right]}$$

$$s_2 = \sqrt{\left[\frac{(-4,12--4,19)^2 + \cdots + (3,08-3,03)^2}{10-2}\right]}$$

$$\cdot \sqrt{\left[\frac{1}{10} + \frac{(U-0,39)^2}{(0,3-0,39)^2 + \cdots + (0,481-0,39)^2}\right]}$$

$$s_2 = 0,204 \cdot \sqrt{\left[\frac{1}{10} + \frac{(U-0,39)^2}{0,033}\right]}$$

Die Vertrauensgrenzen können dann mit folgenden Gleichungen berechnet werden:

(133)

$$\hat{I}'_{\alpha/2} = \hat{I}' - 0,204 \cdot \sqrt{\left[\frac{1}{10} + \frac{(U-0,39)^2}{0,033}\right]} \cdot 1,860$$

$$\hat{I}'_{1-\alpha/2} = \hat{I}' + 0,204 \cdot \sqrt{\left[\frac{1}{10} + \frac{(U-0,39)^2}{0,033}\right]} \cdot 1,860$$

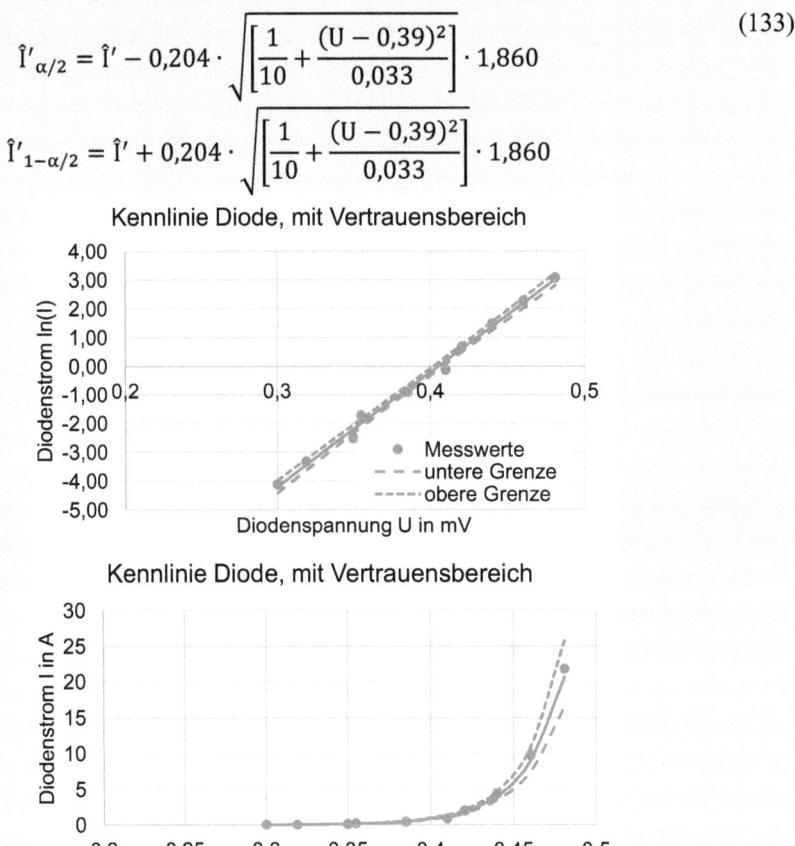

Abbildung 14-17: Diodenkennlinie mit dem Vertrauensbereich der Regressionskurve

In Abbildung 14-17 ist die Regressionskurve der Diodenkennlinie mit dem Vertrauensbereich der Regressionskurve dargestellt. Im oberen Bild sind die Diodenströme logarithmiert. Hier erkennt man schön, dass der Vertrauensbereich relativ eng ist (es liegen einzelne Versuche außerhalb des Vertrauensbereiches) und dass dieser im Bereich der mittleren Spannungen am schmalsten ist.

Im unteren Bild von Abbildung 14-17 ist die Diodenkennlinie in linearer Form ebenfalls mit Vertrauensbereich dargestellt. Man sieht, dass in diesem Fall der Vertrauensbereich für größere Spannungen deutlich aufgeht. Dies liegt an der Transformation der y-Werte.

Konkret gibt der Vertrauensbereich an, in welchem Bereich die „wahre" Diodenkennlinie liegen wird. Die „wahre" Diodenkennlinie ist die Kennlinie, welche die Grundgesamtheit der Dioden abbildet.

Der Vertrauensbereich der Versuchspunkte:

Der Vertrauensbereich der Versuchspunkte gibt an, in welchem Bereich ein künftiger Messwert liegen wird. Dieser Vertrauensbereich ist deutlich größer als der Vertrauensbereich der Regressionsgerade.

Die Vertrauensgrenzen der Versuchspunkte für die Irrtumswahrscheinlichkeit α und den Stichprobenumfang n berechnen sich nach

$$\hat{y}_{\alpha/2} = \hat{y} - s_3 \cdot t_{\alpha;\nu} \text{ (untere Vertrauensgrenze)}$$
$$\hat{y}_{1-\alpha/2} = \hat{y} + s_3 \cdot t_{\alpha;\nu} \text{ (obere Vertrauensgrenze)}$$

(134)

Darin ist
ν der Freiheitsgrad der t-Verteilung ($\nu = n - 2$),
$t_{\alpha;\nu}$ der t-Wert der t-Verteilung nach Tabelle 15-20 von Seite 216,
$\hat{y}$ der y-Wert der Regressionsgerade nach Gleichung (107) von Seite 134 und
s_2 ein Streuungskennwert nach Gleichung (128).

$$s_3 = \sqrt{\frac{\sum_{i=1}^{n}(y_i - \hat{y}_i)^2}{n-2}} \cdot \sqrt{\left[1 + \frac{1}{n} + \frac{(x - \bar{x})^2}{\sum_{i=1}^{n}(x_i - \bar{x})^2}\right]}.$$

(135)

Mit
n der Anzahl der Stichprobenwerte,
y_i der y-Wert des i-ten Wertes der Stichprobe,
$\hat{y}_i$ der y-Wert der Regressionsgerade bei zugehörigem x_i,
x_i der x-Wert des i-ten Wertes der Stichprobe,
$\bar{x}$ der Mittelwert der x-Werte der Stichprobe nach Gleichung (1).

Dazu ein Beispiel

Für das Beispiel aus Kapitel 14.3.1 zur Ermittlung der Diodenkennlinie sollen die Vertrauensgrenzen der Versuchspunkte für eine Vertrauenswahrscheinlichkeit von 90% berechnet und in ein Diagramm eingetragen werden. Vergleichen Sie diese Vertrauensgrenzen mit denen der Regressionsgeraden und diskutieren Sie den Vertrauensbereich.

Lösung:

Nach Gleichung (134) gilt für die Vertrauensgrenzen der Versuchswerte

$$\hat{y}_{\alpha/2} = \hat{y} - s_3 \cdot t_{\alpha/2;\nu} \text{ (untere Vertrauensgrenze)} \tag{136}$$
$$\hat{I}'_{\alpha/2} = \hat{I}' - s_3 \cdot t_{\alpha/2;\nu} \text{ (untere Vertrauensgrenze)}$$
$$\hat{y}_{1-\alpha/2} = \hat{y} + s_3 \cdot t_{\alpha/2;\nu} \text{ (obere Vertrauensgrenze)}$$
$$\hat{I}'_{1-\alpha/2} = \hat{I}' + s_3 \cdot t_{\alpha/2;\nu} \text{ (obere Vertrauensgrenze)}$$

Bei der Vertrauenswahrscheinlichkeit von 90% ist die Irrtumswahrscheinlichkeit bei $\alpha = 10\%$. Der Stichprobenumfang ist $n = 10$ und damit ist der Freiheitsgrad $\nu = n - 2 = 8$. Nach Tabelle 15-20 von Seite 216 gilt dann für den t-Wert:

$$t_{\alpha/2;\nu} = t_{0,05;8} = 1,860. \tag{137}$$

s_3 berechnet sich nach Gleichung (135) und mit dem Mittelwert der Spannung $\overline{U} = 0,39 \text{ mV}$ nach Gleichung (116) von Seite 136:

$$s_3 = \sqrt{\frac{\sum_{i=1}^{n}(y_i - \hat{y}_i)^2}{n - 2}} \cdot \sqrt{\left[1 + \frac{1}{n} + \frac{(x - \overline{x})^2}{\sum_{i=1}^{n}(x_i - \overline{x})^2}\right]} \tag{138}$$

$$= \sqrt{\frac{\sum_{i=1}^{n}\left(I'_i - \hat{I}'_i\right)^2}{n - 2}} \cdot \sqrt{\left[1 + \frac{1}{n} + \frac{(U - \overline{U})^2}{\sum_{i=1}^{n}(U_i - \overline{U})^2}\right]}$$

$$= \sqrt{\frac{\left[(-4,12 - -4,19)^2 + \cdots + (3,08 - 3,03)^2\right]}{10 - 2}}$$

$$\cdot \sqrt{\left[1 + \frac{1}{10} + \frac{(U - 0,39)^2}{(0,3 - 0,39)^2 + \cdots + (0,481 - 0,39)^2}\right]}$$

$$s_3 = 0,204 \cdot \sqrt{\left[1 + \frac{1}{10} + \frac{(U - 0,39)^2}{0,033}\right]}$$

Die Vertrauensgrenzen werden dann mit Hilfe von Gleichung (136) berechnet:

$$\hat{I}'_{\alpha/2} = \hat{I}' - 0,204 \cdot \sqrt{\left[1 + \frac{1}{10} + \frac{(U - 0,39)^2}{0,033}\right]} \cdot 1,860 \tag{139}$$

$$\hat{I}'_{1-\alpha/2} = \hat{I}' + 0,204 \cdot \sqrt{\left[1 + \frac{1}{10} + \frac{(U - 0,39)^2}{0,033}\right]} \cdot 1,860$$

In Abbildung 14-18 ist die Regressionskurve der Diodenkennlinie mit dem Vertrauensbereich der Versuchspunkte dargestellt. Im unteren Bild ist zum Vergleich der Vertrauensbereich der Regressionsgerade abgebildet. Daraus ist schön erkennbar, dass der Vertrauensbereich der Versuchspunkte deutlich größer ist, als der Vertrauensbereich der Regressionsgerade.

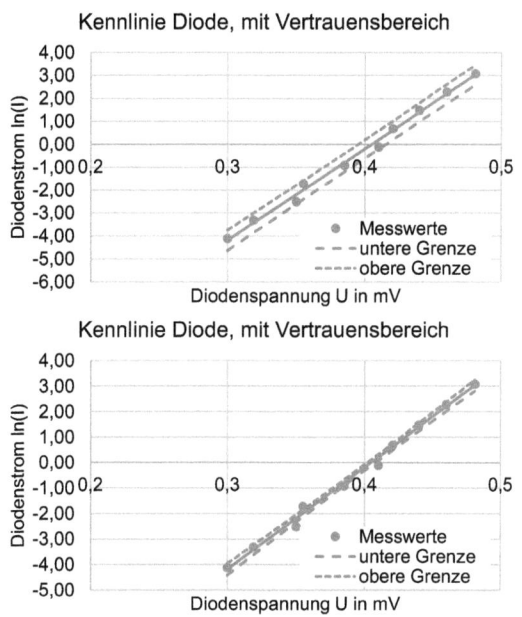

Abbildung 14-18: Diodenkennlinie mit dem Vertrauensbereich der Versuchswerte (oberes Bild) und dem Vertrauensbereich der Regressionsgerade (unteres Bild)

Konkret bedeutet der Vertrauensbereich der Versuchspunkte, in welchem Bereich ein weiterer Messwert für eine vorgegebene Spannung liegen könnte. Dieser Vertrauensbereich ist sehr wertvoll, wenn künftige Messwerte vorhergesagt werden sollen, oder darauf ausgelegt werden müssen.

14.4 AUF DEN PUNKT

Korrelationsanalyse

- Die Korrelationsanalyse liefert einen qualitativen Zusammenhang zwischen zwei Variablen.
- Je näher der Korrelationskoeffizient r bei 1 oder -1 liegt, umso besser ist der Zusammenhang der beiden Variablen.
- Für r > 0,95 liegt im Sinne der Technik ein guter, signifikanter Zusammenhang vor.
- Ein statistisch signifikanter Zusammenhang bedeutet nicht, dass es auch eine Ursache-Wirkung-Beziehung gibt. Diese muss durch den Experimentator bestätigt werden.

Regressionsanalyse

- Die Regressionsanalyse liefert den mathematischen Zusammenhang zwischen zwei Variablen.
- Die Regressionsfunktion ist nur sinnvoll im Wertebereich der Werte, mit denen die Regressionsfunktion abgeleitet wurde.
- Verwenden Sie möglichst einfache Regressionsmodelle.
- Bei einer Extrapolation ist immer Vorsicht geboten. Es besteht die Gefahr, dass sich Ursache Wirkung-Beziehungen ändern oder die Regressionsmodelle ihre Gültigkeit verlieren.
- Liegen bereits Erfahrungen für Regressionsmodelle vor, dann sollten diese genutzt werden.
- Die Maximum Likelihood Methode ermöglicht es mit zensierten Daten zu arbeiten, setzt aber den Rechnereinsatz (iteratives Lösen) voraus.
- Die Methode der kleinsten Quadrate ist die Standardmethode.
- Es gibt zwei Arten von Vertrauensbereichen. Das ist der Vertrauensbereich der Versuchswerte und der Vertrauensbereich der Regressionsgerade.
- Der Vertrauensbereich der Regressionsgerade ist kleiner und gibt an, in welchem Bereich die Regressionsgerade der Grundgesamtheit liegen wird.
- Der Vertrauensbereich der Versuchspunkte ist größer und gibt an, in welchem Bereich die Versuchswerte weiterer Messungen liegen werden.

14.5 ARBEITEN MIT EXCEL 🚀

Um mit Hilfe der Regressions- und Korrelationsanalyse für zwei Variable den besten Zusammenhang zu finden, lassen sich diese mit dem Reiter „Korrelation-Regression" in der Excel-Toolbox auswerten.

Der große Charme dieses Werkzeuges ist es, dass auch Transformationen dargestellt werden können. In Zelle C13 und C14 kann für die Variable x und y mittels Drop Down Menü jeweils eine Transformation gewählt werden (siehe Abbildung 14-19). Die Messwerte werden in die Spalten C und D ab Zeile 40 eingetragen.

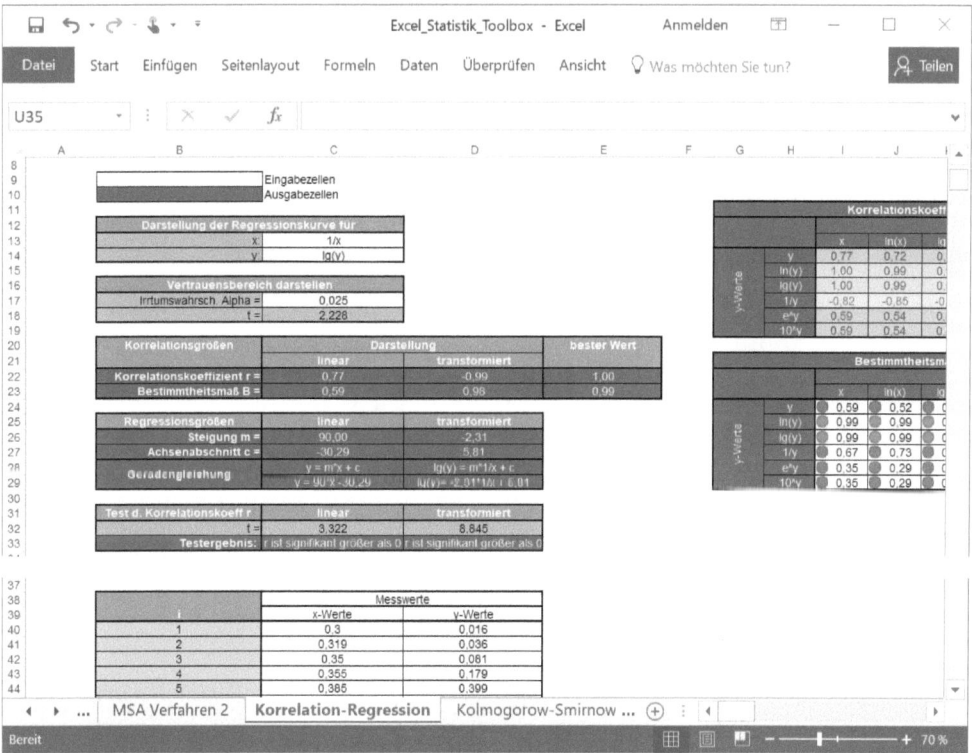

Abbildung 14-19: Excel-Tool zur Korrelations- und Regressionsrechnung

Als Ergebnis wird in den Zellen B22 – E23 der Korrelationskoeffizient und das Bestimmtheitsmaß angegeben. Und zwar bei Annahme eines linearen Zusammenhangs (C22-C23) des gewählten (also transformierten) Zusammenhangs (D22-D23) und des am besten korrelierten Zusammenhangs (E22-E23).

Die Gleichung des Zusammenhangs liefert zusätzlich die Zelle D29. Ob dieser Zusammenhang statistisch signifikant ist, wird in Zelle D33 angegeben.

In den Zellen G11-N29 wird außerdem noch für alle Kombinationen der verschiedenen Transformationen der Korrelationskoeffizient und das Bestimmtheitsmaß dargestellt (Abbildung 14-20).

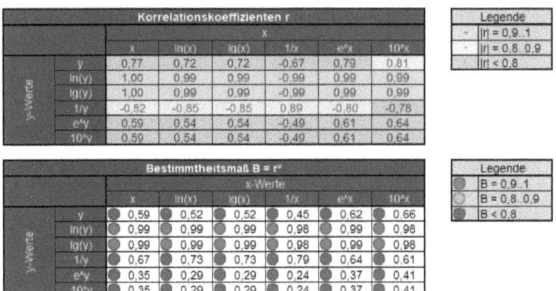

Abbildung 14-20: Zusammenfassung der Korrelationskoeffizienten aller Kombinatioen von Transformationen

Zusätzlich wird in einem Diagramm in Zeile 35 noch der Zusammenhang zwischen den beiden Variablen dargestellt. Es werden auch der Vertrauensbereich der Versuchspunkte und der Vertrauensbereich der Regressionskurve dargestellt (vgl. Abbildung 14-21).

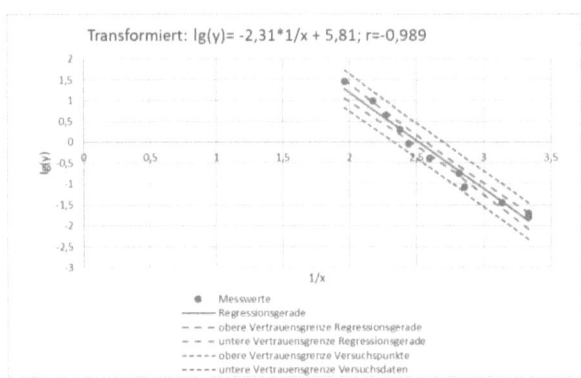

Abbildung 14-21: Visualisierung des Zusammenhangs zwischen zwei Variablen inklusive des Vertrauensbereichs der Versuchspunkte und des Vertrauensbereiches der Regressionskurve

14.6 WICHTIGE FORMELN

Der Korrelationskoeffizient:

$$r = \frac{\sum_{i=1}^{n}[(x_i - \bar{x})(y_i - \bar{y})]}{\sqrt{\sum_{i=1}^{n}(x_i - \bar{x})^2 \cdot \sum_{i=1}^{n}(y_i - \bar{y})^2}}$$

EXCEL: $= \text{KORREL}(x_1 : x_n ; y_1 : y_n)$

Das Bestimmtheitsmaß

$$B = r^2 = \left(\frac{\sum_{i=1}^{n}[(x_i - \bar{x})(y_i - \bar{y})]}{\sqrt{\sum_{i=1}^{n}(x_i - \bar{x})^2 \cdot \sum_{i=1}^{n}(y_i - \bar{y})^2}}\right)^2$$

EXCEL: $= \text{BESTIMMTHEITSMASS}(x_1 : x_n ; y_1 : y_n)$

Vorschläge für mögliche Transformationen sowie die alternative Regressionsgleichung:

Transformation $x' =$	Transformation $y' =$	Gleichung	Ermittelte Konstanten der Regressionsgerade	
			$a' =$	$b' =$
x	$\log y$	$y = ab^x$	$\log a$	$\log b$
x	$\ln y$	$y = ae^{bx}$	$\ln a$	$\ln b$
x	$y + c$	$y = ax + b$	a	b-c
x	$\dfrac{1}{y}$	$y = \dfrac{a}{b + x}$	a	b
$\log x$	y	$y = a\log x + b$	a	b
$x + c$	y	$y = ax + b$	a	b
$\dfrac{1}{x}$	y	$y = \dfrac{a}{x} + b$	a	b
$\log x$	$\log y$	$y = ax^b$	a	$\log b$
Es gilt die Regressionsgerade $y' = a'x' + b'$				

Berechnung der Regressionsgeraden

$$\hat{y} = mx + c.$$

Steigung und Achsenabschnitt

$$m = \frac{\sum_{i=1}^{n}(x_i - \bar{x})(y_i - \bar{y})}{\sum_{i=1}^{n}(x_i - \bar{x})^2},$$

EXCEL: =STEIGUNG(y;x)

$$c = \bar{y} - m\bar{x},$$

EXCEL: =ACHSENABSCHNITT (y;x)

mit den Mittelwerten:

$$\bar{x} = \frac{\sum_{i=1}^{n} x_i}{n}, \text{bzw.} \bar{y} = \frac{\sum_{i=1}^{n} y_i}{n}.$$

EXCEL: =MITTELWERT(**x**)

EXCEL: =MITTELWERT(y)

Der Vertrauensbereich der Regressionsgerade (der Mittelwerte):

$\hat{y}_{\alpha/2} = \hat{y} - s_2 \cdot t_{\alpha/2;\nu}$ (untere Vertrauensgrenze)
$\hat{y}_{1-\alpha/2} = \hat{y} + s_2 \cdot t_{\alpha/2;\nu}$ (obere Vertrauensgrenze)

Darin ist
ν der Freiheitsgrad der t-Verteilung (**$\nu = n - 2$**)
$t_{\alpha;\nu}$ der t-Wert der t-Verteilung nach Tabelle 15-20 von Seite 216,
$\hat{y}$ der y-Wert der Regressionsgerade nach Gleichung (107) von Seite 134 und
s_2 ein Streuungskennwert nach Gleichung (128) mit

$$s_2 = \sqrt{\frac{\sum_{i=1}^{n}(y_i - \hat{y}_i)^2}{n-2}} \cdot \sqrt{\left[\frac{1}{n} + \frac{(x - \bar{x})^2}{\sum_{i=1}^{n}(x_i - \bar{x})^2}\right]}.$$

Der Vertrauensbereich der Versuchspunkte:

$\hat{y}_{\alpha/2} = \hat{y} - s_3 \cdot t_{\alpha;\nu}$ (untere Vertrauensgrenze)
$\hat{y}_{1-\alpha/2} = \hat{y} + s_3 \cdot t_{\alpha;\nu}$ (obere Vertrauensgrenze)

Darin ist
ν der Freiheitsgrad der t-Verteilung ($\nu = n - 2$)
$t_{\alpha;\nu}$ der t-Wert der t-Verteilung nach Tabelle 15-20 von Seite 216,
$\hat{y}$ der y-Wert der Regressionsgerade nach Gleichung (107) von Seite 134 und
s_3 ein Streuungskennwert nach Gleichung (128) mit

$$s_3 = \sqrt{\frac{\sum_{i=1}^{n}(y_i - \hat{y}_i)^2}{n-2}} \cdot \sqrt{\left[1 + \frac{1}{n} + \frac{(x - \bar{x})^2}{\sum_{i=1}^{n}(x_i - \bar{x})^2}\right]}.$$

15 UNTERSCHIEDE UNTERSUCHEN (STATIS-TISCHE TESTS)

Empirische Daten (vermehrt werden diese auch mittels Simulationen künstlich erzeugt) streuen. Ziel der statistischen Tests ist es, aus einer Datenmenge mit Hilfe statistischer Methoden eine Hypothese zu bestätigen oder zu widerlegen, also eine Entscheidung zu treffen. Wir müssen uns hier immer vor Augen halten, dass absolute Aussagen nicht möglich sind, aber Handlungsrichtlinien gut gegeben werden können.

Beispiele, die mit Hilfe statistischer Tests beantwortet werden können, sind:

- Es soll überprüft werden, ob eine bestimmte Charge produzierter Teile Ausschuss ist und damit gesperrt werden muss, oder nicht.
- Die gemessene Verunreinigung durch Wasser in einer Chemikalie wurde gemessen und liegt über dem Grenzwert. Auf Grund der Schwankungen der Messgenauigkeit, soll überprüft werden, ob die Unterscheide zufällig sind, oder nicht.
- Werden auf drei Prüfständen im Mittel die gleichen Ergebnisse gemessen oder nicht?

Da die Aussagen auf empirischen (also streuenden) Daten beruhen, sind absolute Aussagen nicht möglich. Jede Aussage ist somit fehlerbehaftet. Die Größe des Fehlers wird als Signifikanz α bezeichnet und kann festgelegt werden.

Häufig wird als anschauliches Beispiel für einen statistischen Test ein Gerichtsverfahren genommen.

Ein Gerichtsverfahren soll eine Aussage treffen, ob der Angeklagte für schuldig befunden oder freigesprochen wird. Dabei gilt der Grundsatz der Unschuldsvermutung in rechtsstaatlichen Verfahren. Das bedeutet, dass von der Unschuld des Angeklagten ausgegangen wird. Durch die Beweisführung muss also die Schuld des Angeklagten nachgewiesen werden. Die Entscheidung des Gerichts ist eine „entweder – oder" Entscheidung zwischen zwei Hypothesen (Annahmen). Also entweder ist der Angeklagte nicht schuldig Hypothese 1) oder schuldig (Hypothese 2).

Am Ende eines Urteils wird entweder die Entscheidung

- der Angeklagte ist schuldig, oder
- der Angeklagte ist nicht schuldig

getroffen. Bemerkenswert dabei ist, dass im zweiten Falle von „nicht schuldig" gesprochen wird und nicht von „unschuldig". Diese Aussage drückt die Unsicherheit des Gerichtes bei der Urteilssprechung aus.

In der Statistik wird die erste Hypothese (Angeklagter ist nicht schuldig) als Nullhypothese H_0 bezeichnet. Die zweite Hypothese (Angeklagter ist schuldig) wird als Alternativhypothese H_1 bezeichnet (Angeklagter ist schuldig). Die Nullhypothese (Angeklagter ist nicht schuldig) wird erst verworfen, wenn die Wahrscheinlichkeit eines Irrtums (fälschliche Anklage) sehr klein wird. Diese Wahrscheinlichkeit heißt in der Statistik Signifikanz α und der Fehler der falschen Anklage heißt Fehler erster Art. Leider steigt dadurch die Wahrscheinlichkeit, dass aus Mangel an Beweisen, der Angeklagte doch schuldig ist, dies aber nicht bewiesen werden kann. Dieser Fehler (Angeklagter ist trotz Freispruch schuldig) heißt in der Statistik Fehler zweiter Art und hat die Wahrscheinlichkeit β. In der Technik üblich sind folgende Wahrscheinlichkeiten:

$$\alpha \approx 5\%$$
$$\beta \approx 20\%.$$

Das bedeutet im Falle des Gerichtsprozesses, dass jeder 20. Angeklagte (5% = 1/20) fälschlicherweise verurteilt wurde und jeder 5. Angeklagte (20% = 1/5) trotz Freispruch schuldig ist!

Die Durchführung eines statistischen Tests geschieht immer in folgenden Schritten:

- Forschungsfrage
- Auswahl des geeigneten Tests inkl. Stichprobenumfang (Poweranalyse)
- Nullhypothese inkl. Signifikanzniveau formulieren
- Prüfgröße berechnen
- Testentscheidung treffen
- Interpretation des Ergebnisses
- Validierung der Ergebnisse
- Wenn Nullhypothese beibehalten wird, dann Power überprüfen

Schritt 1: Formulierung der Forschungsfrage

In diesem ersten Schritt wird die Forschungsfrage formuliert, mit der das aktuelle zu untersuchende Problem beschrieben wird. Im Falle des Gerichtsprozesses ist dies die Frage, ob die Tat vom Angeklagten begangen wurde.

Schritt 2: Auswahl eines geeigneten Tests

Abhängig von der Forschungsfrage wird der statistische Test inkl. der Daten und Stichproben ausgewählt. Häufig ist dies mit der aufwändigste Teil der Untersuchung, denn hier werden die Grundlagen gelegt. Mit Hilfe des Assistenten zur Analyse statistischer Tests in Kapitel 15.1 ist eine schnelle Auswahl des geeigneten Tests möglich. Die verschiedenen Tests werden in den Kapiteln 15.3 - 15.7 vorgestellt. Für diese liegen außerdem Excel-Tools bereit, um diese Tests auch praktisch durchführen zu können. Zu diesem Punkt gehört auch die Überprüfung der Voraussetzungen für den statistischen Test. In unserem Beispiel ist dies die Sammlung der Beweise, z. B. durch Spurensicherung und die Wahl der Mittel wie z. B. einer Obduktion, ...

Schritt 3: Formulierung der Hypothesen

Sowohl die Nullhypothese H_0, als auch die Alternativhypothese H_1 werden formuliert. Dies ist sozusagen die Übersetzung der Forschungsfrage in die Statistik. Dieser Formulierung kommt bei statistischen Tests eine zentrale Bedeutung zu, wie aus dem Beispiel des Gerichtsprozesses deutlich wird. Hier sollte immer größte Sorgfalt herrschen und die Hypothesen schriftlich festgehalten werden. Leider sind diese Themen nicht ganz einfach zu verstehen. Deswegen wird darauf im Kapitel 15.1 noch näher eingegangen. Zusätzlich wird in diesem Schritt auch die Signifikanz α festgelegt.

Schritt 4: Berechnung einer Prüfgröße

Abhängig vom statistischen Test wird eine Prüfgröße berechnet, welche im dritten Schritt mit einem Grenzwert verglichen wird. Für manche Tests lässt sich auch ein p-Wert berechnen, der direkt mit der Signifikanz α verglichen werden kann.

Schritt 5: Testentscheidung

Im dritten Schritt wird die Testentscheidung durch den Vergleich der Prüfgröße mit einem Grenzwert oder durch den Vergleich des p-Wertes mit der Signifikanz α getroffen. Es wird also entweder die Nullhypothese beibehalten oder verworfen.

Schritt 6: Interpretation der Ergebnisse

In dieser Phase wird versucht, die Physik hinter dem Ergebnis zu verstehen. Je genauer dies möglich ist, umso besser kann künftig darauf reagiert werden. Es geht somit darum, zu verstehen, warum die Tat begangen oder wieso der Angeklagte fälschlicherweise beschuldigt wurde.

Schritt 7: Validierung der Ergebnisse

Idealerweise wird die Testentscheidung validiert. Dazu können weitere unabhängige Daten dienen oder schlüssige Begründungen.

Schritt 8: Wenn Nullhypothese beibehalten wird, dann Power überprüfen

In diesem letzten Schritt wird die Power des Tests berechnet. Also die Wahrscheinlichkeit einen Fehler zweiter Art zu begehen. Hierzu liefert Kapitel 17 alle nötigen Informationen. Um bei unserem Beispiel zu bleiben: Wir beantworten die Frage, wie wahrscheinlich ist es, dass der Angeklagte trotz Freispruch nicht doch schuldig ist.

Der eigentliche statistische Test kann auf die Schritte 3-5 beschränkt werden. Nach diesen drei Schritten sind alle folgenden Tests gegliedert.

In diesem Kapitel

- Wird anschaulich beschrieben, was ein statistischer Test ist, wie er funktioniert, welche Risiken lauern und wie Sie damit umgehen können.
- Wissen Sie, welche Voraussetzungen jeder Test hat und wie sie diese überprüfen können.
- Lernen Sie Ihre Daten auf Unterschiede, Zusammenhänge und Ausreißer zu testen.
- Lernen Sie Tests kennen, mit denen Sie Stichproben auf ihre Verteilung testen können.
- Erhalten sie zusätzlich zu den Methoden praktische Excel-Tools zur Bewertung der Unterschiede zwischen angenommen Werten und einer Stichprobe oder mehreren Stichproben sowie Verteilungen.

15.1 ASSISTENT FÜR STATISTISCHE TESTS 🚀

Um trotz der Vielzahl an verfügbaren Tests eine schnelle Auswahl des richtigen Tests zu treffen, bietet sich der speziell dafür entwickelte Assistent zur Auswahl des richtigen statistischen Tests (Abbildung 15-1 und Abbildung 15-2) an.

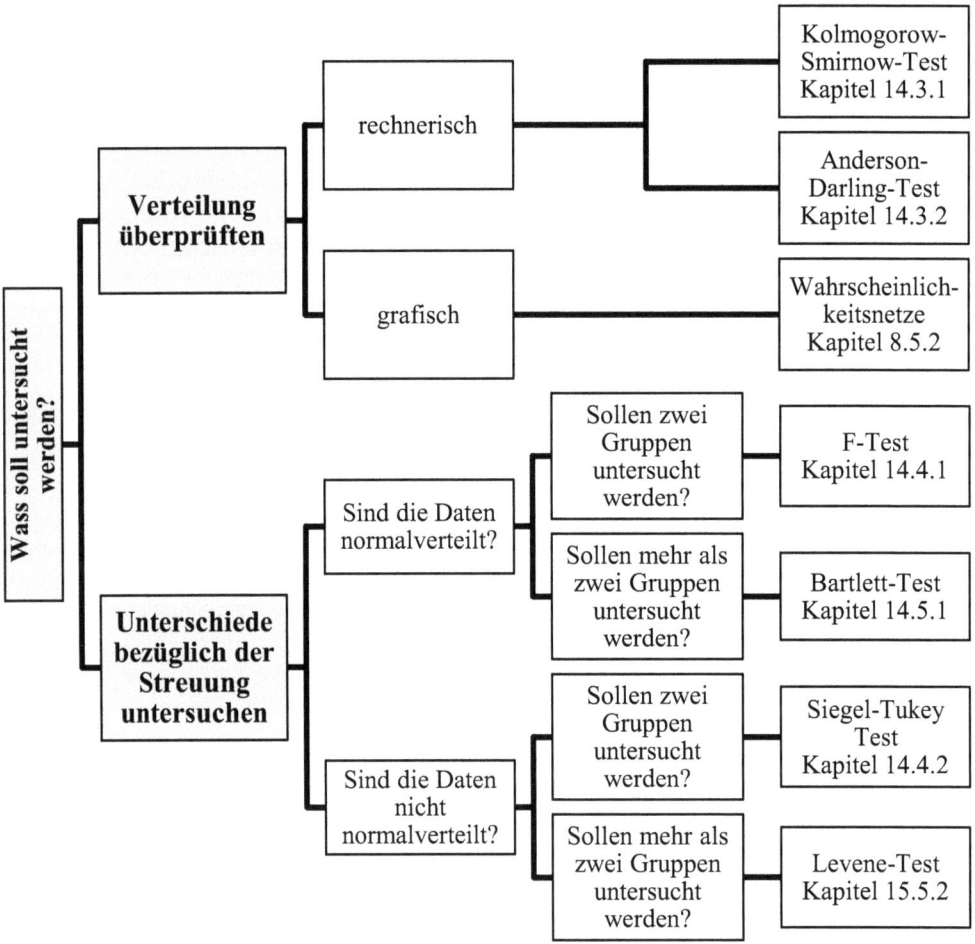

Abbildung 15-1: Assistent zur Auswahl des richtigen statistischen Tests (Teil 1)

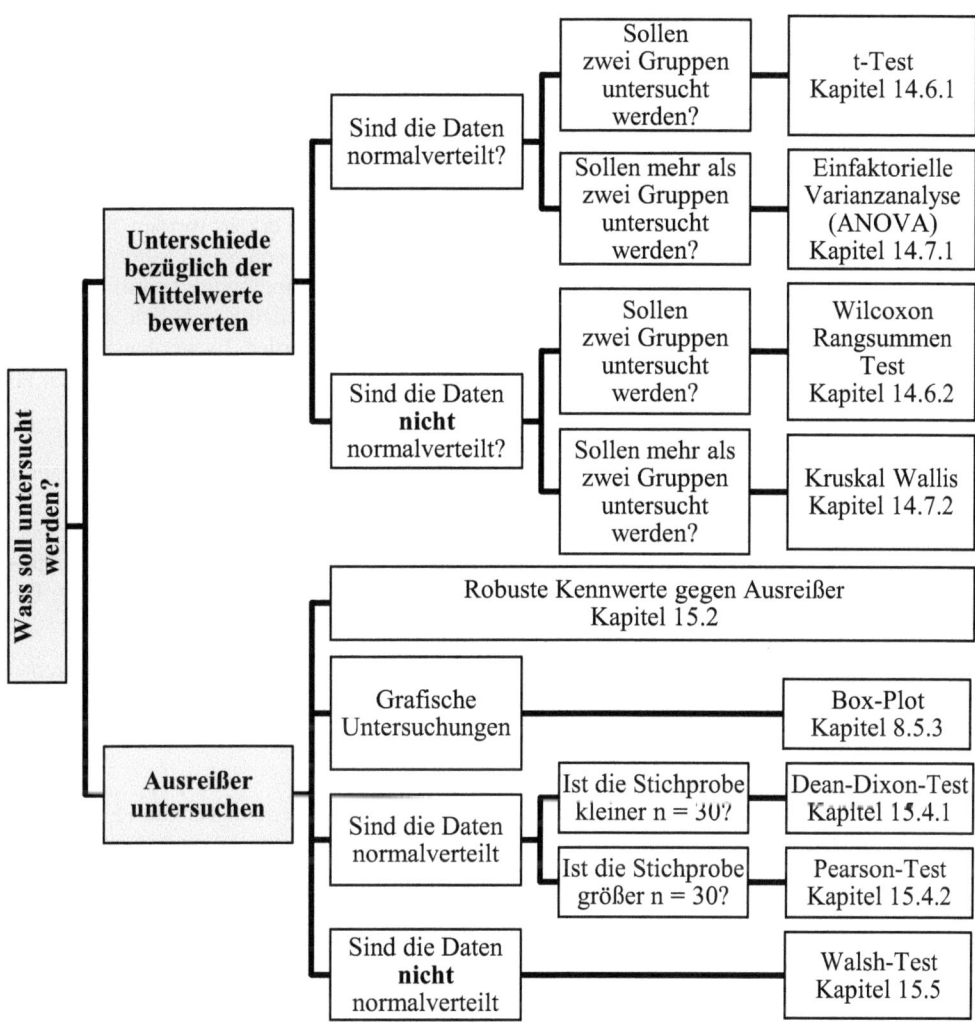

Abbildung 15-2: Assistent zur Auswahl des richtigen statistischen Tests (Teil 2)

15.2 GRUNDLAGEN STATISTISCHER TESTS 🚀

Eine der wichtigsten Grundlagen, wenn nicht sogar die wichtigste ist die Formulierung der Nullhypothese. Unglücklicherweise ist diese nicht ganz einfach zu verstehen. Sollten Sie dieses Kapitel nicht auf Anhieb verstehen, arbeiten Sie es unbedingt so lange durch, bis Sie sich sicher fühlen.

Am Beispiel von Spam Mails soll der statistische Test anschaulich erklärt werden. Spam Mails sind ein großes Problem geworden, dem man versucht mit Hilfe von Spam Filtern entgegenzuwirken. Wie funktioniert ein solcher Filter? Jede eingehende Email wird daraufhin getestet, ob sie eine Spam Mail ist oder nicht. Diese Aussage ist nicht eindeutig möglich, also fehlerbehaftet. Damit kann dies als statistisches Problem angesehen werden. Es werden zwei Hypothesen gebildet, die statistisch überprüft werden sollen. Deswegen spricht man statistisch von einem Hypothesentest. Dazu lauten die beiden Hypothesen:
1. Die eingehende Mail ist eine Spam Mail.
    Diese Hypothese wird als Nullhypothese H_0 bezeichnet. Die Nullhypothese ist somit: Die eingehende Mail ist eine Spam Mail.
2. Die eingehende Mail ist keine Spam Mail.
    Diese Hypothese wird als Alternativhypothese H_1 bezeichnet. Die Alternativhypothese ist immer das Gegenteil der Nullhypothese. Sie wird wie folgt formuliert: Die eingehende Mail ist keine Spam Mail.

Leider ist es nicht möglich, eine hundertprozentige Aussage zu treffen. Es ist also durchaus möglich, dass eine Mail, fälschlicherweise als Spam deklariert und damit gelöscht wurde. Genauso ist es möglich, dass eine Spam Mail nicht als solche erkannt wurde und bei uns im Postfach landet.

Für unseren Spam Filter sind damit vier Szenarien möglich (siehe auch Tabelle 15-1).
*   die eingehende Mail ist eine Spam Mail (Nullhypothese H_0 ist wahr) und
    1. die Email wird vom Spam Filter als Spam Mail eingestuft, dann wurde die richtige Entscheidung getroffen.
    2. die Email wird vom Spam Filter nicht als Spam erkannt, dann ist eine falsche Entscheidung getroffen worden. Dieser Fehler wird als Fehler erster Art, oder falsch positives Ergebnis bezeichnet.
*   die eingehende Mail ist eine normale Email (Alternativhypothese H_1 ist wahr) und
    3. die Email wird vom Spam Filter als normale Email eingestuft, dann wurde die richtige Entscheidung getroffen.
    4. die Email wird vom Spam Filter nicht als normale Email erkannt, dann ist eine falsche Entscheidung getroffen worden. Dieser Fehler wird als Fehler zweiter Art, oder als falsch negatives Ergebnis bezeichnet.

Tabelle 15-1 fasst dies noch einmal grafisch zusammen. Daraus wird deutlich, dass jede statistische Aussage fehlerbehaftet ist. Eine absolut sichere Aussage ist somit nicht möglich. Schauen wir dazu wieder auf das Beispiel des Spam Filters. Eine Forderung, niemals wieder eine Spam Mail zu erhalten, ist gleichbedeutend mit der Forderung, dass der Fehler erster Art bei $\alpha = 0\%$ liegt. In der Praxis bedeutet dies: Jede eingehende Email wird als Spam Mail eingestuft. Wir erhalten also überhaupt keine Email mehr (was für ein schönes Leben!). Es steigt damit gleichzeitig das Risiko des Fehlers zweiter Art ins Unendliche $\beta \to 1$ (eine Email, die keine Spam Mail ist wird als Spam identifiziert). Der Fehler erster und zweiter Art hängen also voneinander ab.

Es ist in der Statistik einfacher einen Fehler erster Art zu minimieren, als einen Fehler zweiter Art. Im Falle des Spam Filters ist es in der Realität möglich, den Fehler erster Art (eine gute Mail wird gelöscht) auf nahezu null zu bringen ($\alpha \ll 1\%$). Für den Fehler zweiter Art (eine Spam Mail wird nicht erkannt) ist dies nicht möglich. In der Realität liegt dieser bei Spam Filtern bei ($\text{ß} = 1..10\%$).

Tabelle 15-1: Fehler erster und zweiter Art am Beispiel des Spam Filters

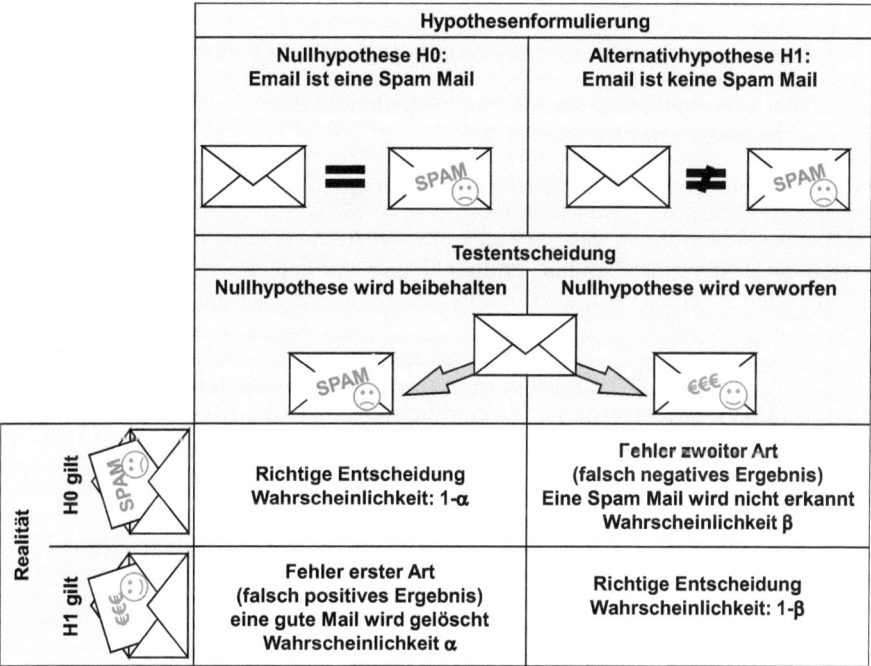

15.2.1 NULLHYPOTHESE UND ALTERNATIVHYPOTHESE

Für die Testplanung ist es deswegen wichtig, dem kritischeren Ergebnis den Fehler erster Art zuzuweisen. Bei dem Spam Filter ist es kritischer, dass eine an uns gerichtete Email fälschlicherweise als Spam bezeichnet und gelöscht wird, als der gegenteilige Fall (eine Spam Mail wird versehentlich nicht als solche erkannt).

Aus dieser Überlegung folgt ein Entscheidungsschema in drei Schritten zur Formulierung der Nullhypothese und der Alternativhypothese [16]:

Schritt 1: Ist bekannt, ob ein Zusammenhang gezeigt oder widerlegt werden soll?

Falls ja: Formulierung der Nullhypothese so, dass der Zusammenhang widerlegt wird, bzw. Formulierung der Alternativhypothese so, dass der Zusammenhang gezeigt wird.

Falls nein: Schritt zwei.

Schritt 2: Sind die Konsequenzen der Fehler bekannt?

Falls ja: Formulierung der Hypothesen in der Art, dass der schwerwiegendste Fehler zum Fehler erster Art wird (vgl. den Spam Filter). Der Hintergrund ist, dass die Wahrscheinlichkeit α des Fehlers erster Art festgelegt werden kann.

Falls nein: Schritt drei.

Schritt 3: Ist bekannt, zu welcher Interessensgruppe der Prüfer gehört?

Falls ja: Formulierung der Alternativhypothese in der Art, dass diese durch den Prüfer nachgewiesen werden muss.

Falls nein: Eine eindeutige Hypothesenformulierung ist nicht möglich.

Der Hintergrund liegt darin, dass es Ziel eines statistischen Tests ist, die Nullhypothese zu verwerfen. Dies ist vergleichsweise gut möglich, da der Fehler erster Art der hier begangen wird, „eingestellt" werden kann, also praktisch beeinflusst werden kann. Dies ist für den Fehler zweiter Art nicht möglich.

Ganz allgemein wird noch zwischen einseitigen und zweiseitigen Tests unterschieden. Am Beispiel von Unterschieden zwischen zwei Mittelwerten μ_1 und μ_2 wird dies gezeigt. Zielt die Nullhypothese auf Gleichheit, dann gilt:

$$H_0: \mu_1 = \mu_2 \tag{140}$$

Für die Alternativhypothese gibt es jetzt mehrere Möglichkeiten, abhängig davon, was gezeigt werden soll:

$$\begin{aligned} &H_1: \mu_1 < \mu_2 \,(\text{einseitiger Test nach unten}) \\ &H_1: \mu_1 > \mu_2 \,(\text{einseitiger Test nach oben}) \\ &H_1: \mu_1 \neq \mu_2 \,(\text{beidseitiger Test}) \end{aligned} \tag{141}$$

Statistische Tests können auf Mittelwerte, Streuungen oder Verteilungen zielen. Die Formulierung der beiden Hypothesen hängt von dem Ziel des Tests ab. Dazu das Beispiel Klimawandel: Die Regierung möchte beweisen, dass es ihn nicht gibt, Umweltschützer möchten beweisen, dass es ihn gibt. Beide Gruppen werden also unterschiedliche Hypothesen formulieren. Warum das so ist und auch warum die Hypothesenformulierung so wichtig ist wird deutlich, wenn beide Fehler (Fehler erster und zweiter Art) näher betrachtet werden.

15.2.2 FEHLER ERSTER ART / SIGNIFIKANZ

Die Wahrscheinlichkeit α einen Fehler erster Art zu begehen, nennt man auch Signifikanz. Der Grenzwert, ab dem von einem statistisch signifikanten Ergebnis gesprochen wird, ist das Signifikanzniveau. Typischerweise wird in der Technik das Signifikanzniveau wie folgt gewählt:

$$\alpha = 5\%. \tag{142}$$

Damit wird eine Fehlerhäufigkeit (Fehler erster Art) von bis zu 5% akzeptiert! Ist dies nicht ausreichend (siehe Ausführungen weiter vorne), muss das Signifikanzniveau α angepasst werden.

Dem Signifikanzniveau wird der p-Wert gegenübergestellt. Der p-Wert wird unter der Annahme berechnet, dass die Nullhypothese stimmt. Je größer der p-Wert, umso eher spricht das Ergebnis für die Nullhypothese. Ist der p-Wert kleiner als das Signifikanzniveau α, wird die Nullhypothese verworfen, andernfalls wird sie akzeptiert:

$$\begin{aligned} &H_0\text{: wird verworfen, wenn } p \leq \alpha, \\ &H_0\text{: wird akzeptiert, wenn } p > \alpha. \end{aligned} \tag{143}$$

Praxistipp
   Bei kleinem p, sage H_0 ade!

Was ist der p-Wert anschaulich? Angenommen, Sie spielen gerne Roulette im Casino. Dabei setzen Sie immer auf Rot. Theoretisch ist die Wahrscheinlichkeit genau bei 50%[1], dass die Kugel bei einer roten oder schwarzen Zahl landet. Es fällt die Kugel nun zum dritten Mal nacheinander auf Rot. Die Frage ist, wann würden Sie annehmen, dass dies kein Zufall mehr ist, Sie also betrogen werden?

Als Nullhypothese formulieren wir für dieses Beispiel, dass beide Farben (rot und schwarz) gleich wahrscheinlich sind

$$H_0\text{: } p(\text{rot}) = p(\text{schwarz}).$$

Die Alternativhypothese lautet:

$$H_1\text{: } p(\text{rot}) \neq p(\text{schwarz}).$$

In der Statistik wird der p-Wert unter der Annahme berechnet, dass die Nullhypothese stimmt.

Betrachten wir die Wahrscheinlichkeit für dieses Ereignis. Die Wahrscheinlichkeit eines nicht gezinkten Roulettisches für das Ergebnis „Rot" liegt bei 50 %. Demnach liegt die Wahrscheinlichkeit für drei aufeinanderfolgende Ergebnisse „Rot" bei $0{,}5 \cdot 0{,}5 \cdot 0{,}5 = 0{,}5^3 = 0{,}125 =$

---

[1] Wir vernachlässigen hier großzügig die Null.

12,5%[1]. Das bedeutet, dass dieses Ereignis mit einer Wahrscheinlichkeit von 12,5% möglich ist. Nach den Kriterien der Wissenschaft würden wir also noch annehmen, dass das Ergebnis zufällig und der Roulettisch nicht gezinkt ist, da das Signifikanzniveau von $\alpha = 5\%$ noch nicht unterschritten ist. Erst nachdem die Kugel zum fünften Mal nacheinander auf Rot gefallen ist, werden wir hellhörig! Die Wahrscheinlichkeit für dieses Ereignis liegt dann mit $0,5 \cdot 0,5 \cdot 0,5 \cdot 0,5 \cdot 0,5 = 0,5^5 = 0,031 = 3,1\%$ unter dem Signifikanzniveau von $\alpha = 5\%$. Bewiesen ist unsere Aussage damit nicht! Wir gehen nur mit einer gewissen Wahrscheinlichkeit davon aus, dass der Roulettisch gezinkt ist. Es liegt noch immer die Irrtumswahrscheinlichkeit bei 3%, dass der Roulettisch nicht gezinkt ist. Würden Sie auf dieser Basis das Casino verklagen?

Da die Anschuldigung schwerwiegend ist, wird das Signifikanzniveau deutlich auf $\alpha = 1\%$ abgesenkt. In diesem Fall unterstellen wir erst nach dem siebten Rot in Folge einen Betrug $(0,5^7 = 0,0078 = 0,78\% < \alpha = 1\%)$. Es zeigt sich, dass die Aussagegenauigkeit stark von der Stichprobe abhängt. Aus Sicht eines Ingenieurs bedeutet dies, dass die Anzahl an Versuchen zur Überprüfung einer Hypothese beachtet werden muss. Dies ist aus Zeit- und Kostengründen wichtig. Im vorliegenden Beispiel mussten sieben „Versuche" gemacht werden, um eine Signifikanz von $\alpha = 1\%$ nachzuweisen. Bei einer Signifikanz von $\alpha = 5\%$ waren es dagegen nur fünf „Versuche".

Wird die Nullhypothese verworfen, liefert uns der statistische Test niemals die Ursache! In diesem Beispiel könnte es sein, dass absichtlich manipuliert wurde, durch Verschleiß des Tisches die Ursache zufällig hervorgerufen wurde oder das Ergebnis schlicht zufällig ist. Ein statistisch signifikantes Ergebnis muss deswegen mit dem Ingenieurssachverstand auf Plausibilität und Ursache überprüft werden. Erst wenn die technische Ursache gefunden ist, können wir uns der Aussage sicher sein.

15.2.3 FEHLER ZWEITER ART / POWER

Im Gegensatz zum Fehler erster Art, kann die Wahrscheinlichkeit β eines Fehlers zweiter Art nicht immer berechnet werden. Der Fehler zweiter Art besagt, dass die signifikante Aussage: Der Roulettetisch liefert unterschiedliche Wahrscheinlichkeiten für rot und schwarz, falsch ist. In Wahrheit sind beide Wahrscheinlichkeiten gleich und die festgestellten Unterschiede zufällig. Die Nullhypothese wurde fälschlicherweise abgelehnt, das Ergebnis ist falsch negativ.

Üblich in der Statistik ist die Vorgabe, dass

$$\beta < 20\%$$

liegen soll. Der Fehler zweiter Art β hängt neben der Stichprobengröße auch vom Fehler erster Art α ab. Je kleiner α gewählt wird, umso größer wird β (vgl. das Beispiel des Spam Filters

---

[1] In Realität gibt es 37 Möglichkeiten für die Kugel. Davon sind 18 Rot, 18 schwarz und 1 ohne Farbe, nämlich die Null. Damit ist Wahrscheinlichkeit für Rot bei $p(rot) = 18/37 = 0,49 = 49\%$.

und Abbildung 15-3). Es muss also ein Kompromiss aus beiden Fehlern gefunden werden. Üblich ist:

$$\alpha = 1 \dots 5\%$$
$$\beta = 20\%$$

(144)

Ein Beispiel aus der Technik stellt den Umgang mit der Hypothesenformulierung dar:
Eine typische technische Fragestellung dazu ist die Qualifizierung eines neuen Zulieferers für einen Werkstoff. Die Freigabe soll in einem ersten Schritt anhand der Zugfestigkeit erfolgen. Dazu werden die Zugfestigkeiten von jeweils zehn Proben des neuen Zulieferers gemessen und der Mittelwert $\overline{R}_{m_1}$ gebildet. Dieser wird mit dem Mittelwert $\overline{R}_{m_2}$ von zehn gemessenen Zugfestigkeiten des alten Zulieferers verglichen. Die Frage ist: Darf angenommen werden, dass diese beiden Mittelwerte gleich sind? Kann also der neue Zulieferer zugelassen werden? Bei der Formulierung der Nullhypothese wird nach dem obigen Schema vorgegangen. Es ist nicht bekannt, ob gezeigt werden soll, dass beide Zulieferer Werkstoffe mit derselben Zugfestigkeit liefern oder nicht (Schritt 1). Betrachten wir also das Risiko (Schritt 2). Es ist kritischer, wenn der neue Zulieferer zugelassen wird, obwohl dessen Werkstoffe eine geringere Zugfestigkeit aufweisen als gefordert. Demnach muss dies der Fehler erster Art sein. Dies ist der Fall, wenn der Test fälschlicherweise aussagt, dass $\overline{R}_{m_1} \geq \overline{R}_{m_2}$ (vgl. auch Tabelle 15-1). Damit gilt für die Nullhypothese H_0:

$$H_0 : \overline{R}_{m_1} \geq \overline{R}_{m_2}.$$

(145)

und für die Alternativhypothese H_1:

$$H_1 : \overline{R}_{m_1} < \overline{R}_{m_2} (\text{einseitiger Test nach unten}).$$

(146)

Die Wahrscheinlichkeit, dass die Alternativhypothese gilt, obwohl auf Grund des statistischen Tests angenommen werden kann, dass $\overline{R}_{m_1} \geq \overline{R}_{m_2}$, liegt bei der Wahrscheinlichkeit α. Diese kann frei gewählt werden. Absolute Sicherheit gibt es jedoch nicht!

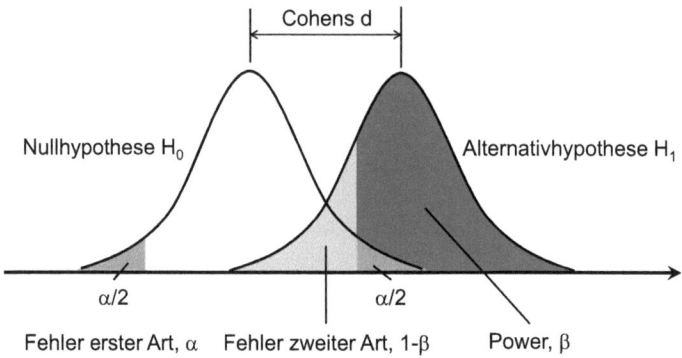

Abbildung 15-3: Zusammenhang zwischen Fehler erster und zweiter Art.

Für uns Ingenieure bedeutet dies: Es können mit der Statistik keine Beweise geführt werden (**eine absolute Sicherheit gibt es in der Statistik nicht**)! Allein die Aussage ist möglich, dass eine Aussage mit einer gewissen Wahrscheinlichkeit stimmt oder abgelehnt werden muss. Jede statistische Aussage beinhaltet damit immer das Risiko sich zu irren! Deswegen ist es unbedingt notwendig, die Ergebnisse auf Basis des klassischen Ingenieurwissens (immer wieder!) kritisch zu hinterfragen.

Üblicherweise werden Daten gesammelt und diese statistisch ausgewertet. Diese Auswertung führt dann zu einer Berechnung der Irrtumswahrscheinlichkeit α. Ist diese Irrtumswahrscheinlichkeit klein ($\alpha < 1 \ldots 5\%$) sprechen wir von einem statistisch signifikanten Ergebnis (linke Kurve in Abbildung 15-3). Allerdings ist α die Wahrscheinlichkeit einen Fehler erster Art zu begehen, wenn die Nullhypothese H_0 wahr ist. Über den Fehler zweiter Art wird damit keine Aussage gemacht!

Deshalb sollte vor dem Erheben der Daten eine Effektanalyse (Poweranalyse) durchgeführt werden. Dazu wird die Effektgröße (z. B. Cohens d = 0,8) vor der Datenerhebung zusammen mit dem akzeptierten Fehler erster Art (z. B. $\alpha = 5\%$) und zweiter Art (z. B. $\beta = 20\%$; Power = 80%) festgelegt. Als Ergebnis der Effektanalyse erhalten wir den nötigen Stichprobenumfang, um diese Power zu erreichen. Je größer die Stichprobe ist, umso geringere Unterschiede können untersucht werden.

15.3 TEST AUF VERTEILUNGEN

Mit Hilfe von Verteilungstests kann überprüft werden, nach welcher statistischen Verteilung sich die gemessenen Daten einer Stichprobe verteilen. Immer, wenn eine Auslegung nicht auf den Mittelwert, sondern auf einen Wert mit einer geringeren Eintrittswahrscheinlichkeit erfolgen soll, bedingt das die Kenntnis der Verteilung.

Dies ist beispielsweise der Fall, wenn Bauteile gegen Bruch ausgelegt werden. Hier werden häufig sehr geringe Ausfallwahrscheinlichkeiten gefordert. Eine Auslegung auf den Mittelwert würde 50% Ausfallwahrscheinlichkeit bedeuten. Ein anderer Fall sind Garantiewerte. Dies können beispielsweise garantierte Füllmengen von Flüssigkeiten sein.

In beiden Fällen müssen Sicherheiten gegenüber dem Mittelwert vorgehalten werden. Diese sollen jedoch so gering wie möglich sein, um einerseits das Versprechen (garantierte Ausfallwahrscheinlichkeit bzw. Füllmenge) einzuhalten und gleichzeitig so groß wie nötig, um nicht unnötig Kosten zu verursachen (zu viel Füllmenge vorgehalten). Um dieses Spannungsfeld zu lösen, ist die genaue Kenntnis der Verteilung nötig.

Ein anderer Grund für den Bedarf statistischer Tests auf Verteilungen ist, dass viele weitere statistische Tests (z. B. t-Tests) normalverteilte Daten voraussetzen.

Als Testverfahren existieren neben den grafischen Verfahren im Wahrscheinlichkeitsnetz (siehe Kapitel 9.2) auch rechnerische Verfahren, mit denen auf eine Verteilung von Daten getestet werden kann (siehe auch den Assistenten für Verteilungstests in Abbildung 15-4). Gegenüber den rechnerischen Verfahren haben die grafischen Methoden den Vorteil, dass diese direkt visuell beurteilt werden können. Idealerweise werden die Methoden kombiniert. Also sowohl grafisch, als auch rechnerisch getestet.

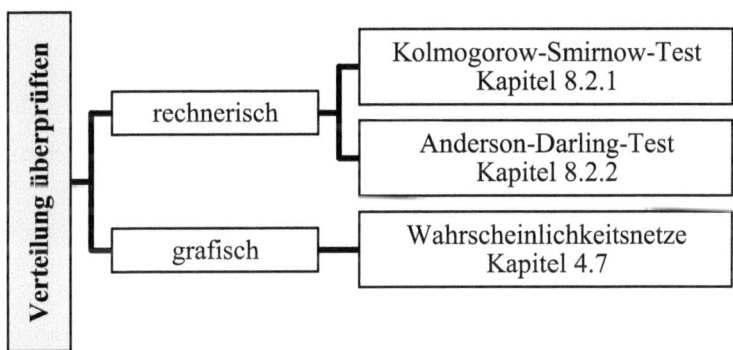

Abbildung 15-4: Assistent für Verteilungstests

Die gebräuchlichsten Tests sind der Kolmogorow-Smirnow-Test und der Anderson-Darling-Test. Beide eignen sich auch für kleine Stichproben und beide sind verteilungsunabhängig, können also sowohl für Normalverteilungen, als auch für Weibullverteilungen eingesetzt werden.

15.3.1 KOLMOGOROW-SMIRNOW-TEST

Der Kolmogorow-Smirnow-Test ist ein auch für kleine Stichproben geeignetes Testverfahren, um Daten einer Stichproben auf eine Verteilung zu testen. Üblicherweise wird der Test für

Tests auf Normalverteilung angewandt. Bei diesem Test wird die empirische Verteilungsfunktion $F^*(x)$ mit der einer theoretischen Verteilungsfunktion $F(x)$ verglichen [17], [18]. Der Grundgedanke ist also, wenn der absolute Unterschied zwischen empirischer und theoretischer Verteilungsfunktion gering ist, dann ist die empirische Verteilungsfunktion gleich der theoretischen.

Der Test selbst wird wieder in drei Schritten durchgeführt.

Schritt 1: Formulierung der Hypothesen

Es wird die Nullhypothese H_0 und die Alternativhypothese H_1 nach Kapitel 15.1 formuliert:
H_0: Die Verteilung der Daten ist gleich der angenommenen Verteilung ($\mathbf{F^*(x) = F(x)}$)
H_1: Die Verteilung der Daten ist nicht gleich der angenommenen Verteilung ($F^*(x) \neq F(x)$)

Schritt 2: Berechnung der Prüfgröße für log-Normalverteilung und Normalverteilung

Zur Ermittlung der Prüfgröße werden die Stichprobenwerte vom kleinsten zum größten sortiert. Der kleinste Wert x_1 erhält den Rang 1, der zweitkleinste Wert x_2 den Rang 2 usw. Für jeden Wert der Stichprobe x_i mit dem Umfang n wird die Differenz d_i aus empirischer Verteilungsfunktion $F^*(x_i)$ zu theoretischer Verteilungsfunktion $F(x_i)$ für gebildet. Da die empirische Verteilungsfunktion eine „Treppenfunktion" ist, muss sowohl gegen die Stelle i, als auch die Stelle i-1 geprüft werden. Die Prüfgröße D ist dann die betragsmäßig größte Differenz:

$$D = \max(|d_i|; |d_{i-1}|) \tag{147}$$
$$= \max(|F^*(x_i) - F(x_i)|; |F^*(x_{i-1}) - F(x_i)|).$$

Den zugehörigen Wert der empirischen Verteilungsfunktion $F^*(x_i)$ berechnet man nach Gleichung (22) von Seite 52:

$$F^*(x_i) = \frac{3i - 1}{3n + 1} \quad \text{und} \tag{148}$$
$$F^*(x_{i-1}) = \frac{3(i - 1) - 1}{3n + 1}.$$

Es existieren zwei Möglichkeiten zur Ermittlung der Werte der theoretischen Verteilungsfunktion $F(x_i)$ für jeden Stichprobenwert x_i, rein rechnerisch oder mit Hilfe von Tabellen. Ganz allgemein wird die Verteilungsfunktion der Normalverteilung $F(x)$ sich nach Gleichung (32) von Seite 65 berechnet

$$F(x) = \int_0^x f(x)dx$$
$$F(x) = \int_0^x \frac{1}{\sigma\sqrt{2\pi}} \cdot e^{\left(-\frac{(x-\mu)^2}{2\sigma^2}\right)} dx. \tag{149}$$

EXCEL: =NORM.VERT(x; Mittelwert; Standardabweichung; WAHR)

Um die Verteilungsfunktion $F(x)$ zu bestimmen, werden der Mittelwert μ und die Standardabweichung σ der Grundgesamtheit benötigt. Sind diese nicht bekannt (was den Standardfall darstellt), so können diese aus der Stichprobe geschätzt werden. Es gilt also $\mu = \bar{x}$ (nach Gleichung (1) von Seite 38)

$$\mu = \bar{x} = \frac{x_1 + x_2 + \cdots + x_n}{n} = \frac{\sum_{i=1}^{n} x_i}{n} \tag{150}$$

und $\sigma = s_x$ (nach Gleichung (8) von Seite 42)

$$\sigma = s_x = \sqrt{\frac{\sum_{i=1}^{n}(x_i - \bar{x})^2}{n-1}}. \tag{151}$$

Durch den Mittelwert μ und die Standardabweichung σ ist die theoretische Normalverteilung gegeben, gegen welche getestet wird.

Alternativ ist die Nutzung von Tabellen (siehe Seite 66) möglich. Dazu wird für jeden Merkmalswert x_i der Abstand a_i zum Mittelwert $\bar{x}$ berechnet (Gleichung (33) von Seite 66):

$$a_i = \bar{x} - x_i = u_i \cdot s_x \tag{152}$$

und mit diesem Abstand a_i und der Standardabweichung s_x kann dann der Wert u_i (Schranke) berechnet werden:

$$u_i = \frac{a_i}{s_x}. \tag{153}$$

Jedem Wert u_i ist der Wert der theoretischen Verteilungsfunktion $F(u)$ zugeordnet und dieser für die Normalverteilung Tabelle 20-4 auf Seite 323 entnommen werden.

Soll eine logarithmische Normalverteilung getestet werden, dann werden die Stichprobenwerte logarithmiert und der obige Test mit diesen transformierten Daten durchgeführt. Wenn die Daten tatsächlich logarithmisch normalverteilt sind, dann sind deren logarithmierte Werte normalverteilt.

Schritt 2: Berechnung der Prüfgröße für die Weibullverteilung

Zur Ermittlung der Prüfgröße werden die Stichprobenwerte vom kleinsten zum größten sortiert. Der kleinste Wert x_1 erhält den Rang 1, der zweitkleinste Wert x_2 den Rang 2 usw. Für jeden Wert der Stichprobe x_i mit dem Umfang n wird die Differenz d_i aus empirischer Verteilungsfunktion $F^*(x_i)$ zu theoretischer Verteilungsfunktion $F(x_i)$ gebildet. Da die empirische Verteilungsfunktion eine „Treppenfunktion" ist, muss sowohl gegen die Stelle i, als auch die Stelle i-1 geprüft werden (Abbildung 15-5).

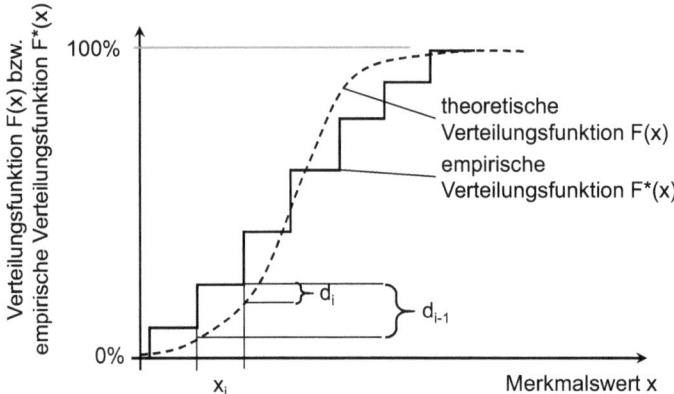

Abbildung 15-5: Erklärung der Prüfgröße für den Kolmogorow-Smirnow-Test

Die Prüfgröße D ist dann die betragsmäßig größte Differenz:

$$D = \max(|d_i|;\ |d_{i-1}|) \tag{154}$$
$$= \max(|F^*(x_i) - F(x_i)|;\ |F^*(x_{i-1}) - F(x_i)|).$$

Den zugehörigen Wert der empirischen Verteilungsfunktion $F^*(x_i)$ berechnet man nach:

$$F^*(x_i) = \frac{3i - 1}{3n + 1} \text{ und} \tag{155}$$

$$F^*(x_{i-1}) = \frac{3(i - 1) - 1}{3n + 1}$$

Die Verteilungsfunktion der Weibullverteilung $F(x)$ berechnet sich nach Gleichung (41) von Seite 71 zu

$$F(x) = 1 - e^{-(\lambda \cdot x)^b} \tag{156}$$
EXCEL: =WEIBULL.VERT (x; Skalenwert λ; Exponent b; WAHR)

Um die Verteilungsfunktion $F(x)$ zu berechnen, werden der Skalenwert λ und der Weibullexponent b sowie der Wert $F(x_i)$ der Verteilungsfunktion eines jeden Stichprobenwertes benötigt. Die Anleitung zur Berechnung dieser Werte liefert Kapitel 10.3.

Schritt 3: Testentscheidung

Überschreitet die Prüfgröße D einen kritischen Wert D_{Grenz} (D_{Grenz} kann Tabelle 15-2 entnommen werden), muss die Nullhypothese abgelehnt werden:

$$D > D_{Grenz}. \tag{157}$$

Tabelle 15-2: Grenzwerte D_{Grenz} des Kolmogorov-Smirnov-Tests [6]

n	Signifikanz α		
	10%	5%	1%
4	0,565	0,624	0,734
5	0,509	0,564	0,669
6	0,468	0,521	0,617
7	0,436	0,481	0,576
8	0,410	0,457	0,542
9	0,387	0,432	0,513
10	0,369	0,411	0,489
>10	$\dfrac{1,22}{\sqrt{n}}$	$\dfrac{1,36}{\sqrt{n}}$	$\dfrac{1,63}{\sqrt{n}}$

Dazu ein Beispiel:

Im Rahmen einer Bauteilerprobung werden Getriebewellen im Wöhlerversuch auf Ihre Festigkeit getestet. Für ein wechselndes Moment ergeben sich folgende ertragbare Zyklen:

Versuch	Zyklenzahl N
1	35769
2	23233
3	22989
4	45507
5	26767
6	37006
7	24393

Welche Verteilung der Zyklen nehmen Sie an und folgt die Verteilung der Stichprobe Ihrer Annahme bei einer Signifikanz von 1%?

Schritt 1: Formulierung der Nullhypothese

Prüfung der Voraussetzungen!!!!

Da Stichprobe der Zyklenzahlen N aus einem Betriebsfestigkeitsversuch stammt, wird angenommen, die Zyklenzahlen folgen der logarithmischen Normalverteilung. Die Hypothesen sind also:

H_0: Die Daten sind logarithmisch normalverteilt ($F^*(N) = F(N)$)

H_1: Die Daten sind nicht logarithmisch normalverteilt ($F^*(N) \neq F(N)$)

Schritt 2: Ermittlung der Prüfgröße für die log. Normalverteilung

Zuerst werden die Daten der Größe nach sortiert und die sortierten Werte logarithmiert (Tabelle 15-3). Diese logarithmierten Werte werden jetzt auf Normalverteilung getestet. Die empirischen Verteilungsfunktionen $F^*(N_i)$ und $F^*(N_{i-1})$ berechnet man nach Gleichung (147):

$$F^*(N_i) = \frac{3i - 1}{3n + 1} \tag{158}$$

$$F^*(N_{i-1}) = \frac{3(i - 1) - 1}{3n + 1}.$$

Sowohl der Mittelwert, als auch die Standardabweichungen werden aus der Stichprobe berechnet (den Logarithmen der Zyklenzahlen). Es ist also $\mu = \bar{x}$ (nach Gleichung (1) von Seite 38)

$$\bar{x} = \overline{\log N} = \frac{x_1 + x_2 + \cdots + x_n}{n} = \frac{\log N_1 + \log N_2 + \cdots + \log N_n}{n} = \tag{159}$$

$$= \frac{4{,}362 + 4{,}366 + \cdots + 4{,}658}{7} = 4{,}475$$

und $\sigma = s_x$ (nach Gleichung (8) von Seite 42)

$$s_x = s_N = \sqrt{\frac{\sum_{i=1}^{n}(x_i - \bar{x})^2}{n-1}} = \sqrt{\frac{\sum_{i=1}^{n}\left(\log N_i - \overline{\log N}\right)^2}{n-1}} \tag{160}$$

$$= \sqrt{\frac{\left(\log N_1 - \overline{\log N}\right)^2 + \cdots + \left(\log N_n - \overline{\log N}\right)^2}{n-1}}$$

$$= \sqrt{\frac{(4{,}362 - 4{,}475)^2 + \cdots + (4{,}658 - 4{,}475)^2}{7-1}} = 0{,}118.$$

Tabelle 15-3: Zwischenschritte zur Berechnung der Prüfgröße D des Kolmogorow-Smirnow-Tests

Rang i	Zyklenzahl N_i	$\log N_i$	$F^*(N_i)$	$F^*(N_{i-1})$	a_i	u_i	$F(u_i)$ $= F(N_i)$	$|d_i|$	$|d_{i-1}|$	D
1	22989	4,362	0,091	-0,048	0,113	0,961	0,16	0,069	0,208	0,208
2	23233	4,366	0,227	0,095	0,109	0,922	0,15	0,077	0,055	0,077
3	24393	4,387	0,364	0,238	0,087	0,742	0,225	0,139	0,013	0,139
4	26767	4,428	0,500	0,381	0,047	0,400	0,35	0,150	0,031	0,150
5	35769	4,554	0,636	0,524	-0,079	-0,670	0,75	0,114	0,226	0,226
6	37006	4,568	0,773	0,667	-0,094	-0,796	0,77	0,003	0,103	0,103
7	45507	4,658	0,909	0,810	-0,183	-1,559	0,92	0,011	0,110	0,110

Über die Kennwerte der theoretischen Normalverteilung (Mittelwert $\overline{\log N}$ und Standardabweichung s_N) lassen sich die Werte der Verteilungsfunktion $F(N_i)$ über Tabellen (siehe Seite 66) bestimmen. Dazu wird für jeden Stichprobenwert N_i der Abstand a_i zum Mittelwert $\overline{\log N}$ berechnet (Gleichung (33) von Seite 66):

$$a_i = \bar{x} - x_i = u_i \cdot s_x = u_i \cdot s_N$$
$$a_i = \overline{\log N} - N_i = u_i \cdot s_N \tag{161}$$

und mit diesem Abstand a_i und der Standardabweichung s_N kann dann der Wert u_i (Schranke) berechnet:

$$u_i = \frac{a_i}{s_x} = \frac{a_i}{s_N} \tag{162}$$

Jedem Wert u_i ist der Wert der theoretischen Verteilungsfunktion $F(u_i) = F(N_i)$ zugeordnet und dieser kann für die Normalverteilung Tabelle 20-4 auf Seite 323 entnommen werden. Die Werte sind grob interpoliert. Die Ergebnisse inkl. Zwischenschritten zeigt Tabelle 15-3.

Aus der Differenz der empirischen und der theoretischen Verteilungsfunktion bildet sich die Prüfgröße nach Gleichung (154) von Seite 172:

$$\begin{aligned} D &= \max(|d_i|; \ |d_{i-1}|) \\ &= \max(|F^*(x_i) - F(x_i)|; \ |F^*(x_{i-1}) - F(x_i)|) \\ &= \max(|F^*(N_i) - F(N_i)|; \ |F^*(N_{i-1}) - F(N_i)|) \\ D &= 0{,}266 \end{aligned} \tag{163}$$

Schritt 3: Testentscheidung

Der Vergleich der Prüfgröße $D = 0{,}266$ (Gleichung (163)) mit dem Grenzwert $D_{Grenz} = 0{,}576$ nach

Tabelle 15-2 für die Signifikanz von $\alpha = 1\%$ und den Stichprobenumfang $n = 7$ liefert:

$$D = 0{,}266 < D_{Grenz} = 0{,}576. \tag{164}$$

Deswegen wird die Nullhypothese beibehalten und angenommen, die Daten der Stichprobe sind log. normalverteilt

15.3.2 ANDERSON-DARLING-TEST

Der Anderson-Darling-Test [19] prüft, ob die Verteilung gemessener Werte einer Stichprobe von einer angenommenen statistischen Verteilung abweicht (z. B. der Normalverteilung). Wichtig ist, sich immer wieder in Erinnerung zu rufen, dass uns ein statistischer Test nicht beweist, dass die Daten nach einer bestimmten Verteilung verteilt sind. Der Test sagt uns „nur", wann es unwahrscheinlich ist, dass diese Daten einer bestimmten Verteilung unterliegen.

Dies ist für uns Ingenieure leider meist keine befriedigende Antwort, da sie nicht eindeutig ist. Leider müssen wir uns daran gewöhnen, dass statistische Tests dafür aufgestellt werden, um widerlegt zu werden. Ein Alltagsbeispiel illustriert dies. Sie wollen anhand des Zustandes des Gehwegs (trocken oder nass) bewerten, ob es geregnet hat. Es beweist ein trockener Gehweg, dass es nicht geregnet hat. Ein nasser Gehweg dagegen beweist nicht, dass es geregnet hat, es könnte ja auch jemand den Gehweg „gewässert" haben. In statistischer Sprache: Ein nasser Gehweg kann nicht beweisen, dass es geregnet hat. Aber ein nicht-nasser (und somit trockener) Gehweg kann beweisen, dass es nicht geregnet hat.

Der Anderson-Darling-Tests lässt sich auf beliebige Verteilungen anwenden. Hier wird der Fokus auf die Normal- und logarithmische Normalverteilung sowie die Weibullverteilung gelegt.

Im Vergleich zum Kolmogorow–Smirnow Test hat der Anderson Darling Test den Vorteil bei großen Stichproben auch kleine Unterscheide zu detektieren. Dies macht ihn vor allem für die Ingenieurwissenschaften interessant.

15.3.2.1   TEST AUF NORMAL- UND LOGARITHMISCHE NORMALVERTEILUNG

Aus Kapitel 10.2 zu den Hintergründen der logarithmischen Normalverteilung ist bekannt, dass die logarithmische Normalverteilung gleichbedeutend mit der Normalverteilung ist, wenn das Merkmal x logarithmiert ist. Deshalb gilt alles folgende auch für die logarithmische Normalverteilung. Der Einfachheit halber wird alles anhand der Normalverteilung erklärt.

Der eigentliche Test erfolgt in drei Schritten:

Schritt 1 (Formulierung der Nullhypothese)

Es wird die Nullhypothese H_0 und die Alternativhypothese H_1 nach Kapitel 15.2.1 formuliert:
H_0: Die Daten sind normal- oder logarithmisch normalverteilt.
H_1: Die Daten sind nicht normal- oder logarithmisch normalverteilt.

Schritt 2 (Berechnung des Prüfwertes (AD-Wert) und des p-Werts)

Die Prüfgröße AD berechnet sich wie folgt

$$AD = -n - \frac{1}{n}\sum_{i=1}^{n}(2i-1)\cdot[\ln F(x_i) + \ln(1 - F(x_{n-i+1}))]. \tag{165}$$

Es ist:
AD der AD-Wert
n der Stichprobenumfang
x_i der i-te Merkmalswert
i der Rang
$F(x_i)$ die Verteilungsfunktion der Normalverteilung

Für kleine Stichproben (n < 30) muss der AD-Wert noch angepasst werden [20]:

$$AD^* = AD\left(1 + \frac{0{,}75}{n} + \frac{2{,}25}{n^2}\right). \tag{166}$$

Alternativ zur Prüfgröße AD^* kann auch mit dem p-Wert gerechnet werden [20]. Dieser wird abhängig von der Prüfgröße AD^* berechnet:

$$p = 1 - e^{-13{,}463+101{,}14\cdot AD^* - 223{,}73\cdot AD^{*2}} \quad \text{für } AD^* \leq 0{,}2 \tag{167}$$
$$p = 1 - e^{-8{,}318+42{,}796\cdot AD^* - 59{,}938\cdot AD^{*2}} \quad \text{für } 0{,}2 < AD^* \leq 0{,}34$$
$$p = e^{0{,}9177-4{,}279\cdot AD^* - 1{,}38\cdot AD^{*2}} \quad \text{für } 0{,}34 < AD^* < 0{,}6$$
$$p = e^{1{,}2937-5{,}709\cdot AD^* + 0{,}0186\cdot AD^{*2}} \quad \text{für } AD^* \geq 0{,}6.$$

Zur Berechnung der Prüfgröße AD ist die Verteilungsfunktion F(x) nötig. Die Verteilungsfunktion der Normalverteilung F(x) berechnet sich nach Gleichung (32) von 65 zu

$$F(x) = \int_0^x f(x)\,dx$$

$$F(x) = \int_0^x \frac{1}{\sigma\sqrt{2\pi}} \cdot e^{\left(-\frac{(x-\mu)^2}{2\sigma^2}\right)}\,dx. \tag{168}$$

EXCEL: =NORM.VERT(x; Mittelwert; Standardabweichung; WAHR)

Um die Verteilungsfunktion $F(x)$ zu berechnen, werden der Mittelwert μ und die Standardabweichung σ aus der Grundgesamtheit benötigt. Sind diese nicht bekannt (was den Standardfall darstellt), so können diese aus der Stichprobe geschätzt werden. Es gilt also $\mu = \bar{x}$ (nach Gleichung (1) von Seite 38)

$$\mu = \bar{x} = \frac{x_1 + x_2 + \cdots + x_n}{n} = \frac{\sum_{i=1}^n x_i}{n} \tag{169}$$

und $\sigma = s_x$ (nach Gleichung (8) von Seite 42)

$$\sigma = s_x = \sqrt{\frac{\sum_{i=1}^n (x_i - \bar{x})^2}{n-1}}. \tag{170}$$

Durch den Mittelwert μ und die Standardabweichung σ ist die theoretische Normalverteilung gegeben, gegen welche getestet wird. Die Berechnung der Verteilungsfunktion $F(x)$ geschieht entweder durch die Verwendung von Excel (siehe Seite 65):

EXCEL: =NORM.VERT(x; Mittelwert; Standardabweichung; WAHR),   (171)

oder die Nutzung von Tabellen (siehe Tabelle 20-4 von Seite 323). Dazu wird für jeden Merkmalswert x_i der Abstand a zum Mittelwert $\bar{x}$ berechnet (Gleichung (33) von Seite 66):

$$a = \bar{x} - x = u \cdot s_x. \tag{172}$$

Mit diesem Abstand a und der Standardabweichung s_x kann dann der Wert u (Schranke) berechnet werden:

$$u = \frac{a}{s_x}. \tag{173}$$

Für u liegen tabellierte Werte der zugehörigen Verteilungsfunktion $F(x)$ vor (vgl. Tabelle 20-4). Es fehlt nur noch die Verteilungsfunktion $1 - F(x_{n-i+1})$. Das ist die Verteilungsfunktion des Wertes x_{n-i+1}.

Da dieses Vorgehen etwas komplizierter ist, finden Sie auf Seite 179 noch ein ausführliches Beispiel zur Durchführung des Tests auf Normalverteilung.

---

[1] Passwort für die Excel Tools: *Statistik_einfach_mit_Excel*

Schritt 3 (Testentscheidung)

Zuerst wird das Signifikanzniveau α festgelegt. Abhängig davon berechnet sich die Prüfgröße AD, bzw. AD* und der p-Wert.

Auf Basis der Prüfgröße AD (für Stichproben mit n > 30), bzw. AD*(für Stichproben mit n $\leq$ 30) wird die Entscheidung getroffen, dass die Nullhypothese H_0 abgelehnt wird, wenn

$$AD^* > AD_\alpha = a\left(1 + \frac{b}{n} + \frac{c}{n^2}\right). \tag{174}$$

Grenzwerte für AD_α liefert Tabelle 15-4 für die Normal- und die logarithmische Normalverteilung [20].

Tabelle 15-4: Kennwerte a, b, c für die Grenzwerte AD_α des Anderson-Darling-Tests für die Normalverteilung

α	a	b	c
10%	0,6305	-0,75	-0,8
5%	0,7514	-0,795	-0,89
2,5%	0,8728	-0,881	-0,94
1%	1,0348	-1,013	-0,93
0,5%	1,1578	-1,063	-1,34

Soll die Testentscheidung auf Basis des p-Wertes getroffen werden, dann gilt auf Basis des gewählten Signifikanzniveaus α, die Nullhypothese H_0 wird abgelehnt, wenn

$$p < \alpha \tag{175}$$

Soll eine logarithmische Normalverteilung getestet werden, dann werden die Stichprobenwerte logarithmiert und der obige Test mit diesen transformierten Daten durchgeführt. Wenn die Daten tatsächlich logarithmisch normalverteilt sind, dann sind deren logarithmierte Werte normalverteilt.

Dazu ein Beispiel:

Es soll die Verteilung der gemessenen Zugfestigkeiten aus Tabelle 8-1 von Seite 37 auf Normalverteilung getestet werden. Es soll das Signifikanzniveau von $\alpha = 5\%$ gelten.

Tabelle 15-5: Beispiel Anderson-Darling-Test (Normalverteilung)

Versuch Nr.	Zugfestigkeit R_m in MPa	Rang i	Versuch Nr.	Zugfestigkeit R_m in MPa
1	410	1	8	359
2	504	2	9	390
3	459	3	1	410
4	444	4	5	411
5	411	5	12	425
6	434	6	6	434
7	463	7	11	435
8	359	8	10	441
9	390	9	4	444
10	441	10	3	459
11	435	11	7	463
12	425	12	2	504

Schritt 1: Formulierung der Hypothesen

Die Formulierung der Hypothesen lautet wie folgt:

H_0: Die Daten sind normal- oder logarithmisch normalverteilt.

H_1: Die Daten sind nicht normal- oder logarithmisch normalverteilt.

Schritt 2: Berechnung der Prüfgröße

Dazu werden die Zugfestigkeiten $R_{m,i}$ zuerst in aufsteigender Reihenfolge sortiert (siehe Tabelle 15-5, rechts). Anschließend wird der Wert der Verteilungsfunktion mit Hilfe von Tabellen berechnet. Dazu werden zuerst die Parameter Mittelwert μ und die Standardabweichung σ der theoretischen Normalverteilung aus den Versuchswerten geschätzt:

also $\mu = \bar{x} = \bar{R}_m$ (nach Gleichung (1) von Seite 38)

$$\mu = \bar{x} = \bar{R}_m = \frac{\sum_{i=1}^{n} R_{m,i}}{n} \tag{176}$$

$$\bar{R}_m = \frac{R_{m1} + R_{m2} + \cdots + R_{mn}}{n} = \frac{410 + 504 + \cdots + 425}{12} = 431 \text{ MPa}$$

und $\sigma = s_x = s_{R_m}$ (nach Gleichung (8) von Seite 42)

$$\sigma = s_x = s_{R_m} = \sqrt{\frac{\sum_{i=1}^{n} \left((R_{m,i} - \bar{R}_m)^2 \right)}{n-1}}. \tag{177}$$

$$s_{R_m} = \sqrt{\frac{(R_{m1} - \bar{R}_m)^2 + (R_{m2} - \bar{R}_m)^2 + \cdots + (R_{m12} - \bar{R}_m)^2}{n-1}}$$

$$s_{R_m} = \sqrt{\frac{(410 - 431)^2 + (504 - 431)^2 + \cdots + (425 - 431)^2}{12 - 1}}$$

$$= 38 \text{ MPa.}$$

Mit $\overline{R}_m = 431$ MPa und $s_{R_m} = 38$ MPa liegt die theoretische Normalverteilung vor. Es werden damit für jeden Wert der Stichprobe $R_{m,i}$ der zugehörige Wert der Verteilungsfunktion $F(R_{m,i})$ berechnet. Dazu wird der Abstand a zum Mittelwert $\overline{R}_m = 431$ MPa für jeden Wert der Stichprobe $R_{m,i}$ berechnet (Gleichung (33) von Seite 66):

$$a = \overline{x} - x = u \cdot s_x \tag{178}$$
$$a_i = \overline{R}_m - R_{m,i} = u \cdot s_{R_m}.$$
$$a_1 = 431 \text{MPa} - 359 \text{MPa} = 72 \text{MPa}$$
$$a_2 = 431 \text{MPa} - 390 \text{MPa} = 41 \text{MPa}$$
$$\cdots$$
$$a_{12} = 431 \text{MPa} - 504 \text{MPa} = -73 \text{MPa}$$

und mit diesem Abstand a_i und der Standardabweichung s_{R_m} wird anschließend der Wert u_i (Schranke) berechnet:

$$u = a/s_x \tag{179}$$
$$u_i = a_i/s_{R_m}.$$
$$u_1 = 72/38 = 1{,}89$$
$$u_2 = 41/38 = 1{,}08$$
$$\cdots$$
$$u_{12} = -73/38 = -1{,}92.$$

Mit Hilfe der Schranken u_i werden dann die zugehörigen Werte der Verteilungsfunktion $F(R_{m,i})$ aus Tabelle 10-1 von Seite 66 abgelesen:

$$u_1 = 1{,}89 \rightarrow F(R_{m,i}) = 3\%$$
$$u_2 = 1{,}08 \rightarrow F(R_{m,i}) = 15\%$$
$$\cdots$$
$$u_{12} = -1{,}92 \rightarrow F(R_{m,i}) = 97\%.$$

Die Ergebnisse sind in Tabelle 15-6 zusammengefasst. Zur Berechnung der Funktion $F(x_{n-i+1}) = F(R_{m,n-i+1})$ wird erst der Wert $n-i+1$ berechnet und anschließend die zugehörige Zugfestigkeit $R_{m,n-i+1}$ und der dazugehörige Funktionswert $F(R_{m,n-i+1})$ zugeordnet (anschaulich ist $F(R_{m,n-i+1})$ der absteigende und $F(R_{m,i})$ der aufsteigende Funktionswert).
Mit den in Tabelle 15-6 zusammengefassten Ergebnissen wird jetzt die Prüfgröße AD nach Gleichung (165) von Seite 176 berechnet:

$$AD = -n - \frac{1}{n}\sum_{i=1}^{n}(2i-1)\cdot\left[\ln F(x_i) + \ln\left(1 - F(x_{n-i+1})\right)\right] \tag{180}$$

$$= -12 - \frac{1}{12}\sum_{i=1}^{12}(2i-1)\cdot\left[\ln F(R_{m,i}) + \ln(1 - F(R_{m,n-i+1}))\right]$$

$$= -12 - \frac{1}{12}\left((2\cdot1-1)\cdot\left[\ln 3\% + \ln(1 - 3\%)\right] + \cdots\right.$$
$$\left. + (2\cdot1-1)\cdot\left[\ln 80\% + \ln(85\%)\right]\right)$$

$$AD = 0{,}213.$$

Tabelle 15-6: Zusammenfassung der Zwischenschritte des Anderson-Darling-Tests

Rang i	Zugfestigkeit $R_{m,i}$ sortiert in MPa	a_i	u_i	$F(R_{m,i})$	$n-i+1$	$R_{m,n-i+1}$	$F(R_{m,n-i+1})$	$1 - F(R_{m,n-i+1})$
1	359	72	1,89	3%	12	504	97%	3%
2	390	41	1,08	15%	11	463	80%	20%
3	410	21	0,55	28%	10	459	77%	23%
4	411	20	0,53	31%	9	444	63%	37%
5	425	6	0,16	47%	8	441	61%	39%
6	434	-3	-0,08	52%	7	435	54%	46%
7	435	-4	-0,11	54%	6	434	52%	48%
8	441	-10	-0,26	61%	5	425	47%	53%
9	444	-13	-0,34	63%	4	411	31%	69%
10	459	-28	-0,74	77%	3	410	28%	72%
11	463	-32	-0,84	80%	2	390	15%	85%
12	504	-73	-1,92	97%	1	359	3%	97%

Auf Grund der geringen Stichprobenanzahl (n<30) wird die Prüfgröße AD korrigiert (Gleichung (166), Seite 176)

$$AD^* = AD\left(1 + \frac{0{,}75}{n} + \frac{2{,}25}{n^2}\right) \tag{181}$$

$$AD^* = 0{,}213\left(1 + \frac{0{,}75}{12} + \frac{2{,}25}{12^2}\right) = 0{,}230$$

Zusätzlich wird noch der p-Wert nach Gleichung (167) berechnet:

$$p = 1 - e^{-8{,}318 + 42{,}796\cdot AD^* - 59{,}938\cdot AD^{*2}}, \text{ da } 0{,}2 < AD^* = 0{,}230 \leq 0{,}34 \tag{182}$$

$$p = 1 - e^{-8{,}318 + 42{,}796\cdot 0{,}230 - 59{,}938\cdot 0{,}230^2} = 0{,}808$$

Schritt 3: Testentscheidung

Der Vergleich der Prüfgröße AD* (Gleichung (181)) mit dem Grenzwert AD_α (Gleichung (174)(176)) von S. 178 liefert die Testentscheidung. Die Nullhypothese H_0 wird abgelehnt, wenn

$$AD^* > AD_\alpha = a\left(1 + \frac{b}{n} + \frac{c}{n^2}\right). \tag{183}$$

Grenzwerte für AD_α liefert Tabelle 15-4 für die Normal- und die logarithmische Normalverteilung für das Signifikanzniveau von $\alpha = 5\%$

$$AD^* > AD_\alpha = a\left(1 + \frac{b}{n} + \frac{c}{n^2}\right) \tag{184}$$

$$0{,}230 > AD_\alpha = 0{,}7514\left(1 + \frac{-0{,}795}{12} + \frac{-0{,}89}{12^2}\right)$$

$$0{,}230 > AD_\alpha = 0{,}697.$$

Da $AD^* < AD_\alpha$ wird die Nullhypothese beibehalten und angenommen, dass die Daten normalverteilt sind.

Alternativ kann die Testentscheidung auch auf Basis des p-Wertes getroffen werden (Gleichung (175), Seite 178), wobei der p-Wert aus Gleichung (167) von Seite 176 entnommen wird und für das Signifikanzniveau $\alpha = 5\%$ gilt. Die Nullhypothese H_0 wird abgelehnt, wenn

$$p < \alpha \tag{185}$$

$$p = 0{,}808 > \alpha = 0{,}05$$

Da $p > \alpha$ wird angenommen, dass die Daten normalverteilt sind.

15.3.2.2   TEST AUF WEIBULLVERTEILUNG

Im Folgenden wird die Anwendung des Anderson-Darling Tests am Beispiel der Weibullverteilung gezeigt. Der eigentliche Test erfolgt in drei Schritten:

Schritt 1 (Formulierung der Nullhypothese)

Es wird die Nullhypothese H0 und die Alternativhypothese H_1 nach Kapitel 15.1 formuliert:
H_0: Die Daten sind nach der Weibull-Verteilung verteilt.
H_1: Die Daten sind nicht nach der Weibull-Verteilung verteilt.

Schritt 2 (Berechnung des Prüfwertes (AD-Wert) und des p-Werts)

Die Prüfgröße AD berechnet sich wie folgt

$$AD = -n - \frac{1}{n}\sum_{i=1}^{n}(2i - 1)\cdot[\ln F(x_i) + \ln(1 - F(x_{n-i+1}))]. \tag{186}$$

Es ist:
AD der AD-Wert
n der Stichprobenumfang
x_i der i-te Merkmalswert
i der Rang
$F(x_i)$ die Verteilungsfunktion der Weibullverteilung

Für kleine Stichproben ($n < 30$) muss der AD-Wert noch angepasst werden [20]:

$$AD^* = AD \left(1 + \frac{0,2}{\sqrt{n}}\right). \tag{187}$$

Zur Berechnung der Prüfgröße AD ist die Verteilungsfunktion $F(x)$ nötig. Die Verteilungsfunktion der Weibullverteilung $F(x)$ berechnet sich nach Gleichung (41) von Seite 71 zu

$$F(x) = 1 - e^{-(\lambda \cdot x)^b} \tag{188}$$

EXCEL: =WEIBULL.VERT (x; Skalenwert λ; Exponent b; WAHR)

Alternativ kann auch hier wieder mit dem p-Wert gerechnet werden:

$$p = \frac{1}{1 + e^{[0,1+1,24 \ln AD^* + 4,48AD^*]}} \tag{189}$$

Um die Verteilungsfunktion $F(x)$ zu berechnen, werden der Skalenwert λ, der Weibullexponent b sowie der Wert $F(x_i)$ der Verteilungsfunktion eines jeden Stichprobenwertes benötigt. Die Anleitung zur Berechnung dieser Werte liefert Kapitel 10.3.

Schritt 3 (Testentscheidung)

Zuerst wird das Signifikanzniveau α festgelegt. Abhängig davon berechnet sich die Prüfgröße AD bzw. AD^*. Auf Basis der Prüfgröße AD (für Stichproben mit $n>30$), bzw. AD^*(für Stichproben mit $n \leq 30$) wird die Entscheidung getroffen, dass die Nullhypothese H_0 abgelehnt wird, wenn

$$AD^* > AD_\alpha. \tag{190}$$

Grenzwerte für AD_α können Tabelle 15-7 entnommen werden [21].

Tabelle 15-7: Grenzwerte AD_α des Anderson-Darling-Tests für die Weibullverteilung

α	AD_α
10%	0,637
5%	0,757
2,5%	0,877
1%	1,038

Soll die Testentscheidung auf Basis des p-Wertes getroffen werden, dann gilt auf Basis des gewählten Signifikanzniveaus α, die Nullhypothese H_0 wird abgelehnt, wenn

$$p < \alpha \tag{191}$$

Dazu ein Beispiel:
Es sollen dieselben Daten wie im vorangegangenen Kapitel auf Weibullverteilung getestet werden (die gemessenen Zugfestigkeiten aus Tabelle 8-1 von Seite 37 Es soll das Signifikanzniveau von $\alpha = 5\%$ gelten. Zur Übersicht noch einmal in Tabelle 15-8 zusammengefasst.

Tabelle 15-8: Beispiel Anderson-Darling-Test (Weibullverteilung)

Versuch Nr.	Zugfestigkeit R_m in MPa	Rang i	Versuch Nr.	Zugfestigkeit R_m in MPa
1	410	1	8	359
2	504	2	9	390
3	459	3	1	410
4	444	4	5	411
5	411	5	12	425
6	434	6	6	434
7	463	7	11	435
8	359	8	10	441
9	390	9	4	444
10	441	10	3	459
11	435	11	7	463
12	425	12	2	504

Schritt 1: Formulierung der Hypothesen

Prüfung der Voraussetzungen!!!!

Es wird die Nullhypothese H_0 und die Alternativhypothese H_1 nach Kapitel 15.1 formuliert:

H_0: Die Daten sind nach der Weibull-Verteilung verteilt.

H_1: Die Daten sind nicht nach der Weibull-Verteilung verteilt.

Schritt 2: Berechnung der Prüfgröße

Die Berechnung der Prüfgröße AD erfolgt nach Gleichung (186) von Seite 182:

$$AD = -n - \frac{1}{n}\sum_{i=1}^{n}(2i-1)\cdot[\ln F(x_i) + \ln(1 - F(x_{n-i+1}))]. \tag{192}$$

Dafür werden die Werte der Verteilungsfunktion $F(x_i)$ und $F(x_{n-i+1})$ der Weibullverteilung benötigt. Gleichung (41) von Seite 71

$$F(x) = 1 - e^{-\left(\frac{x}{\lambda}\right)^b} \tag{193}$$

$$F(R_{m,i}) = 1 - e^{-\left(\frac{R_{m,i}}{\lambda}\right)^b}$$

Diese beschreibt die Verteilungsfunktion der Weibullverteilung abhängig von dem Weibull-exponenten b und dem Skalenwert λ. Beide Parameter werden nach Kapitel 10.3. berechnet. Dazu werden die Messwerte der Größe nach sortiert (vom kleinsten zum größten). Der kleinste Wert erhält den Rang i=1, der zweitkleinste den Rang i=2, usw.. Anschließend wird mit (22) von Seite 52 jedem Stichprobenwert x_i ein Wert der empirischen Verteilungsfunktion $F^*(x_i)$ zugewiesen:

$$F^*(x_i) = \frac{3i-1}{3n+1}. \tag{194}$$

Tabelle 15-9 fasst die ersten Ergebnisse zusammen. Daraus werden die Mittelwerte $\overline{X}$ und $\overline{Y}$ (Gleichung (46) von Seite 72) berechnet:

$$\overline{X} = \frac{\sum_{i=1}^{n} \ln x_i}{n} = \frac{\sum_{i=1}^{n} \ln R_{m,i}}{n} = \frac{5{,}88 + 5{,}97 + \cdots + 6{,}22}{12} = 6{,}06, \tag{195}$$

$$\overline{Y} = \frac{\sum_{i=1}^{n} \ln\left(\ln\frac{1}{1 - F^*(x_i)}\right)}{n} = \frac{\sum_{i=1}^{n} \ln\left(\ln\frac{1}{1 - F^*(R_{m,i})}\right)}{n}$$

$$\overline{Y} = \frac{-2{,}89 - 1{,}93 - \cdots + 1{,}07}{12} = -0{,}53.$$

Der Weibullexponent b berechnet sich mit Hilfe der Methode der kleinsten Quadrade mit Gleichung (45) von Seite 72

$$b = \frac{\sum_{i=1}^{n}(\ln R_{m,i} - \overline{X})\left(\ln\left(\ln\frac{1}{1 - F^*(R_{m,i})}\right) - \overline{Y}\right)}{\sum_{i=1}^{n}(\ln x_i - \overline{X})^2} \tag{196}$$

$$= \frac{(5{,}88 - 6{,}06)(-2{,}89 + 0{,}53) + \cdots + (6{,}22 - 6{,}06)(1{,}07 + 0{,}53)}{(5{,}88 - 6{,}06)^2 + \cdots + (6{,}22 - 6{,}06)^2}$$

$$b = 12{,}9.$$

Über Gleichung (47) von Seite 73 wird der Skalenparameter λ berechnet:

$$\lambda = e^{-\frac{\overline{Y} - b\overline{X}}{b}} \tag{197}$$

$$= e^{-\frac{-0{,}53 - 12{,}9\cdot(6{,}06)}{12{,}9}} = 448\,\text{MPa}.$$

Tabelle 15-9: Zwischenergebnisse des Anderson-Darling Tests auf Weibullverteilung

Rang i	Zugfestigkeit $R_{m,i}$ in MPa	$F^*(R_{m,i})$	$\ln R_{m,i}$	$\ln\left(\ln\frac{1}{1 - F^*(R_{m,i})}\right)$	$F(R_{m,i})$	$n-i+1$	$R_{m,n-i+1}$	$F(R_{m,n-i-1})$	$1 - F(R_{m,n-i+1})$
1	359	0,054	5,88	-2,89	0,056	12	504	0,990	0,010
2	390	0,135	5,97	-1,93	0,154	11	463	0,783	0,217
3	410	0,216	6,02	-1,41	0,273	10	459	0,745	0,255
4	411	0,297	6,02	-1,04	0,280	9	444	0,590	0,410
5	425	0,378	6,05	-0,74	0,397	8	441	0,558	0,442
6	434	0,459	6,07	-0,49	0,485	7	435	0,495	0,505
7	435	0,541	6,07	-0,25	0,495	6	434	0,485	0,515
8	441	0,622	6,09	-0,03	0,558	5	425	0,397	0,603
9	444	0,703	6,10	0,19	0,590	4	411	0,280	0,720
10	459	0,784	6,13	0,43	0,745	3	410	0,273	0,727
11	463	0,865	6,14	0,69	0,783	2	390	0,154	0,846
12	504	0,946	6,22	1,07	0,990	1	359	0,056	0,944

Der Skalenwert λ berechnet sich mit den obigen Mittelwerten nach Gleichung (47) von Seite 73 und den Werten von (42):

$$\lambda = e^{-\frac{\overline{Y}-b\overline{X}}{b}} \tag{198}$$

Für die Berechnung der Prüfgröße wird der Wert der Verteilungsfunktion nach Gleichung (41) von Seite 71 durch Einsetzen des Weibullexponenten b (Gleichung (196)) und des Skalenwerts λ (Gleichung ((197)) berechnet:

$$F\big(R_{m,i}\big) = 1 - e^{-\left(\frac{R_{m,i}}{\lambda}\right)^{b}} \tag{199}$$

$$F\big(R_{m,i}\big) = 1 - e^{-\left(\frac{R_{m,i}}{448\text{MPa}}\right)^{12,9}}$$

Alle Ergebnisse sind in Tabelle 15-9 zusammengestellt. Damit berechnet sich die Prüfgröße AD mit Gleichung (192):

$$AD = -n - \frac{1}{n}\sum_{i=1}^{n}(2i-1)\cdot[\ln F(x_i) + \ln(1 - F(x_{n-i+1}))] \tag{200}$$

$$AD = -12 - \frac{1}{12}[(2\cdot 1 - 1)(\ln 0{,}056 + \ln 0{,}010) + \cdots$$

$$+ (2\cdot 12 - 1)(\ln 0{,}990 + \ln 0{,}944)]$$

$$AD = 0{,}313$$

Wegen des geringen Stichprobenumfangs muss die Prüfgröße noch nach Gleichung (187) modifiziert werden:

$$AD^{*} = AD\left(1 + \frac{0{,}2}{\sqrt{n}}\right) = 0{,}313\left(1 + \frac{0{,}2}{\sqrt{12}}\right) = 0{,}331 \tag{201}$$

Schritt 3: Testentscheidung

Nach Gleichung (190) von Seite 183 wird die Nullhypothese H_0 abgelehnt, wenn

$$AD^{*} > AD_{\alpha} \tag{202}$$

Mit $AD_{\alpha} = 0{,}757$ nach Tabelle 15-7 für das Signifikanzniveau von $\alpha = 5\%$ ist

$$AD^{*} = 0{,}331 < AD_{\alpha} = 0{,}757 \tag{203}$$

Damit wird die Nullhypothese beibehalten. Es wird angenommen, dass die Weibullverteilung gilt. An diesem Ergebnis sieht man die Risiken der Testmethoden in der Statistik. Im vorangegangenen Abschnitt hatten wir denselben Datensatz auf Normalverteilung getestet. Auch hier konnte die Nullhypothese nicht abgelehnt werden und wir haben angenommen, dass die Daten normalverteilt sind. Dies zeigt, dass mit statistischen Tests ein Sachverhalt nicht bewiesen werden kann, sondern „nur" mit gewisser Wahrscheinlichkeit nicht abgelehnt werden kann. Beweise liefert uns die Statistik leider niemals.

15.3.3 Arbeiten mit Excel 🚀

Für den Test auf Verteilungen existieren zwei Testverfahren. Für den Kolmogorow-Smirnow-Test wird der Reiter „Kolmogorow-Smirnow-Test" (Abbildung 15-6) und für den Anderson-Darling-Test (Abbildung 15-7) wird der Reiter „Anderson-Darling-Test" aus der Statistik-Toolbox gewählt.

Für den Kolmogorow-Smirnow-Test müssen folgende Voraussetzungen erfüllt sein und es gilt die entsprechende Hypothese für die Testentscheidung:

Voraussetzungen Kolmogorow-Smirnow-Test			
1	Es muss eine stetige Verteilung vorliegen.		
Testentscheidung			
Fall	H_0	H_1	Lehne H_0 ab, wenn
a	Verteilung der Daten ist gleich der angenommenen Verteilung $F^*(x) = F(x)$	Verteilung der Daten ist **nicht** gleich der angenommenen Verteilung $F^*(x) \neq F(x)$	$D > D_{Grenz}$ oder $p < \alpha$

Für den Anderson-Darling-Test müssen folgende Voraussetzungen erfüllt sein und es gelten die entsprechende Hypothese für die Testentscheidung:

Voraussetzungen Anderson-Darling-Test			
1	keine		
Testentscheidung			
Fall	H_0	H_1	Lehne H_0 ab, wenn
a	Verteilung der Daten ist gleich der angenommenen Verteilung $F^*(x) = F(x)$	Verteilung der Daten ist **nicht** gleich der angenommenen Verteilung $F^*(x) \neq F(x)$	$AD^* > AD_{\alpha}$ oder $p < \alpha$

In beiden Fällen werden die Daten in Spalte C ab Zeile 40 (beim Kolmogorow-Smirnow-Test) und Zeile 43 beim Anderson-Darling-Test eingetragen. Es wird automatisch auf die Normalverteilung (Spalte B-C), log. Normalverteilung (Spalte E-F) und Weibullverteilung (Spalte H-I)[1] getestet. In Zeile 17 kann bequem über ein Dropdown Menü das gewünschte Signifikanzniveau gewählt werden. Außerdem können in den Zeilen 14 und 15 noch die Parameter der Verteilung vorgegeben werden, sofern diese bekannt sind.

Das Ergebnis des statistischen Tests wird anschließend in Zeile 36 beim Kolmogorow-Smirnow-Test und in Zeile 38, bzw. 39 beim Anderson-Darling-Test ausgegeben.

---

[1] Nicht im Arbeitsblatt mit abgebildet.

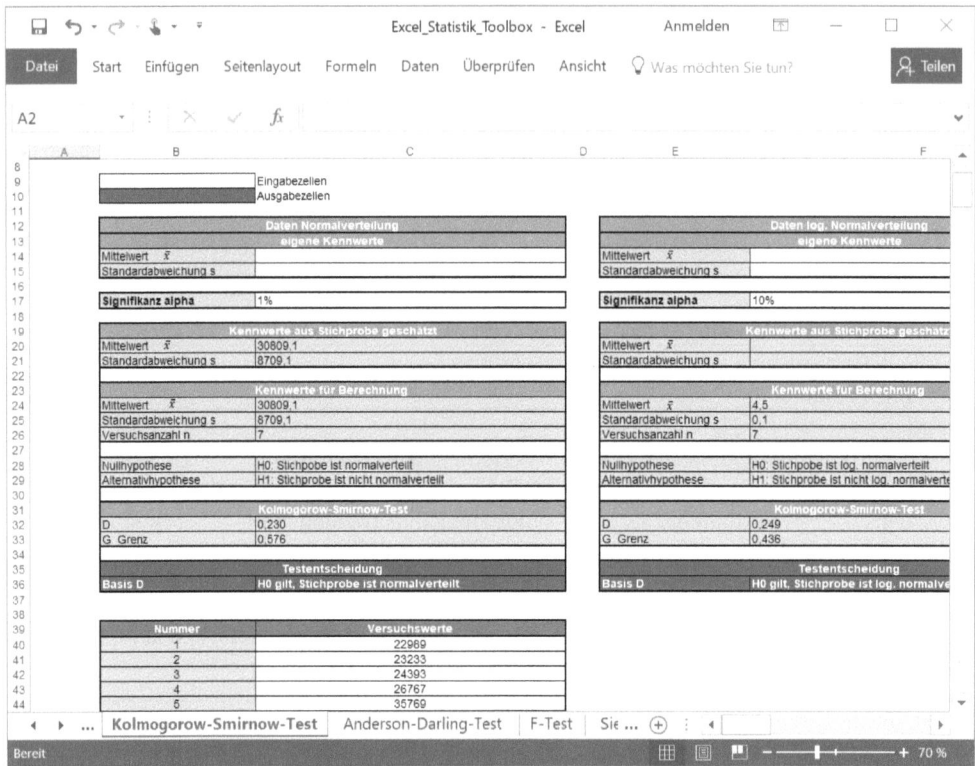

Abbildung 15-6: Excel-Tool des Kolmogorow-Smirnow-Tests für Verteilungen

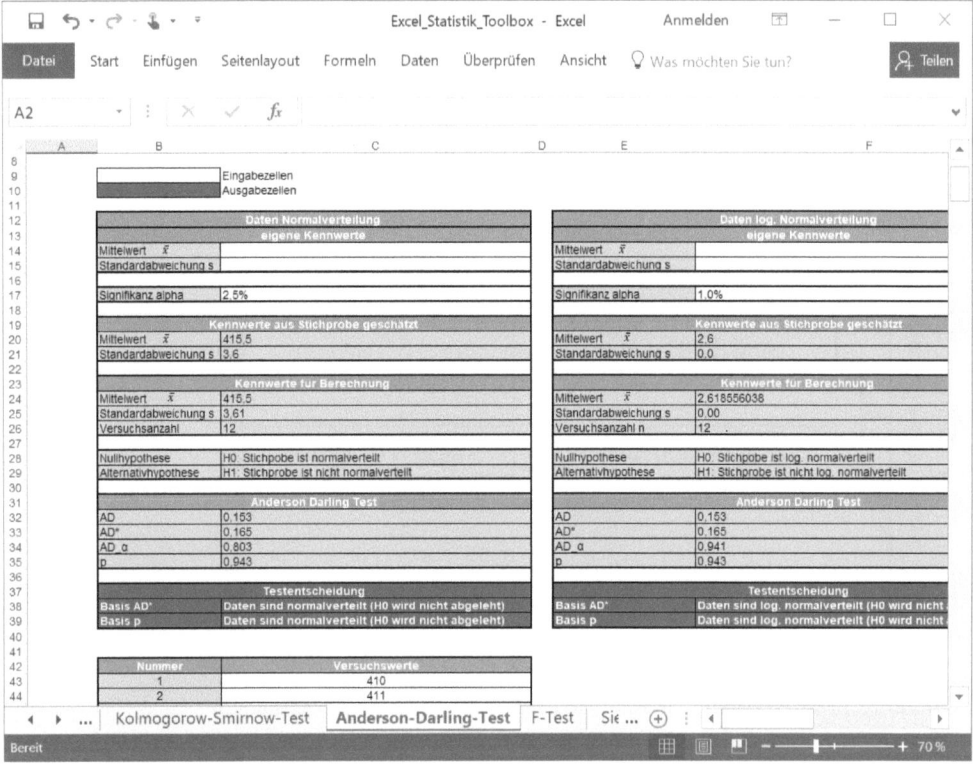

Abbildung 15-7: Excel-Tool des Anderson-Darling Tests für Verteilungstests

15.4 TEST AUF STREUUNGEN FÜR 2 STICHPROBEN

Zielt man auf die Treffsicherheit einer neuen Methode, dann wird diese häufig über zwei Kennwerte bewertet. Es soll eine möglichst gute mittlere Vorhersagegüte (also, z. B., dass im Mittel die Verschleißwerte richtig vorhergesagt werden) und eine möglichst geringe Streuung der Ergebnisse (z. B., dass die maximale Abweichung der Verschleißwerte bei nur 2 % liegt) erzielt werden. Werden zwei Methoden miteinander verglichen, dann ist üblicherweise derjenigen mit den geringeren Streuungen der Vorzug zu geben. Mit Hilfe der Tests auf Streuungen kann überprüft werden, ob sich die Streuungen zweier Stichproben tatsächlich statistisch signifikant voneinander unterscheiden.

Für manche statistischen Tests (z. B. den t-Test oder die ANOVA) hängt die Wahl des geeigneten Tests davon ab, ob die Varianzen gleich sind oder sich unterscheiden (sog. Varianzhomogenität). Mit Hilfe der Tests auf Streuungen kann diese Entscheidung getroffen werden.

Fallen Bauteile in Erprobungen aus, dann haben häufig gleiche Ausfallmechanismen eine vergleichbare Streuung. Ändert sich die Streuung bei der Erprobung, dann deutet dies auf einen unterschiedlichen Ausfallmechanismus hin. Dies ist somit der dritte Grund für einen Test auf Streuungen.

Der Assistent für den Test auf Streuungen (Abbildung 15-8) hilft wieder bei der Auswahl des richtigen Tests.

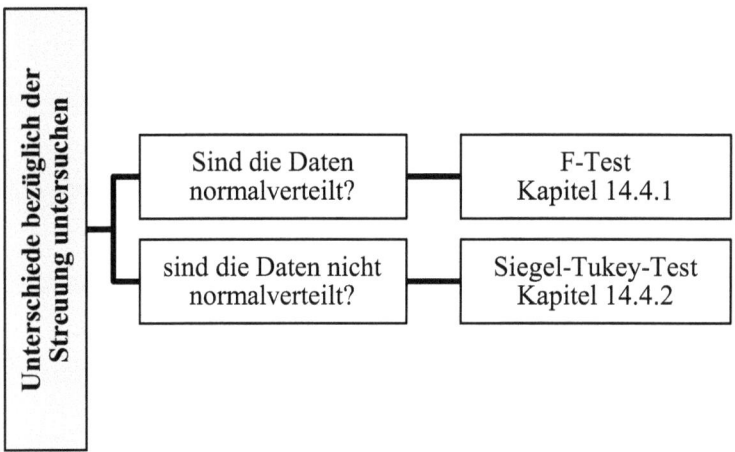

Abbildung 15-8: Assistent zur Analyse der Unterschiede von Streuungen

---

Praxistipp

Auch für die Tests auf Streuungen gilt, dass Sie idealerweise sowohl grafische, als auch rechnerische Verfahren einsetzen.

Als grafische Methoden bieten sich Histogramme oder Wahrscheinlichkeitsnetze an. Diese visualisieren sehr schön die Verteilung der Stichprobenwerte.

Rechnerische Methoden sind die vorgestellten Tests auf Streuungen.

Beachten Sie, dass bei kleinen Stichprobenumfängen kaum Unterschiede erkannt werden können.

15.4.1 F-TEST FÜR NORMALVERTEILTE DATEN

Seine Ursprünge hat der F-Test in der Agrarwissenschaft. Hier untersuchte Sir Ronald A. Fisher den Einfluss von Düngemitteln auf den Ernteertrag, um den Einsatz möglichst effizient zu gestalten. Dazu nutzte er die Varianzanalyse. Daraus wurde dann der F-Test abgeleitet. Die dazu nötige F-Verteilung und der Test sind nach ihm benannt.

Generell spricht man von einem F-Test, wenn die Teststatistik einer F-Verteilung unterliegt. Dies ist bei dem Test auf Gleichheit der Varianzen der Fall. Der F-Test prüft, ob die Varianzen zweier Stichproben gleich sind und somit aus derselben Grundgesamtheit entstammen.

Voraussetzungen für den F-Test sind:

- Die Stichproben sind normalverteilt.
- Die beiden Stichproben sind unabhängig voneinander.

Wie alle statistischen Tests folgt auch der F-Test drei Schritten.

Schritt 1: Formulierung der Hypothesen

Es wird die Nullhypothese H_0 und die Alternativhypothese H_1 nach Kapitel 15.1 formuliert:
H_0: Die Varianzen der beiden Stichproben sind gleich $\mathbf{s_1^2 = s_2^2}$.
H_1: Die Varianzen unterscheiden sich $s_1^2 \neq s_2^2$.

Schritt 2: Berechnung der Prüfgröße

Die Berechnung der Prüfgröße basiert auf den Varianzen s_x^2 der beiden Stichproben. Per Definition wird die größere Varianz als s_1^2 und die kleinere Varianz als s_2^2 bezeichnet. Die Prüfgröße F ist dann der Quotient aus der größeren s_1^2 zur kleineren Stichprobenvarianz s_2^2:

$$F = \frac{s_1^2}{s_2^2} \tag{204}$$

Berechnet werden die Varianzen s_x^2 nach Gleichung (6), Seite 41

$$s_x^2 = \frac{\sum_{i=1}^{n}(x_i - \bar{x})^2}{n-1} \tag{205}$$

mit dem Stichprobenumfang n, den Stichprobenwerten x_i und dem Mittelwert $\bar{x}$ nach Gleichung (1) von Seite 38

$$\bar{x} = \frac{\sum_{i=1}^{n} x_i}{n}. \tag{206}$$

Einsetzen von (205) in (204) liefert für die Prüfgröße

$$F = \frac{s_1^2}{s_2^2} = \frac{\dfrac{\sum_{i=1}^{n_1}\left(x_{1,i} - \bar{x}_1\right)^2}{n_1 - 1}}{\dfrac{\sum_{i=1}^{n}\left(x_{2,i} - \bar{x}_2\right)^2}{n_2 - 1}}. \tag{207}$$

Darin sind s_1^2 und s_2^2 die Stichprobenvarianzen, $\bar{x}_1$ und $\bar{x}_2$ die Stichprobenmittelwerte, n_1 und n_2 die Stichprobenumfänge und $x_{1,i}$ bzw. $x_{2,i}$ die Stichprobenwerte.

Schritt 3: Testentscheidung

Da die Prüfgröße F einer F-Verteilung unterliegt, kann die Testentscheidung durch den Vergleich mit dem kritischen Wert der F-Verteilung $f_{df_1, df_2, \alpha}$ erfolgen, genauer dem Quantil der

F-Verteilung für die gewünschte Signifikanz α, $f_{df_1,df_2,\alpha}$. Die F-Verteilung hängt von den Freiheitsgraden df_1 und df_2 der Stichproben ab:

$$df_1 = n_1 - 1 \tag{208}$$
$$df_2 = n_2 - 1.$$

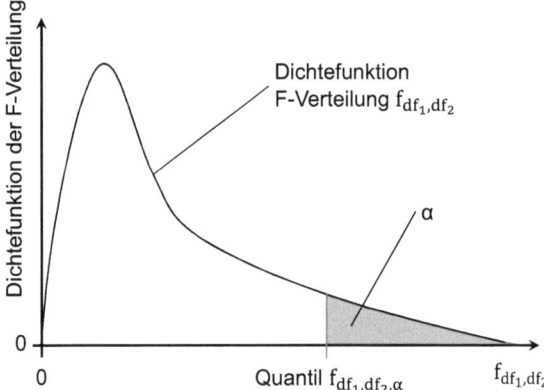

Abbildung 15-9: Visualisierung der F-Verteilung inkl. der Quantile

Abbildung 15-9 zeigt schematisch die F-Verteilung und deren Quantile. Die Werte für die Quantile $f_{df_1,df_2,\alpha}$ der F-Verteilung können Tabellen entnommen werden (z. B. Tabelle 15-10) oder lassen sich mit Excel berechnen:

$$\text{EXCEL: } = \text{F.INV.RE } (\alpha;\ df_1;\ df_2). \tag{209}$$

Liegt die Prüfgröße F (Gleichung (207)) oberhalb, bzw. rechts des kritischen Wertes der F-Verteilung bei der Signifikanz α (des Quantils $f_{df_1,df_2,\alpha}$), dann wird die Nullhypothese verworfen. Es wird angenommen, dass sich die beiden Varianzen auf dem Signifikanzniveau α unterscheiden.

Die Nullhypothese H_0 wird also abgelehnt und gleichzeitig gefolgert, dass die Varianz $s_1^2 > s_2^2$ ist, wenn

$$F > f_{df_1,df_2,\alpha}. \tag{210}$$

Alternativ kann auch mit dem p-Wert gearbeitet werden. Dieser kann (leider nur sehr grob) ebenfalls aus den Tabellen abgelesen oder mit Excel berechnet werden:

$$\text{EXCEL: } p = \text{F.VERT.RE } (F;\ df_1;\ df_2;\text{WAHR}) \tag{211}$$

Es wird dann die Nullhypothese H_0 wird abgelehnt und deshalb gefolgert, dass die Varianz $s_1^2 > s_2^2$ ist, wenn

$$p < \alpha. \tag{212}$$

Praxistipp
   Bei kleinem p, sage H_0 ade!

Tabelle 15-10: Quantile $f_{df_1,df_2,\alpha}$ der F-Verteilung abhängig von der Signifikanz α

df_2	Signifikanz α=5%										
	Freiheitsgrad df_1										
	2	4	6	8	10	15	20	25	50	100	500
2	19,0	19,2	19,3	19,4	19,4	19,4	19,4	19,5	19,5	19,5	19,5
4	6,94	6,39	6,16	6,04	5,96	5,86	5,80	5,77	5,70	5,66	5,64
6	5,14	4,53	4,28	4,15	4,06	3,94	3,87	3,83	3,75	3,71	3,68
8	4,46	3,84	3,58	3,44	3,35	3,22	3,15	3,11	3,02	2,97	2,94
10	4,10	3,48	3,22	3,07	2,98	2,85	2,77	2,73	2,64	2,59	2,55
15	3,68	3,06	2,79	2,64	2,54	2,40	2,33	2,28	2,18	2,12	2,08
20	3,49	2,87	2,60	2,45	2,35	2,20	2,12	2,07	1,97	1,91	1,86
25	3,39	2,76	2,49	2,34	2,24	2,09	2,01	1,96	1,84	1,78	1,73
50	3,18	2,56	2,29	2,13	2,03	1,87	1,78	1,73	1,60	1,52	1,46
100	3,09	2,46	2,19	2,03	1,93	1,77	1,68	1,62	1,48	1,39	1,31
500	3,01	2,39	2,12	1,96	1,85	1,69	1,59	1,53	1,38	1,28	1,16

df_2	Signifikanz α=2,50%										
	Freiheitsgrad df_1										
	2	4	6	8	10	15	20	25	50	100	500
2	39,0	39,2	39,3	39,4	39,4	39,4	39,4	39,5	39,5	39,5	39,5
4	10,6	9,60	9,20	8,98	8,84	8,66	8,56	8,50	8,38	8,32	8,27
6	7,26	6,23	5,82	5,60	5,46	5,27	5,17	5,11	4,98	4,92	4,86
8	6,06	5,05	4,65	4,43	4,30	4,10	4,00	3,94	3,81	3,74	3,68
10	5,46	4,47	4,07	3,85	3,72	3,52	3,42	3,35	3,22	3,15	3,09
15	4,77	3,80	3,41	3,20	3,06	2,86	2,76	2,69	2,55	2,47	2,41
20	4,46	3,51	3,13	2,91	2,77	2,57	2,46	2,40	2,25	2,17	2,10
25	4,29	3,35	2,97	2,75	2,61	2,41	2,30	2,23	2,08	2,00	1,92
50	3,97	3,05	2,67	2,46	2,32	2,11	1,99	1,92	1,75	1,66	1,57
100	3,83	2,92	2,54	2,32	2,18	1,97	1,85	1,77	1,59	1,48	1,38
500	3,72	2,81	2,43	2,22	2,07	1,86	1,74	1,65	1,46	1,34	1,19

Dazu ein kleines Beispiel:

Ein neuer Prozess (Prozess a) liefert potenziell Ergebnisse mit geringeren Streuungen als der bewährte Prozess b. Prozess a ist allerdings teurer. Um zu überprüfen, ob sich der teurere Prozess lohnt, wurden zwei Stichproben entnommen. Beide Stichproben haben jeweils einen Stichprobenumfang von n=16. Die Stichprobe a hat eine Varianz von $s_a^2 = 0,82$. Die Stichprobe b hat eine Varianz von $s_b^2 = 2,73$. Die Frage ist, ob auf Basis der Signifikanz von $\alpha =$

2,5% angenommen werden kann, dass der Prozess a tatsächlich eine kleinere Varianz aufweist, als der bereits eingesetzte Prozess b.

Schritt 1: Formulierung der Nullhypothese

Prüfung der Voraussetzungen!!!!

H_0: Die Varianz der beiden Prozesse sind gleich $s_a^2 = s_b^2$.

H_1: Die Varianz des Prozesses a ist kleiner als die des bewährten Prozesses b $s_a^2 < s_b^2$.

Schritt 2: Berechnung der Prüfgröße

Da die Varianz s_b^2 größer ist als Varianz s_a^2, deswegen gilt nach Gleichung (207) von Seite 191 (mit $s_1^2 > s_2^2$)

$$F = \frac{s_1^2}{s_2^2} = \frac{s_b^2}{s_a^2} = \frac{2,73}{0,82} = 3,33 \tag{213}$$

Schritt 3: Testentscheidung

Nach Gleichung (208) auf Seite 192 werden die Freiheitsgrade berechnet:

$$df_1 = df_b = n_1 - 1 = 16 - 1 = 15 \tag{214}$$
$$df_2 = df_a = n_2 - 1 = 16 - 1 = 15.$$

Aus Tabelle 15-10 von Seite 193 wird mit den Freiheitsgraden df_1 sowie df_2 und der Signifikanz $\alpha = 2,5\%$ der Grenzwert $f_{df_1, df_2, \alpha} = f_{15,15,2,5\%}$ abgelesen und der Prüfgröße gegenübergestellt (Gleichung (210)):

$$F \geq f_{df_1, df_2, \alpha} \tag{215}$$
$$F = 3,33 \geq f_{df_1, df_2, \alpha} = f_{15,15,2,5\%} = 2,86$$
$$3,33 > 2,86$$

Damit wird die Nullhypothese abgelehnt und angenommen, dass der neue Prozess signifikant geringere Streuungen liefert.

15.4.2 SIEGEL-TUKEY TEST FÜR NICHT NORMALVERTEILTE DATEN

Da der F-Test sehr empfindlich auf Abweichungen gegenüber der Normalverteilung reagiert, wurde von Siegel-Tukey [22] ein verteilungsunabhängiger Test vorgeschlagen. Mit diesem Test lassen sich Unterschiede bezüglich der Streuungen testen. Er basiert auf dem Rangsummentest nach Wilcoxon (Kapitel 15.6.2).

Voraussetzung für den Siegel-Tukey Test ist:

• Die beiden Stichproben sind unabhängig voneinander.

Auch dieser Test beruht auf den klassischen drei Schritten.

Schritt 1: Formulierung der Hypothesen

H_0:   Die Varianzen der beiden Stichproben sind gleich $\mathbf{s_A^2 = s_B^2}$.

H_1:   Die Varianzen unterscheiden sich $s_A^2 > s_B^2$ oder $s_A^2 < s_B^2$ (einseitige Fragestellung).

Die Varianzen unterscheiden sich $s_A^2 \neq s_B^2$ (zweiseitige Fragestellung).

Schritt 2: Berechnung der Prüfgröße

Es werden zwei Stichproben (A und B) verglichen. Die Stichprobe A besteht aus n_A Werten, Stichprobe B besteht aus n_B Werten, wobei folgende Definition gilt: $n_A \leq n_B$. In Summe liegen somit $n = n_A + n_B$ Beobachtungen / Werte vor. Für jeden Wert x_i der Stichprobe wird der Abstand d_i zum Median $\tilde{x}$ (vgl. dazu Gleichung von Seite 39) berechnet. Die Verwendung des Abstandes d_i anstelle des Stichprobenwertes x_i entspricht einer Normierung aller Werte, wodurch diese unabhängig vom Median (Mittelwert) werden.

$$d_{i,A} = \left| x_{i,A} - \tilde{x}_A \right| \text{ für Stichprobe A.} \tag{216}$$
$$d_{i,B} = \left| x_{i,B} - \tilde{x}_B \right| \text{ für Stichprobe B.}$$

Alle n Abstände d_i werden zusammengefasst und der Größe nach sortiert. Wenn beide Stichproben vergleichbare Varianzen haben, sollten sie sich in einer gemeinsamen Eintragung zufällig mischen.

Geprüft wird dies, indem jedem Abstand ein Rang R zugeordnet wird. Der kleinste Wert erhält den Rang 1, der größte Wert den Rang 2, der zweitgrößte Wert den Rang 3, der zweitkleinste Wert den Rang 4, der drittkleinste Wert den Rang 5, der drittgrößte Wert den Rang 6, der viertgrößte Wert den Rang 7, der viertkleinste Wert den Rang 8, usw.. Anschließend werden die Rangsummen für jede Stichprobe durch einfache Addition gebildet:

$$R_A = \sum_{i=1}^{n_A} R_{i,A} \text{ für Stichprobe A} \tag{217}$$
$$R_B = \sum_{i=1}^{n_B} R_{i,B} \text{ für Stichprobe B.}$$

Dazu ein kleines Beispiel:

Mittels Drehprozess werden Wellen gefertigt, die Frage ist, ob unterschiedliche Durchmesser mit derselben Qualität gefertigt werden können. Dazu wurden von zwei Achsen mit unterschiedlichem Durchmesser stichprobenartig die gedrehten Durchmesser gemessen (Tabelle 15-11). Es soll untersucht werden, ob sich deren Streuungen signifikant unterscheiden.

Tabelle 15-11: Beispiel für den Siegel-Tukey Test

Stichprobe A			Stichprobe B		
i	$x_{i,A}$	Abstand $d_{i,A}$	i	$x_{i,B}$	Abstand $d_{i,B}$
1	32,72	0,020	1	17,06	0
2	32,78	0,040	2	16,98	0,08
3	32,73	0,010	3	17,12	0,06
4	32,74	0,000	4	17,05	0,01
5	32,81	0,070	5	17,16	0,1

Schritt 1: Festlegung der Hypothesen

Prüfung der Voraussetzungen!!!!
H_0: Die Varianzen der beiden Stichproben sind gleich $s_A^2 = s_B^2$

H_1: Die Varianzen unterscheiden sich $s_A^2 \neq s_B^2$ (zweiseitige Fragestellung).

Schritt 2: Berechnung der Prüfgröße

Der Median für Stichprobe A ist $\tilde{x}_A = 32{,}74$ und der Median für Stichprobe B ist $\tilde{x}_B = 17{,}06$. Die berechneten Abstände $d_{i,A}$ und $d_{i,B}$ zeigt ebenfalls obige Tabelle.

Zur Ermittlung der Ränge werden die Abstände $d_{i,A}$ und $d_{i,B}$ in eine gemeinsame Spalte eingetragen, der Größe nach sortiert und die Ränge zugewiesen (vgl. Tabelle 15-12).

Tabelle 15-12: Ermittlung der Ränge nach Siegel-Tukey

i	Abstand d_i	Stichprobe	Rang R_i	Mittlere Ränge $\bar{R}_i$
1	0	A	1	2,5
2	0	B	4	2,5
3	0,01	B	5	6,5
4	0,01	A	8	6,5
5	0,02	A	9	9
6	0,04	A	10	10
7	0,06	B	7	7
8	0,07	A	6	6
9	0,08	B	3	3
10	0,1	B	2	2

Für dieses Beispiel werden die Rangsummen dann wie folgt ermittelt:

$$R_A = 1 + 8 + \cdots + 6 = 34 \tag{218}$$
$$R_B = 4 + 5 + \cdots + 2 = 19$$

Schritt 3: Testentscheidung

Für kleine Stichproben ($n_A \leq n_B \leq 20$) wird die Rangsumme der kleineren Stichprobe R_A direkt mit dem kritischen Wert von Tabelle 15-13 verglichen. Sind beide Stichproben gleich groß, werden beide Ränge mit den Grenzwerten verglichen. Sobald R_A die Grenzwerte R_{Grenz} erreicht, über- bzw. unterschreitet, wird die Nullhypothese auf dem Signifikanzniveau $\alpha = 5\%$ für die zweiseitige, bzw. $\alpha = 2{,}5\%$ für die einseitige Fragestellung abgelehnt:

$$R_A \leq R_{Grenz} \leq R_A. \tag{219}$$

Tabelle 15-13: Grenzwerte R_{Grenz} des Siegel-Tukey Tests für kleine Stichproben [6]. Signifikanzniveau $\alpha = 5\%$ (zweiseitige), bzw. $\alpha = 2{,}5\%$ (einseitige Fragestellung).

n_A	4	5	6	7	8	9	10
$n_B = n_A$	10...26	17...38	26...52	36...69	49...87	62...109	78...132
$n_B = n_A + 1$	11...29	18...42	27...57	38...74	51...93	65...115	81...139
$n_B = n_A + 2$	12...32	20...45	29...61	40...79	53...99	68...121	84...146
$n_B = n_A + 3$	13...35	21...49	31...65	42...84	55...105	71...127	88...152
$n_B = n_A + 4$	14...38	22...53	32...70	44...89	58...110	73...134	91...159
$n_B = n_A + 5$	14...42	23...57	34...74	46...94	60...116	76...140	94...166

Für größere Stichproben wird mit Hilfe der Standardnormalverteilung geprüft (z-Wert):

$$z = \frac{2R_A - n_A(n_A + n_B + 1) + 1}{\sqrt{n_A(n_A + n_B + 1)(n_B/3)}}, \text{wenn } 2R_A > n_A(n_A + n_B + 1) + 1 \qquad (220)$$

$$z = \frac{2R_A - n_A(n_A + n_B + 1) - 1}{\sqrt{n_A(n_A + n_B + 1)(n_B/3)}}, \text{wenn } 2R_A \leq n_A(n_A + n_B + 1) + 1$$

mit

n_A= Stichprobenumfang der Stichprobe A

n_B= Stichprobenumfang der Stichprobe B und

R_A= Rangsumme der Stichprobe mit dem kleineren Umfang

Gleiche Werte werden als gebundene Ränge bezeichnet. Sollten mehr als 20% der Werte gleich sein (in unserem Beispiel die Werte 0 un 0,01, der Ränge $R_1 = 1$ und $R_2 = 4$ sowie $R_3 = 5$ und $R_4 = 8$), die außerdem in unterschiedlichen Stichproben liegen, dann ist der Nenner in Gleichung (220) wie folgt zu modifizieren:

$$\sqrt{n_A(n_A + n_B + 1)\left(\frac{n_B}{3}\right) - 4\left(\frac{n_A n_B(n_A + n_B + 1)}{n_A + n_B}\right)(S_1 + S_2)} \qquad (221)$$

Wobei S_1 die Summe der Quadrate der gebundenen Ränge und S_2 die Summe der Quadrate der mittleren Ränge ist. Für die Berechnung von S_2 wird für die Werte mit gleichem Abstand d_i der Mittelwert der Ränge gebildet und dieser Mittelwert als Rang zugeordnet (vgl. rechte Spalte in Tabelle 15-12). Zum besseren Verständnis wird dies an obigem Beispiel illustriert:

$$S_1 = (R_1)^2 + (R_2)^2 + (R_3)^2 + (R_4)^2 = 1^2 + 4^2 + 5^2 + 8^2 = 106 \qquad (222)$$

$$S_2 = (\overline{R}_1)^2 + (\overline{R}_2)^2 + (\overline{R}_3)^2 + (\overline{R}_4)^2 = 2,5^2 + 2,5^2 + 6,5^2 + 6,5^2 = 97 \qquad (223)$$

Dieser z-Wert wird mit der Schranke u der Standardnormalverteilung nach Tabelle 20-4 für die entsprechende Wahrscheinlichkeit α verglichen. Für α = 5% ergibt sich für den einseitigen Test: u = 1,645. Eine Ablehnung der Nullhypothese auf dem Signifikanzniveau α erfolgt, wenn der z-Wert größer als die Schranke der Standardnormalverteilung u ist:

$$|z| > u. \qquad (224)$$

Für zweiseitige Fragestellungen (vgl. dazu Abbildung 15-16) ist das Signifikanzniveau zu halbieren.

Für das obige Beispiel
wird die Testentscheidung auf Basis der Tabelle 15-13 gefällt, da die Stichprobenumfänge klein sind ($n_A \leq n_B \leq 20$). Die Ränge wurden nach Gleichung (218) berechnet ($R_A = 34$, $R_B = 19$). Da beide Stichproben denselben Umfang haben ($n_A = n_B = 5$), werden beide Rangsummen mit dem Grenzwert $R_{Grenz} = 11 \ldots 29$ aus Tabelle 15-13 für $n_A = n_B = 5$ verglichen (vgl. Gleichung (219))

$$R_A \leq R_{Grenz} \leq R_A \text{ und}$$
$$R_B \leq R_{Grenz} \leq R_B \qquad (225)$$

$$34 \leq 17\ldots 38 \leq 34.$$
$$19 \leq 17\ldots 38 \leq 19.$$

Da die beiden Rangsummen R_A und R_B innerhalb der Grenzwerte R_{Grenz} liegen, wird die Nullhypothese beibehalten und angenommen, dass beide Streuungen auf dem Signifikanzniveau von $\alpha=5\%$ (wegen der zweiseitigen Fragestellung) gleich sind. Für größere Stichproben kann alternativ kann auch mit dem z-Wert der Standardnormalverteilung gerechnet werden. Um die Vorgehensweise der Berechnung mit dem z-Wert zu demonstrieren, wird trotz des kleinen Stichprobenumfangs der z-Wert nach Gleichung (220) gerechnet:

$$z = \frac{2R_A - n_A(n_A + n_B + 1) + 1}{\sqrt{n_A(n_A + n_B + 1)(n_B/3)}}, \text{wenn } 2R_A > n_A(n_A + n_B + 1) + 1 \qquad (226)$$

$$z = \frac{2R_A - n_A(n_A + n_B + 1) - 1}{\sqrt{n_A(n_A + n_B + 1)(n_B/3)}}, \text{wenn } 2R_A \leq n_A(n_A + n_B + 1) + 1$$

Da

$$2R_A > n_A(n_A + n_B + 1) + 1$$
$$2 \cdot 34 = 64 > 5(5 + 5 + 1) + 1 = 56, \qquad (227)$$

gilt

$$z = \frac{2R_A - n_A(n_A + n_B + 1) + 1}{\sqrt{n_A(n_A + n_B + 1)\left(\frac{n_B}{3}\right)}} = \frac{2 \cdot 34 - 5(5 + 5 + 1) + 1}{\sqrt{5(5 + 5 + 1)\left(\frac{5}{3}\right)}} = \frac{12}{9,57} \qquad (228)$$

$$z = 1,25.$$

Für den eigentlichen Test wird der z-Wert mit der Schranke der Normalverteilung nach Tabelle 20-4 von Seite 323 für die geforderte Signifikanz von $\alpha=5\%$ verglichen. Um bei einer zweiseitigen Fragestellung die Signifikanz von $\alpha=5\%$ nachzuweisen, muss die Schranke bei einer Wahrscheinlichkeit von $\alpha=10\%$ abgelesen werden:

$$u = 1,282 \qquad (229)$$

Da

$$|z| = 1,24 < u = 1,282, \qquad (230)$$

wird H_0 beibehalten und davon ausgegangen, dass die Streuungen vergleichbar sind.

Praxistipp

Nun könnte man fragen, warum dieser Test nicht auch für normalverteilte Daten angewandt werden sollte. Das wäre dann sehr viel praktischer, da der Test auf Normalverteilung entfallen würde. Die Antwort ist relativ einfach. Ganz allgemein gilt, dass für normalverteilte Daten die verteilungsabhängigen Tests (z. B. der F-Test) deutlich besser geeignet sind als die verteilungsfreien Tests.

Dies beruht darauf, dass alle verteilungsunabhängigen Tests nicht auf Basis der gemessenen Werte, sondern auf Basis der Ränge durchgeführt werden. Damit ist ein Informationsverlust verbunden (der eigentliche Messwert wird nicht berücksichtigt), welcher zu einer höheren Ungenauigkeit führt.

Deswegen sollte wo immer möglich (evtl. auch durch Transformation der Daten, z. B. durch Logarithmieren) mit verteilungsabhänigen Tests gearbeitet werden.

15.4.3 ARBEITEN MIT EXCEL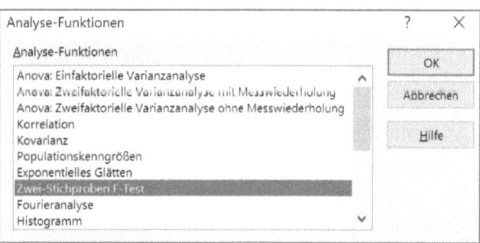

Der F-Test

Im Reiter „F-Test" der Statistik Toolbox kann der F-Test durchgeführt werden (Abbildung 15-10), um zwei normalverteilte Stichproben auf Streuungsunterschiede zu bewerten. Die Daten der beiden Stichproben werden in Spalte C und Spalte F ab Zeile 44 eingegeben. In Zeile 13 lässt sich das Signifikanzniveau über ein Dropdown Menü wählen. Es besteht die Möglichkeit, entweder die Varianzen direkt aus der Stichprobe zu berechnen (Test in Spalten B und C) oder aber vorzugeben (Test in Spalte E und F). Das Ergebnis wird dann in den Zeilen 35 und 36 ausgegeben.

Für den F-Test müssen folgende Voraussetzungen erfüllt sein und die entsprechende Hypothesen für die Testentscheidung gelten:

Voraussetzungen F-Test			
1	Die Stichproben sind normalverteilt		
2	Die beiden Stichproben sind unabhängig voneinander		
Testentscheidung:			
Fall	H_0	H_1	Lehne H_0 ab, wenn
a	$s_1^2 = s_2^2$	$s_1^2 > s_2^2$	$F > f_{df_1, df_2, \alpha}$, oder $p < \alpha$.

Alternativ kann auch im „geheimen Excel-Tool" der F-Test durchgeführt werden. Dazu wird unter Daten → Datenanalyse der „Zwei-Stichproben F-Test gewählt.

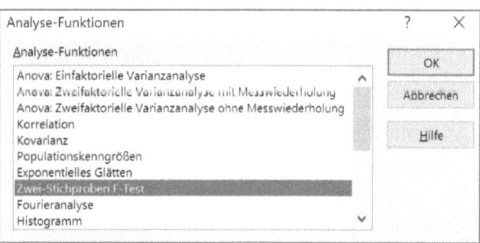

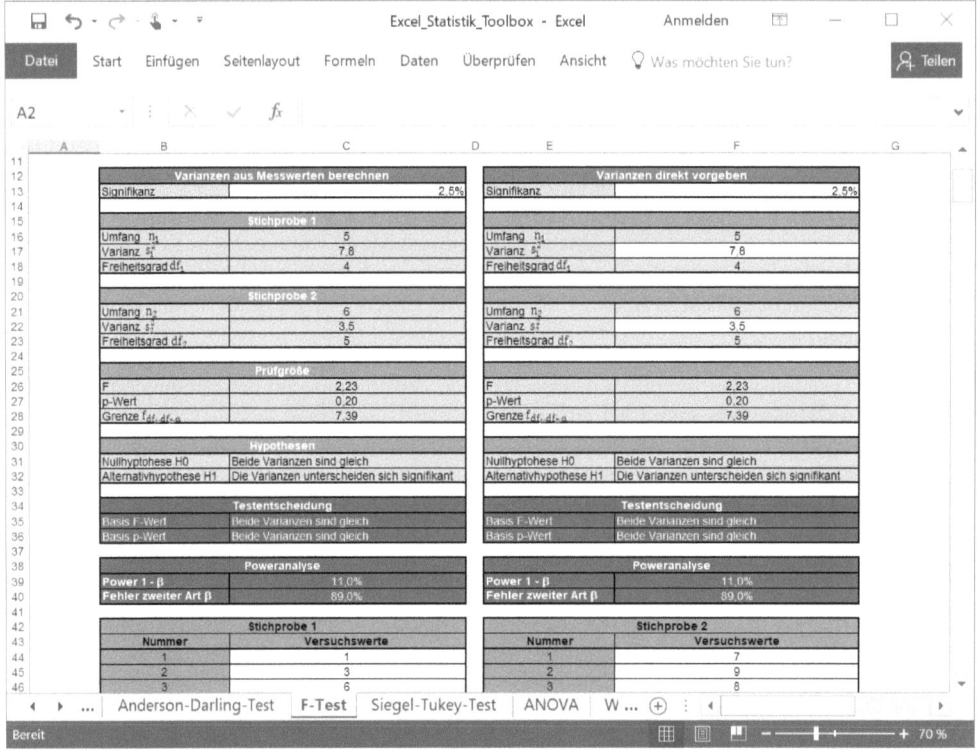

Abbildung 15-10: Excel-Tool zum F-Test für Streuungsunterschiede zweier normalverteilter Stichproben.

Anschließend öffnet sich das Fenster des Zwei-Stichproben F-Tests. Hier können die Variablen, das Signifikanzniveau (Alpha) und der Ausgabebereich der Teststatistik gewählt werden.

Als Ausgabe erhält man anschlie-ßend die Teststatistik in Form des F-Wertes, des p-Wertes und des kritischen F-Wertes. Die Interpretation der Ergebnisse muss eigenständig durch den Vergleich des F-Werts mit dem kritischen F-Wert nach den Kriterien von Kapitel 15.4.1 ab Seite 190 erfolgen.

Zwei-Stichproben F-Test

	Variable 1	Variable 2
Mittelwert	3,6	8,5
Varianz	7,8	3,5
Beobachtungen	5	6
Freiheitsgrade (df)	4	5
Prüfgröße (F)	2,228571429	
P(F<=f) einseitig	0,201381871	
Kritischer F-Wert bei einseitigem Test	5,192167773	

Der Siegel-Tukey Test

Nicht normalverteilte Daten lassen sich mit dem Siegel-Tukey Test bzgl. ihrer Streuungen untersuchen. Im Reiter „Siegel-Tukey Test" der Statistik Toolbox kann dieser Test bequem durchgeführt werden (Abbildung 15-11).

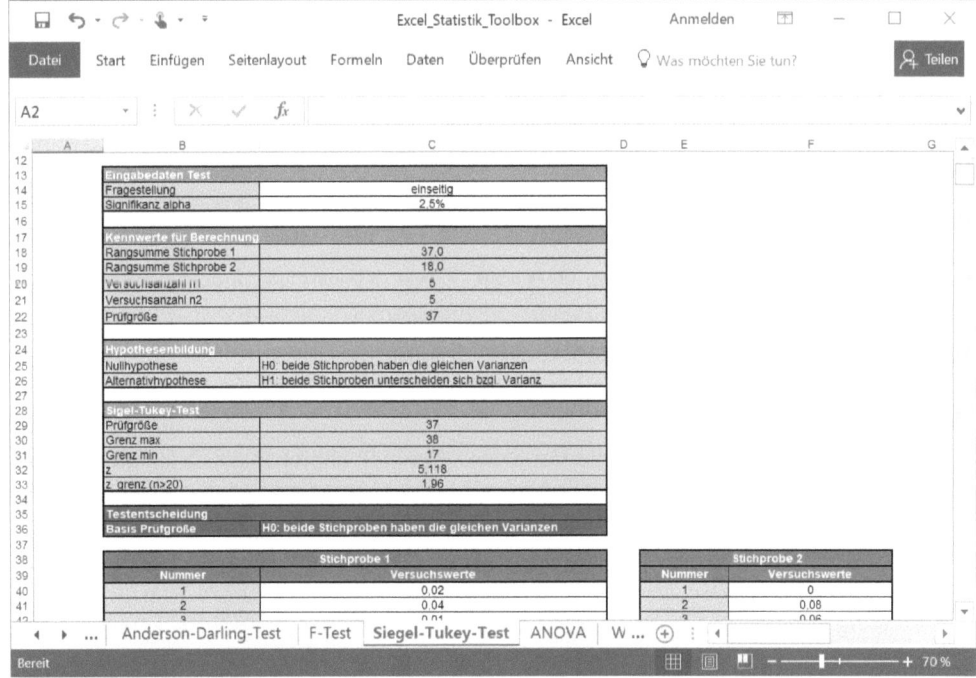

Abbildung 15-11: Excel-Tool des Siegel-Tukey Tests für Streuungsunterschiede zweier nicht normalverteilter Stichproben.

Für den Siegel-Tukey-Test müssen folgende Voraussetzungen erfüllt sein und die entsprechende Hypothesen für die Testentscheidung gelten:

Voraussetzungen Siegel-Tukey-Test			
1	Die beiden Stichproben sind unabhängig voneinander		
Testentscheidung:			
Fall	H_0	H_1	Lehne H_0 ab, wenn
a	$s_A^2 = s_B^2$	$s_1^2 > s_2^2$, bzw. $s_A^2 < s_B^2$ (einseitige Fragestellung).	$|z| > u$, oder $p < \alpha$
b	$s_A^2 = s_B^2$	$s_A^2 \neq s_B^2$ (zweiseitige Fragestellung)	$|z| > u$, oder $p < \alpha$

Dazu kann in Zelle C14 ausgewählt werden, ob es sich um eine einseitige oder zweiseitige Fragestellung handelt. In Zelle C15 wird das Signifikanzniveau festgelegt und die Daten der beiden Stichproben werden in Spalte C und F ab Zeile 40 eingetragen.

Das Ergebnis wird anschließend in Zelle C36 ausgegeben.

15.5 TEST AUF STREUUNGEN FÜR > 2 STICHPROBEN

15.5.1 BARTLETT-TEST FÜR NORMALVERTEILTE DATEN

Der Bartlett-Test [23] prüft mehrere Stichproben auf gleiche Varianzen. Die Gleichheit der Varianzen (Varianzhomogenität) ist z. B. eine der Voraussetzungen der ANOVA (Kapitel 15.7.1).

Voraussetzung des Bartlett-Tests ist

• Normalverteilung aller Gruppen.

Da der Bartlett-Test sehr sensibel auf Verletzungen dieser Voraussetzungen reagiert, kann in diesem Fall auf den Lenvene-Test zurückgegriffen werden.

Schritt 1: Formulierung der Hypothesen

Für die Nullhypothese H_0 gilt, dass die Varianzen aller m Stichproben gleich sind. Die Alternativhypothese H_1 besagt dann, dass mindestens eine der Varianzen von den anderen abweicht. Welche das ist, darüber schweigt der Test.
H_0: Die Varianzen aller m Stichproben sind gleich $s_1^2 = s_2^2 = \cdots = s_m^2$.
H_1: Mindestens eine der m Varianzen unterscheidet sich von den anderen $s_i^2 \neq s_j^2$. für mindestens ein (i, j).

Schritt 2: Berechnung der Prüfgröße

Die Berechnung der Prüfgröße basiert auf den nach Gleichung (6) berechneten Varianzen s_i^2 und dem Umfang n_i der m Stichproben:

$$X^2 = \frac{(N - m)\ln(s_p^2) - \sum_{i=1}^{m}[(n_i - 1)\ln(s_i^2)]}{1 + \frac{1}{3(m-1)}\left[\sum_{i=1}^{m}\left(\frac{1}{n_i - 1}\right) - \frac{1}{N - m}\right]} \tag{231}$$

Mit

n = gesamte Anzahl an Versuchen,

m = Anzahl der Stichproben,

n_i = Größe der i-ten Stichprobe,

s_i^2 = Varianz der i-ten Stichprobe nach Gleichung (6), Seite 41,

s_p^2 = gepoolte Varianz.

Die gepoolte Varianz s_p^2 wird folgendermaßen berechnet:

$$s_p^2 = \frac{1}{N - m}\sum_{i=1}^{m}(n_i - 1)s_i^2. \tag{232}$$

Tabelle 15-14: Grenzen $\chi_{df,\alpha}^2$ der χ^2-Verteilung

Freiheits-grad df	Signifikanz α			
	1%	2%	5%	10%
2	9,21	7,82	5,99	4,61
3	11,34	9,84	7,81	6,25
4	13,28	11,67	9,49	7,78
5	15,09	13,39	11,07	9,24
6	16,81	15,03	12,59	10,64
7	18,48	16,62	14,07	12,02
8	20,09	18,17	15,51	13,36
9	21,67	19,68	16,92	14,68
10	23,21	21,16	18,31	15,99
15	30,58	28,26	25,00	22,31
20	37,57	35,02	31,41	28,41

Schritt 3: Testentscheidung

Es ist die Prüfgröße X^2 nach der χ^2-Verteilung mit dem Freiheitsgrad df $= m - 1$ verteilt.

Liegt die Prüfgröße X^2 (Gleichung (231)) oberhalb, bzw. rechts des kritischen Wertes der χ^2-Verteilung bei der Signifikanz α (des Quantils $\chi_{df,\alpha}^2$), dann wird die Nullhypothese verworfen:

$$X^2 > \chi_{df,\alpha}^2. \tag{233}$$

Die Quantile der χ^2-Verteilung $\chi_{df,\alpha}^2$ können z. B. Tabelle 15-4 entnommen werden oder lassen sich mit Excel berechnen:

$$\text{EXCEL: } \chi_{df,\alpha}^2 = \text{CHIQU.INV.RE } (\alpha; df) \tag{234}$$

Alternativ kann mit dem p-Wert gearbeitet werden. Dieser lässt sich aus Tabelle 15-15 ablesen oder mit Excel berechnen:

$$\text{EXCEL: } \chi^2_{df,\alpha} = \text{CHIQU.VERT.RE}(H; df) \text{ bzw.}$$
$$\text{EXCEL: } \chi^2_{df,\alpha} = \text{CHIQU.VERT.RE}(H_{korr}; df)$$

(235)

Die Nullhypothese H_0 wird abgelehnt, wenn

$$p < \alpha.$$

(236)

Tabelle 15-15: p-Wert der χ^2-Verteilung

H	Freiheitsgrad df								
	2	3	4	5	6	7	8	9	10
3	0,22	0,39	0,56	0,70	0,81	0,89	0,93	0,96	0,98
4	0,14	0,26	0,41	0,55	0,68	0,78	0,86	0,91	0,95
5	0,08	0,17	0,29	0,42	0,54	0,66	0,76	0,83	0,89
6	0,05	0,11	0,20	0,31	0,42	0,54	0,65	0,74	0,82
6,5	0,04	0,09	0,16	0,26	0,37	0,48	0,59	0,69	0,77
7	0,03	0,07	0,14	0,22	0,32	0,43	0,54	0,64	0,73
7,5	0,02	0,06	0,11	0,19	0,28	0,38	0,48	0,59	0,68
8	0,02	0,05	0,09	0,16	0,24	0,33	0,43	0,53	0,63
8,5	0,01	0,04	0,07	0,13	0,20	0,29	0,39	0,48	0,58
9	0,01	0,03	0,06	0,11	0,17	0,25	0,34	0,44	0,53
9,5	0,01	0,02	0,05	0,09	0,15	0,22	0,30	0,39	0,49
10	0,01	0,02	0,04	0,08	0,12	0,19	0,27	0,35	0,44
11	0,00	0,01	0,03	0,05	0,09	0,14	0,20	0,28	0,36
12	0,00	0,01	0,02	0,03	0,06	0,10	0,15	0,21	0,29
13	0,00	0,00	0,01	0,02	0,04	0,07	0,11	0,16	0,22
14	0,00	0,00	0,01	0,02	0,03	0,05	0,08	0,12	0,17
15	0,00	0,00	0,00	0,01	0,02	0,04	0,06	0,09	0,13
16	0,00	0,00	0,00	0,01	0,01	0,03	0,04	0,07	0,10
17	0,00	0,00	0,00	0,00	0,01	0,02	0,03	0,05	0,07
18	0,00	0,00	0,00	0,00	0,01	0,01	0,02	0,04	0,05
19	0,00	0,00	0,00	0,00	0,00	0,01	0,01	0,03	0,04
20	0,00	0,00	0,00	0,00	0,00	0,01	0,01	0,02	0,03

15.5.2 LEVENE-TEST FÜR NICHT NORMALVERTEILTE DATEN

Mit Hilfe des Levene-Testes [24] lassen sich mehrere Stichproben auf Gleichheit der Varianzen (sog. Varianzhomogenität oder Homoskedastizität) prüfen. Die Varianzhomogenität ist eine Voraussetzung verschiedener Tests, wie z. B. der ANOVA oder des t-Tests.

Der Levene-Test ist die Alternative zum Bartlett-Test, wenn angenommen werden muss, dass die Daten nicht normalverteilt sind. In diesem Fall hat der Levene Test eine höhere Aussagegüte. Sind die Daten sehr deutlich nicht normalverteilt oder die Verteilungen sehr schief, lässt sich mit Hilfe der einfachen Modifikation nach Brown-Forsythe [25] zuverlässig arbeiten.

Voraussetzungen des Levene Tests sind: keine.

Schritt 1: Formulierung der Hypothesen

Für die Nullhypothese H_0 gilt, dass die Varianzen aller n Stichproben[1] gleich sind. Die Alternativhypothese H_1 besagt dann, dass mindestens eine der Varianzen von den anderen abweicht. Der Test gibt keine Aussage darüber, welche Varianz(en) von den anderen abweichen.

H_0: Die Varianzen der m Stichproben sind gleich $s_1^2 = s_2^2 = \cdots = s_m^2$.
H_1: Mindestens. eine der m Varianzen unterscheiden sich von den anderen $s_i^2 \neq s_j^2$. für mindestens ein (i, j).

Schritt 2: Berechnung der Prüfgröße

Die Prüfgröße W berechnet sich aus den Daten aller Stichprobenwerte x_{ij}. Tabelle 15-16 zeigt übersichtlich alle zu analysierenden Daten. Diese setzen sich aus m Stichproben mit dem Stichprobenumfang n_i und dem Mittelwert $\bar{x}_i$ (nach Gleichung (1)) der i-ten Stichprobe zusammen. Der Mittelwert aller Stichprobenwerte x_{ij} ist $\bar{x}$.

Tabelle 15-16: Stichprobenwerte für den Levene-Test

		\multicolumn{5}{c}{Element der Stichprobe}	Mittelwert der Stichprobe	Median der Stichprobe
		1	2	$\cdots$	j	$\cdots$	n_i		
Stichprobe (Faktorstufe)	1	x_{11}	x_{12}	$\cdots$	x_{1j}	$\cdots$	x_{1,n_1}	$\bar{x}_1$	$\tilde{x}_1$
	2	x_{21}	x_{22}		x_{2j}		x_{2,n_2}	$\bar{x}_2$	$\tilde{x}_2$
	$\vdots$	$\vdots$		$\ddots$			$\vdots$	$\vdots$	$\vdots$
	i	x_{i1}	x_{i2}	$\cdots$	x_{ij}	$\cdots$	x_{i,n_i}	$\bar{x}_i$	$\tilde{x}_i$
	$\vdots$	$\vdots$			$\ddots$		$\vdots$	$\vdots$	$\vdots$
	m	x_{m1}	x_{m2}	$\cdots$	x_{mj}	$\cdots$	x_{m,n_m}	$\bar{x}_m$	$\tilde{x}_m$
		\multicolumn{6}{c}{Gesamtmittelwert}	$\bar{x}$	

---

[1] Als Synonym für die Stichprobe wird häufig einer der folgenden Begriffe verwendet: Faktorstufe oder Gruppe.

Aus diesen Stichprobenwerten wird die Hilfsgröße Y_{ij} berechnet. Deren Berechnung hängt von der Verteilung der Daten ab. Sind die Daten näherungsweise normalverteilt oder symmetrisch, dann ist die Hilfsgröße Y_{ij} anschaulich der Abstand eines Stichprobenwertes x_{ij} vom Mittelwert $\bar{x}_i$ der i-ten Stichprobe (Vorschlag von Levene [24]):

$$Y_{ij} = \left| x_{ij} - \bar{x}_i \right|. \tag{237}$$

Für Verteilungen, die deutlich von der Normalverteilung abweichen oder sehr schief sind, empfiehlt sich die Modifikation nach Brown-Forsythe [25]. Hier ist die Hilfsgröße Y_{ij} der Abstand eines Stichprobenwertes vom Median $\tilde{x}_i$ der i-ten Stichprobe:

$$Y_{ij} = \left| x_{ij} - \tilde{x}_i \right|. \tag{238}$$

Tabelle 15-17 zeigt, wie sich die Umrechnung der Stichprobenwerte x_{ij} in die Hilfsgröße Y_{ij} darstellt. Die Berechnung der Prüfgröße erfolgt auf Basis der Hilfsgrößen.

Tabelle 15-17: Hilfsgrößen für den Levene-Test

		Hilfsgröße der Stichprobe					Mittelwert der Stich-probe
		1	2	...	j	...	n_i	
Stichprobe (Faktorstufe)	1	Y_{11}	Y_{12}	...	Y_{1j}	...	Y_{1,n_1}	$\bar{Y}_1$
	2	Y_{21}	Y_{22}		Y_{2j}		Y_{2,n_2}	$\bar{Y}_2$
	⋮	⋮		⋱			⋮	⋮
	i	Y_{i1}	Y_{i2}	...	Y_{ij}	...	Y_{i,n_i}	$\bar{Y}_i$
	⋮	⋮			⋱		⋮	⋮
	m	Y_{m1}	Y_{m2}	...	Y_{mj}	...	Y_{m,n_m}	Y_m
Gesamtmittelwert								$\overline{Y}$

Mit der entsprechenden Hilfsgröße Y_{ij} berechnet sich die Prüfgröße W:

$$W = \frac{\frac{1}{m-1}\sum_{i=1}^{m}[n_i(\bar{Y}_i - \overline{Y})^2]}{\frac{1}{n-m}\sum_{i=1}^{m}\sum_{j=1}^{n_i}(Y_{ij} - \bar{Y}_i)^2} \tag{239}$$

Mit:

n = Umfang aller Stichprobenwerte,

m = Anzahl der Stichproben (bzw. Gruppen),

n_i = Anzahl der Stichprobenwerte der i-ten Stichprobe,

Y_{ij} = Hilfsgröße,

$\overline{Y}$ = Mittelwert aller Hilfsgrößen Y_{ij},

$\bar{Y}_i$ = Mittelwert aller Y_{ij} der i-ten Stichprobe.

Die Berechnung der Mittelwerte der Hilfsgröße geschieht wie folgt:

$$\overline{Y}_i = \frac{1}{n_i} \sum_{i=1}^{n_i} Y_{ij} \tag{240}$$

$$\overline{Y} = \frac{1}{n} \sum_{j=1}^{m} \sum_{i=1}^{n_i} Y_{ij} = \frac{1}{m} \sum_{j=1}^{m} \overline{Y}_i. \tag{241}$$

Schritt 3: Testentscheidung

Die Prüfgröße ist nach der F-Verteilung verteilt. Durch den Vergleich der Prüfgröße W mit dem Quantil der F-Verteilung bei der Signifikanz α, $f_{df_1,df_2,\alpha}$ (vgl. dazu auch die Ausführungen im Kapitel 15.4.1) fällt die Testentscheidung. Die Nullhypothese H_0 wird verworfen, wenn die Prüfgröße F oberhalb, bzw. rechts des kritischen Wertes der F-Verteilung $f_{df_1,df_2,\alpha}$ (nach Tabelle 15-10) bei der Signifikanz α liegt. Es wird dann angenommen, dass mindestens eine Varianz von den andern abweicht

$$W > f_{df_1,df_2,\alpha}. \tag{242}$$

Die F-Verteilung hängt von den Freiheitsgraden df_1 und df_2 der Stichproben ab:

$$df_1 = m - 1 \tag{243}$$
$$df_2 = n - m,$$

wobei
n der Umfang aller Werte und
m die Anzahl der Faktorstufen ist.

Die Werte für die Quantile der F-Verteilung $f_{df_1,df_2,\alpha}$ können Tabellen entnommen werden (z. B. Tabelle 15-10) oder lassen sich mit Excel berechnen:

$$\text{EXCEL: } f_{df_1,df_2,\alpha} = \text{F.INV.RE } (\alpha;\ df_1;\ df_2) \tag{244}$$

Alternativ kann auch mit dem p-Wert gearbeitet werden. Es wird dann die Nullhypothese H_0 wird abgelehnt, wenn

$$p < \alpha. \tag{245}$$

Der p-Wert kann (leider nur sehr grob) ebenfalls aus den Tabellen abgelesen werden. Alternativ ist dessen Berechnung mit Excel möglich:

$$\text{EXCEL: } p = \text{F.VERT.RE } (F;\ df_1;\ df_2). \tag{246}$$

Dazu ein Beispiel:
Es soll die Effektivität von drei verschiedenen Schulungskonzepten in einem Unternehmen überprüft werden. Dazu werden drei Gruppen von Mitarbeitern zufällig ausgewählt und mit dem jeweiligen Schulungskonzept trainiert. Der Erfolg des Trainings wird durch einen Test überprüft. Die von den Teilnehmern erreichte Punktezahl zeigt Tabelle 15-18: Beispiel der Prüfungsergebnisse.

Die Frage ist: Gibt es ein Schulungskonzept das auf Basis einer Signifikanz von 5% den anderen überlegen ist?

Tabelle 15-18: Beispiel der Prüfungsergebnisse

		Element der Stichprobe j						Mittelwert der Stichprobe $\bar{x}_i$	Median der Stichprobe $\tilde{x}_i$
		1	2	3	4	5	6	7	
Stichprobe i	1	71	66	81	45	57	72		65	68,5
	2	48	51	64	69	54	56	49	56	54
	3	54	51	46	61	48			52	51
Gesamtmittelwert $\bar{x}$								58	

Es wird als Testverfahren die ANOVA gewählt (vgl. Kapitel 15.7.1). Die Voraussetzungen dafür sind gleiche Varianzen in den Stichproben. Diese Annahme wird mit Hilfe des Levene-Tests überprüft.

Die drei Gruppen sind als Stichproben aufzufassen. In Summe liegen damit m = 3 Faktorstufen vor. Jede Stichprobe hat einen eigenen Stichprobenumfang n_i:
Stichprobe i = 1 gilt $n_1 = 6$,
Stichprobe i = 2 gilt $n_2 = 7$,
Stichprobe i = 3 gilt $n_3 = 5$.
Es wurden insgesamt $n = n_1 + n_2 + n_3 = 18$ Prüfungsergebnisse ausgewertet.

Schritt 1: Formulierung der Hypothesen
H_0: Die Varianzen der 3 Stichproben sind gleich $s_1^2 = s_2^2 = s_3^2$.
H_1: Mindestens eine der m Varianzen unterscheidet sich von den anderen.

Schritt 2: Berechnung der Prüfgröße
Zur Berechnung der Prüfgrößen wird mit Hilfe von Gleichung (237) jeder Wert x_{ij} in die Hilfsgröße Y_{ij} umgerechnet, da davon ausgegangen wird, dass die Daten normalverteilt sind:

$$Y_{ij} = \left|x_{ij} - \bar{x}_i\right|$$
$$Y_{11} = \left|x_{11} - \bar{x}_1\right| = |71 - 65| = 6$$
$$Y_{12} = \left|x_{12} - \bar{x}_1\right| = |66 - 65| = 1 \tag{247}$$
$$...$$
$$Y_{35} = \left|x_{35} - \bar{x}_3\right| = |48 - 52| = 4$$

Damit ergibt sich für die Daten aus Tabelle 15-18 folgendes in Tabelle 15-19 zusammengefasstes Bild für die Hilfsgrößen Y_{ij} und deren Mittelwerte $\bar{Y}_i$ und $\bar{Y}$. Die Mittelwerte $\bar{Y}_i$ und $\bar{Y}$ wurden nach Gleichung (240) und (241) berechnet:

$$\bar{Y}_i = \frac{1}{n_i}\sum_{i=1}^{n_i} Y_{ij} \tag{248}$$

$$\overline{Y}_1 = \frac{1}{n_1}(Y_{11} + Y_{12} + \cdots + Y_{16}) = \frac{1}{6}(6 + 1 + \cdots + 7)$$

$$\cdots$$

$$\overline{Y}_3 = \frac{1}{n_3}(Y_{31} + Y_{32} + \cdots + Y_{36}) = \frac{1}{5}(2 + 1 + \cdots + 4)$$

$$\overline{Y} = \frac{1}{n}\sum_{j=1}^{m}\sum_{i=1}^{n_i} Y_{ij} = \frac{1}{m}\sum_{j=1}^{m}\overline{Y}_i.$$

$$\overline{Y} = \frac{1}{m}(\overline{Y}_1 + \overline{Y}_2 + \cdots + \overline{Y}_m)$$

$$\overline{Y} = \frac{1}{3}(10 + 6 + 4) = 7$$

(249)

Tabelle 15-19: Hilfsgrößen Y_{ij} der Stichproben für den Levene-Test

		Hilfsgröße Y_{ij} der Stichprobe j							Mittelwert der Stich-probe $\overline{Y}_i$
		1	2	3	4	5	6	7	
Stichprobe i	1	6	1	20	16	8	7		10
	2	8	5	8	13	2	0	7	6
	3	2	1	6	9	4			4
		Gesamtmittelwert der Hilfsgröße $\overline{Y}$							7

Mit diesen Hilfsgrößen berechnet sich die Prüfgröße W nach Gleichung (239):

$$W = \frac{\frac{1}{m-1}\sum_{i=1}^{m}[n_l(\overline{Y}_l - \overline{Y})^2]}{\frac{1}{n-m}\sum_{i=1}^{m}\sum_{j=1}^{n_i}(Y_{ij} - \overline{Y}_i)^2}$$

$$= \frac{\frac{1}{m-1}[[n_1(\overline{Y}_1 - \overline{Y})^2] + [n_2(\overline{Y}_2 - \overline{Y})^2] + [n_3(\overline{Y}_3 - \overline{Y})^2]]}{\frac{1}{n-m}[(Y_{11} - \overline{Y}_1)^2 + \cdots + (Y_{17} - \overline{Y}_1)^2] + \cdots + [(Y_{31} - \overline{Y}_3)^2 + \cdots + (Y_{35} - \overline{Y}_3)^2]}$$

(250)

$$W = \frac{\frac{1}{3-1}[[7(10-7)^2] + [7(6-7)^2] + [5(4-7)^2]]}{\frac{1}{18-3}[(6-10)^2 + \cdots + (7-10)^2] + \cdots + [(2-4)^2 + \cdots + (4-4)^2]}$$

(251)

$$W = 0{,}99.$$

Schritt 3 (Testentscheidung)

Für die Testentscheidung wird die Prüfgröße F mit dem kritischen Wert der F-Verteilung $f_{df_1, df_2, \alpha}$ bei der Signifikanz $\alpha = 5\%$ verglichen. Die Freiheitsgrade des kritischen Wertes der F-Verteilung werden nach Gleichung (243) berechnet:

$$df_1 = m - 1 = 3 - 1 = 2$$
$$df_2 = n - m = 18 - 3 = 15.$$

(252)

Aus Tabelle 15-10 wird $f_{df_1,df_2,\alpha}$ für die Signifikanz und die Freiheitsgrade abgelesen:

$$f_{2,15,5\%} = 3{,}68. \tag{253}$$

Die Nullhypothese H_0 wird verworfen, wenn

$$W > f_{2,15,5\%}. \tag{254}$$

Da

$$W = 0{,}99 < f_{2,15,5\%} = 3{,}68 \tag{255}$$

wird die Nullhypothese beibehalten und davon ausgegangen, dass die Varianzen aller Schulungskonzepte gleich sind. Die Voraussetzung für die ANOVA ist gegeben.

15.5.3 ARBEITEN MIT EXCEL 🚀

Der Bartlett Test

Um mehrere normalverteilte Stichproben bezüglich ihrer Streuungen zu untersuchen, wird der Reiter „Bartlett-Test" in der Statistik Toolbox gewählt (Abbildung 15-12). Hier kann in Zelle C13 das Signifikanzniveau gewählt werden. Die Daten der zu untersuchenden Stichproben werden in die Spalten C-L ab Zeile 39 eingetragen. Das Testergebnis zeigt dann Zelle C31, bzw. C32.

Für den Bartlett-Test müssen folgende Voraussetzungen erfüllt sein und die entsprechende Hypothesen für die Testentscheidung gelten:

Voraussetzungen Bartlett-Test			
1	Normalverteilung aller Gruppen		
Testentscheidung:			
Fall	H_0	H_1	Lehne H_0 ab, wenn
a	$s_1^2 = s_2^2 = \cdots = s_m^2$	Mindestens eine der m Varianzen unterscheidet sich von den anderen: $s_i^2 \neq s_j^2$ für mind. ein (i, j).	$X^2 > \chi^2_{df,\alpha}$, oder $p < \alpha$

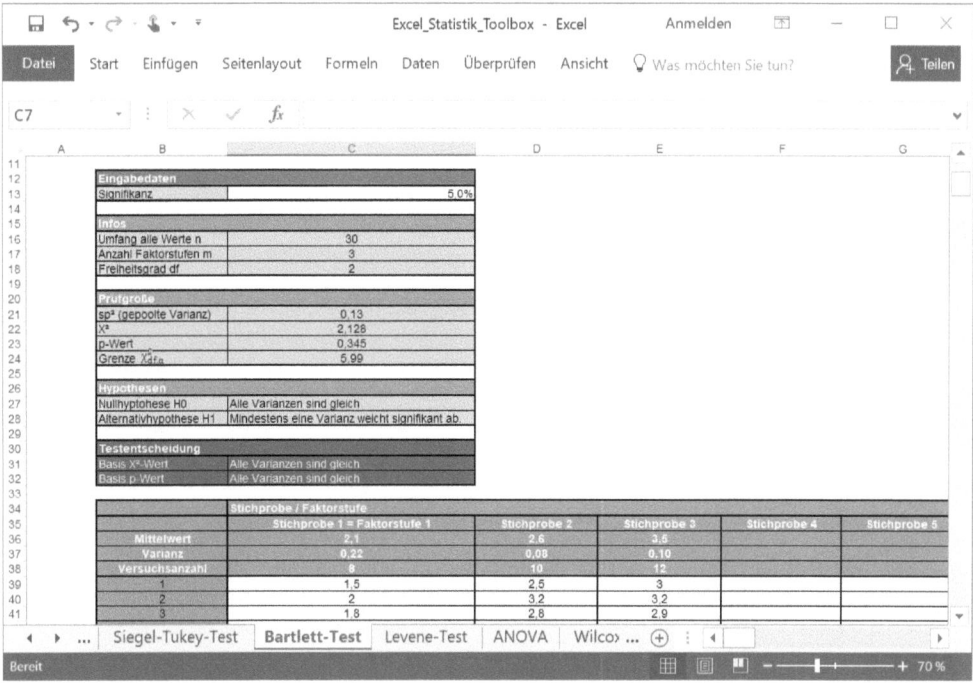

Abbildung 15-12: Excel-Tool des Bartlett-Tests für Streuungsunterschiede mehrerer normalverteilter Stichproben

Der Levene-Test

Um mehrere nicht normalverteilte Stichproben bezüglich ihrer Streuung zu untersuchen, wird der Levene-Test bzw. dessen Modifikation nach Brown-Forsythe im Reiter „Levene-Test" der Statistik Toolbox gewählt (Abbildung 15-13).

Für den Levene-Test müssen folgende Voraussetzungen erfüllt sein und die entsprechende Hypothesen für die Testentscheidung gelten:

Voraussetzungen Levene-Test			
1	keine		
Testentscheidung:			
Fall	H_0	H_1	Lehne H_0 ab, wenn
a	$s_1^2 = s_2^2 = \cdots = s_m^2$	Min. eine der m Varianzen unterscheidet sich von den anderen: $s_i^2 \neq s_j^2$ für mind. ein (i, j).	$W > f_{df_1, df_2, \alpha}$, oder $p < \alpha$

Die Eingabe der Daten für die verschiedenen Stichproben erfolgt in den Zellen C-L ab Zeile 40. Das Signifikanzniveau wird über das Dropdown Menü in Zelle C13 ausgewählt.

Für den Levene-Test wird das Ergebnis in Zelle C31 und C32 dargestellt, für die Modifikation nach Brown-Forsythe in Zelle F31 und F32.

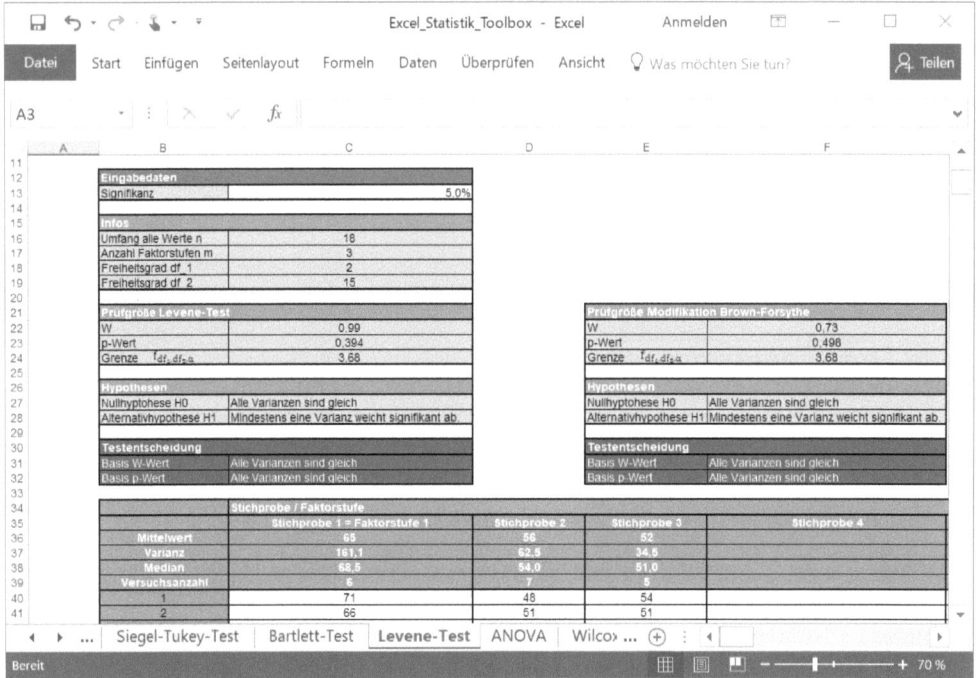

Abbildung 15-13: Excel-Tool des Levene-Tests bzw. der Modifikation nach Brown-Forsythe Streuungsunterschiede mehrerer nicht normalverteilter Stichproben

15.6 MITTELWERTTESTS FÜR ≤ 2 STICHPROBEN

Mit Hilfe von Mittelwerttests lässt sich prüfen, ob sich zwei Stichproben bezüglich der Mittelwerte unterscheiden. Auch Vergleiche einer Stichprobe mit einem erwarteten Mittelwert (z. B. Null) lassen sich testen.

Dies ist immer der Fall, wenn Stichproben miteinander, oder eine Stichprobe mit einem Zielwert verglichen werden soll. Mögliche Szenarien sind der Vergleich der Durchschlagsfestigkeit und der Verlustfaktoren eines Folienkondensators zweier Zulieferer miteinander oder der Vergleich der Durchschlagsfestigkeit und der Verlustfaktoren eines Folienkondensators mit Zielwerten.

Die Auswahl des geeigneten Testes hängt von der Verteilung der Daten (normalverteilt oder nicht) und der Anzahl der zu vergleichenden Stichproben ab. Der Assistent zur Analyse von Unterschieden bezüglich Mittelwerten (Abbildung 15-14) hilft bei der Auswahl des richtigen Tests.

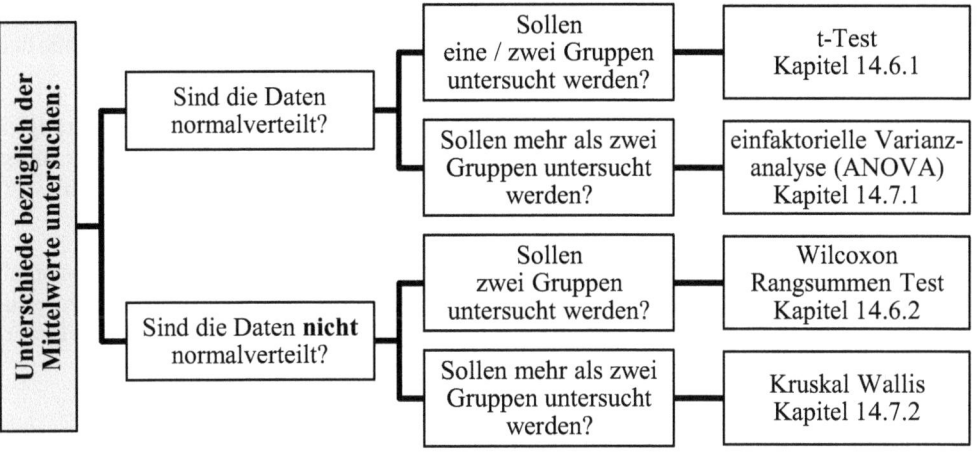

Abbildung 15-14: Assistent zu Analyse von Unterschieden bezüglich Mittelwerten

15.6.1 DER T-TEST (NORMALVERTEILTE DATEN)

Im Jahr 1908 wurde unter dem Pseudonym Student ein statistisches Testverfahren vorgestellt, mit dem Mittelwertunterschiede schnell und einfach identifiziert werden konnten [26], der t-Test. Der Assistent für t-Tests in Abbildung 15-15 hilft bei der Auswahl des geeigneten t-Tests für die eigenen Bedürfnisse.

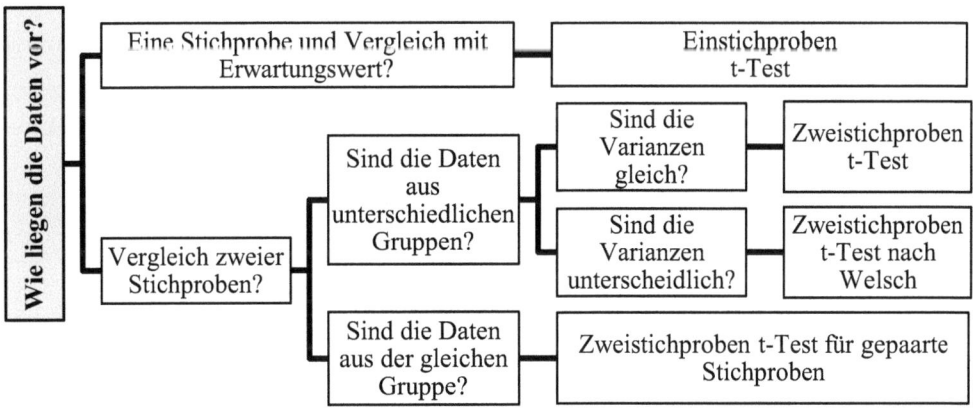

Abbildung 15-15: Assistent für t-Tests

Hinter dem Pseudonym steckt William Sealy Gosset, der bei der Guinness-Brauerei arbeitete und den t-Test entwickelte um die Bier-Qualität zu überwachen. Da seitens des Unternehmens das Veröffentlichen von Ergebnissen verboten war, publizierte er unter dem Pseudonym Student. Seine Herausforderung lag darin, dass er die Bierqualität erhöhen sollte, die auf Grund schlechter Chargen litt. Es galt umfangreiche Versuche zu vermeiden, bei denen das Bier anschließend weggeschüttet werden musste. Aus diesen Gründen (geringe Stichprobengröße und unbekannte Grundgesamtheit) entwickelte er den t-Test als statistisches Prüfverfahren.

Mittelwerttests wie der t-Test prüfen, ob Unterschiede bezüglich des Mittelwertes vorliegen. Folgende Szenarien sind hierbei denkbar und mit Hilfe statistischer Tests prüfbar (Der Assistent für t-Tests in Abbildung 15-15 liefert eine Entscheidungshilfe, welcher Test gewählt werden muss):

- Der Mittelwert einer Stichprobe ist größer (kleiner) als ein Erwartungswert. Ein Beispiel: Es soll anhand eines Tests an 20 LED Lampen (Stichprobe) überprüft werden, ob die angegebene Lebensdauer (Mittelwert) dieses Lampentyps mindestens 20.000 h (Erwartungswert) beträgt.
  Dies ist der Einstichproben t-Test.
- Die Mittelwerte zweier Stichproben gleicher Varianz unterscheiden sich. Ein Beispiel: Es soll durch Härtemessungen an jeweils 25 Werkstoffproben (Stichproben) überprüft werden, ob die Werkstoffe zweier Hersteller dieselbe Güte haben.
  Dies ist der Zweistichproben t-Test.
  Annahme: Die Varianz beider Stichproben ist gleich!
- Die Mittelwerte zweier Stichproben ungleicher Varianz unterscheiden sich. Ein Beispiel: Es soll die elektrische Leitfähigkeit zweier Legierungen miteinander verglichen werden. Deswegen ist davon auszugehen, dass sich die Varianzen voneinander unterscheiden.
  Dies ist der Zweistichproben t-Test nach Welch.
- Die Mittelwerte zweier voneinander abhängiger Stichproben sind gleich. Beispiel: Im Rahmen einer Messsystemanalyse wird eine Messung mehrfach wiederholt. Es soll überprüft werden, ob sich beide Ergebnisse voneinander unterscheiden.
  Dies ist der gepaarte t-Test (oder: abhängiger t-Test)
- Der Regressionskoeffizient unterscheidet sich signifikant von Null. Ein Beispiel dazu: Es wird gemessen, wie der Bremsweg eines Fahrzeuges von der Umgebungstemperatur abhängt. Es wird ein linearer Zusammenhang angenommen. Die Steigung dieses Zusammenhangs ist der Regressionskoeffizient.
  Dies ist der t-Test des Regressionskoeffizienten

Der t-Test erfolgt immer in folgenden drei Schritten.

Schritt 1 (Formulierung der Nullhypothese)

Es wird die Nullhypothese H_0 und die Alternativhypothese H_1 nach Kapitel 15.1 formuliert (z. B. H_0: der Mittelwert der Stichprobe ist gleich dem Erwartungswert).

Schritt 2 (Berechnung des Prüfwertes (t-Wertes))

Beim Einstichproben t-Test ist der t-Wert die Differenz aus Mittelwert der Stichprobe zum Erwartungswert bezogen auf den Standardfehler. Dieser Wert ist nicht mehr normalverteilt, sondern t-verteilt, wobei die t-Verteilung der Normalverteilung ähnelt. Mit Hilfe der t-Verteilung lässt sich also berechnen, wie wahrscheinlich eine bestimmte Differenz des Mittelwertes der Stichprobe zum Mittelwert der Grundgesamtheit ist. Dabei ist die t-Verteilung nur abhängig vom Freiheitsgrad υ [6].

Die Anzahl der Freiheitsgrade (kurz: Der Freiheitsgrad υ) ist definiert als die Zahl der „frei" verfügbaren Beobachtungen. Also dem Stichprobenumfang n minus der Anzahl der geschätzten Parameter a. Der Freiheitsgrad ist (wie der t-Wert) abhängig von der Art des Tests.

In den jeweiligen Kapiteln des t-Tests wird beschrieben, wie der Freiheitsgrad υ und der t-Wert t berechnet werden.

Schritt 3 (Testentscheidung)

Abbildung 15-16 zeigt schematisch die t-Verteilung. Es werden drei Fragestellungen unterschieden.

- der linksseitige Test,
- der rechtsseitige Test und
- der zweiseitige Test.

Abhängig von dieser Fragestellung wird die Testentscheidung gefällt. Betrachten wir zunächst den linksseitigen Test (Fall 1). Liegt der t-Wert unterhalb (links) eines Grenzwertes $t_{\alpha,\upsilon}$, wird angenommen, dass die Unterschiede nicht mehr zufällig, sondern mit der Wahrscheinlichkeit α statistisch signifikant sind (Abbildung 15-16). Es wird also die Nullhypothese H_0 abgelehnt und H_1 akzeptiert.

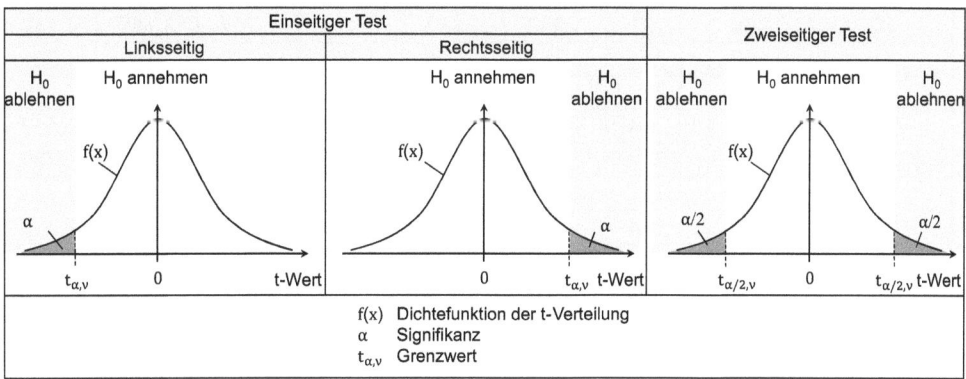

Abbildung 15-16: Erklärung t-Test

Für den rechtsseitigen Test (Fall 2) wird die Nullhypothese H_0 abgelehnt, wenn der t-Wert oberhalb (rechts) eines Grenzwertes $t_{\alpha,\upsilon}$ liegt.

Bei der zweiseitigen Fragestellung (Fall 3) wird die Nullhypothese H_0 abgelehnt, wenn der t-Wert oberhalb oder unterhalb eines Grenzwertes $t_{\alpha/2,\upsilon}$ liegt.

Der Grenzwert $t_{\alpha,\upsilon}$ ist abhängig vom Signifikanzniveau α (nach Kapitel 15.2.2) und dem Freiheitsgrad ν (abhängig von der Art des t-Testes). Der Grenzwert $t_{\alpha,\upsilon}$ kann z. B. Tabelle 15-20 entnommen werden. Hier sind nur positive Werte angegeben. Für den linksseitigen t-Test gilt also der negative Wert. Alternativ kann der t-Wert auch in Excel berechnet werden. Für die zweiseitige Fragestellung ist die halbe Signifikanz α zu wählen ($t_{\alpha;\upsilon;zweiseitig} = t_{\alpha/2;\upsilon;einseitig}$):

$$\text{EXCEL: } t_{\alpha,\upsilon} = -\text{T.INV}(\alpha; \upsilon) \qquad (256)$$

Tabelle 15-20: Grenzwerte $t_{\alpha,\upsilon}$ des t-Tests

Freiheits-grad υ	Signifikanz α für zweiseitigen Test							
	50%	25%	20%	10%	5%	2%	1%	0,2%
	Signifikanz α für einseitigen Test							
	25%	12,5%	10%	5%	2,5%	1%	0,5%	0,1%
1	1,000	2,414	3,078	6,314	12,71	31,82	63,66	318,3
2	0,816	1,604	1,886	2,920	4,303	6,965	9,925	22,33
3	0,765	1,423	1,638	2,353	3,182	4,541	5,841	10,21
4	0,741	1,344	1,533	2,132	2,776	3,747	4,604	7,173
5	0,727	1,301	1,476	2,015	2,571	3,365	4,032	5,893
6	0,718	1,273	1,440	1,943	2,447	3,143	3,707	5,208
7	0,711	1,254	1,415	1,895	2,365	2,998	3,499	4,785
8	0,706	1,240	1,397	1,860	2,306	2,896	3,355	4,501
9	0,703	1,230	1,383	1,833	2,262	2,821	3,250	4,297
10	0,700	1,221	1,372	1,812	2,228	2,764	3,169	4,144
11	0,697	1,214	1,363	1,796	2,201	2,718	3,106	4,025
12	0,695	1,209	1,356	1,782	2,179	2,681	3,055	3,930
13	0,694	1,204	1,350	1,771	2,160	2,650	3,012	3,852
14	0,692	1,200	1,345	1,761	2,145	2,624	2,977	3,787
15	0,691	1,197	1,341	1,753	2,131	2,602	2,947	3,733
16	0,690	1,194	1,337	1,746	2,120	2,583	2,921	3,686
17	0,689	1,191	1,333	1,740	2,110	2,567	2,898	3,646
18	0,688	1,189	1,330	1,734	2,101	2,552	2,878	3,610
19	0,688	1,187	1,328	1,729	2,093	2,539	2,861	3,579
20	0,687	1,185	1,325	1,725	2,086	2,528	2,845	3,552
25	0,684	1,178	1,316	1,708	2,060	2,485	2,787	3,450
30	0,683	1,173	1,310	1,697	2,042	2,457	2,750	3,385
40	0,681	1,167	1,303	1,684	2,021	2,423	2,704	3,307
50	0,679	1,164	1,299	1,676	2,009	2,403	2,678	3,261
60	0,679	1,162	1,296	1,671	2,000	2,390	2,660	3,232
70	0,678	1,160	1,294	1,667	1,994	2,381	2,648	3,211
80	0,678	1,159	1,292	1,664	1,990	2,374	2,639	3,195
90	0,677	1,158	1,291	1,662	1,987	2,368	2,632	3,183
100	0,677	1,157	1,290	1,660	1,984	2,364	2,626	3,174

Zusammenfassend gilt für die Testentscheidung auf Basis des t-Wertes:

Die Nullhypothese H_0 wird verworfen, wenn

$t \leq -t_{\alpha;\upsilon;einseitig}$	linksseitige (Fall 1)	(257)
$t \geq t_{\alpha;\upsilon;einseitig}$	rechtsseitige (Fall 2)	(258)
$\lvert t \rvert \geq t_{\alpha;\upsilon;zweiseitig} = t_{\alpha/2;\upsilon;einseitig}$	zweiseitige Fragestellung (Fall 3)	(259)

Alternativ wird häufig (z. B. in Minitab) mit dem p-Wert gerechnet. Für den rechtsseitigen Test ist der p-Wert die Fläche unter der t-Verteilung für Werte rechts des t-Wertes. Für den linksseitigen Test ist dies die Fläche unter der t-Verteilung für Werte links des t-Wertes. Der p-Wert ist anschaulich die Wahrscheinlichkeit für einen zufälligen Mittelwertunterschied. Ist der p-Wert größer als Signifikanz α, wird die Nullhypothese H_0 akzeptiert.

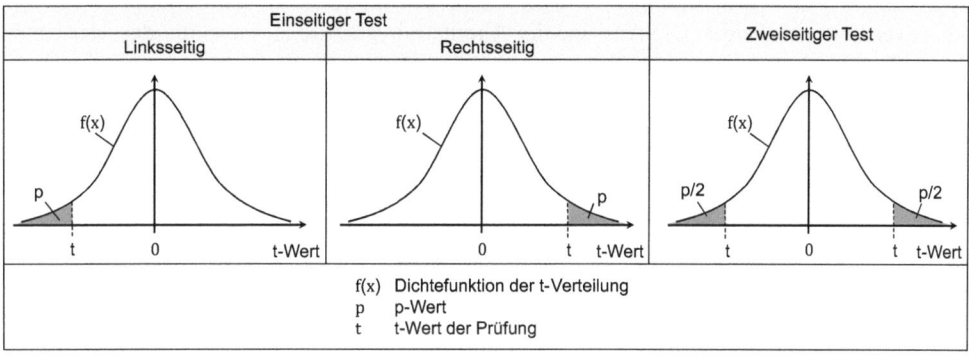

Abbildung 15-17: Erklärung p-Wert

Zusammenfassend gilt für die Testentscheidung auf Basis des p-Wertes:

Die Nullhypothese H_0 wird verworfen, wenn

$p < \alpha$ (linksseitige Fragestellung, Fall 1)	(260)
$p < \alpha$ (rechtsseitige Fragestellung, Fall 2)	(261)
$p < 2\alpha$ (zweiseitige Fragestellung, Fall 3)	(262)

Der p-Wert kann abhängig vom berechneten t-Wert auch einfach mit Excel berechnet werden:

$$\text{EXCEL: } p = \text{T.VERT.RE}(t; \upsilon) \tag{263}$$

Praxistipp
Bei kleinem p, sage H_0 ade!

15.6.1.1   DER EINSTICHPROBEN T-TEST

Der Einstichproben t-Test prüft, ob ein Stichprobenmittelwert $\bar{x}$ statistisch signifikant von einem Erwartungswert μ abweicht oder ob die Unterschiede nur zufällig sind.

Die Annahmen und Voraussetzungen des Einstichproben t-Test sind:

- Die Stichprobe ist zufällig und repräsentativ.
- Die Standardabweichung und die Varianz der Grundgesamtheit sind unbekannt.
- Die Grundgesamtheit der Daten ist normalverteilt oder der Stichprobenumfang beträgt mindestens 30 Werte.

Schritt 1: Formulierung der Nullhypothese

Die Nullhypothese H_0 besagt, dass sich der Stichprobenmittelwert $\bar{x}$ nur zufällig vom Erwartungswert μ unterscheidet. Die Aussage der Alternativhypothese H_1 ist somit, dass der Unterschied statistisch signifikant ist. Die statistische Signifikanz entspricht der Irrtumswahrscheinlichkeit α. Es gibt insgesamt drei mögliche Formulierungen der Hypothesen.

Einseitige Fragestellung (linksseitig):
H_0: Stichprobenmittelwert ist größer als der Erwartungswert: $\bar{x} > \omega_0$
H_1: Stichprobenmittelwert ist kleiner/gleich dem Erwartungswert: $\bar{x} \leq \omega_0$.

Einseitige Fragestellung (rechtsseitig):
H_0: Stichprobenmittelwert ist kleiner als der Erwartungswert: $\bar{x} < \omega_0$
H_1: Stichprobenmittelwert ist größer/gleich dem Erwartungswert: $\bar{x} \geq \omega_0$

Zweiseitige Fragestellung:
H_0: Stichprobenmittelwert ist gleich dem Erwartungswert: $\bar{x} = \omega_0$
H_1: Stichprobenmittelwert und Erwartungswert unterscheiden sich: $\bar{x} \neq \omega_0$.

Schritt 2: Berechnung der Prüfgröße

Für den Einstichproben t-Test hat Gosset für normalverteilte Daten festgestellt, dass die normierten (auf den Standardfehler $\frac{s_x}{\sqrt{n}}$ bezogenen) Unterschiede zwischen dem Mittelwert der Stichprobe und dem Erwartungswert ($\bar{x} - \omega_0$) der t-Verteilung unterliegen und nicht mehr normalverteilt sind. Für die einseitige und zweiseitige Fragestellung berechnet sich der t-Wert folgendermaßen:

$$t = \frac{\text{Abweichung des Mittelwertes}}{\text{Standardfehler des Mittelwertes}}$$

$$t = \begin{cases} \dfrac{\bar{x} - \omega_0}{\dfrac{s_x}{\sqrt{n}}} & \text{einseitige Fragestellung} \\[2em] \dfrac{|\bar{x} - \omega_0|}{\dfrac{s_x}{\sqrt{n}}} & \text{zweiseitige Fragestellung} \end{cases} \qquad (264)$$

Es ist:

t der t-Wert,

$\bar{x}$ der Mittelwert der Stichprobe,

ω_0 der Erwartungswert,

s_x die Standardabweichung der Stichprobe nach Gleichung (8),

n der Stichprobenumfang.

Schritt 3: Testentscheidung

Die Nullhypothese H_0 wird abgelehnt und die Alternativhypothese H_1 akzeptiert, wenn

$$t \leq -t_{\alpha;\upsilon;einseitig} \qquad \text{linkssseitige}$$

$$t \geq t_{\alpha;\upsilon;einseitig} \qquad \text{rechtsseitige} \qquad (265)$$

$$|t| \geq t_{\alpha;\upsilon;zweiseitig} = t_{\alpha/2;\upsilon;einseitig} \quad \text{zweiseitige Fragestellung}$$

Darin ist $t_{\alpha;\upsilon;einseitig}$ bzw. $t_{\alpha;\upsilon;zweiseitig}$ der t-Wert der t-Verteilung für die Irrtumswahrschein-lichkeit α und den Freiheitsgrad υ. Der Freiheitsgrad ist definiert als die Zahl der „frei" verfügbaren Beobachtungen. Also dem Stichprobenumfang n minus der Anzahl der geschätzten Parameter a. Im Falle des Einstichprobens t-Tests berechnet sich der Freiheitsgrad υ abhängig vom Stichprobenumfang n:

$$\upsilon = n - 1. \qquad (266)$$

Der Grenzwert $t_{\alpha;\upsilon;einseitig}$ bzw. $t_{\alpha;\upsilon;zweiseitig}$ kann entweder der Tabelle 15-20 von Seite 216 entnommen oder mit Excel nach Gleichung (256) von Seite 216 berechnet werden.

Dazu ein Beispiel für einseitigen Einstichproben t-Test

Es soll die experimentell ermittelte erste Eigenfrequenz der Verbund-Decke (Betonplatte auf Stahlträgern) eines Gebäudes mit dem durch Simulationen ermittelten Wertes verglichen werden. Dazu wird die Eigenfrequenz 5 mal gemessen (**Tabelle 15-21**). Die simulierte erste Eigenfrequenz der Verbund-Decke liegt bei $f_{1,Theorie} = 13$ Hz. Sind die gemessenen Eigenfrequenzen deutlich darunter, müssen Maßnahmen zur Versteifung ergriffen werden, liegen sie darüber, besteht kein Handlungsbedarf. Es soll ein Signifikanzniveau von $\alpha = 5\%$ gewählt werden.

Tabelle 15-21: gemessene erste Eigenfrequenzen $f_{1,i}$ der Verbund-Decke

Nr. i	Gemessene Eigenfrequenz $f_{1,i}$ in Hz
1	7
2	13
3	8
4	11
5	9

Schritt 1: Formulierung der Nullhypothese

Nach dem Ablaufdiagramm zur Formulierung der Hypothesen in Kapitel 15.2.1 wird die Nullhypothese H_0 und die Alternativhypothese H_1 festgelegt. Da der schlimmere Fall der ist, dass
die gemessene Eigenfrequenz kleiner ist als der simulierte Wert, gilt:

H_0: $\bar{f}_1 > f_{1,\text{Theorie}}$

H_1: $\bar{f}_1 \leq f_{1,\text{Theorie}}$.

Schritt 2: Berechnung der Prüfgröße

Es handelt sich nach Abbildung 15-16 von Seite 215 um einen linksseitigen Einstichproben t-
Test. Für die Prüfgröße t gilt dann die Gleichung (264) von Seite 220

$$t = \frac{\bar{x} - \omega_0}{\frac{s_x}{\sqrt{n}}} = \frac{\bar{f}_1 - f_{1,\text{Theorie}}}{\frac{s_{f_1}}{\sqrt{n}}}. \tag{267}$$

Mit dem Stichprobenumfang $n = 5$, dem Mittelwert $\bar{x} = \bar{f}_1$ nach Gleichung (1) von Seite 38

$$\bar{x} = \bar{f}_1 = (f_{1,1} + f_{1,2} + \cdots + f_{1,n})/n = (7 + 13 + \cdots + 9)/5 = 9{,}6 \text{ Hz}, \tag{268}$$

dem Erwartungswert $\omega_0 = f_{1,\text{Theorie}} = 13 \text{Hz}$ sowie der Standardabweichung $s_x = s_{f_1}$ der
Stichprobe nach Gleichung (6) von Seite 41

$$s_x^2 = s_{f_1}^2 = \frac{\sum_{i=1}^{n}(x_i - \bar{x})^2}{n-1} = \frac{\sum_{i=1}^{n}\left(f_{1,i} - \bar{f}_1\right)^2}{n-1} = \tag{269}$$

$$s_{f_1}^2 = \frac{(7 - 9{,}6)^2 + (13 - 9{,}6)^2 + \cdots + (9 - 9{,}6)^2}{5 - 1} = 5{,}8 \text{ Hz}^2$$

$$s_{f_1} = \sqrt{s_{f_1}^2} = \sqrt{5{,}8 \text{ Hz}^2} = 2{,}41 \text{Hz}$$

wird der t-Wert durch Einsetzen von s_{f_1}, n, $f_{1,\text{Theorie}}$ und $\bar{f}_1$ in Gleichung (267) berechnet:

$$t = \frac{\bar{x} - \mu}{\frac{s_x}{\sqrt{n}}} = \frac{\bar{f}_1 - f_{1,\text{Theorie}}}{\frac{s_{f_1}}{\sqrt{n}}} = \frac{9{,}6 - 13}{\frac{2{,}41}{\sqrt{5}}} = -3{,}15 \tag{270}$$

Der Freiheitsgrad υ berechnet sich nach Gleichung (266) von Seite 219 abhängig vom Stichprobenumfang n

$$\upsilon = n - 1 \tag{271}$$
$$\upsilon = 5 - 1 = 4$$

Schritt 3: Testentscheidung

Durch den Vergleich der Prüfgröße t und dem Grenzwert $t_{\alpha,\upsilon}$ wird die Testentscheidung getroffen. Mit $\upsilon = 4$ und dem Signifikanzniveau $\alpha = 5\%$ wird der Grenzwert aus Tabelle 15-20
von Seite 216 abgelesen: $t_{5\%,4} = 2{,}132$. Für den linksseitigen Test wird nach Gleichung (257)
von Seite 217 die Nullhypothese H_0: $\bar{f}_1 > f_{1,\text{Theorie}}$ verworfen, wenn

$$t \leq -t_{\alpha,\upsilon} \text{ (linksseitige Fragestellung, Fall 1)} \tag{272}$$
$$t = -3{,}15 \leq -t_{5\%,4} = -2{,}132.$$

Es wird die Nullhypothese H_0: $\bar{f}_1 > f_{1,\text{Theorie}}$ abgelehnt und die Alternativhypothese H_1:
$\bar{f}_1 \leq f_{1,\text{Theorie}}$ akzeptiert. Es ist also der Messwert der Eigenfrequenz siginifikant kleiner als
der erwartete Wert. Es besteht Handlungsbedarf, die Verbund-Decke muss versteift werden.

Diese Entscheidung ist mit einer Signifikanz von 5% gesichert. Das bedeutet, dass immer noch eine 5%-ige Chance besteht, dass der Unterschied nur zufällig ist. Dieses Risiko ist jedoch nicht so kritisch, da es „nur" Kosten für die Versteifung verursacht. Umgekehrt wäre es schlimmer, da im schlimmsten Fall die Decke einstürzen könnte und damit Menschenleben gefährdet sind.

Dies zeigt, wie wichtig die saubere Formulierung der Nullhypothese ist.

Ein Beispiel für einen zweiseitigen Einstichproben t-Test

Der Wellendurchmesser d für eine Passung wird stichprobenartig durch 7 Teile überprüft (siehe Tabelle 15-22. Dieser darf weder zu klein (Gefahr durch Rutschen) noch zu groß (Schwierigkeiten beim Fügen) sein. In diesem Fall prüfen wir mit einem zweiseitigen Einstichproben t-Test gegen den Nenndurchmesser $d_{nenn} = 35mm$.

Geprüft werden soll auf dem Signifikanzniveau $\alpha = 5\%$.

Tabelle 15-22: gemessene Wellendurchmesser

Nr. i	Gemessene Durchmesser d_i in mm
1	35,1
2	35,03
3	35,01
4	35,03
5	35,02
6	35,06
7	35,02

Schritt 1: Formulierung der Nullhypothese

Nach Kapitel 15.2.1 werden die Nullhypothese H_0 und die Alternativhypothese H_1 festgelegt. Da keine eindeutige Formulierung möglich ist, gilt

$H_0: \bar{d} = d_{nenn}$

$H_1: \bar{d} \neq d_{nenn}$

Schritt 2: Berechnung der Prüfgröße

Da sowohl zu große, als auch zu kleine Durchmesser kritisch sind und der Vergleich einer Stichprobe mit einem Mittelwert erfolgt, handelt es sich um einen zweiseitigen Einstichproben t-Test. Für die Prüfgröße gilt Gleichung (264) von Seite 220

$$t = \frac{|\bar{x} - \omega_0|}{\frac{s_x}{\sqrt{n}}}. \tag{273}$$

Mit dem Stichprobenumfang n = 7, dem Mittelwert $\bar{x} = \bar{d}$ nach Gleichung (1) von Seite 38

$$\bar{x} = \bar{d} = (d_1 + d_2 + \cdots + d_n)/n = (35,1 + 35,03 + \cdots + 35,02)/7 \tag{274}$$

$$\bar{d} = 35,04 \, mm$$

dem Erwartungswert $\mu = d_{nenn} = 35mm$, sowie der Standardabweichung $s_x = s_d$ der Stichprobe nach Gleichung (6) von Seite 41

$$s_x^2 = s_d^2 = \frac{\sum_{i=1}^n (x_i - \bar{x})^2}{n-1} = \frac{\sum_{i=1}^n (d_1 - \bar{d})^2}{n-1} = \tag{275}$$

$$s_d^2 = \frac{(35,10 - 35,04)^2 + (35,03 - 35,04)^2 + \cdots + (35,02 - 35,04)^2}{7-1}$$

$$= 0,00208 \text{mm}^2$$

$$s_d = \sqrt{s_d^2} = \sqrt{0,000981 \text{mm}^2} = 0,0456 \text{mm}$$

wird der t-Wert durch Einsetzen von s_d, n, d_{nenn} und $\bar{d}$ in Gleichung (280) berechnet:

$$t = \frac{\bar{x} - \omega_0}{\frac{s_x}{\sqrt{n}}} = \frac{\bar{d} - d_{nenn}}{\frac{s_d}{\sqrt{n}}} = \frac{35,04 \text{ mm} - 35 \text{ mm}}{\frac{0,0456 \text{ mm}}{\sqrt{7}}} = 2,32 \tag{276}$$

Der Freiheitsgrad υ berechnet sich nach Gleichung (266) von Seite 219 abhängig vom Stichprobenumfang n

$$\upsilon = n - 1$$
$$\upsilon = 7 - 1 = 6 \tag{277}$$

Schritt 3: Testentscheidung
Durch den Vergleich der Prüfgröße t und dem Grenzwert $t_{\alpha,\upsilon,zweiseitig}$ wird die Testentscheidung getroffen. Mit $\upsilon = 6$ und dem Signifikanzniveau $\alpha = 5\%$ wird der Grenzwert Tabelle 15-20 von Seite 216 abgelesen: $t_{5\%,6,zweiseitig} = 2,447$. Für den zweiseitigen Test wird nach Gleichung (259) von Seite 217 die Nullhypothese H_0: $\bar{f}_1 \geq f_{1,Theorie}$ verworfen, wenn

$$t > t_{\alpha,\upsilon,zweiseitig} \text{ (zweiseitige Fragestellung, Fall 3)} \tag{278}$$
$$t = 2,32 < t_{0,05,6,zweiseitg} = 2,447.$$

Dies bedeutet, dass die Nullhypothese beibehalten wird und die gemessenen Durchmesser statistisch nicht signifikant vom Nenndurchmesser abweichen, obwohl alle sieben gemessenen Werte größer sind als der Nenndurchmesser.

15.6.1.2 ZWEISTICHPROBEN T-TEST FÜR GLEICHE VARIANZEN

Sollen die Mittelwerte (zentralen Tendenzen) zweier Stichproben ($\bar{x}_1$ und $\bar{x}_2$) miteinander verglichen werden, wird mit dem Zweistichproben t-Test gearbeitet. Wenn die Varianz (oder Standardabweichung) der beiden Stichproben gleich ist (homoskedatisch), dann kann mit diesem Test gearbeitet werden. Es wird dabei untersucht, ob sich die Stichprobenmittelwerte $\bar{x}_1$ und $\bar{x}_2$ der Stichprobe 1 und der Stichprobe 2 um den Abstand ω_0 unterscheiden. Soll getestet werden, ob beide Mittelwerte gleich sind, gilt $\omega_0 = 0$ (meist der Standardfall).

Voraussetzungen für den Zweistichproben t-Test sind:

- Die Stichproben sind zufällig und repräsentativ.
- Die Standardabweichung und die Varianz der Grundgesamtheit sind unbekannt.
- Beide Varianzen sind gleich.
- Die Grundgesamtheit ist normalverteilt oder der Stichprobenumfang min. 30 Werte.

Schritt 1: Formulierung der Nullhypothese

Die Nullhypothese H_0 besagt, dass sich der Stichprobenmittelwert der ersten Strichprobe $\bar{x}_1$ nur zufällig (also nicht signifikant) vom der zweiten Stichprobe $\bar{x}_2$ um den Wert ω_0 unterscheidet. Die Aussage der Alternativhypothese H_1 ist somit, dass der Unterschied statistisch signifikant ist. Die statistische Signifikanz entspricht der Irrtumswahrscheinlichkeit α. Es gibt insgesamt drei mögliche Formulierungen der Hypothesen.

Einseitige Fragestellung (linksseitig):
H_0: $\bar{x}_1$ ist um den Wert $\boldsymbol{\omega_0}$ größer als $\bar{x}_2$: $\bar{x}_1 - \bar{x}_2 > \omega_0$.
H_1: $\bar{x}_1$ ist nicht um den Wert ω_0 größer oder gleich als $\bar{\mathbf{x}}_2$: $\bar{x}_1 - \bar{x}_2 \leq \omega_0$.

Einseitige Fragestellung (rechtsseitig):
H_0: $\bar{x}_1$ ist um den Wert ω_0 kleiner als $\bar{x}_2$: $\bar{x}_1 - \bar{x}_2 < \omega_0$.
H_1: $\bar{x}_1$ ist nicht um den Wert ω_0 kleiner oder gleich als $\bar{x}_2$: $\bar{x}_1 - \bar{x}_2 \geq \omega_0$.

Zweiseitige Fragestellung:
H_0: Der Unterschied zwischen $\bar{x}_1$ und $\bar{x}_2$ ist gleich ω_0: $|\bar{x}_1 - \bar{x}_2| = \omega_0$.
H_1: Der Unterschied zwischen $\bar{x}_1$ und $\bar{x}_2$ ist ungleich ω_0: $|\bar{x}_1 - \bar{x}_2| \neq \omega_0$.

Schritt 2: Berechnung der Prüfgröße

Der t-Wert berechnet sich nach

$$t = \frac{\bar{x}_1 - \bar{x}_2 - \omega_0}{\sqrt{\dfrac{(n_1 - 1)s_{x,1}^2 + (n_2 - 1)s_{x,2}^2}{n_1 + n_2 - 2}} \cdot \sqrt{\dfrac{1}{n_1} + \dfrac{1}{n_2}}}. \tag{279}$$

Es ist:
t der t-Wert
$\bar{x}$ der Mittelwert der jeweiligen Stichprobe,
s_x die Standardabweichung der jeweiligen Stichprobe
n der jeweilige Stichprobenumfang
ω_0 der Abstand um den sich beide Stichproben unterscheiden (häufig gilt $\omega_0 = 0$).

Der Freiheitsgrad ist

$$\upsilon = n_1 + n_2 - 2. \tag{280}$$

Schritt 3: Testentscheidung

Die Nullhypothese H_0 wird abgelehnt und die Alternativhypothese H_1 akzeptiert, wenn

$$\begin{aligned} t &\leq -t_{\alpha;\upsilon;\text{einseitig}} && \text{linkssseitige} \\ t &\geq t_{\alpha;\upsilon;\text{einseitig}} && \text{rechtsseitige} \\ |t| &\geq t_{\alpha;\upsilon;\text{zweiseitig}} = t_{\alpha/2;\upsilon;\text{einseitig}} && \text{zweiseitige Fragestellung} \end{aligned} \tag{281}$$

Darin ist $t_{\alpha;\upsilon;einseitig}$ bzw. $t_{\alpha;\upsilon;zweiseitig}$ der t-Wert der t-Verteilung für die Irrtumswahrschein-lichkeit α und den Freiheitsgrad υ. Der Grenzwert $t_{\alpha;\upsilon;einseitig}$ bzw. $t_{\alpha;\upsilon;zweiseitig}$ kann entweder der Tabelle 15-20 von Seite 216 entnommen oder mit Excel nach Gleichung (256) von Seite 216 berechnet werden.

15.6.1.3   ZWEISTICHPROBEN T-TEST FÜR UNGLEICHE VARIANZEN NACH WELCH

Wenn die Varianz (oder Standardabweichung) der beiden Stichproben unterschiedlich ist, (heteroskedatisch), muss mit der Modifikation des t-Tests nach Welch gerechnet werden. Als einfache Faustformel gilt, dass dieser Test zu verwenden ist, wenn sich die Varianzen der beiden Stichproben mindestens um den Faktor zwei voneinander unterscheiden. Falls nein, wird mit dem klassischen Zweistichproben t-Test gearbeitet. Es wird dabei untersucht, ob sich die Stichprobenmittelwerte $\bar{x}_1$ und $\bar{x}_2$ der Stichprobe 1 und der Stichprobe 2 um den Abstand ω_0 unterscheiden. Soll getestet werden, ob beide Mittelwerte gleich sind, gilt $\omega_0 = 0$. Dies stellt erfahrungsgemäß den Standardfall dar.

Praxistipp

Häufig ist dieser Test die Standardeinstellung, wenn der t-Test mit Software durchgeführt wird.

Voraussetzungen für den Zweistichproben t-Test sind:

- Die Stichproben sind zufällig und repräsentativ.
- Die Standardabweichung und die Varianz der Grundgesamtheit sind unbekannt.
- Beide Varianzen sind unterschiedlich.
- Die Grundgesamtheit der Daten ist normalverteilt (zu überprüfen mit beispielsweise den Tests nach Kapitel 15.3) oder der Stichprobenumfang beträgt mindestens 30 Werte.

Schritt 1: Formulierung der Nullhypothese

Die Nullhypothese H_0 besagt, dass sich der Stichprobenmittelwert der ersten Stichprobe $\bar{x}_1$ nur zufällig (also nicht signifikant) von dem der zweiten Stichprobe $\bar{x}_2$ um den Wert ω_0 unterscheidet. Die Aussage der Alternativhypothese H_1 ist somit, dass der Unterschied statistisch signifikant ist. Die statistische Signifikanz entspricht der Irrtumswahrscheinlichkeit α. Es gibt insgesamt drei mögliche Formulierungen der Hypothesen.

Einseitige Fragestellung (linksseitig):
H_0: $\bar{x}_1$ ist um den Wert ω_0 größer als $\bar{x}_2$: $\bar{x}_1 - \bar{x}_2 > \omega_0$.
H_1: $\bar{x}_1$ ist nicht um den Wert ω_0 größer oder gleich als $\bar{x}_2$: $\bar{x}_1 - \bar{x}_2 \leq \omega_0$.

Einseitige Fragestellung (rechtsseitig):
H_0: $\bar{x}_1$ ist um den Wert ω_0 kleiner als $\bar{x}_2$: $\bar{x}_1 - \bar{x}_2 < \omega_0$.
H_1: $\bar{x}_1$ ist nicht um den Wert ω_0 kleiner oder gleich als $\bar{x}_2$: $\bar{x}_1 - \bar{x}_2 \geq \omega_0$.

Zweiseitige Fragestellung:

H_0: Der Unterschied zwischen $\bar{x}_1$ und $\bar{x}_2$ ist gleich ω_0: $|\bar{x}_1 - \bar{x}_2| = \omega_0$.

H_1: Der Unterschied zwischen $\bar{x}_1$ und $\bar{x}_2$ ist ungleich ω_0: $|\bar{x}_1 - \bar{x}_2| \neq \omega_0$.

Schritt 2: Berechnung der Prüfgröße

Der t-Wert berechnet sich nach

$$t = \frac{\bar{x}_1 - \bar{x}_2 - \omega_0}{\sqrt{\dfrac{s_{x,1}^2}{n_1} + \dfrac{s_{x,2}^2}{n_2}}}. \tag{282}$$

Es ist:

t der t-Wert,

$\bar{x}$ der Mittelwert der jeweiligen Stichprobe,

s_x die Standardabweichung der jeweiligen Stichprobe,

n der jeweilige Stichprobenumfang und

ω_0 der Abstand um den sich beide Stichproben unterscheiden (häufig gilt $\omega_0 = 0$).

Der Freiheitsgrad ist

$$\upsilon = \frac{\left(\dfrac{s_{x,1}^2}{n_1} + \dfrac{s_{x,2}^2}{n_2}\right)^2}{\dfrac{1}{n_1 - 1}\left(\dfrac{s_{x,1}^2}{n_1}\right)^2 + \dfrac{1}{n_2 - 1}\left(\dfrac{s_{x,2}^2}{n_2}\right)^2}. \tag{283}$$

Schritt 3: Testentscheidung

Die Nullhypothese H_0 wird abgelehnt und die Alternativhypothese H_1 akzeptiert, wenn

$$\begin{aligned}
&t \leq -t_{\alpha;\upsilon;\text{einseitig}} && \text{linksseitige} \\
&t \geq t_{\alpha;\upsilon;\text{einseitig}} && \text{rechtsseitige} \\
&|t| \geq t_{\alpha;\upsilon;\text{zweiseitig}} = t_{\alpha/2;\upsilon;\text{einseitig}} && \text{zweiseitige Fragestellung}
\end{aligned} \tag{284}$$

Darin ist $t_{\alpha;\upsilon;\text{einseitig}}$ bzw. $t_{\alpha;\upsilon;\text{zweiseitig}}$ der t-Wert der t-Verteilung für die Irrtumswahrscheinlichkeit α und den Freiheitsgrad υ. Der Grenzwert $t_{\alpha;\upsilon;\text{einseitig}}$ bzw. $t_{\alpha;\upsilon;\text{zweiseitig}}$ kann entweder Tabelle 15-20 von Seite 216 entnommen oder mit Excel nach Gleichung (256) von Seite 216 berechnet werden.

15.6.1.4   ZWEISTICHPROBEN T-TEST FÜR GEPAARTE DATEN

Gepaarte Daten liegen vor, wenn Werte vor einer Behandlung mit den Werten nach einer Behandlung verglichen werden. Es soll beispielsweise ein Härteverfahren überprüft werden.

Dazu wird die Härte an nicht gehärteten Proben $x_{1,i}$ gemessen. Anschließend werden diese Proben gehärtet, die Härte nach diesem Prozess gemessen ($x_{2,i}$) und mit dem Ausgangswert derselben Probe verglichen. Häufig werden gepaarte Daten auch abhängige Daten genannt.

Voraussetzungen für den Zweistichproben t-Test für gepaarte Daten sind:

- Die Standardabweichung und die Varianz der Grundgesamtheit sind unbekannt.
- Prüfung: Wenn ein Datenpunkt aus einer Gruppe mit einem beliebigen Datenpunkt aus der anderen Gruppe gepaart werden kann, dann darf dieser Test nicht angewandt werden.
- Beide Varianzen sind unterschiedlich.
- Der Stichprobenumfang beider Stichproben ist gleich ($n_1 = n_2 = n$).
- Die Differenzen der Messwerte $x_{1,i} - x_{2,i} = x_{p,i}$ sind normalverteilt (zu überprüfen mit beispielsweise den Tests nach Kapitel 15.3) oder der Stichprobenumfang beträgt mindestens 30 Werte.

Schritt 1: Formulierung der Nullhypothese

Die Nullhypothese H_0 besagt, dass sich der Stichprobenmittelwert der ersten Stichprobe $\bar{x}_1$ nur zufällig (also nicht signifikant) vom der zweiten Stichprobe $\bar{x}_2$ um den Wert ω_0 unterscheidet. Die Aussage der Alternativhypothese H_1 ist somit, dass der Unterschied statistisch signifikant ist. Die statistische Signifikanz entspricht der Irrtumswahrscheinlichkeit α. Es gibt insgesamt drei mögliche Formulierungen der Hypothesen.

Einseitige Fragestellung (linksseitig):
H_0: $\bar{x}_1$ ist um den Wert ω_0 größer als $\bar{x}_2$: $\bar{x}_1 - \bar{x}_2 > \omega_0$.
H_1: $\bar{x}_1$ ist nicht um den Wert ω_0 größer oder gleich als $\bar{x}_2$: $\bar{x}_1 - \bar{x}_2 \leq \omega_0$.

Einseitige Fragestellung (rechtsseitig):
H_0: $\bar{x}_1$ ist um den Wert ω_0 kleiner als $\bar{x}_2$: $\bar{x}_1 - \bar{x}_2 < \omega_0$.
H_1: $\bar{x}_1$ ist nicht um den Wert ω_0 kleiner oder gleich als $\bar{x}_2$: $\bar{x}_1 - \bar{x}_2 \geq \omega_0$.

Zweiseitige Fragestellung:
H_0: Der Unterschied zwischen $\bar{x}_1$ und $\bar{x}_2$ ist gleich ω_0: $|\bar{x}_1 - \bar{x}_2| = \omega_0$.
H_1: Der Unterschied zwischen $\bar{x}_1$ und $\bar{x}_2$ ist ungleich ω_0: $|\bar{x}_1 - \bar{x}_2| \neq \omega_0$.

Schritt 2: Berechnung der Prüfgröße

Im Falle von gepaarten Daten hängen die Werte der ersten und der zweiten Messung direkt voneinander ab. Deswegen wird für die Berechnung der Prüfgröße mit dem gepaarten Wert $x_{p,i}$ gerechnet. Der gepaarte Wert ist die Differenz der Messwerte $x_{p,i} = x_{1,i} - x_{2,i}$. Ist kein Unterschied zwischen den beiden Messungen vorhanden, dann ist dieser Unterschied $\omega_0 = 0$. Die Prüfgröße ist dann vergleichbar mit dem Einstichproben t-Test, nur dass anstelle der Messwerte mit den gepaarten Werten $x_{p,i}$ gerechnet wird:

$$t = \frac{\bar{x}_p - \omega_0}{s_p/\sqrt{n}}. \tag{285}$$

Es ist

t der t-Wert,

$\bar{x}_p$ der Mittelwert der gepaarten Werte nach Gleichung (286),

s_p die Standardabweichung der jeweiligen Stichprobe nach Gleichung (287),

n der jeweilige Stichprobenumfang und

ω_0 der Abstand um den sich beide Stichproben unterscheiden (häufig gilt $\omega_0 = 0$).

Der Wert ω_0 stellt den Referenzwert dar, gegen den getestet wird. Falls dieser nicht bekannt ist, gilt $\omega_0 = 0$. Zur Berechnung der Prüfgröße wird aus den gepaarten Werten $x_{p,i}$ der arithmetische Mittelwert nach Gleichung (1) berechnet:

$$\bar{x}_p = \left| \frac{\sum_{i=1}^{n} x_{p,i}}{n} \right| = \left| \frac{\sum_{i=1}^{n} (x_{1,i} - x_{2,i})}{n} \right|. \tag{286}$$

Es ist s_p die empirische Standardabweichung der gepaarten Werte $x_{p,i}$ nach Gleichung (6):

$$s_p = \sqrt{\frac{\sum_{i=1}^{n} \left(x_{p,i} - \bar{x}_p \right)^2}{n-1}}. \tag{287}$$

Der Freiheitsgrad ist

$$\upsilon = n - 1. \tag{288}$$

Schritt 3: Testentscheidung

Die Nullhypothese H_0 wird abgelehnt und die Alternativhypothese H_1 akzeptiert, wenn

$$\begin{aligned}
-t &\leq t_{\alpha;\upsilon;\text{einseitig}} & &\text{linksseitige} \\
t &\geq t_{\alpha;\upsilon;\text{einseitig}} & &\text{rechtsseitige} \\
|t| &\geq t_{\alpha;\upsilon;\text{zweiseitig}} = t_{\alpha/2;\upsilon;\text{einseitig}} & &\text{zweiseitige Fragestellung}
\end{aligned} \tag{289}$$

Darin ist $t_{\alpha;\upsilon;\text{einseitig}}$ bzw. $t_{\alpha;\upsilon;\text{zweiseitig}}$ der t-Wert der t-Verteilung für die Irrtumswahrscheinlichkeit α und den Freiheitsgrad υ. Der Grenzwert $t_{\alpha;\upsilon;\text{einseitig}}$ bzw. $t_{\alpha;\upsilon;\text{zweiseitig}}$ kann entweder Tabelle 15-20 von Seite 216 entnommen, oder mit Excel nach Gleichung (256) von Seite 216 berechnet werden.

Ein Beispiel

Wellen sollen vor dem Einsatz gehärtet werden. An 7 Wellen wird die Vickers-Härte HV im Ausgangszustand gemessen. Um den Einfluss des Härtens zu bewerten, wird an denselben Wellen nach dem Härteprozess die Härte noch einmal gemessen. Geprüft werden soll auf dem Signifikanzniveau $\alpha = 5\%$, ob sich die Härte um min. 70 HV unterscheidet.

Die Härte der zweiten Messung ist von der ersten Messung abhängig. Deswegen gilt der t-Test für gepaarte Daten.

Tabelle 15-23: Härtewerte vor und nach dem Härteprozess

Nr. i	Ursprüngliche Härte in HV	Endgültige Härte in HV
1	148	209
2	150	237
3	157	213
4	146	220
5	130	214
6	132	211
7	146	224

Schritt 1: Formulierung der Nullhypothese

Es wird gezielt auf eine Vergrößerung der Härte geschaut. Deshalb handelt es sich um einen einseitigen Einstichproben t-Test.

Für die Nullhypothese gilt,

H_0: $\bar{x}_1$ ist um den Wert ω_0 größer als $\bar{x}_2$: $\overline{HV}_2 - \overline{HV}_1 > \omega_0$.

H_1: $\bar{x}_1$ ist nicht um den Wert ω_0 größer oder gleich als $\bar{x}_2$: $\overline{HV}_2 - \overline{HV}_1 \leq \omega_0$.

Schritt 2: Berechnung der Prüfgröße

Für die Prüfgröße gilt Gleichung (285) von Seite 226

$$t = \frac{\bar{x}_p - \omega_0}{s_p/\sqrt{n}}. \tag{290}$$

ω_0 ist der Unterschied der erwartet wird. Es gilt: $\omega_0 = 70$ HV.

Zur Berechnung der Prüfgröße wird mit den gepaarten Werten gerechnet. $x_{p,i} = x_{1,i} - x_{2,i}$.
Es gilt also

$$x_{p,1} = HV_{p,1} = HV_{1,1} - HV_{2,1} = 148 - 209 = -61 \text{ HV}$$

$$x_{p,2} = HV_{p,2} = HV_{1,2} - HV_{2,2} = 150 - 237 = -87 \text{ HV}$$

$$\vdots$$

$$x_{p,7} = HV_{p,7} = HV_{1,7} - HV_{2,7} = 146 - 224 = -78 \text{ HV}.$$

Mit diesen gepaarten Werten wird jetzt zuerst der Mittelwert berechnet:

$$\bar{x}_p = \overline{HV}_p = \left| \frac{\sum_{i=1}^{n} HV_{p,i}}{n} \right| \tag{291}$$

$$= \left| \frac{HV_{p,1} + HV_{p,2} + \cdots + HV_{p,7}}{n} \right|$$

$$\overline{HV}_p = \left| \frac{-61 - 87 - \cdots - 78}{7} HV \right| = 74 HV.$$

die Standardabweichung wird nach Gleichung (287) von Seite 227 berechnet

$$s_p = \sqrt{\frac{\sum_{i=1}^{n}(x_{p,i} - \bar{x}_p)^2}{n-1}} = \sqrt{\frac{\sum_{i=1}^{n}(HV_{p,i} - \overline{HV}_p)^2}{n-1}} \tag{292}$$

$$s_p = \sqrt{\frac{(-61 + 74)^2 + (87 + 74)^2 + \cdots + (-78 + 74)^2}{7-1}}$$

$$s_p = 11 \text{HV}.$$

Einsetzen von Gleichung (291) und (292) sowie $\omega_0 = 70$ in (290) liefert die Prüfgröße t:

$$t = \frac{\bar{x}_p - \omega_0}{s_p/\sqrt{n}} = \frac{\overline{HV}_p - \omega_0}{s_p/\sqrt{n}} = \frac{74 - 70}{11/\sqrt{7}} = 0{,}962 \tag{293}$$

Der Freiheitsgrad υ berechnet sich nach Gleichung (288) von Seite 227 abhängig vom Stichprobenumfang n

$$\upsilon = n - 1 = 7 - 1 = 6. \tag{294}$$

Schritt 3: Testentscheidung
Durch den Vergleich der Prüfgröße t und dem Grenzwert $t_{\alpha,\upsilon,\text{zweiseitig}}$ wird die Testentscheidung getroffen. Mit $\upsilon = 6$ und dem Signifikanzniveau $\alpha = 5\%$ wird der Grenzwert Tabelle 15-20 von Seite 216 abgelesen: $t_{5\%,6,\text{zweiseitig}} = 2{,}447$. Für den zweiseitigen Test wird nach Gleichung (259) von Seite 217 die Nullhypothese H_0: $\overline{HV}_2 - \overline{HV}_1 > \omega_0$ verworfen, wenn $t \leq -t_{\alpha;\upsilon;\text{einseitig}}$ (einseitige Fragestellung, Fall 1). Da

$$t = 0{,}962 > -t_{0{,}05,6,\text{einseitig}} = -1{,}943 \tag{295}$$

bedeutet dies, dass die Nullhypothese beibehalten wird. Es darf also davon ausgegangen werden, dass durch das Härten eine Steigerung um min. 70 HV erzielt wurde.

15.6.1.5   TEST DES KORRELATIONSKOEFFIZIENTEN

Der Korrelationskoeffizient r wird nach Gleichung (93) von Seite 124 berechnet. Für einen Wert von $r = 0$ liegt zwischen den untersuchten Variablen kein Zusammenhang vor. Für Werte von $r > 0$ gibt es theoretisch eine Abhängigkeit. Mit Hilfe des t-Tests lässt sich überprüfen, ob diese Abhängigkeit statistisch signifikant ist.

Voraussetzungen für Test des Korrelationskoeffizienten:

- Der Stichprobenumfang beider Stichproben ist gleich ($n_1 = n_2 = n$).
- Die Residuen sind normalverteilt (zu überprüfen mit beispielsweise den Tests nach Kapitel 15.3) oder der Stichprobenumfang beträgt mindestens 30 Werte.

Schritt 1: Formulierung der Nullhypothese

Die Nullhypothese H_0 besagt, dass sich der Korrelationskoeffizient r statistisch signifikant von null unterscheidet.

H_0: Der Korrelationskoeffizient r ist null: $r = 0$.
H_1: Der Korrelationskoeffizient r weicht von null ab: $r \neq 0$.

Da der Korrelationskoeffizient Werte von $-1 \leq r \leq 1$ annehmen kann, handelt es sich bei diesem Test immer um einen zweiseitigen Test.

Schritt 2: Berechnung der Prüfgröße

Die Prüfgröße berechnet sich in Abhängigkeit des Korrelationskoeffizienten r und des Stichprobenumfangs n:

$$t = \frac{|r|}{\sqrt{1 - r^2}} \sqrt{n - 2}. \tag{296}$$

Der Freiheitsgrad ist

$$\upsilon = n - 2. \tag{297}$$

Schritt 3: Testentscheidung

Die Nullhypothese H_0 wird abgelehnt und die Alternativhypothese H_1 akzeptiert, wenn

$$t \geq t_{\alpha;\upsilon;\text{zweiseitig}} = t_{\alpha/2;\upsilon;\text{einseitig}} \tag{298}$$

Darin ist $t_{\alpha;\upsilon;\text{einseitig}}$ bzw. $t_{\alpha;\upsilon;\text{zweiseitig}}$ der t-Wert der t-Verteilung für die Irrtumswahrscheinlichkeit α und den Freiheitsgrad υ. Der Grenzwert $t_{\alpha;\upsilon;\text{einseitig}}$ bzw. $t_{\alpha;\upsilon;\text{zweiseitig}}$ kann entweder der Tabelle 15-20 von Seite 216 entnommen oder mit Excel nach Gleichung (256) von Seite 216 berechnet werden.

15.6.2 Wilcoxon-Test (nicht normalverteilte Daten)

Ursprünglich wurde der Test von Wilcoxon [27], Mann und Whitney [28] entwickelt. Synonyme Bezeichnungen für den Wilcoxon Test sind: Mann-Whitney-U-Test, Wilcoxon-Mann-Whitney-Test, U-Test, Wilcoxon-Rangsummentest. Dieser Test wird immer dann angewandt, wenn die Voraussetzungen für den t-Test nicht erfüllt werden. Es müssen danach die Daten nicht normalverteilt sein. Auch bei kleinen Stichproben ist dieser Test sinnvoll anwendbar.

Rangsummentests wie der Test von Wilcoxon liegen folgende Annahme zugrunde. Bei einer gemeinsamen Sortierung aller Werte der Größe nach, sollten sich diese zufällig verteilen. Ist dies nicht der Fall, dann unterscheiden sich beide Stichproben signifikant.

Voraussetzung für den Wilcoxon-Test ist:

•   Die beiden Stichproben sind unabhängig voneinander.

Der Ablauf ähnelt dem des t-Tests:

Schritt 1 (Formulierung der Nullhypothese)

Es wird die Nullhypothese H_0 und die Alternativhypothese H_1 nach Kapitel 15.1 formuliert (z. B. H_0: Der Mittelwerte beider Stichproben sind gleich).

Schritt 2 (Berechnung des U-Wertes)

Die Berechnung der Prüfgröße (U-Wert) der Stichproben 1 und 2, wobei
- die Stichprobe 1 mit den Messwerten (x_i) einen Umfang von n_1 Werten hat,
- die Stichprobe 2 mit den Messwerten (y_i) einen Umfang von n_2 Werten hat.

Die Prüfgröße wird aus den Rängen der Messwerte (genauer: deren Rangsummen) gebildet.

$$\text{Stichprobe 1: } x_1, \dots x_{n_1}, \qquad\qquad (299)$$
$$\text{Stichprobe 2: } y_1, \dots y_{n_2}.$$

Das lässt sich am besten anhand eines Beispiels erklären:

Es werden die Lebensdauern zweier Leiterplattentypen (Typ 1 und Typ 2) in einem Temperaturwechseltest erprobt und untersucht, ob Unterschiede bestehen. Die ertragbare Anzahl an Temperaturwechseln ist die Lebensdauer. Für Typ 1 wurden n Versuche durchgeführt, die Lebensdauern sind x_i. Für Typ 2 wurden m Versuche durchgeführt, die Lebensdauern sind y_i. Tabelle 15-24 zeigt die Ergebnisse:

Tabelle 15-24: Lebensdauern von Leiterplatten in Prüfzyklen

i	Lebensdauer x_i Typ 1	Lebensdauer y_i Typ 2
1	175	234
2	250	185
3	183	197
4	218	213
5	301	301
6		172
7		298
8		337

Zur Ermittlung der Ränge werden die Lebensdauern x_i und y_i in eine Spalte einer Tabelle geschrieben, der Größe nach sortiert und festgehalten, zu welchem Typ sie gehören. Der kleinste Wert erhält den Rang 1, der zweitkleinste Wert den Rang 2, usw. (vgl. Tabelle 15-25).

Anschließend wird die Rangsumme durch Addition der jeweiligen Ränge für jede Stichprobe ermittelt (für die Lebensdauern des Typs 1 die Rangsumme R_1 und für die Lebensdauern des Typs 2 die Rangsumme R_2).

$$R_1 = \text{Rang}(x_1) + \cdots + \text{Rang}(x_{n_1}), \qquad\qquad (300)$$
$$R_2 = \text{Rang}(y_1) + \cdots + \text{Rang}(y_{n_2}).$$

Wenn zwei oder mehrere Werte gleich sind und somit denselben Rang erhalten, wird aus diesen Werten der Mittelwert gebildet und die Werte mit diesem Rangwert versehen. In unserem Beispiel ist das für die Werte mit einer gemessenen Lebensdauer von 301 der Fall. Beide Werte erhalten den Rang $R = \frac{11+12}{2} = 11,5$, siehe Tabelle 15-25.

Tabelle 15-25: Ermittlung der Rangsummen

unsortiert		sortiert				
Lebensdauern	Typ	Lebensdauern	Typ	Rang R	R_1	R_2
175	1	172	2	1		1
250	1	175	1	2	2	
183	1	183	1	3	3	
218	1	185	2	4		4
301	1	197	2	5		5
234	2	213	2	6		6
185	2	218	1	7	7	
197	2	234	2	8		8
213	2	250	1	9	9	
301	2	298	2	10		10
172	2	301	1	11,5	11,5	
298	2	301	2	11,5		11,5
337	2	337	2	13		13
				Rangsumme	32,5	58,5

Für jede Stichprobe wird eine Prüfgröße bestimmt:

$$U_1 = n_1 n_2 + \frac{n_1(n_1 + 1)}{2} - R_1, \tag{301}$$

$$U_2 = n_1 n_2 + \frac{n_2(n_2 + 1)}{2} - R_2.$$

mit
n_1 = Stichprobenumfang der Stichprobe 1
n_2 = Stichprobenumfang der Stichprobe 2
R_1 = Rangsumme der Stichprobe 1
R_2 = Rangsumme der Stichprobe 2.
Die Prüfgröße U ist immer die kleinere der beiden Prüfgrößen:

$$U = \min(U_1, U_2). \tag{302}$$

Für das Beispiel berechnet sich die Prüfgröße U mit $n_1 = 5$, $n_2 = 8$ und $R_1 = 32,5$ und $R_2 = 58,5$ nach Gleichung (301) und (302) zu

$$U = \min(U_1, U_2), \text{mit} \tag{303}$$

$$U_1 = n_1 n_2 + \frac{n_1(n_1 + 1)}{2} - R_1 = 5 \cdot 8 + \frac{5(5 + 1)}{2} - 32,5 = 22,5$$

$$U_2 = n_1 n_2 + \frac{n_2(n_2 + 1)}{2} - R_2 = 5 \cdot 8 + \frac{8(8 + 1)}{2} - 58,5 = 17,5$$

$$U = \min(22,5; 17,5) = 17,5$$

Die Prüfgröße ist damit bei U=17,5.

Schritt 3 (Testentscheidung)

Die Testentscheidung liefert der Vergleich der Prüfgröße U mit einem Grenzwert u_{krit}. Eine Ablehnung der Nullhypothese auf dem Signifikanzniveau α erfolgt, wenn

$$U \leq u_{krit}. \tag{304}$$

Für kleine Stichproben ($n_1 \leq 20, n_2 \leq 20$) liefert Tabelle 15-26 die Grenzwerte. Für größere Stichproben wird die Prüfgröße U standardisiert (z-Wert):

$$z = \frac{U - \frac{n_1 n_2}{2}}{\sqrt{\frac{n_1 n_2 (n_1 + n_2 + 1)}{12}}}. \tag{305}$$

mit
n_1= Stichprobenumfang der Stichprobe 1
n_2= Stichprobenumfang der Stichprobe 2 und
U = Prüfgröße U.
Dieser z-Wert wird verglichen mit der Schranke u der Standardnormalverteilung nach Tabelle 20-4 für die entsprechende Wahrscheinlichkeit α. Für $\alpha = 5\%$ ergibt sich für den einseitigen Test: u = 1,645. Eine Ablehnung der Nullhypothese auf dem Signifikanzniveau α erfolgt, wenn der z-Wert größer als die Schranke der Standardnormalverteilung u ist:

$$|z| > u. \tag{306}$$

Für zweiseitige Fragestellungen (vgl. dazu Abbildung 15-16) ist die Signifikanz zu halbieren.

Für obiges Beispiel
wird wegen des geringen Stichprobenumfangs mit Gleichung (304) gerechnet. Der Grenzwert u_{krit} wird Tabelle 15-26 für $n_1 = 5$ und $n_2 = 8$ entnommen ($u_{krit} = 6$):

$$U < u_{krit} \tag{307}$$
$$U = 17 > u_{krit} = 6$$

Damit kann die Nullhypothese nicht abgelehnt werden. Es wird also auf dem 5% Niveau angenommen, dass beide Stichproben vergleichbar sind.
Alternativ erfolgt noch die Prüfung auf Basis des z-Wertes. Der z-Wert berechnet sich nach Gleichung (305) zu

$$z = \frac{U - \frac{n_1 n_2}{2}}{\sqrt{\frac{n_1 n_2 (n_1 + n_2 + 1)}{12}}} = \frac{17 - \frac{5 \cdot 8}{2}}{\sqrt{\frac{5 \cdot 8 (5 + 8 + 1)}{12}}} = -0,44 \tag{308}$$

Der Vergleich mit der Schranke u der Normalverteilung für $\alpha = 5\%$ (zweiseitiger Test) nach Tabelle 20-4 ergibt:

$$|z| > u \tag{309}$$
$$|z| = |-0,44| = 0,44 < u = 1,645.$$

Damit kann die Nullhypothese nicht abgelehnt werden. Es wird also auf dem 5% Niveau angenommen, dass beide Stichproben vergleichbar sind.

Tabelle 15-26: Grenzwerte u_{krit} für $\alpha = 2{,}5\%$ (einseitig), bzw. $\alpha = 5\%$ (zweiseitig)

n_2	n_1																		
	2	3	4	5	6	7	8	9	10	11	12	13	14	15	16	17	18	19	20
4	-	-	0																
5	-	0	1	2															
6	-	1	2	3	5														
7	-	1	3	5	6	8													
8	0	2	4	6	8	10	13												
9	0	2	4	7	10	12	15	17											
10	0	3	5	8	11	14	17	20	23										
11	0	3	6	9	13	16	19	23	26	30									
12	1	4	7	11	14	18	22	26	29	33	37								
13	1	4	8	12	16	20	24	28	33	37	41	45							
14	1	5	9	13	17	22	26	31	36	40	45	50	55						
15	1	5	10	14	19	24	29	34	39	44	49	54	59	64					
16	1	6	11	15	21	26	31	37	42	47	53	59	64	70	75				
17	2	6	11	17	22	28	34	39	45	51	57	63	69	75	81	87			
18	2	7	12	18	24	30	36	42	48	55	61	67	74	80	86	93	99		
19	2	7	13	19	25	32	38	45	52	58	65	72	78	85	92	99	106	113	
20	2	8	14	20	27	34	41	48	55	62	69	76	83	90	98	105	112	119	127

15.6.3 ARBEITEN MIT EXCEL 🚀

Der Einstichproben t-Test

Soll der Mittelwert einer normalverteilten Stichprobe mit einem Erwartungswert verglichen werden, wird mit dem Einstichproben t-Test gearbeitet (Reiter „Einstichproben t-Test" in der Statistik Toolbox). Abbildung 15-18 zeigt das Excel-Tool.

Für den t-Test müssen folgende Voraussetzungen erfüllt sein und die entsprechenden Hypothesen für die Testentscheidung gelten:

Voraussetzungen Einstichproben t-Test			
1	Die Stichprobe ist zufällig und repräsentativ		
2	Grundgesamtheit der Daten ist normalverteilt oder $n > 30$		
Testentscheidung:			
Fall	H_0	H_1	Lehne H_0 ab, wenn
a	$\bar{x} > \omega_0$	$\bar{x} \leq \omega_0$ (einseitig)	$t \geq t_{\alpha;\upsilon;einseitig}$
b	$\bar{x} < \omega_0$	$\bar{x} \geq \omega_0$ (einseitige)	$t \leq -t_{\alpha;\upsilon;einseitig}$,
c	$\bar{x} = \omega_0$	$\bar{x} \neq \omega_0$ (zweiseitig)	$|t| \geq t_{\alpha;\upsilon;zweiseitig} = t_{\alpha/2;\upsilon;einseitig}$

Dazu wird in Zelle C14 die Signifikanz gewählt und in Zelle C15 der Erwartungswert gegen den getestet werden soll vorgegeben. Die Werte der Stichprobe können in Spalte C ab Zeile 40 eingegeben werden.

Für die einseitige Fragestellung werden die Testergebnisse in Zelle C33 und in Zelle C36 ausgegeben, je nachdem, wie die Nullhypothese gewählt wurde. Für die zweiseitige Fragestellung kann das Ergebnis der Zelle D33 entnommen werden.

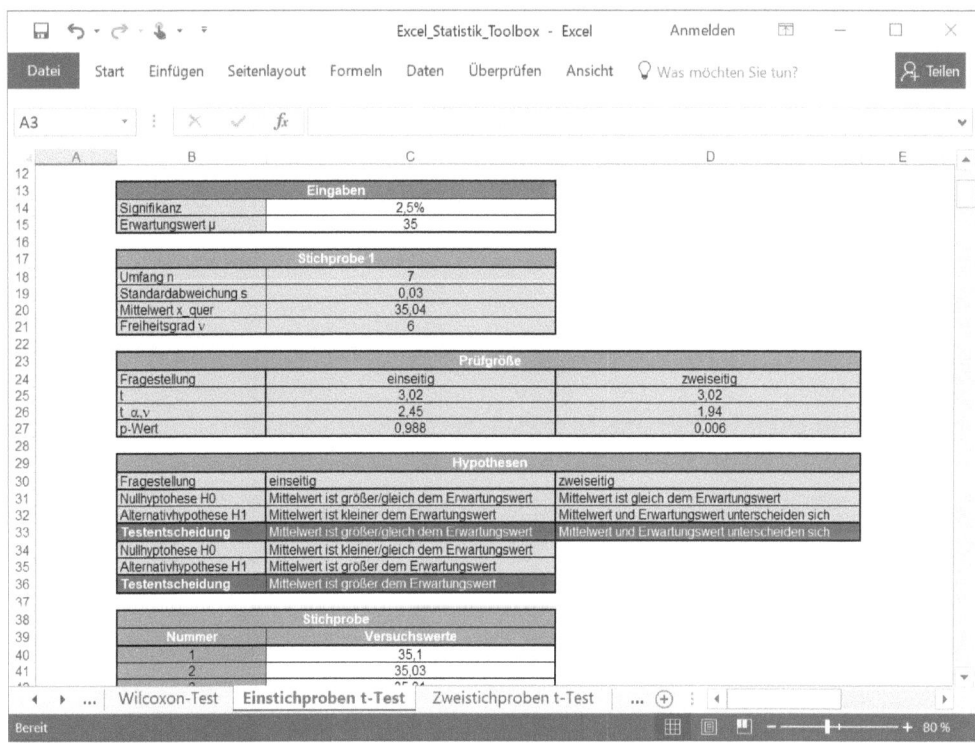

Abbildung 15-18: Excel-Tool des Einstichproben t-Tests für den Vergleich des Mittelwerts einer normalverteilten Stichprobe mit einem Erwartungswert

Der Zweistichproben t-Test

Sollen Mittelwertunterschiede zweier normalverteilter Stichproben getestet werden, wird mit dem Zweistichproben t-Test gearbeitet. Dieser kann im Reiter „Zweistichproben t-Test" der Statistik Toolbox durchgeführt werden (Abbildung 15-19).

Die beiden Stichproben werden in Spalte C bzw. D ab Zeile 42 eingetragen. In Zelle C14 wird das Signifikanzniveau gewählt, der zu untersuchende Unterschied ω_0 eingetragen und in Zelle C17 vorgegeben, ob von gleichen oder ungleichen Varianzen ausgegangen werden soll. Die Testart (gepaart oder ungepaart) wird in Zelle C16 eingetragen.

Für den t-Test müssen folgende Voraussetzungen erfüllt sein und die entsprechenden Hypothesen für die Testentscheidung gelten:

Voraussetzungen Zweistichproben t-Test			
1	Die Stichprobe ist zufällig und repräsentativ		
2	Grundgesamtheit der Daten ist normalverteilt oder $n > 30$		
3	Standardabweichung und die Varianz der Grundgesamtheit sind unbekannt		
4	Beide Varianzen sind gleich		
Testentscheidung:			
Fall	H_0	H_1	Lehne H_0 ab, wenn
a	$\bar{x}_1 - \bar{x}_2 > \omega_0$	$\bar{x}_1 - \bar{x}_2 \leq \omega_0$ (einseitig)	$t > t_{\alpha;\upsilon;einseitig}$
b	$\bar{x}_1 - \bar{x}_2 < \omega_0$	$\bar{x}_1 - \bar{x}_2 \geq \omega_0$ (einseitig)	$t < -t_{\alpha;\upsilon;einseitig}$,
c	$\bar{x}_1 - \bar{x}_2 = \omega_0$	$\bar{x}_1 - \bar{x}_2 \neq \omega_0$ (zweiseitig)	$|t| \geq t_{\alpha;\upsilon;zweiseitig} = t_{\alpha/2;\upsilon;einseitig}$

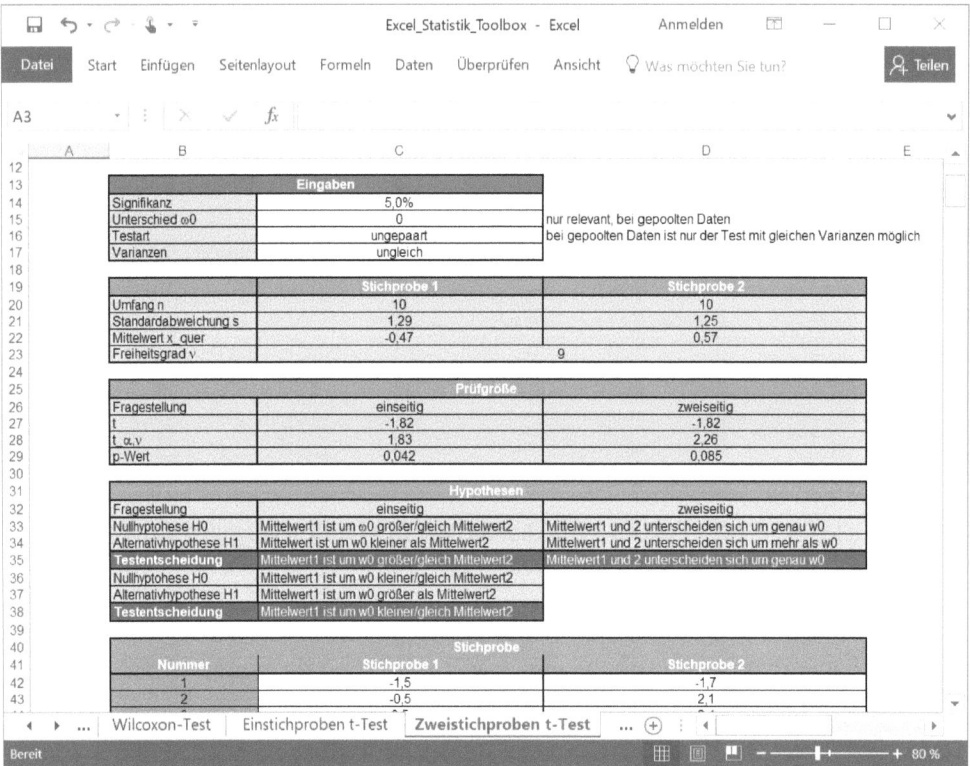

Abbildung 15-19: Excel-Tool des Zweistichproben t-Tests für Mittelwertunterschiede zweier normalverteilter Stichproben

Für die einseitige Fragestellung werden die Testergebnisse in Zelle C35 und in Zelle C38 aus-gegeben, je nachdem, wie die Nullhypothese gewählt wurde. Für die zweiseitige Fragestellung kann das Ergebnis der Zelle D35 entnommen werden.

Alternativ kann der t-Test auch mit dem „geheimen Excel-Tool" durchgeführt werden. Dazu wird unter Daten → Datenanalyse die Auswahl des geeigneten Tests gewählt.

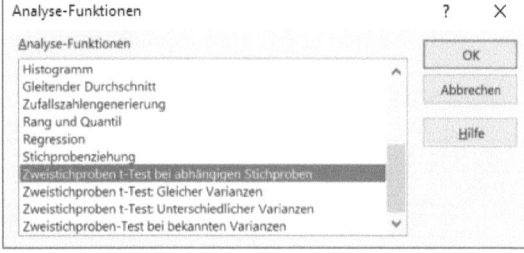

Bei gepaarten Daten wird der „Zwei-stichproben t-Test bei abhängigen Stich-proben" gewählt. Bei der Annahme glei-cher Varianzen wird der „Zweistichproben t-Test: Gleicher Varianzen" und bei ungleichen Varianzen wird der „Zweistichproben t-Test: Unterschiedlicher Varianzen" ausgewählt.

Da sich für alle drei Tests die Eingabemaske gleicht, wird das Vorgehen am Beispiel des „Zweistichproben t-Test: Gleicher Varianzen" besprochen. Die beiden Stichproben werden in den Feldern „Bereich Variable A" bzw. Bereich „Vari-able B" eingegeben. Der zu untersuchende Unterschied ω_0 wird im Feld „Hypotheti-sche Differenz der Mittelwerte" und die Signifikanz im Feld „Alpha" eingegeben. Der Ausgabebereich ist die Zelle in der die Teststatistik ausgegeben wird.

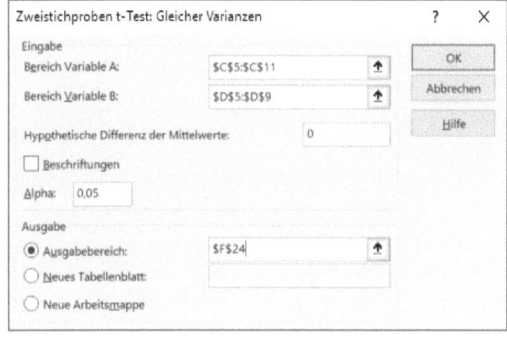

Als Ergebnis wird die Test-statistik ausgegeben. Excel stellt in der Zusammenfas-sung für jede Stichprobe den Mittelwert und die Varianz sowie die gepoolte Varianz dar.

Für den t-Test wird die Test-größe t (t-Statistik) und der p-Wert angegeben. Ob das Er-gebnis signifikant ist, muss vom Nutzer nach den Metho-den aus Kapitel 15.6.1 selbständig bewertet werden.

Zweistichproben t-Test unter der Annahme gleicher Varianzen

	Variable 1	Variable 2
Mittelwert	55,85714286	52
Varianz	62,47619048	34,5
Beobachtungen	7	5
Gepoolte Varianz	51,28571429	
Hypothetische Differenz der Mittelwert	0	
Freiheitsgrade (df)	10	
t-Statistik	0,919837093	
P(T<=t) einseitig	0,189656023	
Kritischer t-Wert bei einseitigem t-Test	1,812461123	
P(T<=t) zweiseitig	0,379312046	
Kritischer t-Wert bei zweiseitigem t-Tes	2,228138852	

Der Wilcoxon-Test

Sollen die Mittelwerte zweier nicht normalverteilter Stichproben untersucht werden, wird mit dem Wilcoxon-Test gearbeitet. Dazu kann der Reiter „Wilcoxon-Test" in der Statistik Toolbox gewählt werden (Abbildung 15-20). Für den Wilcoxon-Test müssen folgende Voraussetzungen erfüllt sein und es gilt die entsprechende Hypothese für die Testentscheidung:

Voraussetzungen Wilcoxon-Test			
1	Die beiden Stichproben sind unabhängig voneinander		
Testentscheidung:			
Fall	H_0	H_1	Lehne H_0 ab, wenn
a	$\bar{x}_1 - \bar{x}_2 > \omega_0$	$\bar{x}_1 - \bar{x}_2 \leq \omega_0$ (einseitig)	$U \leq u_{krit.}$
b	$\bar{x}_1 - \bar{x}_2 < \omega_0$	$\bar{x}_1 - \bar{x}_2 \geq \omega_0$ (einseitig)	$U \leq u_{krit.}$
c	$\bar{x}_1 - \bar{x}_2 = \omega_0$	$\bar{x}_1 - \bar{x}_2 \neq \omega_0$ (zweiseitig)	$U \leq u_{krit.}$

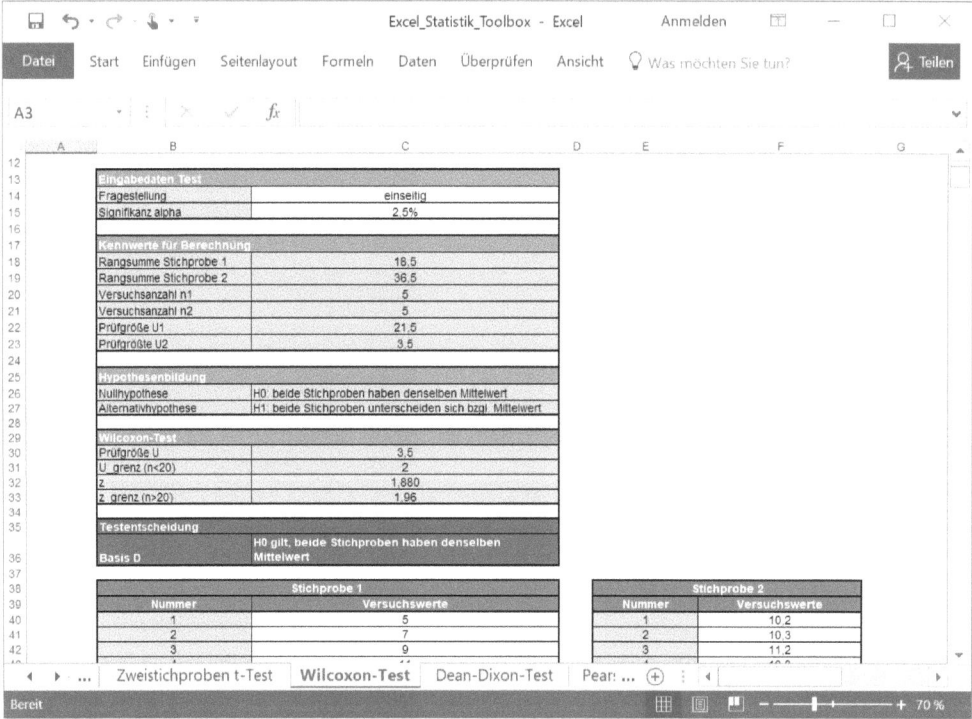

Abbildung 15-20: Excel-Tool des Wilcoxon-Tests

Hier wird in Zelle C15 die Signifikanz gewählt und in Zelle C14 entschieden, ob es sich um eine einseitige, oder zweiseitige Fragestellung handelt. In den Spalten C und F jeweils ab Zeile 40 werden die Stichprobenwerte eingetragen. Zelle C36 gibt dann das Ergebnis des Tests aus.

15.7 MITTELWERTTESTS FÜR MEHR ALS 2 STICHPROBEN

Mit Hilfe des t-Tests und des Wilcoxon Tests haben wir zwei Testverfahren kennengelernt, die auf Mittelwertunterschiede von zwei Stichproben testen. Sollen mehr als zwei Stichproben miteinander verglichen werden, muss auf alternative Testverfahren zurückgegriffen werden. Dies ist die Varianzanalyse (ANOVA) für normalverteilte Daten und der Kruskal Wallis Test für nicht normalverteilte Daten.

In diesem Kapitel lernen Sie Testverfahren kennen, um Mittelwertunterschiede von mehreren Stichproben zu identifizieren für

- normalverteilte Daten (ANOVA)
- und nicht normalverteilte Daten (Kruskal-Wallis).

15.7.1 VARIANZ-ANALYSE (ANOVA) FÜR NORMALVERTEILTE DATEN

Sollen mehrere normalverteilte Stichproben analysiert werden, bietet sich die Varianzanalyse an. Im Englischen **AN**alysis **O**f **VA**riances oder kurz: ANOVA. Dahinter verbirgt sich ein umfangreiches Set von Werkzeugen, denen die Untersuchung der Varianzen von Stichproben gemeinsam ist. Ziel ist es, zu testen, ob Mittelwertunterschiede bestehen oder nicht. In einfachsten Fall (Vergleich zweier Stichproben) kann die ANOVA als eine Alternative zum t-Test angesehen werden.

Grundidee:

Die ANOVA bewertet den Einfluss einer Variablen in unterschiedlicher Ausprägung auf eine unabhängige Zielvariable[1]. Das kann beispielsweise der Einfluss der Temperatur (Faktor) in unterschiedlicher Ausprägung (Faktorstufe) auf die Lebensdauer des Produktes (Zielvariable) sein. In diesem Fall spricht man auch von einer einfaktoriellen oder univarianten Varianzanalyse (ANOVA). Liegen mehrerer Zielvariablen vor, spricht man von einer mehrfaktoriellen oder mulitvarianten Varianzanalyse. Diese wird auch MANOVA (**M**ulitvariate **AN**alysis **O**f **VA**riances) genannt. Ein Beispiel dazu ist, die Analyse des Einflusses der Temperatur (Faktor 1) und der Feuchtigkeit (Faktor 2) in jeweils unterschiedlicher Ausprägung (Faktorstufe) auf die Lebensdauer des Produktes (Zielvariable).

Die Varianzanalyse ermöglicht die Aussage, ob ein Faktor einen signifikanten Einfluss auf eine Zielvariable hat und zusätzlich, ob die Faktorstufe einen Einfluss auf die Zielvariable hat.

Der ANOVA liegt die Annahme zugrunde, dass die Faktorstufen zufällig entnommene und normalverteilte Stichproben sind. Auf Grund dieser Annahme wird davon ausgegangen, dass

---

[1] Ein Synonym für die Zielvariable ist der Begriff zu erklärende Variable und für den Faktor der Begriff erklärende Variable.

die Varianz jeder Stichprobe gleich ist. Haben alle Stichproben (Faktorstufen) denselben Mittelwert, dann unterscheidet sich die Varianz der Faktorstufen nicht von der Varianz der Zielvariable.

Bei der Varianzanalyse wird also geprüft, ob die Varianz zwischen den Gruppen größer ist als die Varianz innerhalb der Gruppen.

Voraussetzungen:

- Normalverteilung der Vorhersagefehler (Residuen), es sollten also die Residuen aus einer Grundgesamtheit stammen.
- Gleichheit der Varianzen (Varianzhomogenität oder Homoskedastizität) aller Gruppen / Stichproben.

Die Überprüfung der Annahmen erfolgt mit den in Kapitel 15.3 und 15.5 genannten Tests.

Praxistipp

Die ANOVA ist relativ robust gegenüber Verletzungen der Anforderung nach der Normalverteilung. Insbesondere, wenn die Stichprobengröße hoch ist.

Wird dagegen die zweite Voraussetzung verletzt, hat dies größere Auswirkungen. Evtl. können die Varianzen durch eine Transformation der Stichproben (z. B. Logarithmieren) angeglichen werden.

Die eigentliche Durchführung der Varianzanalyse geschieht wieder in den bekannten drei Schritten.

Schritt 1 (Formulierung der Nullhypothese)

Es werden Nullhypothese H_0 und Alternativhypothese H_1 wie folgt formuliert (wobei die Alternativhypothese die eigentliche Forschungsfrage ist):

H_0: Die Mittelwerte aller m Faktorstufen/Stichproben sind gleich $\bar{x}_1 = \bar{x}_2 = \cdots = \bar{x}_m$.
H_1: Mindestens ein Mittelwert unterscheidet sich $\bar{x}_i \neq \bar{x}_j$ für mind. ein (i, j).

Schritt 2 (Berechnung der Prüfgröße)

Die Berechnung der Prüfgröße beruht auf der Berechnung der Varianz der Stichproben. Dazu wird in einem ersten Schritt die Streuung aller Werte SQ_{gesamt} berechnet. Es wird davon ausgegangen, dass sich diese aus zwei Teilen zusammensetzt. Zum einen der Streuung zwischen den Faktorstufen $SQ_{zwischen}$ und zum anderen aus der Streuung der Fehlerstreuung $SQ_{Residuum}$.

$$SQ_{gesamt} = SQ_{zwischen} + SQ_{Residuum} \qquad (310)$$

Tabelle 15-27: Allgemeine Daten einer ANOVA mit m Faktorstufen mit jeweils dem Umfang von n_i Werten

		Element der Faktorstufe					Mittelwert der Faktorstufe (Zeilen)
		1	2	$\cdots$	j	$\cdots$	n_i	
Faktorstufe (Stichprobe)	1	x_{11}	x_{12}	$\cdots$	x_{1j}	$\cdots$	x_{1,n_1}	$\bar{x}_1$
	2	x_{21}	x_{22}		x_{2j}		x_{2,n_2}	$\bar{x}_2$
	$\vdots$	$\vdots$	$\vdots$	$\ddots$			$\vdots$	$\vdots$
	i	x_{i1}	x_{i2}	$\cdots$	x_{ij}	$\cdots$	x_{i,n_i}	$\bar{x}_i$
	$\vdots$	$\vdots$				$\ddots$	$\vdots$	$\vdots$
	m	x_{m1}	x_{m2}	$\cdots$	x_{mj}	$\cdots$	x_{m,n_m}	$\bar{x}_m$
		Gesamtmittelwert						$\bar{x}$

Die Gesamtstreuung SQ_{gesamt} ist die Streuung aller Werte. Sie ist die Summe der quadratischen Abweichungen aller Werte x_{ij} vom Gesamtmittelwert $\bar{x}$. Das sind alle farbig hinterlegten Werte in Tabelle 15-27.

$$SQ_{gesamt} = \sum_{i=1}^{m} \sum_{j=1}^{n_i} \left(x_{i,j} - \bar{x}\right)^2. \tag{311}$$

Dabei ist m die Anzahl der Faktorstufen und n_i die Anzahl der Elemente für die jeweilige Faktorstufe.

Für die Berechnung der Streuung zwischen den Faktorstufen $SQ_{zwischen}$ wird jeder Wert einer Faktorstufe i durch den Mittelwert der jeweiligen Faktorstufe $\bar{x}_i$ ersetzt. Die Streuung $SQ_{zwischen}$ ist dann die Summe der quadratischen Abweichungen des Mittelwertes der jeweiligen Faktorstufe $\bar{x}_i$ vom Gesamtmittelwert $\bar{x}$

$$SQ_{zwischen} = \sum_{i=1}^{m} n_i \cdot (\bar{x}_i - \bar{x})^2 \tag{312}$$

Um aus den Streuungen $SQ_{zwischen}$ auf die Varianz $s^2_{zwischen}$ zu schließen, muss diese noch auf den Freiheitsgrad bezogen werden (vgl. Gleichung (6) zur Berechnung der Varianz einer Stichprobe). In diesem Falle ist der Freiheitsgrad $m - 1$. Die Varianz ist dann:

$$s^2_{zwischen} = \frac{SQ_{zwischen}}{m-1} = \frac{\sum_{i=1}^{m} n_i \cdot (\bar{x}_i - \bar{x})^2}{m-1}. \tag{313}$$

Die Fehlerstreuung $SQ_{Residuum}$ beruht entweder auf zufälligen Einflüssen oder auf weiteren, nicht untersuchten Einflüssen wie beispielsweise Störgrößen oder Wechselwirkungen. Sie berechnet sich aus der Streuung innerhalb der Faktorstufen. Dazu wird die quadratische Abweichung der Werte $x_{i,j}$ einer Faktorstufe vom Mittelwert $\bar{x}_i$ dieser Faktorstufe berechnet

$$SQ_{Residuum} = \sum_{i=1}^{m} \sum_{j=1}^{n_i} \left(x_{i,j} - \bar{x}_i\right)^2 \tag{314}$$

Um aus den Streuungen $SQ_{Residuum}$ auf die Varianz $s^2_{Residuum}$ zu schließen, wird auch diese noch auf den Freiheitsgrad $n - m$ bezogen. Die Varianz ist dann:

$$s^2_{Residuum} = \frac{SQ_{Residuum}}{n - m} = \frac{\sum_{i=1}^{m} \sum_{j=1}^{n_i} \left(x_{i,j} - \bar{x}_i\right)^2}{n - m}. \tag{315}$$

Durch die Berechnung der quadrierten Abweichungen wird vermieden, dass sich positive und negative Abweichungen gegenseitig kompensieren. Die Berechnung der Mittelwerte $\bar{x}_i$ geschieht nach Gleichung (1):

$$\bar{x}_i = \frac{\sum_{j=1}^{n_i} x_{i,j}}{n_i} \tag{316}$$

Der Gesamtmittelwert $\bar{x}$ wird aus der Summe der Mittelwerte der Faktorstufen $\bar{x}_i$ und der Gesamtzahl der Werte n berechnet:

$$\bar{x} = \frac{\sum_{i=1}^{m} \bar{x}_i \cdot n_i}{n} = \frac{\sum_{i=1}^{m} \sum_{j=1}^{n_i} x_{i,j}}{n}. \tag{317}$$

Die eigentliche Prüfgröße wird aus dem Verhältnis der Varianz zwischen den Faktorstufen und der Varianz der Fehlerstreuung berechnet. Diese Prüfgröße ist F-verteilt:

$$F = \frac{s^2_{zwischen}}{s^2_{Residuum}} = \frac{\dfrac{SQ_{zwischen}}{m - 1}}{\dfrac{SQ_{Residuum}}{n - m}} = \frac{n - m}{m - 1} \cdot \frac{SQ_{zwischen}}{SQ_{Residuum}}$$

$$F = \frac{n - m}{m - 1} \cdot \frac{\sum_{i=1}^{m} n_i \cdot (\bar{x}_i - \bar{x})^2}{\sum_{i=1}^{m} \sum_{j=1}^{n_i} \left(x_{i,j} - \bar{x}_i\right)^2}, \tag{318}$$

mit
n der Umfang aller Werte,
m die Anzahl der Faktorstufen,
n_i der Anzahl der Werte in der Faktorstufe i,
$\bar{x}_i$ dem Mittelwert der Werte aus Faktorstufe i,
$\bar{x}$ dem Mittelwert aller Werte und
$x_{i,j}$ dem j-ten Wert in Faktorstufe i.

Schritt 3 (Testentscheidung)

Für die Testentscheidung wird die Signifikanz α festgelegt. Die eigentliche Testentscheidung fällt durch den Vergleich der Prüfgröße F mit dem Quantil $f_{df_1, df_2, \alpha}$ der F-Verteilung bei der Signifikanz α, (vgl. dazu auch die Ausführungen im Kapitel 15.4.1). Die F-Verteilung hängt von den Freiheitsgraden df_1 und df_2 der Stichproben ab:

$$df_1 = m - 1 \tag{319}$$
$$df_2 = n - m,$$

wobei
n der Umfang aller Werte und
m die Anzahl der Faktorstufen ist.

Die Werte für die Quantile der F-Verteilung können Tabellen entnommen werden (z. B. Tabelle 15-10) oder lassen sich mit Excel berechnen:

$$\text{EXCEL: } f_{df_1,df_2,\alpha} = \text{F.INV.RE } (\alpha; df_1; df_2). \tag{320}$$

Die Nullhypothese H_0 wird verworfen, wenn Prüfgröße F oberhalb, bzw. rechts des kritischen Wertes der F-Verteilung $f_{df_1,df_2,\alpha}$ (nach Tabelle 15-10) bei der Signifikanz α liegt. Es wird dann angenommen, dass mindestens ein Mittelwert von den anderen abweicht

$$F > f_{df_1,df_2,\alpha}. \tag{321}$$

Alternativ kann auch mit dem p-Wert gearbeitet werden. Dieser kann (leider nur sehr grob) ebenfalls aus den Tabellen abgelesen werden. Alternativ ist dessen Berechnung mit Excel möglich:

$$\text{EXCEL: } p = 1 - \text{F.VERT } (F; df_1; df_2; \text{WAHR}). \tag{322}$$

Es wird die Nullhypothese H_0 abgelehnt, wenn

$$p < \alpha. \tag{323}$$

Dazu ein Beispiel:
Es soll die Effektivität von drei verschiedenen Schulungskonzepten in einem Unternehmen überprüft werden. Dazu werden drei Gruppen von Mitarbeitern zufällig ausgewählt und mit dem jeweiligen Schulungskonzept trainiert. Der Erfolg des Trainings wird durch einen Test überprüft. Die von den Teilnehmern erreichte Punktzahl zeigt **Tabelle 15-28**.
Die Frage ist: Gibt es ein Schulungskonzept das auf Basis einer Signifikanz von 5% den anderen überlegen ist?

Tabelle 15-28: Beispiel der Prüfungsergebnisse

		Element der Faktorstufe j						Mittelwert der Faktorstufe $\bar{x}_i$
		1	2	3	4	5	6	7	
Faktorstufe i	1	71	66	81	45	57	72		65
	2	48	51	64	69	54	56	49	56
	3	54	51	46	61	48			52
	Gesamtmittelwert $\bar{x}$								58

Die drei Gruppen sind als Stichproben aufzufassen, wobei jede Gruppe in der Sprache der ANOVA eine Faktorstufe darstellt. In Summe liegen damit m = 3 Faktorstufen vor. Jede Stichprobe hat einen eigenen Stichprobenumfang n_i:
Stichprobe i = 1 gilt $n_1 = 6$,

Stichprobe $i = 2$ gilt $n_2 = 7$,
Stichprobe $i = 3$ gilt $n_3 = 5$.
Es wurden insgesamt $n = n_1 + n_2 + n_3 = 18$ Prüfungsergebnisse ausgewertet.

Die Voraussetzungen für die ANOVA sind normalverteilte Stichproben und Varianzhomogenität. Beide Voraussetzungen sind mit den Tests nach Kapitel 15.3 beziehungsweise Kapitel 15.5 zu überprüfen.
Auch für die ANOVA gelten die klassischen drei Schritte.

Schritt 1 (Formulierung der Nullhypothese)
H_0: Die Mittelwerte der 3 Faktorstufen/Stichproben sind gleich
$\bar{x}_1 = \bar{x}_2 = \cdots = \bar{x}_m$ $(65{,}3 = 55{,}9 = 52{,}0)$
H_1: Mindestens ein Mittelwert unterscheidet sich $\bar{x}_i \neq \bar{x}_j$ für mind. ein (i, j).

Schritt 2 (Berechnung der Prüfgröße)
Mit Gleichung (318) wird die Prüfgröße F berechnet:

$$F = \frac{n - m}{m - 1} \cdot \frac{\sum_{i=1}^m n_i \cdot (\bar{x}_i - \bar{x})^2}{\sum_{i=1}^m \sum_{j=1}^{n_i} (x_{i,j} - \bar{x}_i)^2}$$

$$F = \frac{n-m}{m-1} \cdot \frac{n_1 \cdot (\bar{x}_1 - \bar{x})^2 + \cdots + n_3 \cdot (\bar{x}_3 - \bar{x})^2}{\left[(x_{1,1} - \bar{x}_1)^2 + \cdots + (x_{1,6} - \bar{x}_1)^2\right] + \cdots + \left[(x_{3,1} - \bar{x}_3)^2 + \cdots + (x_{3,5} - \bar{x}_3)^2\right]} \tag{324}$$

$$F = \frac{18-3}{3-1} \cdot \frac{6 \cdot (65-58)^2 + 7 \cdot (56-58)^2 + 5 \cdot (52-58)^2}{[(71-65)^2 + \cdots + (72-65)^2] + \cdots + [(54-52)^2 + \cdots + (48-52)^2]}$$

$$F = 3{,}04.$$

Schritt 3 (Testentscheidung)
Für die Testentscheidung wird die Prüfgröße F mit dem kritischen Wert der F-Verteilung $f_{df_1,df_2,\alpha}$ bei der Signifikanz $\alpha = 5\%$ verglichen. Die Freiheitsgrade des kritischen Wertes der F-Verteilung werden nach Gleichung (319) berechnet:

$$\begin{aligned} df_1 &= m - 1 = 3 - 1 = 2 \\ df_2 &= n - m = 18 - 3 = 15. \end{aligned} \tag{325}$$

Aus Tabelle 15-10 wird $f_{df_1,df_2,\alpha}$ für die Signifikanz und die Freiheitsgrade abgelesen:

$$f_{2,15,5\%} = 3{,}68. \tag{326}$$

Die Nullhypothese H_0 wird verworfen, wenn

$$F > f_{2,15,5\%}. \tag{327}$$

Da

$$F = 3{,}04 < f_{2,15,5\%} = 3{,}68 \tag{328}$$

wird die die Nullhypothese beibehalten und davon ausgegangen, dass alle Schulungskonzepte vergleichbare Resultate liefern.

15.7.2 KRUSKAL-WALLIS-TEST FÜR NICHT NORMALVERTEILTE DATEN

Sollen die Mittelwertunterschiede mehrerer nichtnormalverteilter Stichproben miteinander verglichen werden, wird mit dem Kruskal-Wallis-Test [29] gearbeitet. Er wird somit angewendet, wenn die Voraussetzungen der ANOVA verletzt werden. Der Kruskal-Wallis-Test ähnelt stark dem Wilcoxon-Test aus Kapitel 15.6.2. Synonym wird er häufig auch als H-Test bezeichnet. Er ist nur für unabhängige Stichproben anwendbar. Ein Vorteil des Kruskal-Wallis-Tests ist, dass er auch bei relativ kleinen Stichproben angewendet werden kann.

Die Kruskal-Wallis-Test bewertet (wie die ANOVA) den Einfluss einer Variablen in unterschiedlicher Ausprägung auf eine unabhängige Zielvariable[1]. Mögliche Fragestellungen sind:

- Ist die Helligkeit von Leuchten bei der Feuchte RH = 70%, 80% und 90% vergleichbar?
- Hat die Schicht in der Fertigung (Frühschicht, Spätschicht, Nachtschicht, Wochenendschicht) einen Einfluss auf die Ausschussrate?

Das kann wie oben beschrieben beispielsweise, der Einfluss der Mitarbeiter (Faktor) in unterschiedlichen Schichten (Faktorstufe oder Stichprobe) auf den Ausschuss des Produktes (Zielvariable) sein.

Ähnlich dem Wilcoxon-Test fußt der Kruskal-Wallis-Test auf einer Rangierung der Stichprobendaten. Die Rangierung ist die Sortierung der Daten der Größe nach. Es wird also nicht mit den Daten selber, sondern mit deren Rängen gerechnet. Sind alle Stichproben miteinander vergleichbar, dann sollten sich die Ränge für die verschiedenen Stichproben zufällig verteilen.

Die Voraussetzung des Kruskal-Wallis-Tests ist:

- Die Daten sind unabhängig voneinander.

Schritt 1 (Formulierung der Nullhypothese)

Die Nullhypothese H_0 und Alternativhypothese H_1 werden wie folgt formuliert (wobei die Alternativhypothese die eigentliche Forschungsfrage ist):

H_0: Die Mittelwerte aller m Faktorstufen/Stichproben sind gleich $\bar{x}_1 = \bar{x}_2 = \cdots = \bar{x}_m$
H_1: Mindestens ein Mittelwert unterscheidet sich $\bar{x}_i \neq \bar{x}_j$ für mind. ein (i, j).

Schritt 2 (Berechnung der Prüfgröße)

Zur Berechnung der Prüfgröße wird jedem Wert ein Rang zugeordnet. Dazu werden die Werte aller k Stichproben zusammen bewertet und der Größe nach vom kleinsten zum größten sortiert. Dem kleinsten Wert wird der Rang 1 zugewiesen, dem zweitkleinsten Wert der Rang 2 usw.. Zu beachten ist, dass die Sortierung unabhängig von der Stichprobe ist.

---

[1] Ein Synonym für die Zielvariable ist der Begriff zu erklärende Variable und für den Faktor der Begriff erklärende Variable.

Liegen mehrere Werte gleicher Größe vor, dann werden diese als verbundene Ränge bezeichnet (engl. „ties"). In diesem Fall erhalten alle diese Ränge den mittleren Rang. Sind beispielsweise die ersten drei Werte gleich groß (Rang 1, 2 und 3), dann erhalten alle drei Werte den mittleren Rang R = (1 + 2 + 3)/3 = 2 zugewiesen.

Für jede Stichprobe wird dann die Rangsumme R_i durch Addition aller Ränge der jeweiligen Stichprobe i berechnet. Sind die Stichproben vergleichbar, dann sollten die Rangsummen ebenfalls vergleichbar sein.

Die Prüfgröße H wird wie folgt berechnet:

$$H = \frac{12}{n(n+1)} \left[\sum_{i=1}^{k} \frac{R_i^2}{n_i} \right] - 3(n+1). \tag{329}$$

Mit
n = Gesamtstichprobengröße,
n_i = Stichprobengröße der jeweiligen Stichprobe,
k = Anzahl an Stichproben,
R_i = Rangsumme der jeweiligen Stichprobe.

Liegen verbundene Ränge vor, dann wird anstelle der Prüfgröße H mit der korrigierten Prüfgröße $\mathbf{H_{korr}}$ gerechnet:

$$H_{korr} = \frac{H}{1 - \frac{\sum_{j=1}^{m} (t_{r(j)}^3 - t_{r(j)})}{n^3 - n}}. \tag{330}$$

Mit
n = Gesamtstichprobengröße,
m = Anzahl der verbundenen Ränge,
H = Prüfgröße,
$t_{r(j)}$ = Anzahl der verbundenen Ränge des Ranges j.

Dazu ein Beispiel:
Es soll der Einfluss der Schicht in der Fertigung auf den Ausschuss getestet werden. Dazu wurde der Ausschuss in jeder Schicht an fünf Tagen ermittelt. Die Ergebnisse fasst Tabelle 15-29 zusammen.

Tabelle 15-29: Ausschuss in % in der Fertigung abhängig von der Schicht

Messung	Stichprobe i		
	Frühschicht	Spätschicht	Nachtschicht
1	14	10	11
2	9	8	12
3	7	13	14
4	11	9	15
5	8	14	

Zur Berechnung der Ranggrößen werden alle Daten gemeinsam ausgewertet, der Größe nach sortiert und nach obiger Beschreibung die Ränge zugewiesen. Siehe dazu Tabelle 15-30. Daraus ist erkennbar, dass die Ausschüsse an den Positionen $l = 2$ und 3, $l = 4$ und 5, $l = 7$ und 8 sowie $l = 11$ bis 13 verbundene Ränge sind, denen der gleiche Rang zugewiesen wird.

Nach Gleichung (329) wird die Prüfgröße berechnet. Der Stichprobenumfang beträgt $n = 14$. Aus Tabelle 15-30 werden für die $k = 3$ Stichproben die Rangsummen $R_1 = 28$, $R_2 = 35$ und $R_1 = 43$ sowie die Stichprobenumfänge $n_1 = n_2 = 5$ und $n_3 = 4$ abgelesen. Damit berechnet sich die Prüfgröße H wie folgt:

$$
\begin{aligned}
H &= \frac{12}{n(n+1)} \sum_{i=1}^{k} \frac{R_i^2}{n_i} - 3(n+1) \\
&= \frac{12}{n(n+1)} \left[\frac{R_1^2}{n_1} + \frac{R_2^2}{n_2} + \frac{R_3^2}{n_3} \right] - 3(n+1) \\
&= \frac{12}{14(14+1)} \left[\frac{27{,}5^2}{5} + \frac{35^2}{5} + \frac{42{,}5^2}{4} \right] - 3(14+1) = 3{,}45.
\end{aligned}
\tag{331}
$$

Tabelle 15-30: Ermittlung der Ränge für den Kruskal-Wallis-Test

l	Ausschuss in %	Stichprobe i		
		Frühschicht	Spätschicht	Nachtschicht
1	7	1		
2	8	2,5		
3	8		2,5	
4	9	4,5		
5	9		4,5	
6	10		6	
7	11			7,5
8	11	7,5		
9	12			9
10	13		10	
11	14	12		
12	14		12	
13	14			12
14	15			14
Rangsumme R_i		27,5	35	42,5
Stichprobengröße n_i		5	5	4

Da auch verbundene Ränge vorliegen, muss diese Prüfgröße noch nach Gleichung (330) korrigiert werden. An vier Stellen sind Ränge verbunden (es ist also $m = 4$). Das sind Rang 2 und 3 (deswegen $t_{r(1)} = 2$), Rang 4 und 5 (deswegen $t_{r(2)} = 2$), Rang 7 und 8 (deswegen $t_{r(3)} = 2$) sowie Rang 11 bis 13 (deswegen $t_{r(4)} = 3$).

$$H_{korr} = \frac{H}{1 - \dfrac{\sum_{j=1}^{m}\left(t_{r(j)}^3 - t_{r(j)}\right)}{n^3 - n}}$$

$$= \frac{H}{1 - \dfrac{\left(t_{r(1)}^3 - t_{r(1)}\right) + \left(t_{r(2)}^3 - t_{r(2)}\right) + \cdots + \left(t_{r(4)}^3 - t_{r(4)}\right)}{n^3 - n}} \qquad (332)$$

$$= \frac{3,45}{1 - \dfrac{(2^3 - 2) + (2^3 - 2) + (2^3 - 2) + (3^3 - 3)}{14^3 - 14}} = 3,50$$

Schritt 3 (Testentscheidung):

Abhängig von der Stichprobenanzahl und -größe ist die Prüfgröße Chi-Quadrat verteilt und kann dann mit dem entsprechenden Wert der Chi-Quadrat Verteilung verglichen werden. Dies ist der Fall, wenn

- Mehr als 5 Stichproben vorliegen,
- 5 Stichproben vorliegen, mit mindestens 4 Werten,
- 4 Stichproben vorliegen, mit mindestens 5 Werten,
- 3 Stichproben vorliegen, mit mindestens 9 Werten.

Ist dies nicht der Fall, dann muss auf einen exakten Test verwiesen werden. Dies wird hier nicht näher behandelt. Die χ^2-Verteilung[1] ist abhängig von dem Freiheitsgrad df mit der Anzahl der Stichproben k:

$$df = k - 1. \qquad (333)$$

Die Nullhypothese H_0 wird verworfen, wenn Prüfgröße H (bzw. H_{korr}) oberhalb, bzw. rechts des kritischen Wertes der χ^2-Verteilung $\chi^2_{df,\alpha}$ (siehe Tabelle 15-32) bei der Signifikanz α liegt. Alternativ ist dessen Berechnung mit Excel möglich:

$$EXCEL: \chi^2_{df,\alpha} = CHIQU.INV.RE(\alpha; df). \qquad (334)$$

Es wird angenommen, dass mindestens ein Mittelwert von den anderen abweicht, wenn

$$H > \chi^2_{df,\alpha}; \text{ bzw. } H_{korr} > \chi^2_{df,\alpha}. \qquad (335)$$

Alternativ kann mit dem p-Wert gearbeitet werden, vgl. dazu Tabelle 15-32 oder Excel:

$$EXCEL: p = CHIQU.VERT.RE(H; df) \text{ bzw.}$$
$$EXCEL: p = CHIQU.VERT.RE(H_{korr}; df). \qquad (336)$$

Es wird dann die Nullhypothese H_0 also abgelehnt, wenn

$$p < \alpha. \qquad (337)$$

---

[1] Sprich: Chi-Quadrat Verteilung

Tabelle 15-31: Grenzen $\chi^2_{df,\alpha}$ des Kruskal-Wallis-Tests

Freiheits-grad df	Signifikanz α			
	1%	2,5%	5%	10%
2	9,21	7,82	5,99	4,61
3	11,34	9,84	7,81	6,25
4	13,28	11,67	9,49	7,78
5	15,09	13,39	11,07	9,24
6	16,81	15,03	12,59	10,64
7	18,48	16,62	14,07	12,02
8	20,09	18,17	15,51	13,36
9	21,67	19,68	16,92	14,68
10	23,21	21,16	18,31	15,99
15	30,58	28,26	25,00	22,31
20	37,57	35,02	31,41	28,41

Tabelle 15-32: p-Wert der χ^2-Verteilung

H	Freiheitsgrad								
	2	3	4	5	6	7	8	9	10
3	0,22	0,39	0,56	0,70	0,81	0,89	0,93	0,96	0,98
4	0,14	0,26	0,41	0,55	0,68	0,78	0,86	0,91	0,95
5	0,08	0,17	0,29	0,42	0,54	0,66	0,76	0,83	0,89
6	0,05	0,11	0,20	0,31	0,42	0,54	0,65	0,74	0,82
6,5	0,04	0,09	0,16	0,26	0,37	0,48	0,59	0,69	0,77
7	0,03	0,07	0,14	0,22	0,32	0,43	0,54	0,64	0,73
7,5	0,02	0,06	0,11	0,19	0,28	0,38	0,48	0,59	0,68
8	0,02	0,05	0,09	0,16	0,24	0,33	0,43	0,53	0,63
8,5	0,01	0,04	0,07	0,13	0,20	0,29	0,39	0,48	0,58
9	0,01	0,03	0,06	0,11	0,17	0,25	0,34	0,44	0,53
10	0,01	0,02	0,04	0,08	0,12	0,19	0,27	0,35	0,44
11	0,00	0,01	0,03	0,05	0,09	0,14	0,20	0,28	0,36
12	0,00	0,01	0,02	0,03	0,06	0,10	0,15	0,21	0,29
13	0,00	0,00	0,01	0,02	0,04	0,07	0,11	0,16	0,22
14	0,00	0,00	0,01	0,02	0,03	0,05	0,08	0,12	0,17
15	0,00	0,00	0,00	0,01	0,02	0,04	0,06	0,09	0,13
16	0,00	0,00	0,00	0,01	0,01	0,03	0,04	0,07	0,10
17	0,00	0,00	0,00	0,00	0,01	0,02	0,03	0,05	0,07
18	0,00	0,00	0,00	0,00	0,01	0,01	0,02	0,04	0,05
19	0,00	0,00	0,00	0,00	0,00	0,01	0,01	0,03	0,04
20	0,00	0,00	0,00	0,00	0,00	0,01	0,01	0,02	0,03

Dazu ein Beispiel:

Für das obige Beispiel wurde eine korrigierte Prüfgröße von $H_{korr} = 3,50$ berechnet. Nach Gleichung (335) wird die Nullhypothese abgelehnt wenn

$$H_{korr} \geq \chi^2_{df,\alpha} \tag{338}$$

Für die Signifikanz von $\alpha = 5\%$ und den Freiheitsgrad $df = k - 1 = 2$ nach Gleichung (333) wird $\chi^2_{2,5\%}$ aus Tabelle 15-31 abgelesen: $\chi^2_{2,5\%} = 7,82$. Da

$$H_{korr} = 3,50 < \chi^2_{df,\alpha} = 7,82, \tag{339}$$

wird die Nullhypothese beibehalten und davon ausgegangen, dass der Ausschuss aller Schichten gleich ist.

Eine Erweiterung des Kruskal-Wallis-Tests auf den Anwendungsbereich der mehrfaktoriellen Varianzanalyse ist der Scheirer-Ray-Hare-Test, der hier nicht weiter behandelt wird.

15.7.3 ARBEITEN MIT EXCEL 🚀

Die ANOVA

Zur Untersuchung der Mittelwertunterschiede mehrerer normalverteilter Stichproben wird der Reiter „ANOVA" in der Statistik-Toolbox gewählt (Abbildung 15-21). Das Signifikanzniveau wird in Zelle C 13 gewählt und die Daten in die Spalten C-L ab Zeile 43 eingetragen. Das Ergebnis des statistischen Testes zeigt dann die Zelle C35 bzw. C36.

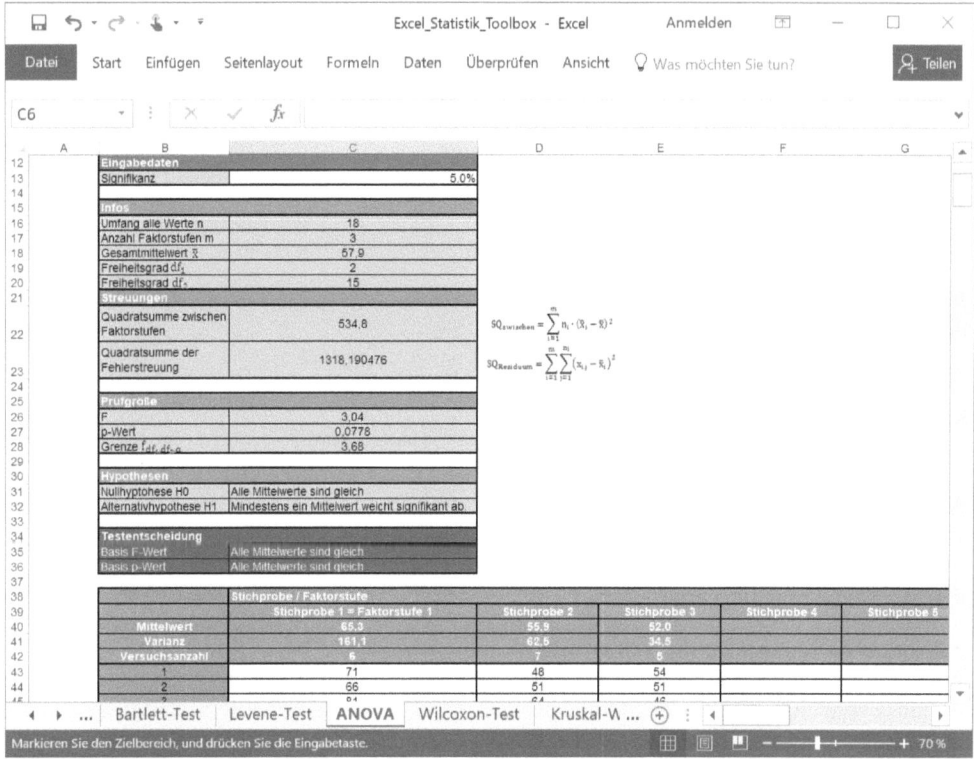

Abbildung 15-21: Excel-Tool zur ANOVA für Mittelwertunterschiede mehrerer normalverteilter Stichproben

Für die ANOVA müssen folgende Voraussetzungen erfüllt sein und die entsprechende Hypothese für die Testentscheidung gelten:

Voraussetzungen ANOVA	
1	Gleichheit aller Varianzen (Varianzhomogenität oder Homoskedastizität)
2	Normalverteilung der Vorhersagefehler (Residuen)

Testentscheidung:

Fall	H_0	H_1	Lehne H_0 ab, wenn
a	$\bar{x}_1 = \bar{x}_2$ $= \cdots = \bar{x}_m$	mindestens ein Mittelwert unterscheidet sich $\bar{x}_i \neq \bar{x}_j$ für mind. ein (i, j)	$F > f_{df_1, df_2, \alpha}$, oder $p < \alpha$.

Alternativ kann die ANOVA auch mit dem „geheimen Excel-Tool" durchgeführt werden. Dazu wird unter Daten → Datenanalyse die Auswahl „Anova: Einfaktorielle Varianzanalyse" gewählt:

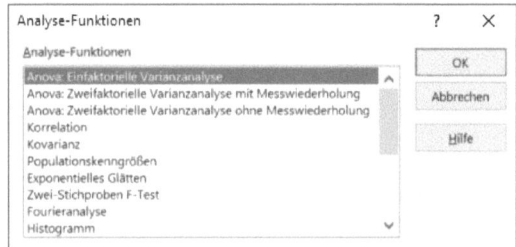

Im sich daraufhin öffnenden Fenster kann der Bereich der Stichproben (Eingabebereich) und das Signifikanzniveau (Alpha) gewählt werden. Der Ausgabebereich ist die Zelle in der die Teststatistik ausgegeben wird.

Als Ergebnis der ANOVA wird die Teststatistik ausgegeben. Excel stellt in der Zusammenfassung für jede Stichprobe den Mittelwert und die Varianz dar.

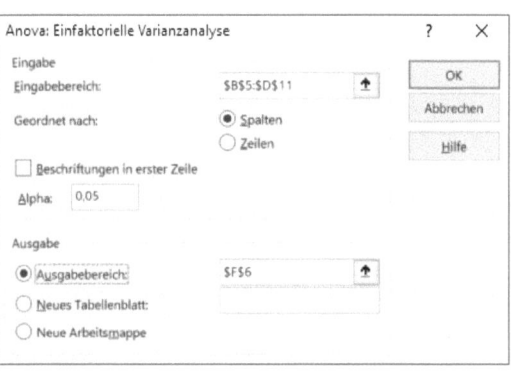

Für die ANOVA werden die Testgrößen wie der F-Wert, der kritische F-Wert und der p-Wert ausgegeben. Ob das Ergebnis signifikant ist, muss vom Nutzer nach den Methoden aus Kapitel 15.7.1 selbständig bewertet werden.

Anova: Einfaktorielle Varianzanalyse

ZUSAMMENFASSUNG

Gruppen	Anzahl	Summe	Mittelwert	Varianz
Spalte 1	6	392	65,33333333	161,0666667
Spalte 2	7	391	55,85714286	62,47619048
Spalte 3	5	260	52	34,5

ANOVA

Streuungsursache	Quadratsummen (SS)	Freiheitsgrade (df)	Mittlere Quadratsumme (MS)	Prüfgröße (F)	P-Wert	kritischer F-Wert
Unterschiede zwischen den Gruppen	534,7539683	2	267,3769841	3,042545698	0,077780062	3,682320344
Innerhalb der Gruppen	1318,190476	15	87,87936508			
Gesamt	1852,944444	17				

Der Kruskal-Wallis-Test

Sollen Mittelwertunterschiede mehrerer nicht normalverteilter Stichproben analysiert werden, wird der Reiter „Kruskal-Wallis-Test" der Statistik Toolbox gewählt (Abbildung 15-22). Hier lässt sich in Zelle C13 das Signifikanzniveau wählen und in den Spalten C-L ab Zeile 39 die Daten der verschiedenen Stichproben eintragen. Das Ergebnis zeigt dann Zelle C31 bzw. C32. Für den Kruskal-Wallis-Test müssen folgende Voraussetzungen erfüllt sein und die entsprechende Hypothese für die Testentscheidung gelten:

Voraussetzungen Kruskal-Wallis-Test			
1	Die Daten sind unabhängig voneinander		
Testentscheidung:			
Fall	H_0	H_1	Lehne H_0 ab, wenn
a	$\bar{x}_1 = \bar{x}_2 = \cdots = \bar{x}_m$	mindestens ein Mittelwert unterscheidet sich $\bar{x}_i \neq \bar{x}_j$ für mind. ein (i,j)	$H_{korr} > \chi^2_{df,\alpha}$ oder $p < \alpha$.

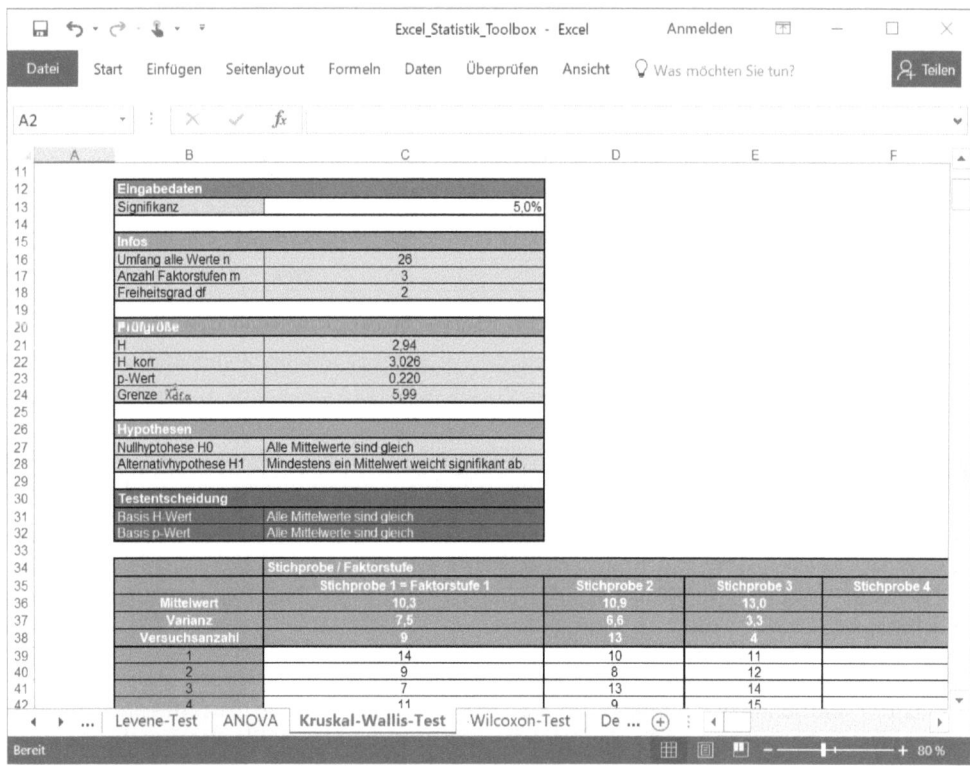

Abbildung 15-22: Excel-Tool des Kruskal-Wallis-Tests für Mittelwertunterschiede mehrerer nicht normalverteilter Stichproben

15.8 ERFAHRUNGEN AUS DER PRAXIS

Insbesondere bei kleinen Stichproben ist es häufig schwierig Unterschiede zu erkennen. Wenn sich Unterscheide in Verteilungen nicht erkennen lassen, dann kann es helfen, Erfahrungen aus der Vergangenheit mit einzubeziehen. Das bedeutet, wenn aus ähnlichen früheren Untersuchungen bereits bekannt ist, dass es sich bei der Verteilung um eine Weibullverteilung handelt, dann kann diese Erkenntnis genutzt werden. Es wird dann nur auf die Weibullverteilung getestet.

Es lassen sich Mittelwertunterschiede nicht erkennen, wenn die Streuungen sehr unterschiedlich sind. Ein krasses Beispiel dazu zeigt die Tabelle 15-33. Hier sind zwei Stichproben dargestellt. Es soll getestet werden, ob sich beide bzgl. des Mittelwertes unterscheiden. Das Ergebnis (ohne es im Detail aufzuzeigen) des F-Tests ergibt, dass sich beide Stichproben statistisch nicht signifikant voneinander unterscheiden. Eine optische Betrachtung zeigt dagegen, dass sich beide Stichproben sehr deutlich voneinander unterscheiden. Und zwar sowohl in Hinsicht auf den Mittelwert, als auch die Streuung! Allerdings überdeckt der große Unterschied bei den Streuungen bei dem rechnerischen Verfahren die Aussage.

Tabelle 15-33: Beispiel Mittelwertunterschied

i	Messwert x_i Typ 1	Messwert y_i Typ 2
1	70	111
2	50	103
3	90	108
4	110	112
5	80	109

Rechnerische Methoden haben den Nachteil, dass diese nicht so schnell verständlich sind. Hier helfen grafische Methoden. Diese liefern häufig ein besseres Verständnis. Idealerweise werden bei einer Analyse beide Methoden miteinander kombiniert. Beispielsweise derart, dass Streuungen sowohl mit einem Test auf Streuungsunterschiede (wie dem Bartlett-Test), als auch eine Visualisierung der Streuungen im Histogramm oder Wahrscheinlichkeitsnetz erfolgt.

Ausreißer dürfen aus der Untersuchung nur gestrichen werden, wenn die Ursache eindeutig geklärt ist. Die Gründe für das Streichen der Werte sind unbedingt zu dokumentieren. Manchmal decken Ausreißer neue Probleme auf. Deren Behebung hilft dann Probleme in der Zukunft zu vermeiden.

Häufig werden vor allem positive Erkenntnisse (also solche mit statistisch signifikanten Ergebnissen) veröffentlicht. Das kann z. B. das Ergebnis sein, dass eine neue Messmethode besser ist, als die alte. Negative Erkenntnisse (also statistisch nicht signifikanten Ergebnisse) werden seltener veröffentlicht. Es wird beispielsweise seltener veröffentlicht, dass eine neuere Messmethode gar nicht besser ist als die bereits vorhandene. Dies nennt man auch Wissenschaftsbias. Allerdings sind genau die „negativen" Ergebnisse in der Praxis sehr wichtig! Zu viele positive Ergebnisse können beispielsweise den Erfolg einer neuen Messmethode suggerieren, obwohl dieser gar nicht vorliegt.

Ein etwas vereinfachtes Beispiel dazu. Es besteht bei einer Signifikanz von 10 % immer eine Irrtumswahrscheinlichkeit von eben diesen 10 %. Es werden beispielsweise 10 Studien durchgeführt, um die Wirksamkeit der neuen Messmethode nachzuweisen. Dann ist es sehr wahrscheinlich, dass eine dieser Studien rein zufällig ein statistisch signifikantes Ergebnis zeigt. Wird dann nur diese publiziert und die negativen Ergebnisse nicht, dann entsteht ein falscher Eindruck. Das Fatale in der Praxis ist, dass diese 10 Studien häufig von 10 Personen durchgeführt werden, die evtl. voneinander nichts wissen. Deshalb sollten auch immer statistisch nicht signifikante Ergebnisse dokumentiert werden.

15.9 AUF DEN PUNKT

- Jeder Test beruht auf der Formulierung der Nullhypothese und der Alternativhypothese, wobei die Alternativhypothese die Negierung der Nullhypothese ist. Die Nullhypothese wird abgelehnt und die Alternativhypothese akzeptiert, wenn die Wahrscheinlichkeit kleiner der Signifikanz α ist. Üblicherweise ist die Alternativhypothese die eigentliche Forschungsfrage. Es wird also die Nullhypothese aufgestellt, um verworfen zu werden.
- Der Fehler erster Art bedeutet, die richtige Nullhypothese zu verwerfen. Die Wahrscheinlichkeit dafür heißt auch Signifikanz und wird typischerweise mit $\alpha = 5\%$ gewählt.
- Der Fehler zweiter Art bedeutet, dass die falsche Nullhypothese beibehalten wird. Die Wahrscheinlichkeit dafür wird typischerweise mit $\beta = 20\%$ angegeben.
- Es ist in der Statistik einfacher einen Fehler erster Art zu minimieren, als einen Fehler zweiter Art. Je kleiner die Signifikanz (also die Irrtumswahrscheinlichkeit), umso größer wird die Wahrscheinlichkeit einen Fehler zweiter Art zu begehen!
- Bedenken Sie, dass eine statistische Signifikanz von 5% eine Irrtumswahrscheinlichkeit von 5% bedeutet. Es ist also eine von 20 Aussagen falsch -> Fehler erster Art.
- Mit Hilfe der Assistenten für statistische Tests **Abbildung 15-15** ist eine schnelle Auswahl des richtigen Tests möglich.
- Unterliegt die Streuung der Daten zufälligen Einflüssen, dann kann die Streuung durch eine Verteilung beschrieben werden.
- Sollten die Verteilungstests negativ ausfallen, dann kann evtl. die Prüfgröße transformiert werden, indem das Merkmal z. B. logarithmiert wird.
- Die Normalverteilung wird üblicherweise für Messwerte wie Durchmesser, Längen, Widerstände, statische Festigkeiten... verwendet.
- Die logarithmische Normalverteilung beschreibt üblicherweise Lebensdauern der Betriebsfestigkeit (Zyklenzahlen), Verteilung von Schwingfestigkeiten (Dauerfestigkeit, Zeitfestigkeit).
- Insbesondere bei kleinen Stichproben ist es häufig schwierig Unterschiede zu erkennen. Dann lassen sich beispielsweise Unterschiede in Verteilungen nicht erkennen und es kann helfen, Erfahrungen aus der Vergangenheit mit einzubeziehen.
- Ausreißer dürfen aus der Untersuchung nur gestrichen werden, wenn die Ursache eindeutig geklärt ist. Die Gründe für das Streichen der Werte sind unbedingt zu dokumentieren.

Manchmal decken Ausreißer neue Probleme auf. Deren Behebung hilft dann Probleme in der Zukunft zu vermeiden.

* Rechnerische Methoden haben den Nachteil, dass diese nicht so schnell verständlich sind. Hier helfen grafische Methoden. Diese liefern häufig ein besseres Verständnis. Idealerweise werden bei einer Analyse beide Methoden miteinander kombiniert. Beispielsweise derart, dass Streuungen sowohl mit einem Test auf Streuungsunterschiede (wie dem Bartlett-Test) untersucht werden, als auch eine Visualisierung der Streuungen im Histogramm oder Wahrscheinlichkeitsnetz erfolgt.

* Für alle statistischen Tests haben wir für Sie nützliche Excel-Tools bereitgestellt. Diese finden Sie im Downloadbereich unter http://einbock-akademie.de/download/buch_statistik.

16 AUSREIßER BEWERTEN

Extremale Werte können die Auswertungen deutlich verzerren. Unterscheiden sich diese Werte aus plausiblen Gründen (z. B. wegen eines anderen Effektes) von den restlichen Werten, können sie aus der Auswertung gestrichen werden. Man spricht dann von Ausreißern. Etwas anders formuliert, ist ein Ausreißer ein Wert, der sowohl in Hinsicht auf dessen Größe, als auch die Ursache deutlich von den erwarteten Werten abweicht.

Dies zeigt, dass die Bewertung von Ausreißern schwierig ist. Zum einen muss festgelegt werden, was genau der Erwartungsbereich ist in dem die typischen Werte liegen. Zum anderen muss definiert werden, ab welchem Abstand eines Wertes vom Erwartungsbereich dieser Wert als Ausreißer bewertet wird.

Das größte Risiko bei der Bewertung von Ausreißern ist, dass diese versehentlich aus den Auswertungen gestrichen werden und deswegen deutlich falsche Schlüsse aus einer Auswertung gezogen werden.

Dazu zwei Beispiele

Das Ozonloch über der Arktis wurde viele Jahre gemessen. Allerdings wurden die Messungen als „falsch" interpretiert und als Ausreißer definiert! Deswegen wurden die Auswirkungen des Ozonlochs nicht in seiner vollen Breite erfasst [30].

Ähnliches vollzog sich in der Technik.

Die de Havilland Comet war das erste strahlgetriebene Verkehrsflugzeug der Welt. Dieses Flugzeug revolutionierte den Passagierflug, da sich die Reisezeiten halbierten und Flüge sehr komfortabel (leise und vibrationsarm) wurden.

In den Jahren 1953 bis 1954 stürzten drei Maschinen ab. Es gab dabei keine Überlebenden. Keines der Flugzeuge zeigte bis dahin irgendwelche Auffälligkeiten, die diesen Absturz erklären konnten. Der Ausfall der ersten Maschine wurde dem Wetter zugeschrieben. Ein systematischer Fehler wurde somit ausgeschlossen. Erst nach den weiteren Abstürzen wurde die Fehlersuche intensiviert und es stellte sich heraus, dass ein systematischer Fehler vorlag.

Ein Ausreißer kann prinzipiell einer der folgenden Gruppen zugeordnet werden:

- Es ist schlicht Zufall, d. h. rein zufällig tauchen extremale Werte auf.
- Es ist ein Zahlendreher (anstelle von 13 wurde beim Datenübertrag 31 eingetragen).
- Es wurden versehentlich die falschen Daten eingetragen, Messsignale vertauscht oder es liegt ein Messfehler vor.
- Es gibt einen plausiblen physikalischen Grund, dass sich dieser Wert von den restlichen Werten unterscheidet.

Streng genommen handelt es sich bei den ersten drei Punkten nicht um Ausreißer, sondern um falsche Werte, die gestrichen oder korrigiert werden müssen. Es gibt prinzipiell zwei Möglichkeiten um auf Ausreißer und Extremwerte zu reagieren.

Einerseits kann die Datenauswertung mit Methoden erfolgen, die robust gegenüber Ausreißern sind. Zu nennen sind hier Kennwerte wie der Medianwert anstelle des Mittelwertes oder der Quartile anstelle der Standardabweichung. Dies ist z. B. der Fall bei der Auswertung des Einkommens am Beispiel aus Kapitel 8.2. Hier interessiert das mittlere Einkommen und wie weit das Einkommen auseinanderklafft. Da Extremwerte beide Kennwerte stark beeinflussen, werden für diese Aussagen robuste Methoden angewandt (siehe dazu das Beispiel aus Kapitel 16.2). Zusätzlich wird in Kapitel 16.3 noch ein grafisches Verfahren zum robusten Umgang mit Ausreißern vorgestellt.

Andererseits können potenzielle Ausreißer mit Hilfe statistischer Methoden gefunden werden. Genauer gesagt werden mit Hilfe statistischer Methoden Werte identifiziert, die statistisch signifikant von den restlichen Werten abweichen. Ob es sich tatsächlich um einen Ausreißer handelt, muss dann vom Bearbeiter durch eine separate Untersuchung geklärt werden. Häufig wird davon ausgegangen, dass sich die Stichprobenwerte zufällig nach der Normalverteilung (oder in der Betriebsfestigkeit nach der logarithmischen Normalverteilung) verteilen. Es wird angenommen, dass ein Wert als Ausreißer deklariert werden kann, wenn dieser statistisch signifikant von dieser Verteilung abweicht. In Kapitel 16.4 werden diese Methoden vorgestellt. Ein verteilungsunabhängiges Verfahren zeigt Kapitel 16.5.

In diesem Kapitel lernen Sie:

- robuste Methoden kennen, die durch Ausreißer nicht stark verzerrt werden.
- Wie Sie Ihre Daten mit statistischen Tests auf potenzielle Ausreißer testen.
- Wie Sie mit Ausreißern umgehen.

16.1 DER ASSISTENT FÜR AUSREIßERTESTS 🚀

Mit Hilfe des Assistenten zum Umgang mit Ausreißern nach Abbildung 16-1 ist es schnell möglich, die richtige Methode für die Bewertung von Ausreißern zu finden.

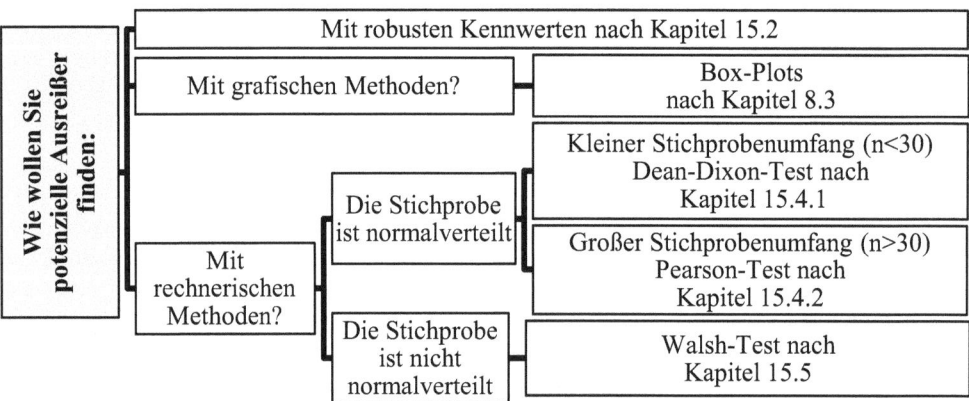

Abbildung 16-1: Assistent zum Umgang mit Ausreißern

16.2 ROBUSTE KENNWERTE GEGEN AUSREIßER

Von robusten Methoden spricht man, wenn die Ergebnisse dieser Methode durch Ausreißer nur gering verzerrt werden. Häufig sollen Stichproben bezüglich ihrer zentralen Tendenz (z. B. der Mittelwert) und ihrer Streuung bewertet werden.

Für die Schätzung mittlerer Werte aus Messwerten bietet sich der Median an. Dieser ist im Gegensatz zum Mittelwert sehr robust gegenüber Ausreißern (siehe dazu auch die Ausführungen aus Kapitel 8.2). Zur Wiederholung: Mathematisch wird der Median nach Gleichung (2) berechnet:

$$\tilde{x} = \begin{cases} \frac{1}{2}\left(x_{n \cdot 0,5} + x_{n \cdot 0,55+1}\right), & \text{wenn } n = \text{gerade Zahl} \\ x_{\lfloor n \cdot 0,5+1 \rfloor}, & \text{wenn } n = \text{ungerade Zahl} \end{cases} \tag{340}$$

$$\text{EXCEL: } = \text{MEDIAN}(x_1; \; x_2; \dots x_n).$$

Dabei ist n der Stichprobenumfang und $\lfloor x \rfloor$ die Abrundungsfunktion. Das bedeutet, dass mit dieser Funktion der Wert x immer abgerundet wird. Es ist also für $\lfloor x = 1,7 \rfloor = 1$ oder $\lfloor x = 27,01 \rfloor = 27$.

Für die Bewertung von Streuungen empfiehlt sich die Verwendung von Quartilen. In Kapitel 8.7 wird deren Berechnung näher beschrieben. Quartile sind wie der Median sehr robust gegenüber Ausreißern. Zur Ermittlung der Quartile wird die Stichprobe der Größe nach vom kleinsten zum größten Wert sortiert. Der kleinste Wert ist der Wert ist x_1 und der größte Wert x_n. Mathematisch ausgedrückt berechnet sich das 25%- und das 75%-Quartil nach Gleichung (10) wie folgt:

$$\begin{aligned} x_{25\%} &= \begin{cases} \frac{1}{2}\left(x_{n \cdot 0,25} + x_{n \cdot 0,25+1}\right), & \text{wenn } n \cdot 0,25 \text{ ganzzahlig} \\ x_{\lfloor n \cdot 0,25+1 \rfloor}, & \text{wenn } n \cdot 0,25 \text{ nicht ganzzahlig} \end{cases} \\[2mm] x_{75\%} &= \begin{cases} \frac{1}{2}\left(x_{n \cdot 0,75} + x_{n \cdot 0,75+1}\right), & \text{wenn } n \cdot 0,75 \text{ ganzzahlig} \\ x_{\lfloor n \cdot 0,75+1 \rfloor}, & \text{wenn } n \cdot 0,75 \text{ nicht ganzzahlig} \end{cases} \end{aligned} \tag{341}$$

16.3 GRAFISCHER TEST: DER BOX-WHISKER-PLOT

Mit Hilfe des Box-Whisker-Plots (kurz: Box-Plot) werden Streuungsdaten inkl. Ausreißern grafisch dargestellt. Vergleiche dazu die Ausführungen auf 57ff. Der Vorteil grafischer Methoden liegt in der schnellen Erfassung des Inhaltes (der Mensch kann grafische Informationen um ein Vielfaches schneller verarbeiten, als rechnerische oder schriftliche). Im Boxplot werden auf übersichtliche Art

- der Median x̃,
- die robusten Kennwerte zur Streuung $x_{25\%}$ und $x_{75\%}$ (das 25%- und 75%- Quartil),
- der typische Bereich der Messwerte durch den unteren und den oberen Whisker sowie
- die Ausreißer

dargestellt, siehe Abbildung 16-2.

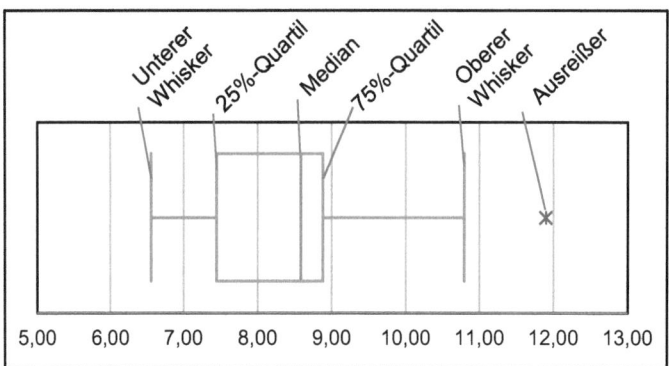

Abbildung 16-2: Box-Plot inkl. Erklärung

Der Median x̃ berechnet sich nach Gleichung (2) aus Kapitel 8.2 und wird als senkrechter Strich innerhalb der Box dargestellt.

Die Quartile $x_{25\%}$ und $x_{75\%}$ berechnen sich nach Gleichung (10). Sie bestimmen die Box im Box-Plot.

Die Whisker berechnen sich nach [5] aus dem Interquartilsabstand IQR. Der Interquartilsabstand ist die Länge der Box im Box-Plot, d.h. der Abstand zwischen dem 25% und dem 75% Quartil.

Der untere Whisker geht bis zum Maximum aus

- dem Abstand des 1,5-fachen IQR vom 25%-Quartils ($w_{min} = x_{25\%} - 1{,}5 \cdot IQR$) und
- dem Wert x_i, der am weitesten vom 25%-Quartils entfernt ist und gleichzeitig noch innerhalb des 1,5 fachen IQR Abstands vom 25%-Quartil liegt.

Der obere Whisker geht bis zum Minimum aus

- dem Abstand des 1,5-fachen IQR vom 75%-Quartils ($w_{max} = x_{75\%} + 1{,}5 \cdot IQR$) und
- dem Wert x_j, der am weitesten vom 75%-Quartils entfernt ist und gleichzeitig noch innerhalb des 1,5 fachen IQR Abstands vom 75%-Quartil liegt.

Die Ausreißer sind alle Werte, welche entweder unterhalb des unteren Whiskers oder oberhalb des oberen Whiskers liegen.

Dazu ein Beispiel

Es wurde an 10 Proben der Nitratgehalt (in mg/L) im Trinkwasser gemessen. Die Werte sind in Tabelle 16-1 dokumentiert. Mit Hilfe des Box-Plots soll überprüft werden, ob in dieser Stichprobe Ausreißer vorhanden sind.

Tabelle 16-1: Gemessener Nitratgehalt im Trinkwasser

j	1	2	3	4	5	6	7	8	9	10
x_j	8,59	7,58	8,42	8,77	8,88	6,66	6,56	7,45	8,58	11,48

Lösung:

Zuerst wird der Median der Stichprobe berechnet. Dazu werden die Messwerte der vom kleinsten zum größten Wert sortiert. Siehe dazu Tabelle 16-2.

Tabelle 16-2: Der Größe nach sortierte Messwerte des Nitratgehalts im Trinkwasser in mg/L

i	1	2	3	4	5	6	7	8	9	10
x_i	6,56	6,66	7,45	7,58	8,42	8,58	8,59	8,77	8,88	11,48

Mit Gleichung (2) wird der Median bestimmt. Da die Stichprobe n = 10 Werte umfasst, gilt:

$$\tilde{x} = \begin{cases} \frac{1}{2}\left(x_{n\cdot 0,5} + x_{n\cdot 0,5+1}\right), & \text{wenn } n = \text{gerade Zahl} \\ x_{\lfloor n\cdot 0,5+1\rfloor}, & \text{wenn } n = \text{ungerade Zahl} \end{cases}$$

$$\tilde{x} = \frac{1}{2}\left(x_{n\cdot 0,5} + x_{n\cdot 0,5+1}\right), \text{da } n = 10 = \text{gerade Zahl} \tag{342}$$

$$\tilde{x} = \frac{1}{2}\left(x_{10\cdot 0,5} + x_{10\cdot 0,5+1}\right) = \frac{1}{2}(x_5 + x_6) = \frac{1}{2}(8,42 + 8,58) = 8,50\,\text{mg/L}$$

Das 25%- und das 75% Quartil werden mit Hilfe von Gleichung (10) auf Seite 43 berechnet:

$$x_{25\%} = \begin{cases} \frac{1}{2}\left(x_{n\cdot 0,25} + x_{n\cdot 0,25+1}\right), & \text{wenn } n \cdot 0,25 \text{ ganzzahlig} \\ x_{\lfloor n\cdot 0,25+1\rfloor}, & \text{wenn } n \cdot 0,25 \text{ nicht ganzzahlig} \end{cases}$$

$$x_{75\%} = \begin{cases} \frac{1}{2}\left(x_{n\cdot 0,75} + x_{n\cdot 0,75+1}\right), & \text{wenn } n \cdot 0,75 \text{ ganzzahlig} \\ x_{\lfloor n\cdot 0,75+1\rfloor}, & \text{wenn } n \cdot 0,75 \text{ nicht ganzzahlig.} \end{cases} \tag{343}$$

Da $n \cdot 0,25 = 10 \cdot 0,25 = 2,5$ sowie $n \cdot 0,75 = 10 \cdot 0,75 = 7,5$ jeweils nicht ganzzahlig sind, gilt:

$$x_{25\%} = x_{\lfloor n\cdot 0,25+1\rfloor} = x_{\lfloor 10\cdot 0,25+1\rfloor} = x_{\lfloor 3,5\rfloor} = x_3 = 7,45\,\text{mg/L}$$

$$x_{75\%} = x_{\lfloor n\cdot 0,75+1\rfloor} = x_{\lfloor 10\cdot 0,75+1\rfloor} = x_{\lfloor 8,5\rfloor} = x_8 = 8,77\,\text{mg/L} \tag{344}$$

Damit ist der Interquartilsabstand nach Gleichung (348) bei

$$\text{IQR} = x_{75\%} - x_{25\%} = (8,77 - 7,45)\text{MPa} = 1,32\,\text{mg/L} \tag{345}$$

Berechnung des unteren Whiskers:

Der Abstand des 1,5-fache IQR vom 25%-Quartil ist:

$w_{min} = x_{25\%} - 1,5 \cdot IQR = (7,45 - 1,5 \cdot 1,32)mg/L = 5,47mg/L$.

Der Wert x_i, welcher am weitesten vom 25%-Quartils entfernt ist und gleichzeitig größer oder gleich ist wie der Abstand des 1,5-fachen IQR vom 25%-Quartil ist

$x_i = x_1 = 6,56mg/L$.

Nach Gleichung (29) von Seite 59 ist der

$$\text{unterer Whisker} = MAX\{w_{min}; x_i)$$
$$= MAX\{5,47mg/L; 6,56mg/L\} = 6,56mg/L. \qquad (346)$$

Berechnung des oberen Whiskers:

Der Abstand des 1,5-fache IQR vom 75%-Quartil ist:

$w_{max} = x_{75\%} + 1,5 \cdot IQR = (8,77 + 1,5 \cdot 1,32)mg/L = 10,75mg/L$.

Der Wert x_j, der am weitesten vom 75%-Quartils entfernt ist und gleichzeitig kleiner oder gleich ist wie der Abstand des 1,5-fachen IQR vom 75%-Quartil.

$x_j = x_9 = 8,88mg/L$.

Nach Gleichung (29) von Seite 59 ist der

$$\text{obere Whisker} = MIN\{w_{max}; x_i)$$
$$= MIN\{10,75mg/L; 8,88mg/L\} = 8,88mg/L. \qquad (347)$$

Ermittlung der Ausreißer:

Alle Werte die kleiner als der untere Whisker oder größer als der obere Whisker sind, werden als Ausreißer bezeichnet. Dies ist im vorliegenden Fall der Wert $x_{12} = 11,48mg/L >$ obere Whisker $= 8,88mg/L$.

Der Box-Plot sieht dann wie folgt aus:

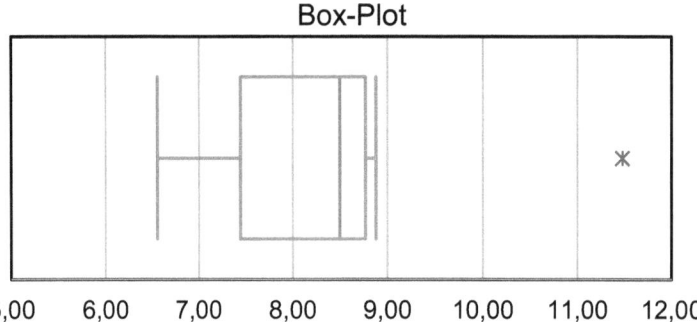

Abbildung 16-3: Box-Plot der Nitratwerte im Trinkwasser

16.4 TESTS FÜR NORMALVERTEILTE DATEN

Eine normalverteilte Stichprobe (nachzuweisen mit geeigneten Tests, z. B. nach Kapitel 15.3) wird abhängig von der Stichprobengröße auf Ausreißer untersucht. Für Stichproben mit einem Umfang von

- $n < 30$ eignet sich der sehr einfachen Test nach Dixon,
- $n > 30$ empfiehlt sich der Test nach Pearson.

16.4.1 DEAN-DIXON-TEST FÜR KLEINE STICHPROBEN

Mit dem Test nach Dean-Dixon [31] liegt ein sehr handlicher Test vor, der auch für kleine Stichproben anwendbar ist.

Voraussetzungen des Tests nach Dean Dixon:

- Die Stichprobe ist normalverteilt.
- Der Test wird auf einen Datensatz nur einmal angewandt.

Schritt 1 (Formulierung der Nullhypothese)

Die Nullhypothese H_0 und Alternativhypothese H_1 werden wie folgt formuliert:
H_0: x_1 ist kein Ausreißer,
H_1: x_1 ist ein Ausreißer.
Es ist darin x_1 der zu analysierende Wert. Dies kann entweder der kleinste oder der größte Wert der Stichprobe sein.

Tabelle 16-3: Grenzen $Q_{n,\alpha}$ des Ausreißertests nach Dean Dixon [32]

n	Signifikanz α					Prüfgröße Q
	1%	2%	5%	10%	20%	
3	0,988	0,976	0,941	0,886	0,782	
4	0,889	0,847	0,766	0,679	0,561	$Q = Q_{10} = \dfrac{x_1 - x_2}{x_1 - x_n}$
5	0,782	0,729	0,643	0,559	0,452	
6	0,698	0,646	0,563	0,484	0,387	
7	0,636	0,587	0,507	0,433	0,344	
8	0,682	0,633	0,554	0,48	0,386	
9	0,634	0,586	0,512	0,441	0,352	$Q = Q_{11} = \dfrac{x_1 - x_2}{x_1 - x_{n-1}}$
10	0,597	0,551	0,477	0,409	0,325	
11	0,674	0,636	0,575	0,518	0,445	
12	0,643	0,605	0,546	0,489	0,42	$Q = Q_{21} = \dfrac{x_1 - x_3}{x_1 - x_{n-1}}$
13	0,617	0,58	0,522	0,467	0,399	
14	0,64	0,603	0,546	0,491	0,422	
15	0,617	0,582	0,524	0,47	0,403	
16	0,598	0,562	0,505	0,453	0,386	
17	0,58	0,545	0,489	0,437	0,373	
18	0,564	0,529	0,475	0,424	0,361	
19	0,551	0,517	0,462	0,412	0,349	
20	0,538	0,503	0,45	0,401	0,339	
25	0,489	0,457	0,406	0,359	0,302	
30	0,456	0,425	0,376	0,332	0,278	$Q = Q_{22} = \dfrac{x_1 - x_3}{x_1 - x_{n-2}}$
35	0,431	0,4	0,354	0,311	0,26	
40	0,412	0,382	0,337	0,295	0,246	
45	0,397	0,368	0,323	0,283	0,234	
50	0,384	0,355	0,312	0,272	0,226	
60	0,363	0,336	0,294	0,256	0,211	
70	0,349	0,321	0,28	0,244	0,201	
80	0,337	0,31	0,27	0,234	0,192	
90	0,326	0,3	0,261	0,226	0,185	
100	0,317	0,292	0,253	0,219	0,179	

Schritt 2 (Berechnung der Prüfgröße)

Soll der kleinste Wert der Stichprobe analysiert werden, dann wird die Stichprobe vom kleinsten zum größten Wert der Größe nach sortiert. Soll dagegen der größte Wert bewertet werden, wird die Stichprobe vom größten zum kleinsten Wert geordnet:

$$x_1 \leq x_2 \leq x_3 \leq \cdots \leq x_{n-2} \leq x_{n-1} \leq x_n,$$

wenn der kleinste Wert interessiert,

$$x_1 \geq x_2 \geq x_3 \geq \cdots \geq x_{n-2} \geq x_{n-1} \geq x_n,$$ (348)

wenn der größte Wert interessiert.

Abhängig von dem Stichprobenumfang n erfolgt die Berechnung der Prüfgröße Q:

$$Q = Q_{10} = \frac{x_1 - x_2}{x_1 - x_n} \text{ für } 3 \leq n < 8,$$

$$Q = Q_{11} = \frac{x_1 - x_2}{x_1 - x_{n-1}} \text{ für } 8 \leq n < 11,$$

$$Q = Q_{21} = \frac{x_1 - x_3}{x_1 - x_{n-1}} \text{ für } 11 \leq n < 14,$$ (349)

$$Q = Q_{22} = \frac{x_1 - x_3}{x_1 - x_{n-2}} \text{ für } n > 14.$$

Schritt 3 (Testentscheidung):

Abhängig von der Stichprobengröße und der Signifikanz α wird die Prüfgröße mit dem kritischen Wert $Q_{n,\alpha}$ verglichen. Die Nullhypothese H_0 wird verworfen, wenn die Prüfgröße Q oberhalb, bzw. rechts des kritischen Wertes $Q_{n,\alpha}$ (Tabelle 16-3) bei der Signifikanz α liegt:

$$Q > Q_{n,\alpha}.$$ (350)

Dazu ein Beispiel
Es wurde an 10 Proben der Nitratgehalt (in mg/L) im Trinkwasser gemessen. Die Werte sind in Tabelle 16-4 dokumentiert. Überprüft werden soll, ob der 10. Messwert von den anderen Werten mit einer Signifikanz von $\alpha = 5\%$ abweicht.

Tabelle 16-4: Gemessener Nitratgehalt im Trinkwasser

j	1	2	3	4	5	6	7	8	9	10
x_j	8,59	7,58	8,42	8,77	8,88	6,66	6,56	7,45	8,58	11,48

Schritt 1 (Formulierung der Nullhypothese)
Die Nullhypothese H_0 und Alternativhypothese H_1 werden wie folgt formuliert
H_0: $x_1 = 11,48$ ist kein Ausreißer,
H_1: $x_1 = 11,48$ ist ein Ausreißer.

Schritt 2 (Berechnung der Prüfgröße)
Der Stichprobenumfang ist bei $n = 10 < 30$, weshalb der Dixon Test angewandt wird. Da der größte Wert der Messung bewertet werden soll, werden die Daten vom größten zum kleinsten Wert sortiert. Siehe dazu.

Tabelle 16-5: Der Größe nach sortierte Messwerte des Nitratgehalts im Trinkwasser in mg/L

i	1	2	3	4	5	6	7	8	9	10
x_i	11,48	8,88	8,77	8,59	8,58	8,42	7,58	7,45	6,66	6,56

Mit Gleichung (349) wird die Prüfgröße Q berechnet. Da die Stichprobe n = 10 Werte umfasst, gilt:

$$Q = Q_{11} = \frac{x_1 - x_2}{x_1 - x_{n-1}} \quad \text{für } 8 \leq n < 11$$

$$Q = \frac{x_1 - x_2}{x_1 - x_9} = \frac{11{,}48 - 8{,}88}{11{,}48 - 6{,}66} = 0{,}54. \tag{351}$$

Schritt 3 (Testentscheidung):
Die Prüfgröße Q = 0,54 wird für n = 10 und α = 5% mit dem kritischen Wert $Q_{10,5\%}$ = 0,477 nach Tabelle 16-3 von Seite 264 verglichen. Es gilt:

$$Q = 0{,}54 > Q_{10,5\%} = 0{,}477. \tag{352}$$

Deshalb wird der Wert x_{10} = 11,48 mg/L mit einer Signifikanz von 5% als Ausreißer erkannt. Ob und vor allem, warum dieser Wert tatsächlich von den anderen abweicht, dazu liefert die Statistik keine Aussage. Das ist Aufgabe des Ingenieurs.
Für den Fall, dass dieser Wert tatsächlich von den anderen abweicht, darf er aus der Statistik entfernt werden.

16.4.2 PEARSON-TEST FÜR GRÖßERE STICHPROBEN

Für größere Stichproben mit n > 30 kann mit Hilfe des von David, Hartley und Pearson [33] vorgeschlagenen Tests (kurz: Pearson-Test) eine normalverteilte Stichprobe auf Ausreißer getestet werden. Da dieser Test eine normalverteilte Stichprobe voraussetzt, muss diese Annahme mit geeigneten Methoden überprüft werden. Dies können die Tests aus Kapitel 15.3 sein.

Voraussetzungen des Pearson-Tests:
- Die Stichprobe ist normalverteilt.
- Stichproben n > 30.
- Der Test wird auf einen Datensatz nur einmal angewandt.

Schritt 1 (Formulierung der Nullhypothese)
Die Nullhypothese H_0 und Alternativhypothese H_1 werden wie folgt formuliert
H_0: x_1 bzw. x_n ist kein Ausreißer,
H_1: x_1 bzw. x_n ist ein Ausreißer.

Es ist darin x_1 der kleinste und x_n der größte Wert der Stichprobe mit dem Umfang n.

Schritt 2 (Berechnung der Prüfgröße)
Zur Berechnung der Prüfgröße T wird das Verhältnis aus Spannweite R zur Standardabweichung s berechnet. Die Spannweite R ist der Abstand des kleinsten zum größten Wert:

$$R = x_n - x_1. \tag{353}$$

Die Standardabweichung s wird nach Gleichung (8) von Seite 42 abhängig von Mittelwert $\bar{x}$ der Stichprobe (Gleichung (1)) berechnet:

$$s = \sqrt{\frac{\sum_{i=1}^{n}(x_i - \bar{x})^2}{n-1}}. \tag{354}$$

Damit ist die Prüfgröße T dann

$$T = \frac{R}{s} = \frac{x_n - x_1}{\sqrt{\frac{\sum_{i=1}^{n}(x_i - \bar{x})^2}{n-1}}}. \tag{355}$$

Tabelle 16-6: Kritische Werte $T_{n,\alpha}$ des Ausreißer-Tests nach Pearson [33]

n	Signifikanz α				
	10,0%	5,0%	2,5%	1,0%	0,5%
3	1,997	1,999	2	2	2
4	2,409	2,429	2,439	2,445	2,447
5	2,712	2,753	2,782	2,803	2,813
6	2,949	3,012	3,056	3,095	3,115
7	3,143	3,222	3,282	3,338	3,369
8	3,308	3,399	3,471	3,543	3,585
9	3,449	3,552	3,634	3,72	3,772
10	3,57	3,69	3,78	3,88	3,94
11	3,68	3,8	3,91	4,02	4,08
12	3,78	3,91	4,01	4,14	4,21
13	3,87	4	4,11	4,25	4,33
14	3,95	4,09	4,21	4,34	4,44
15	4,02	4,17	4,29	4,43	4,53
16	4,09	4,24	4,37	4,51	4,62
17	4,15	4,31	4,44	4,59	4,69
18	4,21	4,38	4,51	4,66	4,77
19	4,27	4,43	4,57	4,73	4,84
20	4,32	4,49	4,63	4,79	4,91
30	4,7	4,89	5,06	5,25	5,39
40	4,96	5,15	5,34	5,54	5,69
50	5,15	5,35	5,54	5,77	5,91
80	5,51	5,73	5,93	6,18	6,35
100	5,68	5,9	6,11	6,36	6,54
150	5,96	6,18	6,39	6,64	6,84
200	6,15	6,38	6,59	6,85	7,03
500	6,72	6,94	7,15	7,42	7,6
1000	7,11	7,33	7,54	7,8	7,99

Schritt 3 (Testentscheidung):

Die Nullhypothese wird verworfen, wenn die Prüfgröße T einen kritischen Wert $T_{n,\alpha}$ überschreitet. Tabelle $T_{n,\alpha}$ gibt kritische Werte abhängig von der Stichprobengröße n und der Signifikanz α an.

$$T > T_{n,\alpha} \tag{356}$$

Bei diesem Test wird der Wert als Ausreißer bewertet, der den größten Abstand zum Mittelwert $\bar{x}$ hat. Haben der kleinste und der größte Wert denselben Abstand zum Mittelwert, dann gelten beide als Ausreißer.

Dazu ein Beispiel

Es soll dasselbe Beispiel aus dem vorangegangenen Kapitel mit dem Pearson-Test nachgerechnet werden.

Es wurde an 10 Proben der Nitratgehalt (in mg/L) im Trinkwasser gemessen. Die Werte sind in Tabelle 16-7 dokumentiert. Überprüft werden soll, ob der 10. Messwert von den anderen Werten mit einer Signifikanz von $\alpha = 5\%$ abweicht.

Tabelle 16-7: Gemessener Nitratgehalt im Trinkwasser

j	1	2	3	4	5	6	7	8	9	10
x_j	8,59	7,58	8,42	8,77	8,88	6,66	6,56	7,45	8,58	11,48

Schritt 1 (Formulierung der Nullhypothese)

Die Nullhypothese H_0 und Alternativhypothese H_1 werden wie folgt formuliert

H_0: $x_1 = 11,48$ ist kein Ausreißer

H_1: $x_1 = 11,48$ ist ein Ausreißer

Schritt 2 (Berechnung der Prüfgröße)

Der Stichprobenumfang ist bei $n = 10 < 30$, sollte der Dixon Test angewandt werden. Trotzdem wird mit dem Pearson-Test gearbeitet.

Der Übersicht halber werden die Daten vom kleinsten zum größten Wert sortiert. Siehe dazu Tabelle 16-8.

Tabelle 16-8: Der Größe nach sortierte Messwerte des Nitratgehalts im Trinkwasser in mg/L

i	1	2	3	4	5	6	7	8	9	10
x_i	6,56	6,66	7,45	7,58	8,42	8,58	8,59	8,77	8,88	11,48

Aus den Daten wird die Streuspanne R nach Gleichung (353)

$$R = x_n - x_1 = 11,48 - 6,56 = 4,92, \tag{357}$$

der Mittelwert $\bar{x}$ nach Gleichung (1)

$$\bar{x} = \frac{x_1 + x_2 + \cdots + x_n}{n} = \frac{6,56 + 6,66 + \cdots + 11,48}{10} \tag{358}$$

$$\bar{x} = 8,30$$

und die Standardabweichung s nach Gleichung (8) berechnet

$$s = \sqrt{\frac{\sum_{i=1}^{n}(x_i - \bar{x})^2}{n-1}} = \sqrt{\frac{(x_1 - \bar{x})^2 + (x_2 - \bar{x})^2 + \cdots + (x_n - \bar{x})^2}{n-1}} \tag{359}$$

$$s = 1,41.$$

Mit der Standardabweichung s und der Spannweite R wird mit Gleichung (355) die Prüfgröße T berechnet:

$$T = \frac{R}{s} = \frac{4,92}{1,41} = 3,50 \tag{360}$$

Schritt 3 (Testentscheidung):
Die Prüfgröße T = 3,50 wird für n = 10 und α = 5% mit dem kritischen Wert $T_{10,5\%} = 3,69$ nach Tabelle 16-6 verglichen. Es gilt:

$$T = 3,50 < T_{10,5\%} = 3,69 \tag{361}$$

Deshalb wird der Wert $x_{10} = 11,48$ mg/L mit einer Signifikanz von 5% **nicht** als Ausreißer deklariert.

16.5 WALSH-TEST FÜR NICHT NORMALVERTEILTE DATEN

Der Ausreißertest nach Walsh [34] [35] hat den Vorteil, dass er keine bestimmte Verteilung voraussetzt. Deshalb wird er auch zu den nichtparametrischen Verfahren gezählt.

Voraussetzungen des Walsh-Tests:

Der Wermutstropfen dieses Tests ist der relativ große Stichprobenumfang, der benötigt wird. Konkret sind dies

- ein Stichprobenumfang von n > 220 für ein Signifikanzniveau von α = 0,05,
- ein Stichprobenumfang von n > 60 für ein Signifikanzniveau von α = 0,1.

Es muss vor dem Test (also a priori) festgelegt werden, welche Werte potenzielle Ausreißer sind und auf solche getestet werden. Dies sind die r kleinsten oder die r größten Werte.

Schritt 1 (Formulierung der Nullhypothese)

Die Nullhypothese H_0 und Alternativhypothese H_1 werden wie folgt formuliert:

H_0: Die r kleinsten bzw. größten Werte sind keine Ausreißer.
H_1: Die r kleinsten bzw. größten Werte sind Ausreißer.

Schritt 2 (Berechnung der Prüfgröße)

Zur Ermittlung der Prüfgrößen werden die Stichprobenwerte der Größe nach vom kleinsten zum größten Wert sortiert:

$$x_1 \leq x_2 \leq x_3 \leq \cdots \leq x_{n-2} \leq x_{n-1} \leq x_n. \tag{362}$$

Anschließend werden die r kleinsten Werte $x_1 \ldots x_r$, bzw. die r größten Werte $x_{n-r+1} \leq x_n$ als potenzielle Ausreißer festgelegt.

Die Berechnung einer „klassischen Prüfgröße" entfällt hier. Es werden stattdessen folgende Kennwerte berechnet:

$$c = \lceil \sqrt{2n} \rceil,$$

$$k = r + c,$$

$$b^2 = \frac{1}{\alpha}, \qquad (363)$$

$$a = \frac{1 + b\sqrt{\dfrac{c - b^2}{c - 1}}}{c - b^2 - 1}.$$

Dabei ist
n der Stichprobenumfang,
α das Signifikanzniveau,
r die Anzahl der potenziellen Ausreißer und
den Hilfsgrößen a, b, c und k.

Wenn die Stichprobengröße zu klein ist, dann ist a nicht lösbar, da der Ausdruck unter der Wurzel negativ ist.

Schritt 3 (Testentscheidung):

Die Nullhypothese wird auf dem Signifikanzniveau α abgelehnt und angenommen, dass die r kleinsten Werte Ausreißer sind, wenn gilt:

$$x_r - (1 + a) \cdot x_{r+1} + a \cdot x_k < 0. \qquad (364)$$

Mit a und k nach Gleichung (363) und r mit der Anzahl der zu testenden Ausreißer.

Die Nullhypothese wird auf dem Signifikanzniveau α abgelehnt und angenommen, dass die r größten Werte Ausreißer sind, wenn gilt:

$$x_{n-r+1} - (1 + a) \cdot x_{n-r} + a \cdot x_{n+1-k} > 0. \qquad (365)$$

Sollten beide Bedingungen zutreffen, dann sind sowohl die kleinsten, als auch die größten Werte also Ausreißer zu betrachten.

Dazu ein Beispiel

Am Bandende einer Fertigungslinie werden elektrische Bauteile auf Ihre Funktion geprüft. Die Prüfströme I von 275 Bauteilen wurden aufgezeichnet und sollen auf Ausreißer getestet werden. Tabelle 16-9 fasst die Ergebnisse der gemessenen Prüfströme I zusammen. Diese sind bereits der Größe nach sortiert.

Überprüft werden soll, ob die 4 größten Messwerte mit einer Signifikanz von $\alpha = 5\%$ abweichen.

Tabelle 16-9: gemessener Prüfströme am Bandende-Test von 275 Teilen

i	1	2	...	248	...	271	272	273	274	275
I_i in A	8,94	11,22	...	46,62	...	62,08	68,92	71,59	75,28	79,82

Schritt 1 (Formulierung der Nullhypothese)
Die Nullhypothese H_0 und Alternativhypothese H_1 werden wie folgt formuliert
H_0: x_{272}, x_{273}, x_{274}, x_{275} sind keine Ausreißer.
H_1: x_{272}, x_{273}, x_{274}, x_{275} sind Ausreißer.
Schritt 2 (Berechnung der Prüfgröße)
Da die vier größten Werte darauf getestet werden sollen, ob es sich dabei um Ausreißer handelt, gilt $r = 4$.
Aus den Daten wird die Teststatistik nach Gleichung (363)

$$c = \lceil \sqrt{2n} \rceil = \lceil \sqrt{2 \cdot 275} \rceil = \lceil 23,45 \rceil = 24$$

$$k = r + c = 4 + 24 = 28$$

$$b^2 = \frac{1}{\alpha} = \frac{1}{0,05} = 20 \tag{366}$$

$$a = \frac{1 + b\sqrt{\dfrac{c - b^2}{c - 1}}}{c - b^2 - 1} = \frac{1 + \sqrt{20}\sqrt{\dfrac{24 - 20}{24 - 1}}}{24 - 20 - 1} = \frac{1 + \sqrt{20}\sqrt{\dfrac{4}{23}}}{3} = 0,955$$

Schritt 3 (Testentscheidung):
Da die $r = 4$ größten Werten auf Ausreißer getestet werden, gilt Gleichung (365) mit a=1,622 und den Messwerten aus:
$$x_{n-r+1} - (1 + a) \cdot x_{n-r} + a \cdot x_{n+1-k} > 0 \tag{367}$$
$$I_{275-4+1} - (1 + 0,955) \cdot I_{275-4} + 0,955 \cdot I_{275+1-28} > 0$$
$$I_{272} - (1 + 0,955) \cdot I_{271} + 0,955 \cdot I_{248} > 0$$
$$68,92 - (1 + 0,955) \cdot 62,08 + 0,955 \cdot 46,62 = -7,92 < 0.$$
Deswegen wird die Nullhypothese beibehalten und angenommen, dass es sich bei den vier größten Werten nicht um Ausreißer handelt.

16.6 UMGANG MIT AUSREIßERN

Beim Umgang mit Ausreißern muss unbedingt immer beachtet werden, dass die Statistik niemals eine Ursache für den Ausreißer liefert und deswegen auch keinen Beweis darstellt!

Merke: **Statistik liefert gute Hinweise aber keine Beweise**!

Mit Hilfe der vorgestellten Methoden ist somit lediglich die Aussage möglich, dass es sich um potenziell auffällige Werte (also statistisch signifikante Werte) handelt. Erst wenn nachgewiesen werden kann, dass sich die Ausreißerwerte tatsächlich von den anderen Werten auch technisch unterscheiden, also die Frage nach dem Warum geklärt ist, handelt es sich um wirkliche Ausreißer.

Praxistipp

Es ist durchaus möglich, dass Tests unterschiedliche Ergebnisse liefern. Da jeder Test spezifische Stärken hat, sollte immer genau auf die Anforderungen und die Randbedingungen der Tests geachtet werden. Im Falle der Ausreißertests sind dies die Randbedingungen bzgl. Stichprobenumfang und Verteilungsform.

Aus dieser Überlegung folgt, dass im Anschluss an die statistische Bewertung eine technische Analyse folgen muss. Diese technische Analyse hat die Aufgabe die Ursache für die Auffälligkeit zu finden. Erst wenn dadurch sichergestellt ist, dass es sich bei dem oder den identifizierten Ausreißern tatsächlich um Werte einer anderen Population handelt, dürfen diese aus der Analyse ausgeschlossen werden.

Eingangs hatten wir gesagt, dass es vier mögliche Gründe für Ausreißer gibt:

1. Es handelt sich um einem Zahlendreher (anstelle von 13 wurde beim Datenübertrag 31 eingetragen)
2. Es wurden versehentlich die falschen Daten eingetragen, Messsignale vertauscht oder es liegt ein Messfehler vor
3. Es ist schlicht Zufall. Bei allen streuenden Daten können rein zufällig extremale Werte auftauchen. So maß der größte Mensch 2,72 m und der kleinste 0,55 m. Dies zeigt die Streuung von Daten.
4. Es gibt einen plausiblen physikalischen Grund, dass sich dieser Wert von den restlichen Werten unterscheidet.

Liegt einer der ersten beiden Punkte vor, dann kann der Wert korrigiert oder gegebenenfalls aus dem Datensatz entfernt werden. Im dritten Fall darf der Wert nicht aus dem Datensatz entfernt, sondern muss berücksichtig werden. Hier eignen sich evtl. robuste Methoden, um mit diesen Werten umzugehen. Nur im letzten Fall liegt ein echter Ausreißer vor, der dann aus der Stichprobe entfernt werden darf und die Stichprobe neu ausgewertet werden kann.

In jedem Fall ist das Ergebnis zu dokumentieren und zu vermerken, welche Werte aus der Stichprobe entfernt wurden. Diese Entscheidung zur Entfernung der Daten ist unbedingt schlüssig zu begründen.

*   Typische Fälle von „positiven" Ausreißern zeigen (falsches Material, falsche Last im Test,…).
*   Typische Fälle „negativer" Ausreißer (eine schleichende Verschlechterung des Prozesses, Chargeneinflüsse, Poren,…).

> **Praxistipp**
>
> Die natürliche Streuung wird gerne unterschätzt. Um dies zu veranschaulichen, wird die Größe des größten jemals gemessenen Menschen (Robert Wadlow, 272 cm) mit der Größe des kleinsten jemals gemessenen Menschen (Chandra Bahadur Dangi, 55 cm) verglichen. Es handelt sich in beiden Fällen um Männer. Die Streuung könnte somit als zufällig angesehen werden und nicht als Ausreißer. Hier helfen evtl. robuste Methoden bei der Datenauswertung.
>
> Es muss bei potenziellen Ausreißern vom Ingenieur oder Techniker die Frage beantwortet werden: „Warum weicht dieser Wert von den anderen Werten der Stichprobe ab?". Manchmal zeigen Ausreißer neue Probleme auf. In diesem Fall können diese Werte aus der Stichprobe entfernt werden, sollten jedoch sehr genau analysiert werden, da sie evtl. neue Probleme benennen.

Was meine ich mit der Beantwortung der Frage: „Warum weicht dieser Wert von den anderen Werten der Stichprobe ab?" Sie wären nicht der erste, der quasi zufällig feststellt, dass sich beispielsweise die Bauteilqualität verschlechtert hat.

Dazu ein Beispiel:

Üblicherweise werden mit Lieferanten Preisabbauraten vereinbart. Das bedeutet, dass der Lieferant sich verpflichtet sein Bauteil jedes Jahr etwas günstiger anzubieten als im Vorjahr. Um dies zu erreichen, muss er seinen Prozess im Werk optimieren. Hierbei kann es vorkommen, dass sich aus Versehen die Qualität verschlechtert. Ausreißer bei z. B. Werkstofftests könnten dafür ein Indiz sein. Nur: Ob es tatsächlich so ist, dies kann nur durch klassische Ingenieursarbeit beantwortet werden.

In diesem Fall kann man den auffälligen Wert aus der aktuellen Untersuchung entfernen, sollte die Ursache aber separat beheben.

Gehen Sie auch offen mit Ausreißern und den Problemen damit um. Idealerweise diskutieren Sie die Auffälligkeiten mit Kollegen und Vorgesetztem und machen Vorschläge für das weitere Vorgehen.

Sollten Sie in Ihren Daten große Streuungen haben, so überdecken diese gerne Ausreißer. Mit den klassischen Tests können Sie diese dann nicht finden. Bedenken Sie hier, dass große Streuungen praktisch immer unerwünscht und meist teuer sind. Bedeuten sie doch letzenendes einen nicht kontrollierten Prozess.

16.7 AUF DEN PUNKT

- Ein Ausreißer ist ein Wert, der sowohl in Hinsicht auf dessen Größe, als auch die Ursache deutlich von den erwarteten Werten abweicht.
- Ausreißer dürfen aus der Untersuchung nur gestrichen werden, wenn die Ursache eindeutig geklärt ist.
- Die Gründe für das Streichen der Werte sind unbedingt zu dokumentieren. Manchmal decken Ausreißer neue Probleme auf. Deren Behebung hilft dann Probleme in der Zukunft zu vermeiden.
- Leichtfertiges Streichen von Ausreißer birgt das Risiko, kritische Einflüsse zu übersehen.
- Statistische Tests auf Ausreißer haben den Vorteil, dass sie "neutral" sind.
- Ein einfacher und praktischer Test auf Ausreißer ist der Dixon Test.
- Den Beweis, dass es sich bei dem auffälligen Wert tatsächlich um einen Ausreißer handelt, muss der Ingenieur durch klassische Ingenieursarbeit liefern.
- Um trotz Ausreißern Aussagen treffen zu können, ist es auch möglich mit robusten Methoden zu arbeiten, die nicht auf Ausreißer reagieren.
- Klären Sie immer die Ursache für den Ausreißer.
- Rechnerische Methoden haben den Vorteil, dass diese quasi „neutral" eine einheitliche Bewertung zulassen.
- Rechnerische Methoden haben den Nachteil, dass diese nicht so schnell verständlich sind. Hier helfen grafische Methoden. Diese liefern häufig ein besseres Verständnis. Sie Bekommen ein Gefühl für die Daten.
- Idealerweise werden bei einer Analyse rechnerische und grafische Methoden miteinander kombiniert.
- Große Streuungen können das Auffinden von Ausreißern deutlich erschweren.

Das wichtigste Fazit:
- **Statistische Tests liefern gute Hinweise aber keine Beweise!**
- **Ausreißer wollen verstanden werden!**

16.8 ARBEITEN MIT EXCEL

Robuste Kennwerte

Die robusten Kennwerte gegenüber Ausreißern sind der Median und die Quartile. Beide können mit den in Kapitel 8.2 bzw. 8.7 beschriebenen Methoden in Excel berechnet werden.

Der Box-Whisker Plot

Mit Hilfe des Box-Whisker Plots lassen sich potenzielle Ausreißer einfach grafisch darstellen. Das Excel-Tool zur Darstellung eines Box-Whisker Plots wird in Kapitel 9.5.3 auf Seite 57 beschrieben.

Der Dean-Dixon Test

Für kleine, normalverteilte Stichproben können potenzielle Ausreißer mit dem Dean-Dixon Test bewertet werden. Dieser findet sich im Reiter „Dean-Dixon-Test" der Statistik Toolbox (Abbildung 16-4). Hier werden die Daten der Stichprobe in die Spalte C ab Zeile 37 eingetragen und in Zelle C13 das Signifikanzniveau gewählt. In Zelle C32 wird ausgegeben, ob der größte Wert ein potenzieller Ausreißer ist und in Zelle D32 wird dies für den kleinsten Wert angegeben.

Für den Dean-Dixon-Test müssen folgende Voraussetzungen erfüllt sein und die entsprechende Hypothese für die Testentscheidung gilt:

Voraussetzungen Dean-Dixon-Test			
1	Die Stichprobe ist normalverteilt		
2	Der Test wird auf einen Datensatz nur einmal angewandt		
3	Kleine Stichprobe ($n < 30$)		
Testentscheidung:			
Fall	H_0	H_1	Lehne H_0 ab, wenn
a	x_1 ist kein Ausreißer	x_1 ist ein Ausreißer	$Q > Q_{n,\alpha}$

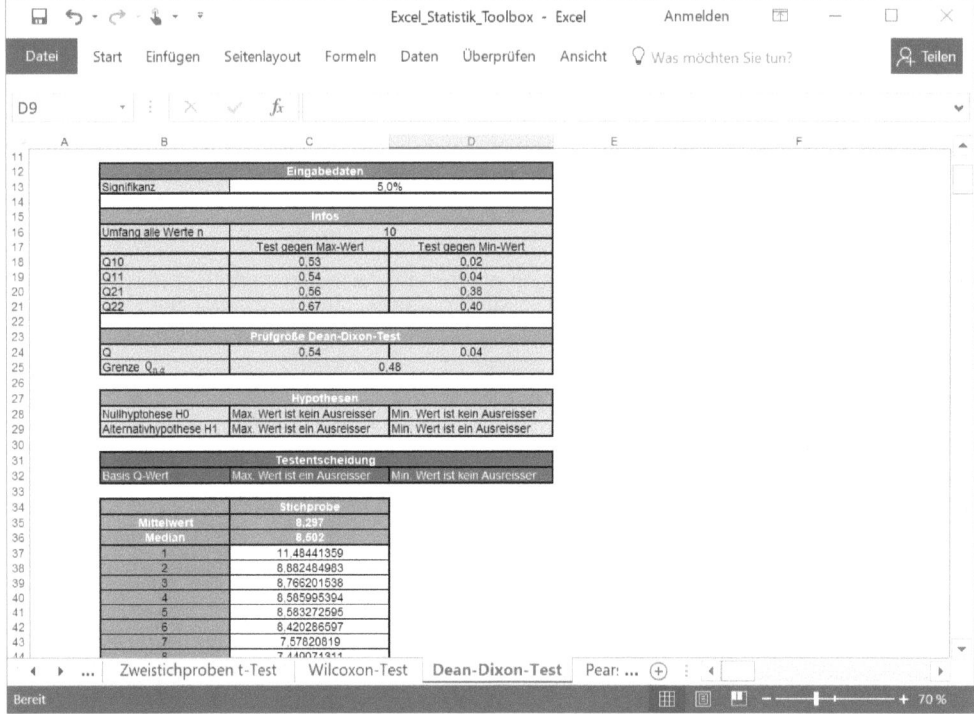

Abbildung 16-4: Excel-Tool des Dean-Dixon Tests auf Ausreißer für kleine, normalverteilte Stichproben

Der Pearson-Test

Für größere, normalverteilte Stichproben werden potenzielle Ausreißer mit dem Pearson-Test bewertet. Im Reiter „Pearson-Test" der Statistik Toolbox wird dieser Test durchgeführt (Abbildung 16-5). Um den Test durchzuführen wird in Zelle C13 das Signifikanzniveau gewählt und die Daten in Spalte C ab Zeile 37 eingetragen. Das Ergebnis, ob der größte Wert ein Ausreißer ist, zeigt Zelle C32. Für den kleinsten Wert liefert Zelle D32 die Rückmeldung.

Für den Pearson-Test müssen folgende Voraussetzungen erfüllt sein und die entsprechende Hypothese für die Testentscheidung gilt:

Voraussetzungen Pearson-Test			
1	Die Stichprobe ist normalverteilt		
2	Der Test wird auf einen Datensatz nur einmal angewandt		
3	Große Stichprobe (n > 30)		
Testentscheidung:			
Fall	H_0	H_1	Lehne H_0 ab, wenn
a	x_1 bzw. x_n ist kein Ausreißer	x_1 bzw. x_n ist ein Ausreißer	$T > T_{n,\alpha}$

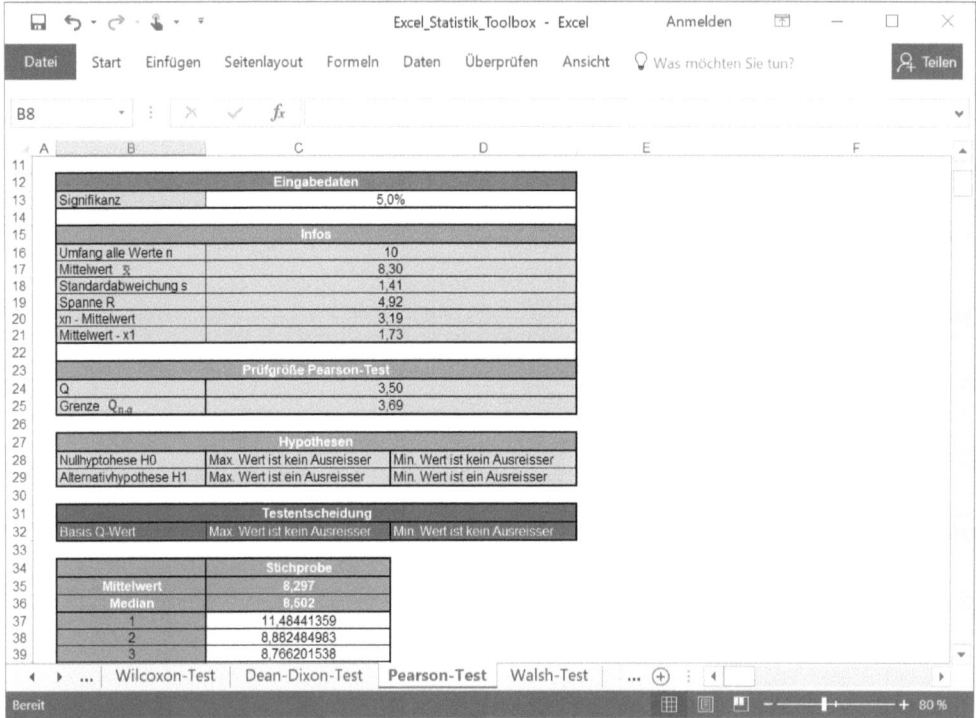

Abbildung 16-5: Excel-Tool des Pearson-Tests auf Ausreißer für große, normalverteilte Stichproben

Der Walsh-Test

Um nicht normalverteilte Stichproben auf Ausreißer zu testen, wird der Walsh-Test genutzt. Im Reiter „Walsh-Test" der Statistik Toolbox findet sich der entsprechende Test (Abbildung 16-6).

Zur Testdurchführung wird in Zelle C13 die Signifikanz gewählt. In den Zellen C16 bzw. C17 wird festgelegt, wie viele der größten, bzw. der kleinsten Werte auf Ausreißer getestet werden sollen. Die Daten werden in Spalte C ab Zeile 38 eingetragen.

Das Ergebnis für die größten Werte wird in Zelle C33 und für die kleinsten Werte in Zelle D33 ausgegeben.

Für den Pearson-Test müssen folgende Voraussetzungen erfüllt sein und die entsprechenden Hypothese für die Testentscheidung gilt:

Voraussetzungen Pearson-Test	
1	Ein Stichprobenumfang von $n > 220$ für ein Signifikanzniveau von $\alpha = 0{,}1$
2	Ein Stichprobenumfang von $n > 60$ für ein Signifikanzniveau von $\alpha = 0{,}05$
3	Es muss vor dem Test (also a priori) festgelegt werden, welche Werte potenzielle Ausreißer sind.

Testentscheidung:

Fall	H_0	H_1	Lehne H_0 ab, wenn
a	die r kleinsten Werte sind keine Ausreißer	die r kleinsten Werte sind Ausreißer	$x_r - (1 + a) \cdot x_{r+1} + a \cdot x_k < 0.$
b	die r größten Werte sind keine Ausreißer	die r größten Werte sind Ausreißer	$x_{n-r+1} - (1 + a) \cdot x_{n-r} + a \cdot x_{n+1-k} > 0.$

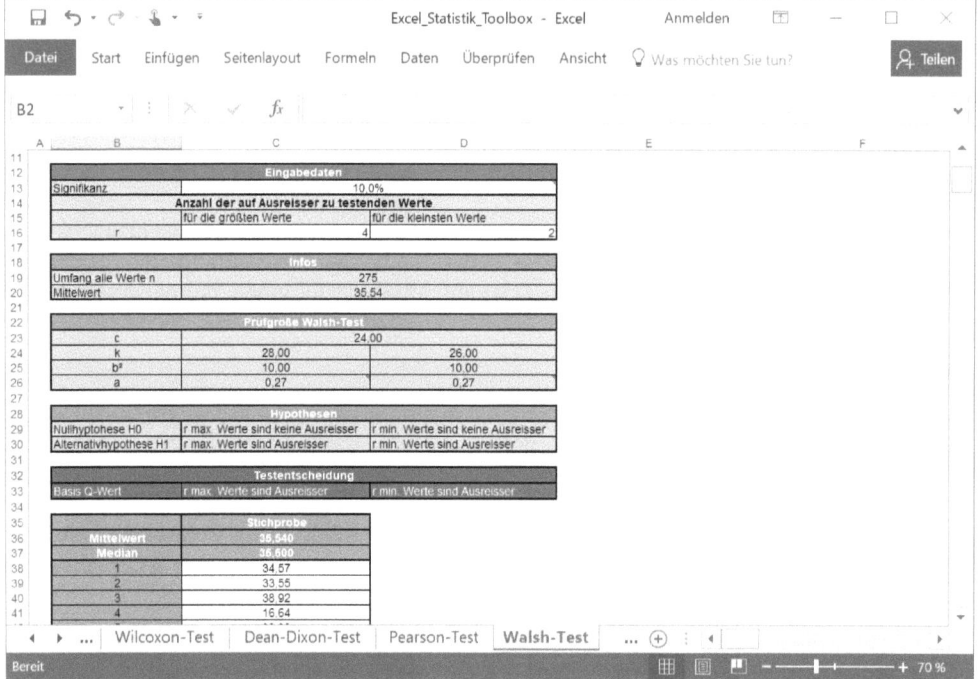

Abbildung 16-6: Excel-Tool des Walsh-Tests auf Ausreißer einer nicht normalverteilten Stichprobe

17 POWERANALYSE: ODER WIE GROß MUSS DIE STICHPROBE SEIN?

Alle Aussagen in diesem Kapitel beruhen auf dem Buch von Cohen [36]. Wie in Kapitel 15.1 gezeigt, hängt die Aussage eines statistischen Tests vom Fehler erster Art α und zweiter Art β ab. Minimiert man einen Fehler, steigt automatisch der andere. Diskutiert wurde dieser Effekt am Beispiel des Spam-Filters von Emails. Zusätzlich beeinflussen noch der Stichprobenumfang n und die Effektgröße ES das Ergebnis eines statistischen Tests.

In diesem Kapitel lernen Sie:

- Warum es so wichtig ist, die Power einer statistischen Aussage zu kennen.
- Wie Sie den nötigen Stichprobenumfang vor und nach einer statistischen Analyse bestimmen.
- Was Sie tun können, wenn Sie nur kleine Stichproben erheben können.
- Wo Sie gute, kostenlose Berechnungswerkzeuge für die Poweranalyse finden.

17.1 GRUNDLAGEN DER POWERANALYSE

Der Einfluss der Stichprobengröße ist intuitiv. Je größer die Stichprobe, umso genauer ist die Aussage und deswegen wird das Testergebnis aussagekräftiger. Sehr anschaulich wird dies, wenn man sich die Formel des Standardfehlers $SE_{\bar{x}}$ der Mittelwertschätzung anschaut:

$$SE_{\bar{x}} = \frac{s_x}{\sqrt{n}} \tag{368}$$

Dieser Fehler wird umso kleiner, je größer der Stichprobenumfang n wird. Die Schätzung des Mittelwertes wird also genauer, die Aussagen zuverlässiger und damit die Fehler geringer.

Zur Erklärung der Effektgröße ES dient ein Beispiel. Es soll untersucht werden, wie groß die Einkommensunterschiede von Ingenieuren in unterschiedlichen Bundesländern sind. Dazu wird eine Stichprobe erhoben und das Einkommen mittels Umfrage erhoben. Als Nullhypothese wird angenommen, dass der maximale Einkommensunterschied bei 10% liegt.

Ist die Nullhypothese falsch, dann ist dieser Einfluss quantifizierbar und wird als Effektgröße bezeichnet. Im beschriebenen Fall ist der Einkommensunterschied in % die Effektgröße. Einleuchtend ist, dass bei vorausgesetztem Fehler erster Art α und zweiter Art β mit zunehmender Stichprobenanzahl n immer kleinere Effektgrößen (also die messbaren Einkommensunterschiede) feststellbar sind.

Die Aussage eines statistischen Tests wird damit durch vier Größen beeinflusst:

- der Signifikanz α,
- der Power $(1 - \beta)$,
- dem Stichprobenumfang n und
- der Effektgröße ES.

All diese Einflüsse hängen voneinander ab, sind also nicht unabhängig voneinander. Das bedeutet: Ändert sich z. B. der Stichprobenumfang, dann ändern sich damit alle anderen Einflüsse: Die Signifikanz, die untersuchbare Effektgröße und die Power. Es bedeutet außerdem: Sind drei der Einflüsse festgelegt, dann ist der vierte eindeutig berechenbar. Dies führt zu vier Varianten der Poweranalyse:

- Der Power $(1 - \beta)$ ist unbekannt und α , n und ES sind gegeben.
  Diese Analyse ist wichtig, wenn bereits durchgeführte statistische Untersuchungen nachträglich noch auf ihre Power untersucht werden sollen. Alternativ dient diese Untersuchung der Testplanung.
- Der Stichprobenumfang n ist unbekannt und α, β und ES sind gegeben.
  Um den nötigen Stichprobenumfang vor einer statistischen Untersuchung zu planen, wird diese Analyse notwendig. Dies sollte der Standard einer jeden Versuchsplanung sein.
- Die Signifikanz α ist unbekannt und β, n und ES sind gegeben.
  Diese Analyse ist eher unüblich und wird deswegen nicht weiter behandelt.
- Der Effektgröße ES ist unbekannt und α, β und n sind gegeben.
  Diese Analyse ist eher unüblich und wird deswegen nicht weiter behandelt.

> **Praxistipp:**
> Für die Poweranalyse können Sie auch gut die kostenlose Software der Universität Düsseldorf verwenden: http://www.gpower.hhu.de/.

17.2 POWERANALYSE FÜR DEN T-TEST

17.2.1 BERECHNUNG DER POWER

Zur Berechnung der Power für den t-Test wird die Effektgröße benötigt. Cohen bezeichnet die Effektgröße für den t-Test als d. Diese kann aus den Mittelwert(en) $\bar{x}_1, \bar{x}_2$, dem Stichprobenumfang n und den Standardabweichungen der Stichprobe s berechnet werden. Im Falle einer Testplanung sind die Mittelwerte ja nicht bekannt. Dann wird mit den Erwartungswerten μ und σ gerechnet. Von der Art des t-Tests hängt die Berechnung der Effektgröße d ab:

Einstichproben t-Test

$$d = \left|\frac{\mu - \omega_0}{\sigma}\right| \cdot \sqrt{2} \text{ bzw. } \left|\frac{\bar{x} - \omega_0}{s_x}\right| \cdot \sqrt{2}. \tag{369}$$

Mit:
der Standardabweichung der Stichprobe s_x nach Gleichung (8), Seite 42,
dem Mittelwert der Stichprobe $\bar{x}$ und
dem Erwartungswert ω_0.

Zweistichproben t-Test für gepaarte Daten

$$d = \left|\frac{\mu_p - \omega_0}{\sigma_p}\right| \cdot \sqrt{2} \text{ bzw. } \left|\frac{\bar{x}_p - \omega_0}{s_p}\right| \cdot \sqrt{2} \tag{370}$$

$$n = n_1 = n_2$$

Mit:
der gepoolten Standardabweichung s_p nach Gleichung (287), Seite 227
und dem gepoolten Mittelwert $\bar{x}_p$ nach Gleichung (286), Seite 227.

Zweistichproben t-Test für ungleiche und gleiche Varianzen

$$d = \frac{|\mu_1 - \mu_2|}{\sqrt{\dfrac{\sigma_1^2 + \sigma_2^2}{2}}} \text{ bzw. } \frac{|\bar{x}_1 - \bar{x}_2|}{\sqrt{\dfrac{s_{x,1}^2 + s_{x,2}^2}{2}}} \tag{371}$$

$$n = \frac{2 \cdot n_1 \cdot n_2}{n_1 + n_2}, \text{ wenn } n_1 \neq n_2$$

$$n = n_1, \text{ wenn } n_1 = n_2$$

Mit:
der Standardabweichung der Stichprobe s_x nach Gleichung (8), Seite 42,
dem Mittelwert $\bar{x}$ der Stichprobe und
dem gewichteten Stichprobenumfang n.

Die Power kann jetzt abhängig von der Effektgröße d, dem Stichprobenumfang n und der Signifikanz α aus Tabellen abgelesen werden. Für die Signifikanz von $\alpha = 0{,}05 = 5\%$ liefert Tabelle 17-1 die Power $(1 - \beta)$ in % für die einseitige Fragestellung und Tabelle 17-2 für die zweiseitige Fragestellung. Um zu klären, ob es sich um eine einseitige oder zweiseitige Fragestellung handelt, vergleicht man am besten die für den t-Test nach Kapitel 15.6.1 formulierten Nullhypothesen. Es gilt $\alpha_{\text{zweiseitig}} \approx 2 \cdot \alpha_{\text{einseitig}}$.

Tabelle 17-1: Power $(1 - \beta)$ in [%] für $\alpha = 0{,}05$ bei einseitiger Fragestellung

n	Effektgröße d für den t-Test										
	0,1	0,2	0,3	0,4	0,5	0,6	0,7	0,8	1	1,2	1,4
8	7	10	13	19	25	31	38	46	61	74	84
10	8	11	16	22	29	36	45	53	70	83	91
12	8	12	18	25	33	41	51	60	77	89	96
14	8	13	19	27	36	46	57	66	83	93	98
16	9	14	21	30	40	51	62	72	87	95	99
18	9	15	22	32	43	55	66	76	90	97	99
20	9	15	24	34	46	59	70	80	93	98	99
22	9	16	26	37	50	62	74	83	95	99	99
24	10	17	27	39	53	66	77	86	96	99	99
26	10	18	28	41	55	69	80	89	97	99	99
28	10	18	30	43	58	72	83	90	98	99	99
30	10	19	31	46	61	74	85	92	99	99	99
34	11	20	34	50	66	79	89	95	99	99	99
38	11	22	36	53	70	83	91	96	99	99	99
40	11	22	38	55	72	84	93	97	99	99	99
44	12	24	40	59	75	87	95	98	99	99	99
48	12	25	43	62	79	90	96	99	99	99	99
50	12	26	44	63	80	91	97	99	99	99	99
54	13	27	46	66	83	93	98	99	99	99	99
60	13	29	50	70	86	95	98	99	99	99	99
64	14	30	52	73	88	96	99	99	99	99	99
68	14	31	54	75	90	97	99	99	99	99	99
72	15	33	56	77	91	97	99	99	99	99	99
76	15	34	58	79	92	98	99	99	99	99	99
80	15	35	60	81	93	98	99	99	99	99	99
84	16	36	61	82	94	99	99	99	99	99	99
88	16	37	63	84	95	99	99	99	99	99	99
92	17	38	65	85	96	99	99	99	99	99	99
96	17	40	66	87	96	99	99	99	99	99	99
100	17	41	68	88	97	99	99	99	99	99	99
140	21	51	80	95	99	99	99	99	99	99	99
180	24	60	88	98	99	99	99	99	99	99	99
200	26	64	91	99	99	99	99	99	99	99	99
300	34	79	98	99	99	99	99	99	99	99	99
400	41	88	99	99	99	99	99	99	99	99	99
500	47	93	99	99	99	99	99	99	99	99	99

Tabelle 17-2: Power $(1 - \beta)$ in [%] für $\alpha = 0,05$ bei zweiseitiger Fragestellung

n	Effektgröße d für den t-Test										
	0,1	0,2	0,3	0,4	0,5	0,6	0,7	0,8	1	1,2	1,4
8	5	7	9	11	15	20	25	31	46	60	73
10	6	7	10	13	18	24	31	39	56	71	84
12	6	8	11	15	21	28	37	46	65	80	90
14	6	8	12	17	25	33	43	53	72	86	94
16	6	8	13	19	28	37	48	59	78	90	97
18	6	9	14	21	31	41	53	64	83	94	98
20	6	9	15	23	33	45	58	69	87	96	99
22	6	10	16	25	36	49	62	73	90	97	99
24	6	10	17	27	39	53	66	77	92	98	99
26	6	11	19	29	42	56	69	80	94	99	99
28	7	11	20	31	45	59	73	83	96	99	99
30	7	12	21	33	47	63	76	86	97	99	99
34	7	13	23	37	53	68	81	90	98	99	99
38	7	14	25	40	57	73	85	93	99	99	99
40	7	14	26	42	60	75	87	94	99	99	99
44	7	15	28	46	64	79	90	96	99	99	99
48	8	16	31	49	68	83	92	97	99	99	99
50	8	17	32	50	70	84	93	98	99	99	99
54	8	18	34	53	73	87	95	98	99	99	99
60	8	19	37	58	77	90	97	99	99	99	99
64	9	20	39	61	80	92	98	99	99	99	99
68	9	21	41	64	82	93	98	99	99	99	99
72	9	22	43	66	85	94	99	99	99	99	99
76	9	23	45	69	86	95	99	99	99	99	99
80	10	24	47	71	88	96	99	99	99	99	99
84	10	25	49	73	90	97	99	99	99	99	99
88	10	26	51	75	91	98	99	99	99	99	99
92	10	27	52	77	92	98	99	99	99	99	99
96	11	28	54	79	93	99	99	99	99	99	99
100	11	29	56	80	94	99	99	99	99	99	99
140	13	38	71	92	99	99	99	99	99	99	99
180	16	47	81	97	99	99	99	99	99	99	99
200	17	51	85	98	99	99	99	99	99	99	99
300	23	69	96	99	99	99	99	99	99	99	99
400	29	81	99	99	99	99	99	99	99	99	99
500	35	88	99	99	99	99	99	99	99	99	99

Alternativ kann die Power auch mit Hilfe der Schranken der Normalverteilung z abgeschätzt werden:

$$z_{1-\beta} = \frac{d \cdot (n-1) \cdot \sqrt{2n}}{2(n-1) + 1{,}21 \cdot (z_{1-\alpha} - 1{,}06)} - z_{1-\alpha}. \tag{372}$$

Mit:
der Schranke der Normalverteilung für die Power 1-β: $z_{1-\beta}$,
der Schranke der Normalverteilung für die Signifikanz α: $z_{1-\alpha}$,
dem Stichprobenumfang n und
der Effektgröße d nach den Gleichungen (369) - (371).

Die zugehörigen Wahrscheinlichkeiten zu den Schranken z der Normalverteilung können entweder Tabelle 20-4 von Seite 323 entnommen oder mit Hilfe von Excel berechnet werden:

$$\text{EXCEL: } 1 - \beta = \text{NORM.S.VERT}(z_{1-\beta}; \text{WAHR}). \tag{373}$$

Die Schranke z der Normalverteilung kann ebenfalls entweder aus Tabelle 20-4 von Seite 323 in Abhängigkeit der Wahrscheinlichkeit abgelesen oder mittels Excel berechnet werden:

$$\text{EXCEL: } z_{1-\alpha} = \text{NORM.S.INV}(1 - \alpha). \tag{374}$$

Dazu ein Beispiel
In dem Beispiel von Seite 219 wurde mit Hilfe eines Einstichproben t-Tests überprüft, ob die an n = 5 Teilen gemessene Eigenfrequenz ($\bar{x} = \bar{f}_1 = 10{,}25\text{Hz}$ bei einer Standardabweichung von $s_x = s_{f_1} = 2{,}217\text{Hz}$) auf dem 5%   Niveau signifikant von dem geforderten Wert $\omega_0 = f_{1,\text{Theorie}} = 13\text{Hz}$ nach unten abweicht. Da nur gefragt ist, ob der Wert nach unten abweicht, handelt es sich um eine einseitige Fragestellung. Im Rahmen des t-Tests wurde die Entscheidung getroffen, dass die Abweichung statistisch signifikant ist. Gefragt ist die Power dieser Aussage.

Lösung:
Da es sich um einen Einstichproben t-Test handelt, wird die Effektgröße d nach Gleichung (369) berechnet:

$$d = \left|\frac{\bar{x} - \omega_0}{s_x}\right| \sqrt{2} = \left|\frac{\bar{f}_1 - f_{1,\text{Theorie}}}{s_{f_1}}\right| \sqrt{2} = \left|\frac{10{,}25 - 13}{2{,}217}\right| \sqrt{2} = 1{,}75 \tag{375}$$

Tabelle 17-1 von Seite 281 liefert für n = 5, α = 5% und d = 1,75 eine Power von $1 - \beta \approx$ 84% (kleinster ablesbarer Wert für n = 8 und d = 1,4).
Damit ist die Wahrscheinlichkeit des Fehlers zweiter Art bei $\beta \approx 1 - 84\% \approx 16\%$.

Eine zweiseitige Fragestellung würde vorliegen, wenn gefragt wird, ob die gemessene Eigenfrequenz ober- oder unterhalb des Erwartungswertes von 13 Hz liegt. In diesem Fall wird die Power aus Tabelle 17-2 von Seite 283 abgelesen: $1 - \beta \approx 73\%$ (kleinster ablesbarer Wert für n = 8 und d = 1,4). Die Power nimmt also ab und damit der Fehler zweiter Art zu.

17.2.2 BERECHNUNG DER STICHPROBENGRÖßE

Im Falle einer Testplanung soll der nötige Stichprobenumfang festgelegt werden, um einen gewissen Effekt zu sehen. Dazu können die Gleichungen aus dem vorangegangenen Kapitel verwendet werden, um die Effektgröße d zu berechnen. Abhängig von der Effektgröße d, der Signifikanz α und der Power $1 - \beta$ kann anschließend Tabelle 17-3 und Tabelle 17-4 der nötige Stichprobenumfang n abgelesen werden.

Kann die Effektgröße nicht berechnet werden oder soll diese sehr schnell abgeschätzt werden, dann liefert Cohen Erfahrungswerte. Diese dienen dazu, auch bei unbekannter Standardabweichung und/oder Mittelwert eine Abschätzung zum nötigen Stichprobenumfang oder der Power liefern zu können. Am Anfang steht die Überlegung, ob eher kleine, mittlere oder große Effekte (bzw. Einflüsse oder Unterschiede) untersucht werden sollen.

Kleiner Effekt, **d = 0, 2**
Vor allem bei neuen Untersuchungen muss davon ausgegangen werden, dass die Effekte eher klein sind. Dies liegt oftmals daran, dass in diesen Fällen die Streuungen auf Grund unbekannter oder neuer Versuchsbedingungen relativ groß sind. Ein Beispiel hierfür ist die Untersuchung, ob es einen Chargeneinfluss bei einem Material gibt.

Mittlerer Effekt, **d = 0, 5**
Von mittleren Effekten spricht man, wenn diese einfach und klar erkennbar sind. Dies ist im technischen Bereich der Fall, wenn beispielsweise der Einfluss einer Wärmebehandlung auf die Werkstoffeigenschaft bewertet werden soll.

Großer Effekt, **d = 0, 8**
Werden zwei unterschiedliche Materialien miteinander verglichen, dann kann von einem großen Effekt ausgegangen werden.

Praxistipp

Für die meisten Untersuchungen ist das Anstreben einer Power $1 - \beta > 90\%$ wirtschaftlich nicht sinnvoll. Dies würde zu sehr großen Stichproben führen, die aus Kosten- oder aus Zeitgründen nur sehr selten gerechtfertigt sind. Deshalb ist es wichtig, bereits bei der Versuchsplanung sinnvolle Größen für die Signifikanz α (Fehler erster Art) und die Power $1 - \beta$ (Fehler zweiter Art) festzulegen.

Eine sinnvolle Festlegung erfordert eine gründliche Formulierung der Nullhypothese durch Betrachtung der Konsequenzen des Fehlers erster und zweiter Art (vgl. dazu Kapitel 15.2.1). Die Wahrscheinlichkeit einen Fehler zweiter Art zu begehen, ist immer größer als die, einen Fehler erster Art zu machen ($\beta > \alpha$). Deshalb müssen die Konsequenzen aus einem Fehler zweiter Art kleiner sein, als die aus einem Fehler erster Art. Es wird deshalb empfohlen für
$\alpha = 1\%\ldots5\%$ und für
$\beta = 20\%$ zu setzen.

Tabelle 17-3: Erforderlicher Stichprobenumfang n für $\alpha = 0{,}05$ bei einseitiger Fragestellung

Power	Effektgröße d für den t-Test										
1-β	0,1	0,2	0,3	0,4	0,5	0,6	0,7	0,8	1	1,2	1,4
0,25	189	48	21	12	8	6	5	4	3	2	2
0,5	542	136	61	35	22	16	12	9	6	5	4
0,6	721	181	81	46	30	21	15	12	8	6	5
0,7	942	236	105	60	38	27	20	15	10	7	6
0,75	1076	270	120	68	44	31	23	18	11	8	6
0,8	1237	310	138	78	50	35	26	20	13	9	7
0,85	1438	360	160	91	58	41	30	23	15	11	8
0,9	1713	429	191	108	69	48	36	27	18	13	10
0,95	2165	542	241	136	87	61	45	35	22	16	12

Tabelle 17-4: Nötiger Stichprobenumfang n für $\alpha = 0{,}05$ bei zweiseitiger Fragestellung

Power	Effektgröße d für den t-Test										
1-β	0,1	0,2	0,3	0,4	0,5	0,6	0,7	0,8	1	1,2	1,4
0,25	332	80	38	22	14	10	8	6	5	4	3
0,5	769	193	86	49	32	22	17	13	9	7	5
0,6	981	206	110	62	40	28	21	16	11	8	6
0,7	1235	310	138	78	50	35	26	20	13	10	7
0,75	1389	308	155	88	57	40	29	23	15	11	8
0,8	1571	393	175	99	60	45	33	26	17	12	9
0,85	1797	450	201	113	73	51	38	29	19	14	10
0,9	2102	526	230	132	85	59	44	34	22	16	12
0,95	2600	651	290	163	105	73	54	42	27	19	14

Dazu ein Beispiel

Im Rahmen einer Testplanung soll der notwendige Stichprobenumfang festgelegt werden. Ziel der Untersuchung ist es in die mittlere Lebensdauer eines Bauteils von einem neuen Zulieferer mit den Lebensdauern des bereits verwendeten Zulieferers zu vergleichen. Dazu werden die mittleren Lebensdauern der Bauteile beider Zulieferer experimentell ermittelt und einem t-Test miteinander verglichen.

Aus Erfahrungen ist bekannt, dass die Streuung der Lebensdauern des ersten Zulieferers bei $s_1 = 500$ h und die mittlere Lebensdauer bei $\bar{t}_1 = 3\,000$ h liegt. Ermittelt wurden diese an $n_1 = 20$ Teilen. Ein Unterschied von 300 h wäre krtitisch.

Gesucht ist die nötige Stichprobenanzahl n_2 für den Versuch des zweiten Zulieferers, um den kritischen Unterschied von 300 h sicher nachweisen zu können.

Falls die nötige Anzahl an Versuchen sehr hoch ist, schlagen Sie Ideen vor, diese zu reduzieren.

Lösung:

Bei der Fragestellung handelt es sich um eine einseitige Fragestellung (Abweichung nach unten) und einen Zweistichproben t-Test.

Zuerst müssen ein paar Annahmen getroffen werden:

- Die Standardabweichungen beider Bauteile sind gleich ($s_1 = s_2 = 500$ h).
- Die Signifikanz beträgt $\alpha = 0,05$ und
- die Power beträgt $1 - \beta = 80\%$.

Die Effektgröße d lässt sich nach Gleichung (371) von Seite 281 berechnet:

$$d = \frac{|\bar{x}_1 - \bar{x}_2|}{\sqrt{\frac{s_{x,1}^2 + s_{x,2}^2}{2}}} = \frac{|\bar{t}_1 - \bar{t}_2|}{\sqrt{\frac{s_1^2 + s_2^2}{2}}} = \frac{300h}{\sqrt{\frac{(500h)^2 + (500h)^2}{2}}} = \frac{300}{500} = 0,6 \tag{376}$$

Tabelle 17-1 von Seite 282 liefert für $n = 5$, $\alpha = 5\%$ und $1 - \beta = 80\%$ eine nötige Stichprobenanzahl von $n = 35$. Nach Gleichung (371) von Seite 281 berechnet sich die Stichprobenanzahl bei ungleichen Stichproben mit

$$n = \frac{2 \cdot n_1 \cdot n_2}{n_1 + n_2}. \tag{377}$$

Auflösen nach n_2 und einsetzen von $n_1 = 20$ und $n = 35$ liefert

$$n = \frac{2 \cdot n_1 \cdot n_2}{n_1 + n_2}$$
$$n(n_1 + n_2) = 2 \cdot n_1 \cdot n_2$$
$$n \cdot n_1 = 2 \cdot n_1 \cdot n_2 - n \cdot n_2 \tag{378}$$
$$n \cdot n_1 = n_2(2n_1 - n)$$
$$n_2 = \frac{n \cdot n_1}{(2n_1 - n)} = \frac{35 \cdot 20}{2 \cdot 20 - 35} = \frac{700}{40 - 35} = \frac{700}{5} = 140.$$

Es sind somit 140 Versuche nötig, um den geforderten Unterschied sicher zu erkennen. Die Versuchszahl ist allerdings relativ hoch und, wenn überhaupt, dann nur für kleine Bauteile, die in großer Stückzahl gefertigt werden, realisierbar. Es werden insgesamt $n_1 + n_2 = 20 + 140 = 160$ Versuche benötigt.

Der Umfang kann reduziert werden, wenn bei dem ersten Zulieferer zusätzlich 15 Bauteile, also in Summe $n_1 = 20 + 15 = 35$ erprobt werden. In diesem Falle sind

$$n_2 = \frac{n \cdot n_1}{(2n_1 - n)} = \frac{35 \cdot 35}{2 \cdot 35 - 35} = \frac{1225}{35} = 35 \tag{379}$$

Bauteile des zweiten Zulieferers zu testen. In Summe also $n_1 + n_2 = 35 + 35 = 70$ Versuche nötig. Generell sollten immer gleiche Stichprobenumfänge angestrebt werden, da dies das Minimum der Versuchszahl darstellt.

17.2.3 ARBEITEN MIT EXCEL 🚀

Die Berechnung der Power des t-Tests

Zur Berechnung der Power eines Einstichproben t-Tests wird der Reiter „Power Einstichproben t-Test" in der Statistik-Toolbox gewählt (Abbildung 17-1). Das Signifikanzniveau wird in Zelle C14 gewählt, der Erwartungswert μ, gegen den getestet werden, soll in Zelle C15 und die Daten in die Spalte C ab Zeile 29 eingetragen. Die Power wird dann in Zelle C25 für den einseitigen und in Zelle D25 für den zweiseitigen Test ausgegeben.

Für den Zweistichproben t-Test wählt man den Reiter „Power Zweistichproben t-Test" der Statistik-Toolbox (vgl. Abbildung 17-2). Es wird das Signifikanzniveau in Zelle C18, der Unterschied ω_0 bei gepoolten Daten in Zelle C19 eingetragen. Außerdem wird in Zelle C20 ausgewählt, ob der Test mit gepoolten Daten oder ungepoolten Daten durchgeführt werden soll. Die Werte der beiden Stichproben trägt man in die Spalten C und D ab Zeile 34 ein. Zelle C30 zeigt die Power für die einseitige und Zelle D30 die Power für die zweiseitige Fragestellung an.

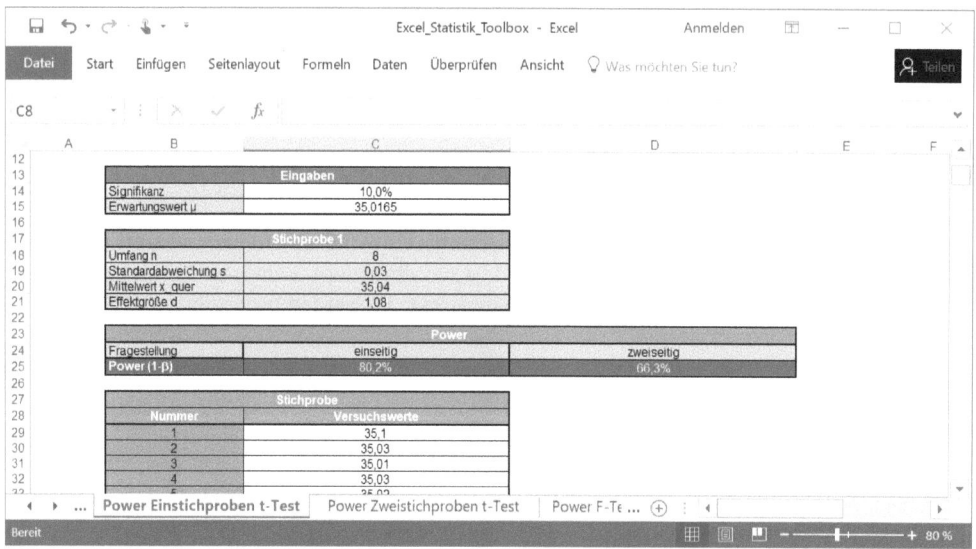

Abbildung 17-1: Excel-Tool zur Berechnung der Power des Einstichproben t-Tests

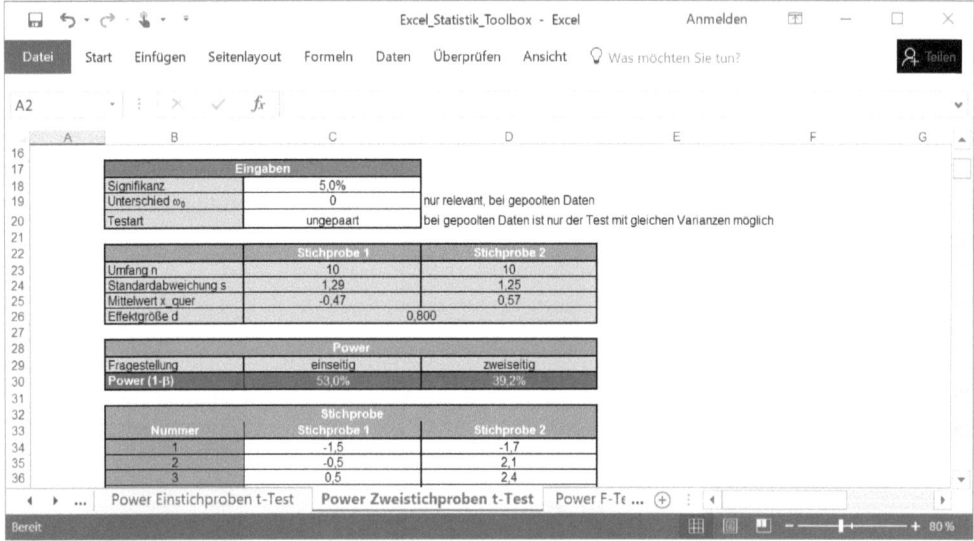

Abbildung 17-2: Excel-Tool zur Berechnung der Power des Zweistichproben t-Tests

Die Berechnung der Stichprobengröße

Um die nötige Stichprobengröße zu berechnen, wird der Reiter „Stichprobe t-Test" in der Statistik-Toolbox gewählt (Abbildung 17-3). In Zelle C 15 kann das gewünschte Signifikanzniveau vorgegeben werden. Die Power wählt man in Zelle C16 und die Effektgröße d (nach den Gleichungen (369) - (371) von Seite 281) in Zelle C17. Für die einseitige Fragestellung wird der nötige Stichprobenumfang in Zelle C21 und für die zweiseitige Fragestellung in Zelle D21 ausgegeben.

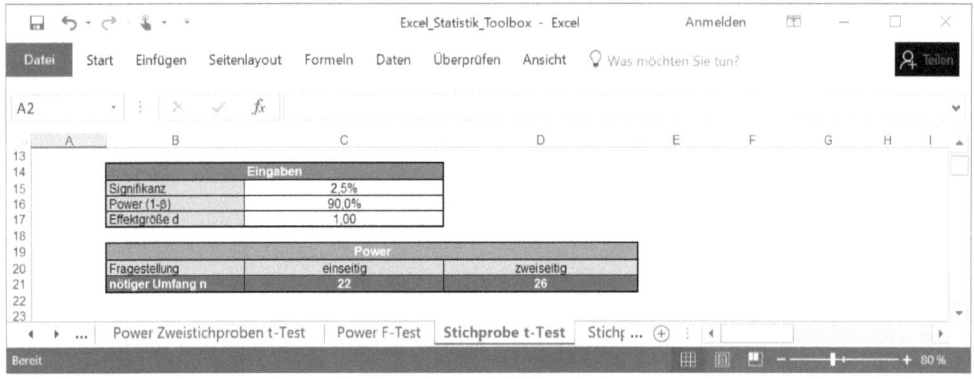

Abbildung 17-3: Excel-Tool zur Berechnung der Stichprobengröße des t-Tests

17.3 POWERANALYSE FÜR DEN F-TEST

17.3.1 BERECHNUNG DER POWER

Für den F-Test wird die Power aus den zu untersuchenden Varianzen s_1^2 und s_2^2 berechnet. Es gilt dabei $s_1^2 > s_2^2$. Dazu wird zuerst das Quantil $f_{df_1,df_2,\alpha}$ der F-Verteilung z. B. aus Tabelle 15-10 von Seite 193 abgelesen oder nach Gleichung (209) von Seite 192 berechnet. Das Quantil $f_{df_1,df_2,\alpha}$ ist wegen der Freiheitsgraden $df_1 = n_1 - 1$ und $df_2 = n_2 - 1$ abhängig vom Stichprobenumfang und der Signifikanz α:

$$\text{EXCEL: } f_{df_1,df_2,\alpha} = \text{F.INV.RE } (\alpha; df_1; df_2). \tag{380}$$

Die Power $1 - \beta$ ist die Wahrscheinlichkeit, dass der Wert F nach Gleichung (209) Seite 192 oberhalb eines Prüfwertes liegt:

$$\frac{s_2^2}{s_1^2} \cdot f_{df_1,df_2,\alpha} > F = \frac{s_1^2}{s_2^2}$$

$$\text{EXCEL: } 1 - \beta = \text{F.VERT.RE } \left(\frac{s_2^2}{s_1^2} \cdot f_{df_1,df_2,\alpha}; df_1; df_2 \right). \tag{381}$$

$$\text{EXCEL: } 1 - \beta = \text{F.VERT.RE } \left(\frac{s_2^2}{s_1^2} \cdot f_{n_1-1,n_2-1,\alpha}; n_1 - 1; n_2 - 1 \right).$$

Diese Gleichung ist in Excel sehr einfach lösbar. Um diese Werte aus Tabellen zu entnehmen werden diese sehr groß und unhandlich. Deshalb liefern wir hier ein kostenloses Excel-Tool zur Berechnung der Power mit.

17.3.2 BERECHNUNG DER STICHPROBENGRÖßE

Mit Hilfe von Gleichung (381) lässt sich die nötige Stichprobengröße bestimmen. Dazu muss entweder angenommen werden, dass $n_1 = n_2$ oder n_1 bzw. n_2 bekannt ist und der jeweils andere Stichprobenumfang berechnet werden muss. Im Falle einer Testplanung treten an die Stelle der empirischen Varianzen s_i^2 die Varianzen der Grundgesamtheit σ_i^2. Durch schrittweises Probieren lässt sich dann Gleichung (381) lösen, indem die geforderte Power $1 - \beta$ und die Varianzen vorgegeben werden:

$$\text{EXCEL: } 1 - \beta = \text{F.VERT.RE } \left(\frac{\sigma_2^2}{\sigma_1^2} \cdot f_{n_1-1,n_2-1,\alpha}; n_1 - 1; n_2 - 1 \right). \tag{382}$$

Auch hierfür liefern wir ein kostenloses Excel-Tool, welches für die Berechnung geeignet ist.

17.3.3 ARBEITEN MIT EXCEL 🚀

Die Berechnung der Power des F-Tests

Zur Berechnung der Power eines F-Tests wird der Reiter „Power F-Test" in der Statistik-Toolbox gewählt (Abbildung 17-4). Die Daten der beiden Stichproben werden in Spalte C und Spalte F ab Zeile 44 eingegeben. In Zeile 13 lässt sich das Signifikanzniveau über ein Dropdown Menü wählen. Es besteht die Möglichkeit, entweder die Varianzen direkt aus der Stichprobe zu berechnen (Test in Spalten B und C) oder aber vorzugeben (Test in Spalte E und F). Die Power wird dann in den Zeilen 39 und 40 angegeben.

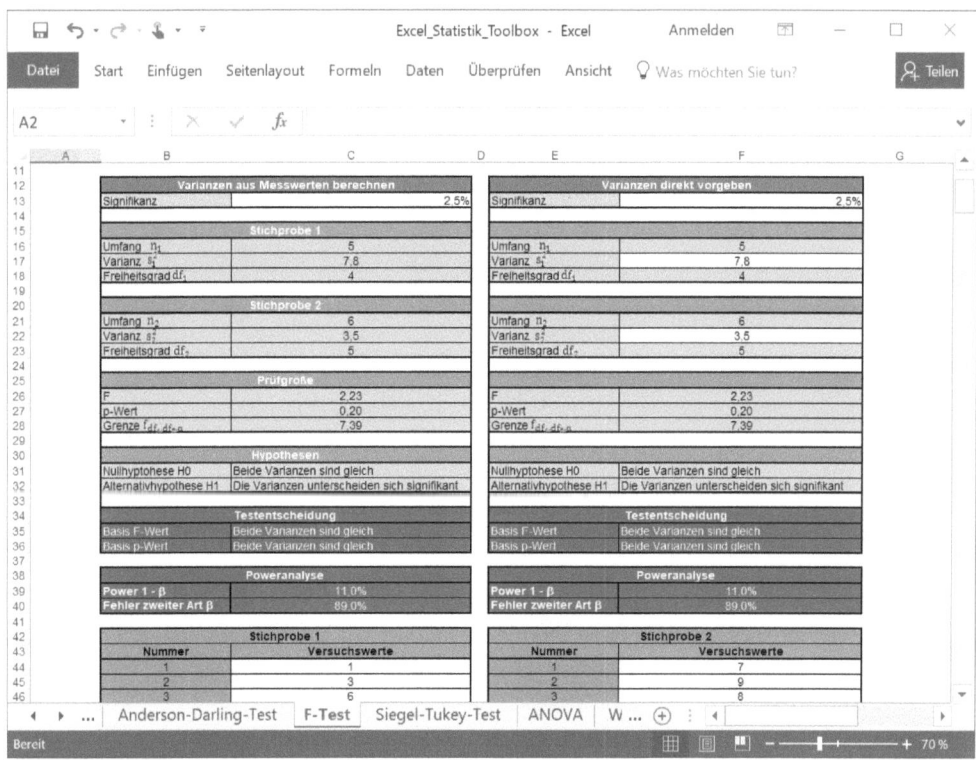

Abbildung 17-4: Excel-Tool zur Berechnung der Power des F-Tests

Die Berechnung des nötigen Stichprobenumfangs des F-Tests

Im Reiter „Stichprobe F-Test" der Excel-Toolbox kann der Stichprobenumfang des F-Tests berechnet werden (siehe Abbildung 17-5). Dazu wird in den Zellen C14 die Signifikanz im Dropdown Menü ausgewählt und die Power in Zelle C15 vorgegeben. Die Varianzen der beiden Stichproben kann man in den Zellen C19 und C24 eingeben. Bei der Eingabe der Stichprobenumfänge gibt es mehrere Möglichkeiten:

- Werden beide Zellen (C18 und C23) leer gelassen, wird angenommen, dass beide Stichproben gleich groß sind.
- Wird nur eine Stichprobengröße eingegeben (entweder C18 oder C23), wird die jeweils andere Stichprobengröße berechnet.

Die Ausgabe der nötigen Stichprobenumfänge erfolgt in Zelle C 31 und C32.

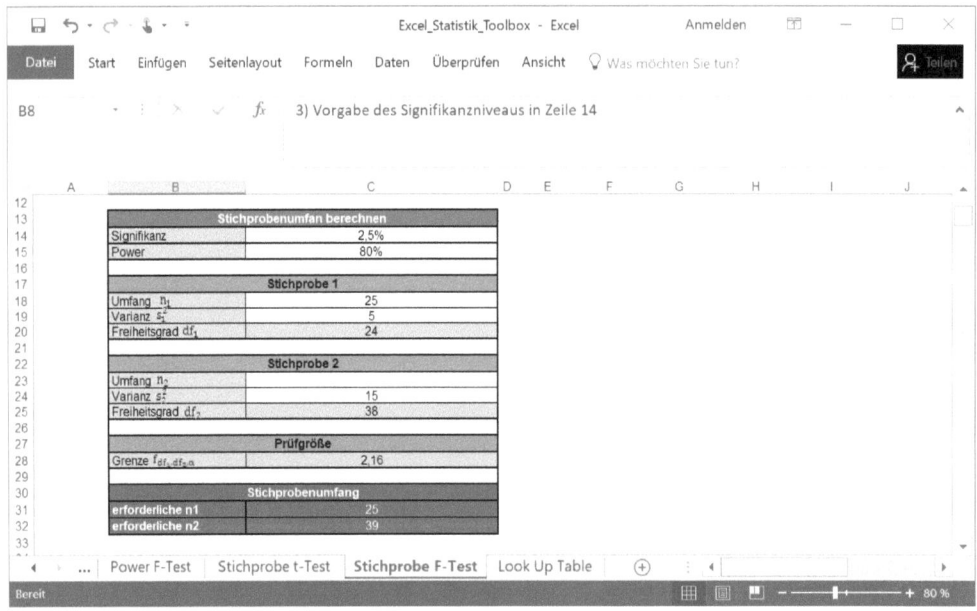

Abbildung 17-5: Excel-Tool zur Berechnung des nötigen Stichprobenumfangs des F-Tests

17.4 AUSBLICK AUF WEITERE POWERANALYSEN

Da Poweranalysen generell relativ kompliziert und aufwändig sind, bieten sich hier Software-lösungen an. Aus diesem Grund werden die Methoden der Poweranalyse für die restlichen Tests nicht weiter vorgestellt. Stattdessen möchten wir aber ein paar Hinweise geben, wie Sie trotzdem vorgehen können.

Es sind mehrere kostenlose und kostenpflichtige Softwarelösungen vorhanden. Zu den kosten-losen Softwarelösungen zählen:

- G*Power: Statistical Power Analyses for Windows and Mac
  Dies ist eine kostenlose Software der Universität Düsseldorf. Die Be-dienung ist in englisch und über die grafische Oberfläche sehr intuitiv: http://www.gpower.hhu.de/.
  einzige Randbedingungen sind, dass keine Garantie gegeben wird und dass bei der Verwendung für wissenschaftliche Arbeiten auf die Seite referenziert werden soll.

- R: The R Project for Statistical Computing
  Hierbei handelt es sich um eine kostenlose Statistik Software, die auch Poweranalysen zulässt. R hat keine grafische Bedienungsoberfläche. Es muss etwas Programmiererfahrung für die Bedienung vorhanden sein. Heruntergeladen werden kann R unter: https://www.r-project.org/.

Daneben gibt es noch zahlreiche Statistiktools zur Powerberechnung, die kostenpflichtig sind. Erwähnen möchte ich zwei:

- Minitab
  Für Datenanalysen ein sehr intuitives und einfach bedienbares kommer-zielles Werkzeug. Die Software ist komplett auf deutsch erhältlich. Der Umfang der Poweranalyse ist ok, aber nicht vollständig. Einen Einblick in Minitab ist über die Homepage möglich: http://www.minitab.com/de-de/.

- RSS: provides sample size calculations
  Speziell für Wissenschaftler wurde diese englischsprachige Software entwickelt. Hier können für über 370 Szenarios Poweranalysen durch-geführt werden. Die Software ist hier erhältlich: https://www.ncss.com/.

TEIL 4: DATEN PRÄSENTIEREN

18 DATEN PRÄSENTIEREN

Daten können immer unterschiedlich präsentiert werden, z. B. abhängig von der Person oder dem Interesse desjenigen, der präsentiert. Dazu ein kleines Beispiel zur Illustration.

Der sicherste „Beruf" der Welt ist „Präsident der Vereinigten Staaten von Amerika". In den 225 Jahren, die es diesen Beruf gibt, sind nur vier Berufstätige durch einen „Arbeitsunfall" ums Leben gekommen. Der durchschnittliche Abstand zwischen zwei tödlichen Unfällen liegt bei 56 Jahren.

Der gefährlichste „Beruf" der Welt ist „Präsident der Vereinigten Staaten von Amerika". Von 43 Berufstätigen kamen fast 10% - also jeder zehnte - durch einen "Arbeitsunfall" ums Leben. Diese Quote erreichen noch nicht einmal Fischer, Bergleute oder Soldaten.

Ist die Absicht hinter der Dateninterpretation positiv, dann spricht man von einer fachmännischen Interpretation. Ist die Intention dagegen negativ, spricht man von Manipulation. Um im Ingenieursalltag zu fachmännischen Interpretationen zu kommen, ist es wichtig, die statistischen Methoden richtig anzuwenden. Dazu liefert Ihnen dieses Kapitel anhand vieler Beispiele noch die wichtigsten Soft Skills und die langjährigen Erfahrungen der Autoren.

In diesem Kapitel lernen Sie:

* Worauf es bei einer Darstellung und Präsentation statistischer Ergebnisse ankommt (sowohl beim Vortragenden, als auch beim Publikum).
* Wie Sie Daten präsentieren und zusammenfassen um Ihr Publikum schnell abzuholen.
* Wie Sie statistische Tricks schnell erkennen.
* Wie Sie den Eindruck der Datenmanipulation vermeiden.

18.1 DIE RICHTIGE EINSTELLUNG 🚀

Wir neigen dazu unsere Ideen bestätigen zu wollen. Dafür suchen wir Lob und Anerkennung von Kollegen und Vorgesetzten. Wir hassen es uns kritischen Fragen zu stellen. In der Wissenschaft wird dies Verteidigung der Ergebnisse genannt. Wer eine wissenschaftliche Arbeit geschrieben hat, der kennt dieses Verfahren. Dabei geht es darum die eigenen Erkenntnisse so darzustellen, dass diese auch Kritikern standhalten.

In der beruflichen Praxis sieht das etwas anders aus. Hier geht es darum, sich von einem geeigneten (möglichst breiten) Kollegenkreis ein Feedback abzuholen. Hier sollen bewusst positive Aspekte genauso hervorgehoben werden wie Verbesserungsmöglichkeiten.

Warum ist das so wichtig? Auf Grund der großen Breite an potenziellen Risiken die in der industriellen Praxis abgefangen werden müssen (z. B. Zulieferer, Fertigung, Entwicklung, Einkauf, Kunde,…) ist es nicht möglich diese komplett alleine zu finden und zu bearbeiten. Für eine möglichst effektive Bearbeitung bietet es sich an, die Rückmeldung möglichst vieler Fraktionen durch ein Feedback einzusammeln. Anschließend kann das Feedback in die eigene Arbeit eingearbeitet werden und diese gewinnt dadurch an Qualität. Dafür braucht es zwei Dinge:

- Der Vortragende der Ideen muss eine offene Einstellung haben und Feedback ehrlich wollen. Aufgabe des Vortragenden ist es, diese Einstellung mitzubringen und das Publikum ggfs. darauf hinzuweisen, wenn eine kritische Stimmung entsteht. Zusätzlich sollte man das Feedback als Vortragender nie auf sich selbst, sondern nur auf die Aufgabe beziehen. Als Vortragender wollen Sie von den Rückmeldungen lernen und das Produkt verbessern.
- Insbesondere das Management muss beim Feedbackgeben ebenfalls die richtige Einstellung haben und konstruktiv Rückmeldungen geben. Das schließt das positive (Lob) und das kritische (Feedback) mit ein! Aufgabe des Managements ist es, eine Atmosphäre zu schaffen, in der Fehler nicht kritisch, sondern positiv gesehen werden. Fehler sind Möglichkeiten, um sich selbst und das Produkt zu verbessern!
  Als Manager wollen Sie eine offene Diskussion, in der Probleme und Unklarheiten oder Befürchtungen offen besprochen werden.

Ist einer der Punkte nicht erfüllt, dann wird keine offene Feedbackatmosphäre vorliegen. Eine konstruktive Diskussion ist kaum möglich.

Dazu ein Beispiel:

Im Falle statistischer Untersuchungen geht es fast immer darum, die eigenen Hypothese solange kritisch zu hinterfragen (und hinterfragen zu lassen), bis diese entweder verworfen oder beibehalten werden kann. Wir neigen allerdings dazu Hypothesen zu bestätigen und nicht zu widerlegen. Das bedeutet, dass die meisten Versuche durchgeführt werden, um eine Hypothese zu bestätigen (zu verifizieren). Häufig ist es aber besser eine Untersuchung zu machen, um die Hypothese zu widerlegen (zu falsifizieren).

Ein schönes Beispiel dazu zeigt der Test nach Wason. Hier wurde Testpersonen vom Versuchsleiter eine Reihe von drei aufeinanderfolgenden Zahlen genannt (z. B. 2-4-6). Die Testpersonen sollten nun die Regel, nach der die Zahlenfolge gebildet wurde, durch Versuch und Irrtum ermitteln. Dazu konnten Sie dem Versuchsleiter immer wieder neue Zahlenfolgen vorschlagen. Jeden Vorschlag bewertete der Versuchsleiter entweder mit „Ja, diese Zahlenfolge entspricht der Regel" oder mit „Nein, diese Zahlenfolge entspricht nicht der Regel". Die Testperson bildete also Hypothesen für die Regel und überprüfte diese dann mit Versuchen (ganz ähnlich dem klassischen Vorgehen im beruflichen Alltag).

Es zeigte sich, dass die Mehrzahl der Testpersonen eine positive (also bestätigende) Teststrategie vorzog. Beispielsweise wurde von Testpersonen die Hypothese aufgestellt: Gerade Zahlen in aufsteigender Reihenfolge. Getestet wurde dann durch Zahlenkombinationen wie 4-8-12 oder 6-14-34,… Alle diese Zahlenfolgen wurden vom Versuchsleiter mit „Ja, diese Zahlenfolge entspricht der Regel" bestätigt. Im Falle der Statistik ein signifikantes Ergebnis.

Allerdings war die Regel: Zufällige Zahlen in aufsteigender Reihenfolge. Um auf diese Regel zu kommen, wäre eine falsifizierende (oder widerlegende) Teststrategie besser gewesen. Das bedeutet, Versuche zu definieren, welche die Hypothese widerlegen sollen. Also beispielsweise 2-5-10.

18.2 DATEN PRÄSENTIEREN

Messwerte bzw. Daten alleine enthalten keine Informationen, die für uns von Nutzen sind. Um aus den Daten sinnvolle Informationen zu gewinnen, müssen diese aufbereitet, interpretiert, vorgestellt und diskutiert werden. Um die wichtigen Informationen aus den Daten zu gewinnen, sind die grafischen und rechnerischen Methoden wichtige Hilfsmittel. Idealerweise werden beide kombiniert.

Warum? Die Statistik ist sehr stark darin, uns mit Hilfe von Grafiken oder Kennzahlen Daten begreiflich zu machen. Es ist auch sehr gut möglich, Aussagen mit einer gewissen Sicherheit treffen zu können. Eindeutige Beweise sind jedoch nicht möglich. Deshalb ist es sinnvoll möglichst breit (also mit möglichst vielen Methoden) auf die Daten zu schauen.

Dazu ein Beispiel:

Um zu überprüfen, ob die Verteilung der Daten einer Normalverteilung entspricht, sollte sowohl ein statistischer Test, als auch ein grafischer Test (z. B. das Wahrscheinlichkeitsnetz) verwendet und gegebenenfalls ein Histogramm erstellt werden. Deuten alle drei Methoden in dieselbe Richtung, dann ist die Aussage deutlich belastbarer.

Für die Vorstellung der Ergebnisse in einem Unternehmen oder vor Fachpublikum gibt es ein paar einfache Tricks für eine erfolgreiche Präsentation.

Ganz grob gliedert sich eine Präsentation in drei Teile, wobei jeder Teil eine der folgenden Fragen beantwortet:

1. Was erwartet der Vortragende vom Publikum?
2. Warum werden die Ergebnisse vorgestellt?
3. Wie wurden die Ergebnisse erreicht?

Die Reihenfolge der Beantwortung der Fragen sollte wie oben beschrieben sein. Im Publikum werden immer Personen sein, die wenig Zeit haben (z. B. Manager). Diese interessiert vor allem, was von ihnen erwartet wird und ob sie eine Entscheidung treffen sollen. Je früher diese abgeholt werden, umso besser. Versuchen Sie nicht wie in einer Erzählung einen Spannungsbogen aufzubauen. Kommen Sie immer direkt zum Punkt und äußern Sie diesen klar.

Zum ersten Teil: Was erwartet der Vortragende vom Publikum?

Es gibt verschiedene Gründe, warum Ergebnisse vorgestellt werden. Es kann sein, dass ein fachlicher Austausch gesucht wird. Evtl. wird aber auch eine Entscheidung benötigt oder es soll über den aktuellen Stand der Untersuchungen berichtet werden? Diese Frage klärt über das Ziel der Besprechung auf.

Es ist wichtig, in kurzen und klaren Sätzen diese Erwartungshaltung klar und eindeutig zu formulieren. Dadurch bleibt der Fokus der Besprechung erhalten. Durch Rückfragen an das Publikum kann man sich vergewissern, ob das Ziel verstanden wurde und darüber Einigkeit herrscht.

Manchmal kann es hilfreich sein, dass das wichtigste Ergebnis ganz kurz und knapp direkt am Anfang in einer kurzen Zusammenfassung vorgestellt wird. Dann ist jedem Zuhörer klar, was ihn erwartet. Meist ist es ausreichend, ein bis zwei Folien für diesen ersten Teil zu verwenden.

Zum zweiten Teil: Warum werden die Ergebnisse vorgestellt?

Jede Untersuchung, Besprechung und Analyse kostet Zeit, Geld und / oder Energie. Im beruflichen Umfeld kommt es letztlich darauf an, dass sich diese Ausgabe rechnet, also zu einem Mehrwert führt.

Mit der Frage nach dem Warum wird genau dieser Mehrwert geklärt. Hier wird der Benefit für das Unternehmen herausgestellt. Es kann sein, dass durch die Untersuchungen das Verständnis für das Produkt oder den Prozess steigt und damit künftig Schaden abgewendet wird. Oder es kann aufgezeigt werden, dass durch die Untersuchungen bei künftigen Produkten Geld eingespart werden kann. Auch für diesen Teil sollen nicht mehr als ein bis zwei Folien genutzt werden.

Zum dritten Teil: Wie wurden die Ergebnisse erreicht?

Der dritte Teil beinhaltet die eigentlichen Ergebnisse der Untersuchungen. Dieser Teil ist gleichzeitig der umfangreichste. Generell gilt, es lohnt sich immer möglichst oft vorzutragen. Denn bei jedem Vortrag lernen Sie durch Rückfragen aus dem Publikum immer etwas dazu. Gleichzeitig merken Sie, wenn Sie komplizierte Sachverhalte schnell und einfach erklären können, dass Sie die Dinge wirklich verstanden haben. Es sollte möglich sein, jeden noch so komplizierten Sachverhalt in 15 min. zu erklären.

Bei der inhaltlichen Vorstellung wird mit einer Literaturrecherche oder einer Recherche aus historischen Daten begonnen. Dies ist nötig, um einen breiten Blick zu bekommen und auch von externen Quellen Informationen zu erhalten.

Danach sollten die Ergebnisse kurz und knapp vorgestellt werden. Dabei sollte immer auch auf die Methoden eingegangen werden. Es darf nie davon ausgegangen werden, dass diese Methoden bekannt sind. Je mehr mit grafischen Mitteln gearbeitet wird, umso besser. Wir Menschen tun uns sehr leicht, Bilder oder Grafiken zu interpretieren. Beim Rechnen haben wir jedoch Probleme. Für eine effiziente Vorstellung helfen also Bilder und Grafiken.

Am Ende des Vortrags werden das Ziel, der Benefit für das Unternehmen und die Ergebnisse noch einmal kurz zusammengefasst. Auch dafür kann eine Folie ausreichend sein.

18.3 MIT STATISTIK TRICKSEN

Durch die provokative Formulierung soll in diesem Kapitel die Sensibilität für den richtigen Umgang mit den Daten und der Datenpräsentation geschaffen werden. Nur wenn Sie wissen, wie man mit Statistik tricksen kann (auch unbewusst), können Sie dies vermeiden. Um dies zu verdeutlichen, werden viele Beispiele auch aus dem Alltag genannt. Die Beispiele sind zum Teil angelehnt an [37], [38].

18.3.1 ABSOLUTE ANSTELLE VON RELATIVEN ZAHLEN VERWENDEN

Besonders beeindrucken kann man durch Verwendung von absoluten Zahlen. Insbesondere dann, wenn diese nicht in Bezug zu anderen Größen gesetzt werden. Vor allem, wenn die Schlussfolgerungen die aus diesen Zahlen gezogen werden, schwerwiegend sind, ist dieser Effekt besonders beeindruckend!

Dazu ein Beispiel aus dem Alltag:

In einem Artikel von 2015[1] wird dies sehr anschaulich sichtbar. Der Titel lautet: Zahl der Terroropfer steigt weltweit massiv an. Detaillierter wird berichtet, dass weltweit die Zahl der Terroropfer auf 32.658 gestiegen ist.

Die Zahlen sind richtig und „beweisen" die Aussage. Nun besteht die Frage nach den Schlussfolgerungen. Klar scheint zu sein, das Risiko, Opfer eines Terroranschlages zu werden ist ebenfalls dramatisch gestiegen! Wenn der Terror zunimmt – sogar in den Industrieländern – dann sinkt die Sicherheit und evtl. werden Urlaubsziele oder Großveranstaltungen gemieden. Dadurch sinkt natürlich die persönliche Lebensqualität und das Sicherheitsgefühl.

Durch ein paar weitere Zahlen lässt sich das Ganze in ein anderes Licht rücken. Jährlich sterben weltweit etwa 1,25 Mio. Menschen im Straßenverkehr. Es ist also etwa 40mal riskanter durch einen Verkehrsunfall zu verunglücken, als durch einen Terrorakt. In den Industrieländern (OECD-Ländern) gab es 77 Terroropfer und etwa 125 000 Unfalltote. Hier ist das Risiko also 1500 mal höher im Straßenverkehr zu verunglücken.

Auch aus dem technischen Bereich gibt es ähnliche Beispiele.

Stellen wir uns folgende Aussage vor: Es gab letztes Jahr 500 Rückrufe, was in Summe 1,5 Mio. € gekostet hat. Mehr als jemals zuvor!

Die Frage ist jetzt auch wieder nach dem Zusammenhang und den daraus zu ziehenden Schlussfolgerungen. Hier hilft es, die Zahlen auf die insgesamt produzierten Einheiten zu be-

---

[1]   https://www.welt.de/politik/ausland/article148925180/Zahl-der-Todesopfer-steigt-welt-weit-massiv-an.html

ziehen. Es ist sicherlich ein Unterschied, ob 50 000 Teile produziert wurden (also eine Rückrufquote von 1 %) oder ob die Zahl der produzierten Einheiten bei 50 000 000 lag (also eine Rückrufquote von 0,001 %). Zusätzlich ist wichtig zu fragen, wie stark war der Anstieg der Rückrufe gegenüber dem Vorjahr einerseits und wie groß war der Anstieg der verkauften Einheiten andererseits.

Natürlich geht das auch andersrum. Sie können auch geschickt anstelle von absoluten Zahlen mit prozentualen Werten Ihre Aussagen verwässern. Je nachdem, was gerade besser passt.

Denken wir uns dazu einen fiktiven Staat aus, dessen Staatsoberhaupt Sie sind. Die Schulden steigen und steigen. Nun stehen Wiederwahlen an und Sie möchten gerne wiedergewählt werden. Was tun? Sie betrachten die Bilanz der letzten Legislaturperiode in Tabelle 18-1. Zum Glück ist auf Grund der Inflation auch Ihr Haushalt gestiegen.

Durch etwas Überlegen kommen Sie darauf, dass die Neuverschuldungsquote kontinuierlich von 1,86 % in 2013 (dem Jahr Ihrer Amtsübernahme) auf 1,79 % gesunken ist. Das ist doch ein sicheres Zeichen für Ihre kompetente Amtsführung! Die Wiederwahl scheint gesichert.

Sie sehen, es kommt vor allem auf die Kreativität an.

Tabelle 18-1: Haushaltsbilanz

Jahr	Haushaltseinkommen	Neuverschuldung	Quote
2013	250	4,65	1,86%
2014	255	4,68	1,84%
2015	261	4,70	1,80%
2016	264	4,72	1,79%

Praxistipp: Was tun um nicht zu tricksen?
Bei der Präsentation der Ergebnisse sollten immer möglichst alle Daten vorgestellt und vor allem diskutiert werden.

18.3.2 NULLPUNKT BEI ACHSEN UNTERDRÜCKEN

Ein Klassiker ist die Nullpunktunterdrückung. Das bedeutet, dass in Diagrammen sehr stark gezoomt wird. Diese Variante ist besonders gemein, da hier ein visueller Eindruck angesprochen wird, auf den wir besonders intensiv reagieren.

Aus dem Bericht „Antworten zur agenda 2010" der Bundesregierung von 2003 stammt das folgende Beispiel. Hier wurde behauptet, dass die Ausgaben für Bildung und Forschung dramatisch gestiegen sind. Belegt wird dies durch eine Grafik wie in Abbildung 18-1, in der sich ein deutlicher Anstieg der Ausgaben von 1992 bis 2003 zeigt.

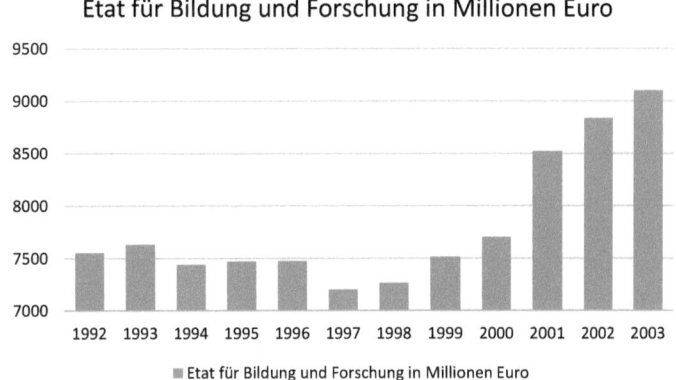

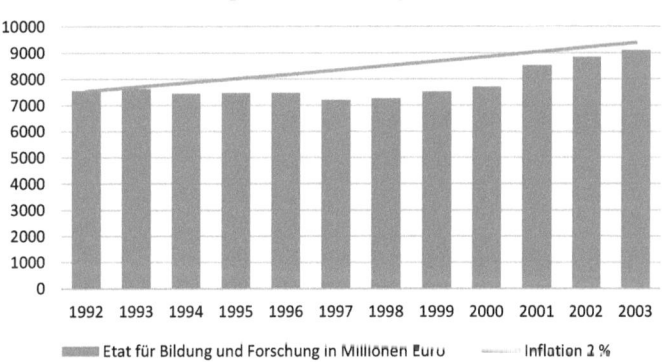

Abbildung 18-1: Ausgaben für Bildung und Forschung der Bundesregierung

Auffallend in dieser Grafik sind zwei Dinge. Zum Einen beginnt die y-Achse bei 7000 Millionen Euro. Der Nullpunkt wird unterdrückt. Dadurch wirkt der Anstieg deutlich größer! Zum anderen werden die Zahlen in Millionen Euro und nicht in Milliarden Euro angegeben. Dadurch wirken die Zahlen größer. Gefühlt sind 7000 Millionen mehr als 7 Milliarden.

Im unteren Bild von Abbildung 18-1 werden zwei Dinge getan. Es wird der Nullpunkt nicht mehr unterdrückt. Dadurch wirkt der Anstieg der Ausgaben für Bildung und Forschung schon deutlich weniger imposant. Zusätzlich wurde noch eine Inflation von 2 % angenommen. Ausgehend von den Ausgaben von 1992 wird geschätzt, wie hoch inflationsbereinigten Ausgaben 2003 sein müssten. Damit lässt sich eine Aussage treffen, wie hoch die Ausgaben für Bildung und Forschung 2003 liegen müssten, um dem gleichen Wert zu entsprechen. Jetzt zeigt sich, das die Ausgaben real (also inflationsbereinigt) gar nicht zugenommen haben!

Wir halten fest, dass die Verwendung großer Zahlen, die Unterdrückung des Nullpunktes und die Vernachlässigung einer Referenz (in diesem Fall die Inflation) mächtige Werkzeuge sind, um mit Daten zu tricksen.

Allerdings muss man auch sagen, dass es durchaus sinnvoll sein kann, einen Nullpunkt zu unterdrücken. Das gilt immer dann, wenn bewusst kleine Änderungen dargestellt werden sollen, die ansonsten nicht sichtbar wären. Ein Beispiel dafür ist häufig in der Messtechnik der wenn Temperaturen gemessen werden. So ist es in Feinmessräumen wichtig, die Temperatur konstant bei ~23°C zu halten. Bereits wenige Grad Abweichung verfälschen das Messergebnis. Hier kann es Sinn machen, den Nullpunkt der y-Achse bei 23°C festzulegen.

Vorsicht gilt außerdem bei logarithmischen Darstellungen! Wir Menschen denken eigentlich fast immer nur linear. Nichtlineare Effekte gibt es allerdings recht häufig. Diese „linearisieren" wir uns in der Technik häufig durch logarithmieren. In diesem Fall entsteht visuell der Eindruck, dass der Zusammenhang zwischen zwei Größen linear ist, obwohl er in der Realität ein stark nichtlineares Verhalten aufweist. Vgl. auch Abbildung 14-12, im Beispiel der Diodenkennlinie.

> **Praxistipp:** Was tun um nicht zu tricksen?
> Insbesondere bei Grafiken sollte immer begründet werden, warum genau diese Art der Darstellung gewählt wird. Es sollte auch immer eine umfangreiche Diskussion über die Interpretation der Daten geführt werden.

18.3.3 DATEN WEGLASSSEN

Das Weglassen der Daten ist auch eine sehr wirkungsvolle Maßnahme zur Manipulation. Clever macht man dies, in dem die Stichprobe gezielt gewählt wird. Angenommen, Sie planen einen Kinderspielplatz zu bauen und starten eine Umfrage um festzustellen, wie die Anwohner dazu stehen. Wenn Sie nun vorwiegend Familien mit Kindern im relevanten Alter befragen, werden Sie sicherlich günstigere Ergebnisse erhalten, als wenn Sie Anwohner ohne Kinder befragen. Diese für Sie praktische Stichprobe können Sie jetzt statistisch formal richtig auswerten und erhalten das für Sie wichtige Ergebnis.

Nun ist diese Form natürlich sehr manipulativ. Es geht aber auch subtiler. Angenommen, Sie wollen nachweisen, dass sich die Menschen mehr bewegen, draußen an der frischen Luft sind und immer mehr Sport betreiben. Dazu befragen sie 1000 Personen (also eine Menge!). Idealerweise fragen Sie dann mittags bei schönem Wetter 1000 Personen im Park. Sie erhalten dann sicherlich ein deutlich günstigeres Bild, als wenn Sie donnerstags abends um 21 Uhr telefonisch eine Umfrage durchführen.

Im technischen Bereich kann man leicht solchen Irrtümern erliegen. Es soll beispielsweise untersucht werden, ob es zwischen zwei Zulieferern einen Qualitätsunterschied gibt. Bei der Erhebung der Stichprobe ist dann unbedingt auf gleiche Bedingungen zu achten. Da die Qualität abhängig vom Wochentag, Produktionsstandort, der Rohstoffqualität,... schwanken kann, müssen all diese Einflüsse in der Stichprobe berücksichtigt werden. Ansonsten wird das Ergebnis verfälscht sein.

> **Praxistipp:** Was tun um nicht zu tricksen?
> Der Planung der Stichprobe sollte größtmögliche Aufmerksamkeit gewidmet werden, denn die Stichprobe bildet die Basis der gesamten Untersuchung.

18.3.4 STICHPROBENANZAHL SEHR KLEIN WÄHLEN

Je kleiner die Stichprobe ist, umso wahrscheinlicher ist es, dass hier rein zufällig ein für Sie günstiges Ergebnis vorliegt. In diesem Fall müssen sie es unbedingt vermeiden Streuungen oder Vertrauensbereiche anzugeben. Auch die Poweranalyse sollten Sie hier komplett unter den Tisch fallen lassen. Das ist gleichzeitig der Nachteil dieser Verschleierungstaktik. Denn etwas statistisch gebildete Kollegen oder Leser werden den Schwindel schnell bemerken.

Wenn die Stichprobenanzahl klein ist, dann können Sie auch viele Variablen testen. Irgendwann wird dann sicherlich ein statistisch signifikantes Ergebnis auftauchen. Denken Sie daran, dass wir mit einer Signifikanz von 5% arbeiten. Das bedeutet, dass in einem von zwanzig Fällen ein zufällig für uns günstiges Ergebnis vorliegt. Selbstverständlich arbeiten Sie dann nur mit diesem Ergebnis.

> **Praxistipp:** Was tun um nicht zu tricksen?
> In der technischen Praxis passiert diese Form der „Manipulation" eher unbewusst. Hier werden statistische Tests durchgeführt und im Falle einer Signifikanz nicht kritisch hinterfragt. Hier hilft häufig ein nochmaliges Testen (Verifizieren) der Aussagen an einem unabhängigen Datensatz.

18.3.5 NUR EINEN TEIL DER WAHRHEIT SAGEN

Sport ist Mord. Wer Sport treibt, geht das Risiko ein sich zu verletzen. Die Kosten für die Behandlung werden dann von den Sozialkassen getragen. Durch Sport entstanden im Jahr 2000 Kosten für den Sozialstaat von ca. 1 650 Mio. €. Diese enormen Kosten sollen (das wäre ja nur gerecht) von den Sportlern getragen werden.

Nun ist diese Aussage aber nur ein Teil der Wahrheit. Es fehlt zum einen die Referenz und zum anderen die Aussage, wie teuer es ist keinen Sport zu treiben.

Mit der Referenz ist die Beantwortung der Frage gemeint, ob es sich wirklich um enorme Kosten handelt. Bezieht man die Kosten durch Sportverletzungen auf die Gesamtkosten im Gesundheitswesen, dann betragen diese gerade einmal 0,8 %. Damit tragen diese kaum zur Belastung der Sozialkassen bei.

Bleibt die Frage offen, was es kostet, keinen Sport zu treiben. Hier treten ebenfalls enorme Risiken auf. Es steigt das Risiko koronarer Herzerkrankungen, Allergien, Bluthochdruck oder Diabetes. Kostenschätzungen liegen für die Behandlung dieser Krankheiten deutschlandweit bei ca. 60 000 Mio. €. Diese Zahl ist deutlich größer als die Kosten für Sportunfälle.

18.3.6 FALSCHE SIGNIFIKANZNIVEAUS WÄHLEN

Auch mit der Wahl des Signifikanzniveaus kann sehr gut getrickst werden. Dafür gibt es mehrere Möglichkeiten:

- Wahl des günstigsten Tests,
- Wahl eines zu großen / zu kleinen Signifikanzniveaus (gerne auch nachträglich),
- Verwendung eines einseitigen, anstelle eines zweiseitigen Signifikanzniveaus.

An einem zentralen Beispiel werden diese Möglichkeiten beschrieben. Eine Anlage befüllt Flaschen mit einer Flüssigkeit. Zur Überprüfung der Anlage wird die abgefüllte Menge anhand von zehn Proben überprüft. Tabelle 18-2 zeigt die gemessenen Füllmengen in Millilitern.

Tabelle 18-2: Stichprobe der Füllmengen in Millilitern

Nr.	Volumen in ml
1	492,4
2	495,2
3	498,6
4	498,6
5	495,5
6	508,5
7	496,5
8	497,8
9	498,2
10	500,2

Wahl des passenden Tests

Manchmal stehen verschiedene Möglichkeiten bereit, um eine Forschungsfrage zu beantworten. Um beispielsweise zu überprüfen, ob die Daten der abgefüllten Volumina näherungsweise normalverteilt sind, kann man das Wahrscheinlichkeitsnetz verwenden, mit dem Kolmogorow-Smirnow-Test arbeiten oder den Anderson-Darling-Test nutzen. Etwas zynisch formuliert ist das sehr praktisch, denn: alle Methoden werden etwas andere Ergebnisse liefern. Das kann genutzt werden, indem nur das Ergebnis der Methode präsentiert wird, welche das gewünschte Ergebnis liefert.

Ziel ist es, zu überprüfen, ob die Füllmengen nach Tabelle 18-2 normalverteilt sind. Dazu werden alle Verfahren benutzt. Zuerst werden die Daten im Wahrscheinlichkeitsnetz (vgl. Kapitel 9.2) dargestellt, siehe Abbildung 18-2. Es scheint für höhere Werte eine Auffälligkeit zu geben, allerdings liegen noch alle Versuchspunkte innerhalb des 90%-Vertrauensbereichs. Es kann somit angenommen werden, dass die Daten näherungsweise normalverteilt sind.

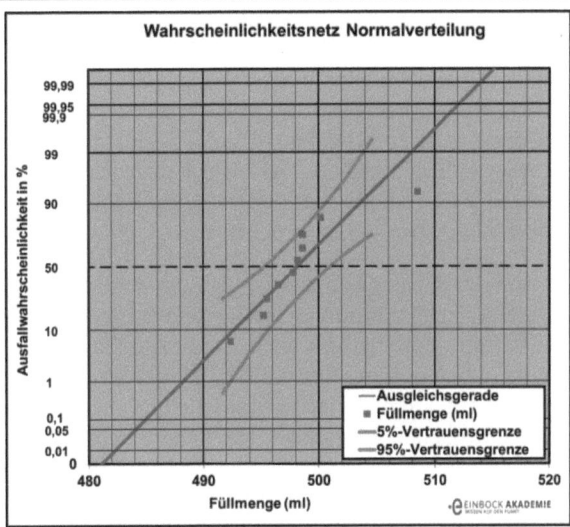

Abbildung 18-2: Wahrscheinlichkeitsnetz der Füllmengen

Für die statistischen Tests wird die Null- und die Alternativhypothese formuliert:
H_0: Die Stichprobe ist normalverteilt,
H_1: Die Stichprobe ist nicht normalverteilt.

Als Signifikanzniveau wird $\alpha = 10\%$ gewählt.

Wird mit dem Kolmogorow-Smirnow-Test nach Kapitel 15.3.1 gearbeitet, dann berechnet sich die Prüfgröße nach Gleichung (147) von Seite 170. Es ergibt sich ein Wert von $D = 0{,}200$. Der Grenzwert nach Tabelle 15-2 von Seite 173 ist $D_{Grenz} = 0{,}369$. Da $D \leq D_{Grenz}$ kann nach Gleichung (157) von Seite 172 die Nullhypothese beibehalten werden. Die Annahme, dass die Daten normalverteilt sind, kann also gehalten werden.

Alternativ wird mit dem Anderson-Darling-Test nach Kapitel 15.3.2.1 geprüft. Die Prüfgröße nach Gleichung (166) von Seite 176 ist $AD^* = 0{,}708$. Der Grenzwert nach Gleichung (174) von Seite 178 ist $AD_{\alpha=10\%} = 0{,}578$. Nach Gleichung (174) von Seite 178 muss die Nullhypothese abgelehnt werden, da $AD^* > AD_{\alpha=10\%}$. Es muss somit angenommen werden, dass die Daten nicht normalverteilt sind.

Je nachdem, welches Ergebnis gebraucht wird, kann man jetzt also nachträglich den geeigneten Test wählen und präsentieren.

Praxistipp: Was tun um nicht zu tricksen?
Die vermeintlichen Widersprüche müssen in der Statistik akzeptiert werden! Bei Unsicherheiten sollte man immer mit möglichst vielen Tests / Methoden arbeiten, um die Ergebnisse zu interpretieren. Es sollte dann immer nur das Ergebnis genutzt werden, welches das konservativste Ergebnis liefert. Alternativ können beispielsweise auch Stichprobenumfänge erhöht oder Vorwissen genutzt werden.

Die Wahl eines zu großen / zu kleinen Signifikanzniveaus (gerne auch nachträglich)

Zur Erinnerung machen wir uns noch einmal klar, was das Signifikanzniveau ist, und warum dieses so wichtig ist. Dazu wurde in Kapitel 15 das Beispiel mit der Verurteilung eines Angeklagten genannt: Ein Richter muss entscheiden, ob ein Angeklagter schuldig oder nicht schuldig ist, dabei kann er zwei Fehler begehen. Der erste Fehler tritt ein, wenn der Angeklagte unschuldig ist, aber schuldig gesprochen wird. Der zweite Fehler passiert, wenn der Angeklagte schuldig ist, jedoch nicht schuldig gesprochen wird.

Das Dilemma, in dem sich der Richter befindet ist, dass er nicht gleichzeitig beide Fehler minimieren kann. Wird der erste Fehler minimiert, sollen also möglichst alle schuldigen Personen verurteilt werden, so führt dies automatisch dazu, dass mehr Personen unschuldig verurteilt werden. Es kann also nur ein Fehler minimiert werden. Üblicherweise minimiert man den Fehler, der schwerwiegender ist. Dieser Fehler wird als Fehler erster Art und die Fehlerwahrscheinlichkeit wird als Signifikanz α bezeichnet. Der andere Fehler ist der Fehler zweiter Art mit der Fehlerwahrscheinlichkeit β.

Bei technischen Problemen steht man vor demselben Problem (siehe Kapitel 15.2.2). Üblicherweise wird eine Signifikanz von $\alpha = 1..10 \%$ gewählt. Diese muss **vor!** dem statistischen Test auf Basis der Überlegungen zur Fehlerschwere **beider!** statistischer Fehler festgelegt werden. Tut man dies nicht, bietet sich ein großes Feld der Manipulation, insbesondere bei einem Publikum, das den Fehler zweiter Art nicht kennt.

Am Beispiel der Füllhöhen nach Tabelle 18-2 wird gezeigt, wie wirkungsvoll mit dem Signifikanzniveau getrickst werden kann. Um die Normalverteilung zu überprüfen, wurde u. a. mit dem Anderson Darling-Test nach Kapitel 15.3.2.1 gearbeitet. Als Signifikanzniveau wurde $\alpha = 10 \%$ wie im Test weiter oben gewählt. Das Ergebnis war, dass angenommen werden muss, die Daten sind nicht normalverteilt. Es wird nun ein Signifikanzniveau von $\alpha = 1 \%$ gewählt. Dabei ändert sich der Grenzwert des Anderson-Darling-Tests von $AD_{\alpha=10\%} = 0{,}578$ auf $AD_{\alpha=1\%} = 0{,}920$ nach Gleichung (174) von Seite 178. Die Prüfgröße ändert sich nicht, sie bleibt bei $AD^* = 0{,}708$ nach Gleichung (166), Seite 176. Allerdings kippt das Prüfergebnis. Nach Gleichung (174) gilt jetzt $AD^* < AD_{\alpha=1\%}$, womit angenommen werden darf, dass die Nullhypothese gilt, also die Daten normalverteilt sind.

Wie praktisch! Die Argumentation könnte nun wie folgt lauten: Mit 99 %-iger Wahrscheinlichkeit (1 % Fehlerwahrscheinlichkeit) wurde bewiesen, dass die Daten normalverteilt sind. Wer würde da schon widersprechen?

Praxistipp: Was tun um nicht zu tricksen?

Die Nullhypothese lautet, die Daten sind normalverteilt. Sie wird aufgestellt, um verworfen zu werden. Es soll also überprüft werden, ob nicht doch eine andere Verteilung möglich wäre.

Bei einer derart hohen Signifikanz von $\alpha = 1 \%$ wird auch bei deutlichen Abweichungen noch angenommen, dass eine Normalverteilung möglich sein **kann**. Dies führt dazu, dass praktisch nicht erkannt wird, wenn die Daten doch nicht normalverteilt sind (Fehler zweiter Art)!

> Ein Beweis für eine Normalverteilung liefert die hohe Signifikanz somit nicht. Wie generell die Statistik keine Beweise liefert. Dieser Fehler zweiter Art wird in der Untersuchung allerdings gar nicht genannt, also verschwiegen. Es muss somit immer vor! der Untersuchung das geeignete Signifikanzniveau festgelegt werden.

Verwendung eines einseitigen, anstelle eines zweiseitigen Signifikanzniveaus

Bei den statistischen Tests werden zweiseitige und einseitige Fragestellungen unterschieden. Soll beispielsweise mit dem t-Test untersucht werden, ob ein Mittelwert signifikant von einem Erwartungswert nach oben oder unten abweicht, spricht man von einer zweiseitigen Fragestellung. Die Signifikanzschranken für den zweiseitigen Test sind dabei größer als die für den einseitigen Test, bei gleicher Signifikanz.

Wenn man vor dem Test nicht weiß, ob der Mittelwert ober- oder unterhalb des Erwartungswertes liegen wird, muss mit der zweiseitigen Fragestellung gearbeitet werden. Dies bietet Chancen für Manipulationen. So könnte man erst bewerten, ob der Mittelwert größer oder kleiner als der Erwartungswert ist und dann mit der einseitigen Fragestellung arbeiten.

Das Beispiel der Füllmengen soll dies noch einmal veranschaulichen. Es soll untersucht werden, ob die Füllmenge in einem Produkt bei einem neuen Zulieferer der Erwartung (500 ml) entspricht. Dazu wurde eine Stichprobe entnommen (vgl. Tabelle 18-2). Eine zu geringe Füllmenge ist kritisch, da diese zu Verbraucherreklamationen führt und eine zu große Füllmenge kostet Geld, ist also ineffizient. Sollte eine Abweichung festgestellt werden, so kann der neue Zulieferer nicht freigegeben werden.

Da im Voraus nicht klar ist, ob die Füllmenge nach oben oder unten abweicht, muss mit der zweiseitigen Fragestellung gearbeitet werden. Es wird angenommen, dass die Daten normalverteilt sind, weshalb der Einstichproben t-Test genutzt werden kann (vgl. Abbildung 15-1 und Abbildung 15-2 sowie Kapitel 15.6.1).

Für den zweiseitigen t-Test wird die Null- und die Alternativhypothese formuliert:
H_0: Der Mittelwert der Stichprobe ist gleich dem Erwartungswert,
H_1: Der Mittelwert der Stichprobe weicht vom Erwartungswert ab.

Als Signifikanzniveau wird $\alpha = 10\%$ gewählt.

Nach Gleichung (264), Seite 218 wird die Prüfgröße $t = 1{,}32$ berechnet und mit dem Grenzwert $t_{\alpha=10\%;\upsilon=9;zweiseitig} = 0{,}88$ nach Tabelle 15-20 verglichen. Da $t > t_{\alpha=10\%;\upsilon=9;zweiseitig}$ gilt nach Gleichung (265), Seite 219, dass die Nullhypothese abgelehnt wird. Es muss somit angenommen werden, dass sich Mittelwert und Stichprobe signifikant voneinander unterscheiden.

Nun kann man aber nach dem Auswerten der Daten sehen, dass diese tendenziell kleiner als der Erwartungswert von 500 ml sind. Auf dieser Grundlage wird nun mit dem einseitigen Test gearbeitet und die Null- sowie Alternativhypothese wie folgt formuliert:
H_0: Der Stichprobenmittelwert ist größer oder gleich dem Erwartungswert.
H_1: Der Stichprobenmittelwert ist kleiner dem Erwartungswert.

Die Prüfgröße nach Gleichung (264), Seite 218, ist dann $t = -1,32$. Ein Vergleich mit dem Grenzwert $t_{\alpha=10\%;\upsilon=9;einseitig} = -1,38$ nach Tabelle 15-20 zeigt, dass $t > t_{\alpha=10\%;\upsilon=9;einseitig}$. Nach Gleichung (265), Seite 219, muss somit die Nullhypothese beibehalten werden. Es kann also angenommen werden, dass der Stichprobenmittelwert nicht kleiner als der Erwartungswert ist.

Praxistipp: Was tun um nicht zu tricksen?
Vor dem Ergebnis muss entschieden werden, ob es sich um einen einseitigen oder zweiseitigen Test handelt.

18.4 AUF DEN PUNKT

Die richtige Einstellung:

- Suchen Sie aktiv nach Feedback.
- Als Manager versuchen Sie eine positive Feedbackkultur zu gestalten.

Daten präsentieren: Ganz grob gliedert sich eine Präsentation in drei Teile, wobei jeder Teil eine der folgenden Fragen beantwortet:

- Was erwartet der Vortragende vom Publikum?
- Warum werden die Ergebnisse vorgestellt?
- Wie wurden die Ergebnisse erreicht?

Mit Statistik tricksen:

- Bei statistischen Analysen ist immer Vorsicht geboten. Dies gilt insbesondere bei Daten, die Sie nicht selber erhoben haben.
- Nicht nur die Stichprobengröße, sondern vor allem die Zusammensetzung ist wichtig.
- Planen Sie Versuche und deren Auswertung immer sorgfältig.
- Diskutieren Sie Ihre Ergebnisse offen mit Kollegen, um mögliche Fehler schnell aufzudecken und dann schnell beheben zu können.
- Das Signifikanzniveau muss vor einem statistischen Test unter Berücksichtigung der Auswirkung der Fehler erster und zweiter Art festgelegt werden.
- Wenn mehrere Tests möglich sind, sollte immer das kritischste Ergebnis genutzt werden.
- Vor der Untersuchung muss geklärt sein, ob es sich um eine einseitige oder zweiseitige Fragestellung handelt.
- Widersprüche in statistischen Aussagen sollten zugelassen und intensiv diskutiert werden.

19 ENGLISCHE BEGRIFFE

19.1 DEUTSCH-ENGLISCH

abhängige Variable	dependent variable
abhängige Variable	response variable
Ablehnungsbereich	region of rejection
absolute Häufigkeit	absolute frequency
Abweichung	deviation
Achsenabschnitt	intercept
Alternativhypothese	alternative hypothesis
Anpassung	fit
arithmetischer Mittelwert	arithmetic mean
Ausreißer	outlier
Balkendiagramm	bar graph
Bedingung	condition
beobachtete Häufigkeit	observed frequency
Beobachtung	object
Beobachtung	observation
Beobachtung	sample point
Bereich	range
Bestimmtheitsmaß	coeffcient of determination
Bestimmtheitsmaß	goodness of fit
Bindung	tie
Breite einer Verteilung	spread of a distribution
Chance, Wahrscheinlichkeit	odds
deskriptive Statistik	descriptive statistics
Differenzen-t-Test	t test for matched pairs
diskrete Skala	discrete scale
Effektgröße	effect size
einfaktorielle ANOVA	one-way ANOVA
einseitiger Test	one-tailed test
Ein-Stichprobentest	one-sample test
empirische Studie	observational study

erklärte Varianz	explained variance
Erwartungswert	expected value
Explorative Datenanalyse	exploratory data analysis
Extrapolation	extrapolation
Faktor	treatment
faktorieller Versuchsplan	factorial design
Faktorstufe	treatment
Fehler erster Art	type I error
Fehler zweiter Art	type II error
Fehlerfortpflanzung	error propagation
Freiheitsgrade	degrees of freedom
ganze Zahl	integer
gemeinsame Verteilung	joint distribution
Genauigkeit	accuracy
gepaarte Differenzen	paired difference
gepoolte Varianz	pooled variance
Grundgesamtheit, Population	population
Häufigkeit	frequency
heteroskedastisch	heteroscedastic
Histogramm	histogram
homoskedastisch	homoscedastic
Intervallskala	interval scale
intervallskalierte Daten	interval-level data
Irrtumswahrscheinlichkeit	level of significance
kategoriale Variable	categorial variable
Kategorie	category
Kausalität	causality, causation
Konfidenzintervall	confidence interval
kontinuierliche Skala	continuous scale
Korrelation	correlation
kritischer Wert	critical value
kumulative Häufigkeit	cumulative frequency
Kurvenanpassung	curve fit
lineare Regression	linear regression
linearer Schätzer	linear predictor
linearer Zusammenhang	linear relationship

lineares Modell,	linear predictor
Maßeinheit	unit of measurement
Matrix (pl. Matrizen)	matrix (pl. matrices)
Median	median
Merkmal	feature
Merkmalsausprägung	state
Merkmalsausprägung	category
Merkmalsraum	feature space
Merkmalsraum	sample space
Messfehler	errors in measurement
Messniveau	level of measurement
Messunsicherheit	uncertainty of measurement
Messwert,	observation
Mittelwert	mean
Mittelwert der Grundgesamtheit	population mean
Mittelwert der quadrierten Residuen	residual mean squares
mittlere quadratische Abweichung,	mean square error
mittlerer quadratischer Fehler	mean square error
nicht signifikant	nonsignificant
nichtlinearer Zusammenhang	nonlinear relationship
Nominalskala	nominal scale
Normalverteilung	normal distribution
Normalverteilungskurve	normal curve
Nullhypothese	null hypothesis
Ordinalskala, Rangskala	ordinal scale
Parameter	parameter
parameterfreier Test	non-parametric test
Perzentil	percentile
positiver linearer Zusammenhang	positive linear relationship
Potenzgesetz, exponentieller Zusammenhang	power law
Präzision	precision
Probenwert	score
Punktdiagramm	dot plot
Quadratisches Mittel	quadratic mean
Quadratisches Mittel	root mean square
Quotient	ratio

Randomisierung	randomization
Rang (einer Matrix)	rank (of a matrix)
Rangsummentest	rank-sum test
Regressionsgerade	regression line
relative Häufigkeit	relative frequency
repräsentative Stichprobe	representative sample
Residuum	residual
Robustheit	ruggedness, robustness
Rundungsfehler	roundoff errors
Schätzung	estimation
Scheinkorrelation	spurious correlation
schließende Statistik	inferential statistics
signifikant	significant
Signifikanzniveau	level of significance
Skalenniveau	level of measurement
Skalierung	scaling
Spezifität	specifity
Standardabweichung	standard deviation
Standardabweichung einer Stichprobe	sample standard deviation
Standardfehler	standard error
standardisierte Variable	standardized variable
Standardnormalverteilungskurve	standard normal curve
Standardwert	standard score
Stärke eines Zusammenhangs	strength of a relationship
statistische Erhebung	survey
statistische Hypothese	statistical hypotheses
Steigung	slope
Stichprobe	random sample
Stichprobe	sample
Stichprobenfehler	sampling error
Stichprobenverteilung	sampling distribution
Störgröße	confounding variable
Streudiagramm	scatter plot
Streumaß, Dispersionsmaß	measure of dispersion
Streuung	variation
Testgröße	statistic

Trennschärfe eines Tests, Teststärke	power of a test
t-Test für verbundene Stichproben	paired t test
unabhängige Variable	independent variable
unabhängige Variable	predictor variable
Unabhängigkeit	independence
Unterschied, Differenz	difference
Ursächlichkeit	causality, causation
Validierung	validation
Variabilität	variability
Variable	variable
Varianz	variance
Varianz einer Stichprobe	sample variance
Varianzanalyse	analysis of variance
Vergleichpräzision	reproducibility
Verhältnis	proportion
Verhältnis	ratio
verhältnisskalierte Daten	ratio-level data
verrauschte Daten	noisy data
Versuchsplan(ung)	experimental design
Verteilung	distribution
Vertrauensbereich	confidence interval
Vertrauenswahrscheinlichkeit, statistische Sicherheit	confidence coefficient
Verzerrung	bias
vollständige Kreuzvalidierung	full cross validation
vollständiger faktorieller Versuchsplan	complete factorial design
vorhergesagter Wert	predicted score
Vorhersage	prediction
Vorhersage, Prognose	forecast
Vorhersagegefähigkeit	predictive ability
Vorzeichentest	sign test
Wahrscheinlichkeit	probability
Wahrscheinlichkeitsfunktion, Zähldichte	probability mass function
Wahrscheinlichkeitsverteilung	probability distribution
Wert	value
Wert,	score
Wiederholpräzision	repeatability

zensierte Daten	censored data
zentrale Tendenz	central tendency
Zufall	chance
zufällig	stochastic
zufällig	random
Zufallszahl	random number
Zusammenhang	relationship
zusammenhängende Stichproben	related samples
zweiseitiger Test	two-tailed test
Zwei-Stichprobentest	two-sample test
z-Wert	z-score

19.2 ENGLISCH-DEUTSCH

absolute frequency	absolute Häufigkeit
accuracy	Genauigkeit
alternative hypothesis	Alternativhypothese
analysis of variance	Varianzanalyse
arithmetic mean	arithmetischer Mittelwert
bar graph	Balkendiagramm
bias	Verzerrung
categorial variable	kategoriale Variable
category	Kategorie
category	Merkmalsausprägung
causality, causation	Kausalität
causality, causation	Ursächlichkeit
censored data	zensierte Daten
central tendency	zentrale Tendenz
chance	Zufall
coeffcient of determination	Bestimmtheitsmaß
complete factorial design	vollständiger faktorieller Versuchsplan
condition	Bedingung
confidence coefficient	Vertrauenswahrscheinlichkeit, statistische Sicherheit
confidence interval	Konfidenzintervall
confidence interval	Vertrauensbereich

confounding variable	Störgröße
continuous scale	kontinuierliche Skala
correlation	Korrelation
critical value	kritischer Wert
cumulative frequency	kumulative Häufigkeit
curve fit	Kurvenanpassung
degrees of freedom	Freiheitsgrade
dependent variable	abhängige Variable
descriptive statistics	deskriptive Statistik
deviation	Abweichung
difference	Unterschied, Differenz
discrete scale	diskrete Skala
distribution	Verteilung
dot plot	Punktdiagramm
effect size	Effektgröße
error propagation	Fehlerfortpflanzung
errors in measurement	Messfehler
estimation	Schätzung
expected value	Erwartungswert
experimental design	Versuchsplan(ung)
explained variance	erklärte Varianz
exploratory data analysis	Explorative Datenanalyse
extrapolation	Extrapolation
factorial design	faktorieller Versuchsplan
feature	Merkmal
feature space	Merkmalsraum
fit	Anpassung
forecast	Vorhersage, Prognose
frequency	Häufigkeit
full cross validation	vollständige Kreuzvalidierung
goodness of fit	Bestimmtheitsmaß
heteroscedastic	heteroskedastisch
histogram	Histogramm
homoscedastic	homoskedastisch
independence	Unabhängigkeit
independent variable	unabhängige Variable

inferential statistics	schließende Statistik
integer	ganze Zahl
intercept	Achsenabschnitt
interval scale	Intervallskala
interval-level data	intervallskalierte Daten
joint distribution	gemeinsame Verteilung
level of measurement	Messniveau
level of measurement	Skalenniveau
level of significance	Irrtumswahrscheinlichkeit
level of significance	Signifikanzniveau
linear predictor	linearer Schätzer
linear predictor	lineares Modell,
linear regression	lineare Regression
linear relationship	linearer Zusammenhang
matrix (pl. matrices)	Matrix (pl. Matrizen)
mean	Mittelwert
mean square error	mittlere quadratische Abweichung,
mean square error	mittlerer quadratischer Fehler
measure of dispersion	Streumaß, Dispersionsmaß
median	Median
noisy data	verrauschte Daten
nominal scale	Nominalskala
nonlinear relationship	nichtlinearer Zusammenhang
non-parametric test	parameterfreier Test
nonsignificant	nicht signifikant
normal curve	Normalverteilungskurve
normal distribution	Normalverteilung
null hypothesis	Nullhypothese
object	Beobachtung
observation	Beobachtung
observation	Messwert,
observational study	empirische Studie
observed frequency	beobachtete Häufigkeit
odds	Chance, Wahrscheinlichkeit
one-sample test	Ein-Stichprobentest
one-tailed test	einseitiger Test

one-way ANOVA	einfaktorielle ANOVA
ordinal scale	Ordinalskala, Rangskala
outlier	Ausreißer
paired difference	gepaarte Differenzen
paired t test	t-Test für verbundene Stichproben
parameter	Parameter
percentile	Perzentil
pooled variance	gepoolte Varianz
population	Grundgesamtheit, Population
population mean	Mittelwert der Grundgesamtheit
positive linear relationship	positiver linearer Zusammenhang
power law	Potenzgesetz, exponentieller Zusammenhang
power of a test	Trennschärfe eines Tests, Teststärke
precision	Präzision
predicted score	vorhergesagter Wert
prediction	Vorhersage
predictive ability	Vorhersagegefähigkeit
predictor variable	unabhängige Variable
probability	Wahrscheinlichkeit
probability distribution	Wahrscheinlichkeitsverteilung
probability mass function	Wahrscheinlichkeitsfunktion, Zähldichte
proportion	Verhältnis
quadratic mean	Quadratisches Mittel
random	zufällig
random number	Zufallszahl
random sample	Stichprobe
randomization	Randomisierung
range	Bereich
rank (of a matrix)	Rang (einer Matrix)
rank-sum test	Rangsummentest
ratio	Quotient
ratio	Verhältnis
ratio-level data	verhältnisskalierte Daten
region of rejection	Ablehnungsbereich

regression line	Regressionsgerade
related samples	zusammenhängende Stichproben
relationship	Zusammenhang
relative frequency	relative Häufigkeit
repeatability	Wiederholpräzision
representative sample	repräsentative Stichprobe
reproducibility	Vergleichpräzision
residual	Residuum
residual mean squares	Mittelwert der quadrierten Residuen
response variable	abhängige Variable
root mean square	Quadratisches Mittel
roundoff errors	Rundungsfehler
ruggedness, robustness	Robustheit
sample	Stichprobe
sample point	Beobachtung
sample space	Merkmalsraum
sample standard deviation	Standardabweichung einer Stichprobe
sample variance	Varianz einer Stichprobe
sampling distribution	Stichprobenverteilung
sampling error	Stichprobenfehler
scaling	Skalierung
scatter plot	Streudiagramm
score	Probenwert
score	Wert,
sign test	Vorzeichentest
significant	signifikant
slope	Steigung
specifity	Spezifität
spread of a distribution	Breite einer Verteilung
spurious correlation	Scheinkorrelation
standard deviation	Standardabweichung
standard error	Standardfehler
standard normal curve	Standardnormalverteilungskurve
standard score	Standardwert
standardized variable	standardisierte Variable
state	Merkmalsausprägung

statistic	Testgröße
statistical hypotheses	statistische Hypothese
stochastic	zufällig
strength of a relationship	Stärke eines Zusammenhangs
survey	statistische Erhebung
t test for matched pairs	Differenzen-t-Test
tie	Bindung
treatment	Faktor
treatment	Faktorstufe
two-sample test	Zwei-Stichprobentest
two-tailed test	zweiseitiger Test
type I error	Fehler erster Art
type II error	Fehler zweiter Art
uncertainty of measurement	Messunsicherheit
unit of measurement	Maßeinheit
validation	Validierung
value	Wert
variability	Variabilität
variable	Variable
variance	Varianz
variation	Streuung
z-score	z-Wert

20 ANHANG

20.1 QUANTILE DER T-VERTEILUNG

Tabelle 20-1: Quantile $t_{\alpha,\upsilon}$ der t-Verteilung abhängig vom Freiheitsgrad υ und der Wahrscheinlichkeit α

Freiheits-grad υ	Signifikanz α für einseitigen Test							
	25%	12,5%	10%	5%	2,5%	1%	0,5%	0,1%
1	1,000	2,414	3,078	6,314	12,71	31,82	63,66	318,3
2	0,816	1,604	1,886	2,920	4,303	6,965	9,925	22,33
3	0,765	1,423	1,638	2,353	3,182	4,541	5,841	10,21
4	0,741	1,344	1,533	2,132	2,776	3,747	4,604	7,173
5	0,727	1,301	1,476	2,015	2,571	3,365	4,032	5,893
6	0,718	1,273	1,440	1,943	2,447	3,143	3,707	5,208
7	0,711	1,254	1,415	1,895	2,365	2,998	3,499	4,785
8	0,706	1,240	1,397	1,860	2,306	2,896	3,355	4,501
9	0,703	1,230	1,383	1,833	2,262	2,821	3,250	4,297
10	0,700	1,221	1,372	1,812	2,228	2,764	3,169	4,144
11	0,697	1,214	1,363	1,796	2,201	2,718	3,106	4,025
12	0,695	1,209	1,356	1,782	2,179	2,681	3,055	3,930
13	0,694	1,204	1,350	1,771	2,160	2,650	3,012	3,852
14	0,692	1,200	1,345	1,761	2,145	2,624	2,977	3,787
15	0,691	1,197	1,341	1,753	2,131	2,602	2,947	3,733
16	0,690	1,194	1,337	1,746	2,120	2,583	2,921	3,686
17	0,689	1,191	1,333	1,740	2,110	2,567	2,898	3,646
18	0,688	1,189	1,330	1,734	2,101	2,552	2,878	3,610
19	0,688	1,187	1,328	1,729	2,093	2,539	2,861	3,579
20	0,687	1,185	1,325	1,725	2,086	2,528	2,845	3,552
25	0,684	1,178	1,316	1,708	2,060	2,485	2,787	3,450
30	0,683	1,173	1,310	1,697	2,042	2,457	2,750	3,385
40	0,681	1,167	1,303	1,684	2,021	2,423	2,704	3,307
50	0,679	1,164	1,299	1,676	2,009	2,403	2,678	3,261
60	0,679	1,162	1,296	1,671	2,000	2,390	2,660	3,232
70	0,678	1,160	1,294	1,667	1,994	2,381	2,648	3,211
80	0,678	1,159	1,292	1,664	1,990	2,374	2,639	3,195
90	0,677	1,158	1,291	1,662	1,987	2,368	2,632	3,183
100	0,677	1,157	1,290	1,660	1,984	2,364	2,626	3,174

20.2 QUANTILE DER F-VERTEILUNG

Tabelle 20-2: Quantile $f_{df_1,df_2,\alpha}$ der F-Verteilung abhängig von der Signifikanz α

Signifikanz α=5%										
df_2	Freiheitsgrad df_1									
	2	4	6	8	10	15	20	25	50	100	500
2	19,0	19,2	19,3	19,4	19,4	19,4	19,4	19,5	19,5	19,5	19,5
4	6,94	6,39	6,16	6,04	5,96	5,86	5,80	5,77	5,70	5,66	5,64
6	5,14	4,53	4,28	4,15	4,06	3,94	3,87	3,83	3,75	3,71	3,68
8	4,46	3,84	3,58	3,44	3,35	3,22	3,15	3,11	3,02	2,97	2,94
10	4,10	3,48	3,22	3,07	2,98	2,85	2,77	2,73	2,64	2,59	2,55
15	3,68	3,06	2,79	2,64	2,54	2,40	2,33	2,28	2,18	2,12	2,08
20	3,49	2,87	2,60	2,45	2,35	2,20	2,12	2,07	1,97	1,91	1,86
25	3,39	2,76	2,49	2,34	2,24	2,09	2,01	1,96	1,84	1,78	1,73
50	3,18	2,56	2,29	2,13	2,03	1,87	1,78	1,73	1,60	1,52	1,46
100	3,09	2,46	2,19	2,03	1,93	1,77	1,68	1,62	1,48	1,39	1,31
500	3,01	2,39	2,12	1,96	1,85	1,69	1,59	1,53	1,38	1,28	1,16

Signifikanz α=2,50%										
df_2	Freiheitsgrad df_1									
	2	4	6	8	10	15	20	25	50	100	500
2	39,0	39,2	39,3	39,4	39,4	39,4	39,4	39,5	39,5	39,5	39,5
4	10,6	9,60	9,20	8,98	8,84	8,66	8,56	8,50	8,38	8,32	8,27
6	7,26	6,23	5,82	5,60	5,46	5,27	5,17	5,11	4,98	4,92	4,86
8	6,06	5,05	4,65	4,43	4,30	4,10	4,00	3,94	3,81	3,74	3,68
10	5,46	4,47	4,07	3,85	3,72	3,52	3,42	3,35	3,22	3,15	3,09
15	4,77	3,80	3,41	3,20	3,06	2,86	2,76	2,69	2,55	2,47	2,41
20	4,46	3,51	3,13	2,91	2,77	2,57	2,46	2,40	2,25	2,17	2,10
25	4,29	3,35	2,97	2,75	2,61	2,41	2,30	2,23	2,08	2,00	1,92
50	3,97	3,05	2,67	2,46	2,32	2,11	1,99	1,92	1,75	1,66	1,57
100	3,83	2,92	2,54	2,32	2,18	1,97	1,85	1,77	1,59	1,48	1,38
500	3,72	2,81	2,43	2,22	2,07	1,86	1,74	1,65	1,46	1,34	1,19

20.3 QUANTILE DER X²-VERTEILUNG

Tabelle 20-3: Quantil $\chi^2_{df,\alpha}$ der χ^2-Verteilung

Frei-heits-grad df	Signifikanz α								
	1,0%	2,5%	5,0%	10,0%	50,0%	90,0%	95,0%	97,5%	99,0%
2	9,21	7,38	5,99	4,61	1,39	0,21	0,10	0,05	0,02
3	11,34	9,35	7,81	6,25	2,37	0,58	0,35	0,22	0,11
4	13,28	11,14	9,49	7,78	3,36	1,06	0,71	0,48	0,30
5	15,09	12,83	11,07	9,24	4,35	1,61	1,15	0,83	0,55
6	16,81	14,45	12,59	10,64	5,35	2,20	1,64	1,24	0,87
7	18,48	16,01	14,07	12,02	6,35	2,83	2,17	1,69	1,24
8	20,09	17,53	15,51	13,36	7,34	3,49	2,73	2,18	1,65
9	21,67	19,02	16,92	14,68	8,34	4,17	3,33	2,70	2,09
10	23,21	20,48	18,31	15,99	9,34	4,87	3,94	3,25	2,56
11	24,72	21,92	19,68	17,28	10,34	5,58	4,57	3,82	3,05
12	26,22	23,34	21,03	18,55	11,34	6,30	5,23	4,40	3,57
13	27,69	24,74	22,36	19,81	12,34	7,04	5,89	5,01	4,11
14	29,14	26,12	23,68	21,06	13,34	7,79	6,57	5,63	4,66
15	30,58	27,49	25,00	22,31	14,34	8,55	7,26	6,26	5,23
20	37,57	34,17	31,41	28,41	19,34	12,44	10,85	9,59	8,26
25	44,31	40,65	37,65	34,38	24,34	16,47	14,61	13,12	11,52
30	50,89	46,98	43,77	40,26	29,34	20,60	18,49	16,79	14,95
35	57,34	53,20	49,80	46,06	34,34	24,80	22,47	20,57	18,51
40	63,69	59,34	55,76	51,81	39,34	29,05	26,51	24,43	22,16
45	69,96	65,41	61,66	57,51	44,34	33,35	30,61	28,37	25,90
50	76,15	71,42	67,50	63,17	49,33	37,69	34,76	32,36	29,71
75	106,4	100,8	96,2	91,1	74,33	59,79	56,05	52,94	49,48
100	136	130	124	118	99	82	78	74	70
150	193	186	180	173	149	128	123	118	113
200	249	241	234	226	199	175	168	163	156
300	360	350	341	332	299	269	261	254	246
400	469	457	448	437	399	364	355	346	337
500	576	564	553	541	499	460	449	440	429

20.4 SCHRANKEN DER NORMALVERTEILUNG

Tabelle 20-4: Schranken z der Normalverteilung (Verteilungsfunktion)

Wahrscheinlichkeit in				Schranke z
absolut	ppm	‰	%	absolut
0,000001	1	0,001	0,0001	-4,753
0,000005	5	0,005	0,0005	-4,417
0,000010	10	0,01	0,001	-4,265
0,000030	30	0,03	0,003	-4,013
0,000050	50	0,05	0,005	-3,891
0,000070	70	0,07	0,007	-3,808
0,000100	100	0,1	0,01	-3,719
0,0003	300	0,3	0,03	-3,432
0,0005	500	0,5	0,05	-3,291
0,0007	700	0,7	0,07	-3,195
0,001	1000	1	0,1	-3,09
0,003	3000	3	0,3	-2,748
0,005	5000	5	0,5	-2,576
0,008	8000	8	0,8	-2,409
0,009	9000	9	0,9	-2,366
0,01	10000	10	1	-2,326
0,02	20000	20	2	-2,054
0,025	25000	25	2,5	-1,960
0,03	30000	30	3	-1,881
0,04	40000	40	4	-1,751
0,05	50000	50	5	-1,645
0,1	100000	100	10	-1,282
0,2	200000	200	20	-0,842
0,25	250000	250	25	-0,674
0,3	300000	300	30	-0,524
0,4	400000	400	40	-0,253
0,45	450000	450	45	-0,126
0,5	500000	500	50	0

Fortsetzung Tabelle 20-4

Wahrscheinlichkeit in				Schranke z
absolut	ppm	‰	%	absolut
0,5	500000	500	50	0
0,55	550000	550	55	0,126
0,6	600000	600	60	0,253
0,7	700000	700	70	0,524
0,75	750000	750	75	0,674
0,8	800000	800	80	0,842
0,9	900000	900	90	1,282
0,95	950000	950	95	1,645
0,96	960000	960	96	1,751
0,97	970000	970	97	1,881
0,975	975000	975	97,5	1,960
0,98	980000	980	98	2,054
0,99	990000	990	99	2,326
0,991	991000	991	99,1	2,366
0,992	992000	992	99,2	2,409
0,995	995000	995	99,5	2,576
0,997	997000	997	99,7	2,748
0,999	999000	999	99,9	3,09
0,9993	999300	999,3	99,93	3,195
0,9995	999500	999,5	99,95	3,291
0,9997	999700	999,7	99,97	3,432
0,9999	999900	999,9	99,99	3,719
0,99993	999930	999,93	99,993	3,808
0,99995	999950	999,95	99,995	3,891
0,99997	999970	999,97	99,997	4,013
0,99999	999990	999,99	99,999	4,265
0,999995	999995	999,995	99,9995	4,417
0,999999	999999	999,999	99,9999	4,753

20.5 VERTRAUENSBEREICHE

Tabelle 20-5: 95% Vertrauensgrenze [9]

95% Vertrauensgrenze

Rang i \ Stichprobenumfang n	1	2	3	4	5	6	7	8	9	10	11	12	13	14	15	16	17	18	19	20	21	22	23	24	25	26	27	28	29	30
1	95,0	77,6	63,2	52,7	45,1	39,3	34,8	31,2	28,3	25,9	23,8	22,1	20,6	19,3	18,1	17,1	16,2	15,3	14,6	13,9	13,3	12,7	12,2	11,7	11,3	10,9	10,5	10,1	9,8	9,5
2		97,5	86,5	75,1	65,7	58,2	52,1	47,1	42,9	39,4	36,4	33,9	31,6	29,7	27,9	26,4	25,0	23,8	22,6	21,6	20,7	19,8	19,0	18,3	17,6	17,0	16,4	15,9	15,3	14,9
3			98,3	90,2	81,1	72,9	65,9	60,0	55,0	50,7	47,0	43,8	41,0	38,5	36,3	34,4	32,6	31,0	29,6	28,3	27,1	25,9	24,9	24,0	23,1	22,3	21,5	20,8	20,2	19,5
4				98,7	92,4	84,7	77,5	71,1	65,5	60,7	56,4	52,7	49,5	46,6	44,0	41,7	39,6	37,7	35,9	34,4	32,9	31,6	30,4	29,2	28,2	27,2	26,3	25,4	24,6	23,9
5					99,0	93,7	87,1	80,7	74,9	69,6	65,0	60,9	57,3	54,0	51,1	48,4	46,1	43,9	41,9	40,1	38,4	36,9	35,5	34,2	33,0	31,8	30,8	29,8	28,8	28,0
6						99,1	94,7	88,9	83,1	77,8	72,9	68,5	64,5	61,0	57,7	54,8	52,2	49,8	47,6	45,6	43,7	42,0	40,4	38,9	37,5	36,3	35,1	33,9	32,9	31,9
7							99,3	95,4	90,2	85,0	80,0	75,5	71,3	67,5	64,0	60,9	58,0	55,4	53,0	50,8	48,7	46,8	45,1	43,5	42,0	40,5	39,2	38,0	36,8	35,7
8								99,4	95,9	91,3	86,5	81,9	77,6	73,6	70,0	66,7	63,6	60,8	58,2	55,8	53,6	51,5	49,6	47,9	46,2	44,7	43,2	41,9	40,6	39,4
9									99,4	96,3	92,1	87,7	83,4	79,4	75,6	72,1	68,9	65,9	63,2	60,6	58,3	56,1	54,0	52,1	50,4	48,7	47,1	45,7	44,3	43,0
10										99,5	96,7	92,8	88,7	84,7	80,9	77,3	74,0	70,9	68,0	65,3	62,8	60,5	58,3	56,3	54,4	52,6	50,9	49,4	47,9	46,5
11											99,5	97,0	93,4	89,6	85,8	82,2	78,8	75,6	72,6	69,8	67,2	64,7	62,5	60,3	58,3	56,4	54,7	53,0	51,4	49,9
12												99,6	97,2	93,9	90,3	86,8	83,4	80,1	77,0	74,1	71,4	68,9	66,5	64,2	62,1	60,2	58,3	56,5	54,9	53,3
13													99,6	97,3	94,3	91,0	87,6	84,4	81,2	78,3	75,5	72,9	70,4	68,1	65,9	63,8	61,8	60,0	58,3	56,6
14														99,6	97,6	94,7	91,5	88,4	85,3	82,3	79,4	76,7	74,2	71,8	69,5	67,3	65,3	63,4	61,6	59,8
15															99,7	97,7	95,0	92,0	89,0	86,0	83,2	80,4	77,8	75,4	73,0	70,8	68,7	66,7	64,8	63,0
16																99,7	97,9	95,3	92,5	89,6	86,8	84,0	81,4	78,8	76,4	74,2	72,0	69,9	68,0	66,1
17																	99,7	98,0	95,6	92,9	90,1	87,4	84,8	82,2	79,8	77,4	75,2	73,1	71,1	69,2
18																		99,7	98,1	95,8	93,2	90,6	88,0	85,4	83,0	80,6	78,3	76,2	74,1	72,1
19																			99,7	98,2	96,0	93,5	91,0	88,5	86,1	83,7	81,4	79,2	77,1	75,0
20																				99,7	98,3	96,2	93,8	91,4	89,0	86,6	84,3	82,1	80,0	77,9
21																					99,8	98,4	96,3	94,1	91,8	89,4	87,1	84,9	82,8	80,7
22																						99,8	98,4	96,5	94,3	92,1	89,9	87,6	85,5	83,4
23																							99,8	98,5	96,6	94,6	92,4	90,2	88,1	86,0
24																								99,8	98,6	96,6	94,8	92,7	90,6	88,5
25																									99,8	98,6	96,9	95,0	93,0	90,9
26																										99,8	98,7	96,9	95,1	93,2
27																											99,8	98,7	97,1	95,3
28																												99,8	98,7	97,2
29																													99,8	98,8
30																														99,8

Tabelle 20-6: 5% Vertrauensgrenze [9]

5% Vertrauensgrenze

Rang i \ Stichprobenumfang n	1	2	3	4	5	6	7	8	9	10	11	12	13	14	15	16	17	18	19	20	21	22	23	24	25	26	27	28	29	30
1	5,0	2,5	1,7	1,3	1,0	0,9	0,7	0,6	0,6	0,5	0,5	0,4	0,4	0,4	0,3	0,3	0,3	0,3	0,3	0,3	0,2	0,2	0,2	0,2	0,2	0,2	0,2	0,2	0,2	0,2
2		22,4	13,5	9,8	7,6	6,3	5,3	4,6	4,1	3,7	3,3	3,0	2,8	2,6	2,4	2,3	2,1	2,0	1,9	1,8	1,7	1,6	1,6	1,5	1,4	1,4	1,3	1,3	1,2	1,2
3			36,8	24,9	18,9	15,3	12,9	11,1	9,8	8,7	7,9	7,2	6,6	6,1	5,7	5,3	5,0	4,7	4,4	4,2	4,0	3,8	3,7	3,5	3,4	3,2	3,1	3,0	2,9	2,8
4				47,3	34,3	27,1	22,5	19,3	16,9	15,0	13,5	12,3	11,3	10,4	9,7	9,0	8,5	8,0	7,5	7,1	6,8	6,5	6,2	5,9	5,7	5,4	5,2	5,0	4,9	4,7
5					54,9	41,8	34,1	28,9	25,1	22,2	20,0	18,1	16,6	15,3	14,2	13,2	12,4	11,6	11,0	10,4	9,9	9,4	9,0	8,6	8,2	7,9	7,6	7,3	7,0	6,8
6						60,7	47,9	40,0	34,5	30,4	27,1	24,5	22,4	20,6	19,1	17,8	16,6	15,6	14,7	14,0	13,2	12,6	12,0	11,5	11,0	10,6	10,1	9,8	9,4	9,1
7							65,2	52,9	45,0	39,3	35,0	31,5	28,7	26,4	24,4	22,7	21,2	19,9	18,8	17,8	16,8	16,0	15,2	14,6	13,9	13,4	12,9	12,4	11,9	11,5
8								68,8	57,1	49,3	43,6	39,1	35,5	32,5	30,0	27,9	26,0	24,4	23,0	21,7	20,6	19,6	18,6	17,8	17,0	16,3	15,7	15,1	14,5	14,0
9									71,7	60,6	53,0	47,3	42,7	39,0	36,0	33,3	31,1	29,1	27,4	25,9	24,5	23,3	22,2	21,2	20,2	19,4	18,6	17,9	17,2	16,6
10										74,1	63,6	56,2	50,5	46,0	42,3	39,1	36,4	34,1	32,0	30,2	28,6	27,1	25,8	24,6	23,6	22,6	21,7	20,8	20,0	19,3
11											76,2	66,1	59,0	53,4	48,9	45,2	42,0	39,2	36,8	34,7	32,8	31,1	29,6	28,2	27,0	25,8	24,8	23,8	22,9	22,1
12												77,9	68,4	61,5	56,0	51,6	47,8	44,6	41,8	39,4	37,2	35,3	33,5	31,9	30,5	29,2	28,0	26,9	25,9	25,0
13													79,4	70,3	63,7	58,3	53,9	50,2	47,0	44,2	41,7	39,5	37,5	35,8	34,1	32,7	31,3	30,1	28,9	27,9
14														80,7	72,1	65,6	60,4	56,1	52,4	49,2	46,4	43,9	41,7	39,7	37,9	36,2	34,7	33,3	32,0	30,8
15															81,9	73,6	67,4	62,3	58,1	54,4	51,3	48,5	46,0	43,7	41,7	39,8	38,2	36,6	35,2	33,9
16																82,9	75,0	69,0	64,1	59,9	56,3	53,2	50,4	47,9	45,6	43,6	41,7	40,0	38,4	37,0
17																	83,8	76,2	70,4	65,6	61,6	58,0	54,9	52,1	49,6	47,4	45,3	43,5	41,7	40,2
18																		84,7	77,4	71,7	67,1	63,1	59,6	56,5	53,8	51,3	49,1	47,0	45,1	43,4
19																			85,4	78,4	72,9	68,4	64,5	61,1	58,0	55,3	52,9	50,6	48,6	46,7
20																				86,1	79,3	74,1	69,6	65,8	62,5	59,5	56,8	54,3	52,1	50,1
21																					86,7	80,2	75,1	70,8	67,0	63,7	60,8	58,1	55,7	53,5
22																						87,3	81,0	76,0	71,8	68,2	64,9	62,0	59,4	57,0
23																							87,8	81,7	76,9	72,8	69,2	66,1	63,2	60,6
24																								88,3	82,4	77,7	73,7	70,2	67,1	64,3
25																									88,7	83,0	78,5	74,6	71,2	68,1
26																										89,1	83,6	79,2	75,4	72,0
27																											89,5	84,1	79,8	76,1
28																												89,9	84,7	80,5
29																													90,2	85,1
30																														90,5

20.6 WAHRSCHEINLICHKEITSNETZE

20.6.1 NORMALVERTEILUNG

Wahrscheinlichkeitsnetz Normalverteilung

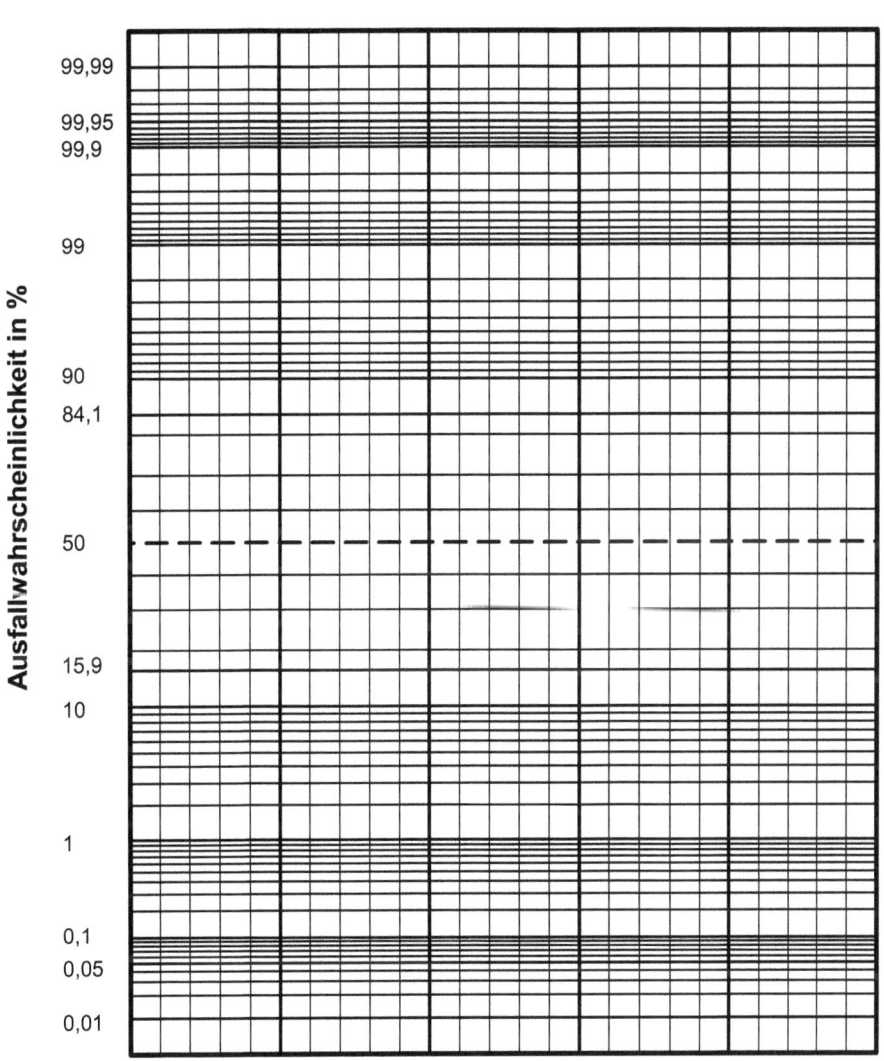

20.6.2 LOGARITHMISCHE NORMALVERTEILUNG

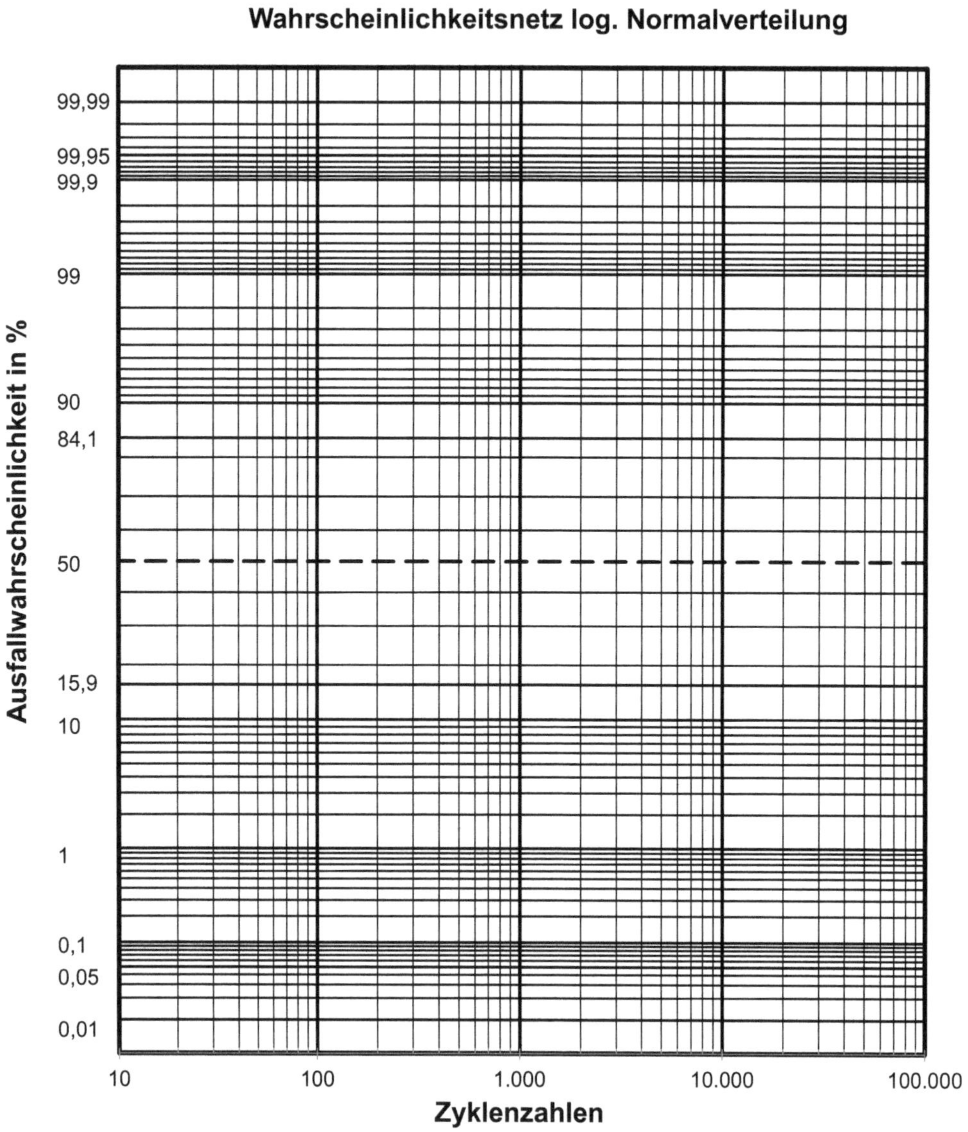

Wahrscheinlichkeitsnetz log. Normalverteilung

21 LITERATURVERZEICHNIS

[1] W.-U. Zammert, „Statistische Planung und Auswertung technischer Versuchsreihen," Vorlesungsunterlagen, FH Esslingen, 1994.

[2] G. Lienert, Testaufbau und Testanalyse, Weinheim: Psychologie-Verl.-Union,, 1994 - 5., völlig neubearb. und erw. Aufl. Beltz.

[3] K.-G. Eulitz, Beurteilung der Zuverlässigkeit von Lebensdauervorhersagen nach dem Nennspannungskonzept und dem Örtlichen Konzept anhand einer Sammlung von Betriebsfestigkeitsversuchen., TU Dresden: Habilitaion, 1999.

[4] H. Gudehus und H. Zenner, Leitfaden für eine Betriebsfestigkeitsrechnung: Empfehlungen zu Lebensdauerabschätzung von Maschinenbauteilen, Verein z. Förderung d. Forschung und d. Anwendung und von Betriebsfestigkeitskenntnissen in d. Eisenhüttenindustrie, 1999.

[5] J. W. Tukey:, Exploratory data analysis., Addison-Wesley, 1977.

[6] L. Sachs, Angewandte Statistik, Berlin Heidelberg: Springer Verlag, 2004.

[7] C. Clopper und E. S. Pearson, „The use of confidence or fidicual limits illustrated in the case of the binomial," *Biometrika*, pp. 404-415, 26 1934.

[8] J. Hartung, B. Elpelt und K. H. Klösner, Statistik: Lehr- und Handbuch der angewandten Statistik, Oldenburg: De Gruyter Verlag, 2009.

[9] B. Bertsche und G. Lechner, Zuverlässigkeit im Fahrzeug- und Maschinenbau, Heidelberg: Springerverlag, 2004, 3. Auflage.

[10] S. Back und H. Weigel, „Design for Six Sigma," Carl Hanser Verlag, München, 2014.

[11] C. Beck, Wer falsch rechnet, den bestraft das Leben - Das kleine Einmaleins der Alltagsmathematik, C H Beck, 2014.

[12] E. Dietrich und u.a., Leitfaden zum "Fähigkeitsnachweis von Messsystemen", Weinheim: Q-DAS GmbH, Eisleber Str. 2, D-69469 Weinheim (q-das@q-das.de), 2002, Version 2.1 D/E.

[13] C. F. Gauß:, Theoria Motus Corporum Coelestium in sectionibus conicis solem ambientium, Göttingen , 1809.

[14] L. von Auer, Ökonomie, Springer Gabler, 2016.

[15] W. A. Stahel, Statistische Datenanalyse - eine Einführung für Naturwissenschaftler, Wiesbaden: Vieweg Verlag, 2002, 4.Auflage.

[16] H. Rinne, Taschenbuch der Statistik, Frankfurt am Main: Harri Deutsch Verlag, 1997.

[17] A. Kolmogorov, „Sulla determinazione empirica di una legge di distribuzione," *G. Ist. Ital. Attuari.*, pp. 83-91, 4 1933.

[18] N. Smirnov, „Table for estimating the goodness of fit of empirical distributions," *Annals of Mathematical Statistics,* p. 279–281, 19 1948.

[19] T. W. Anderson und D. A. Darling, „Asymptotic Theory of Certain "Goodness of Fit" Criteria Based on Stochastic Processes," *Annals of Mathematical Statistics. Institute of Mathematical Statistics.,* Bd. 23(2), pp. 193-212, 1952.

[20] R. B. D'Augostino und M. A. Stephens, Goodness-of-Fit Techniques, New York,Basel: Marcel Dekker Inc., 1986.

[21] M. Stephens, „EDF Statistiscs for Goodness of Fit and Some Comparisons," *Journal of American Statistical Association ,* pp. 730-737, 69 1974.

[22] S. Siegel und J. W. Tukey, „A Nonparametric Sum of Ranks Procedure for Relative Spread in Unpaired Samples," *Journal of the American Statistical Association,* pp. 429-445, 291 55 1960.

[23] M. Bartlett, „Properties of sufficiency and statistical tests," *Proceedings of the Royal Statistical Society Series A. ,* p. 268–282, Band 160 1937.

[24] H. Levene, „Robust tests for equality of variances.," *Contributions to Probability and Statistics: Essays in Honor of Harold Hotelling. In: Ingram Olkin, Harold Hotelling et al (Hrsg.): Stanford University Press,* pp. 278-292., 1960.

[25] M. B. Brown und A. B. Forsythe, „Robust tests for equality of variances.," *In: Journal of the American Statistical Association.,* p. 364–367, Band 69 1974.

[26] Student, „The Probable Error of a Mean," *Biometrika,* Bd. 6, Nr. 1, pp. 1-25, 1908.

[27] F. Wilcoxon, „Individual Comparisons by Ranking Methods," *Biometrics Bulletin,* Bd. 1, pp. 80-83, 1945.

[28] H. Mann und D. Whitney, „On a test of whether one of two random variables is stochastically larger than the other.," *Annals of mathematical Statistics,* Bd. 18, pp. 50-60, 1947.

[29] W. H. Kruskal und W. A. Wallis, „Use of ranks in one-criterion variance analysis," *Journal of the American Statistical Association,* pp. 583-621, 47 1952.

[30] K.-H. Ludwig, Eine kurze Geschichte des Klimas: von der Entstehung der Erde bis heute., Beck Verlag, 2007.

[31] R. B. Dean und W. J. Dixon, „Simplified Statistics for Small Numbers of Observations," *Analytical Chemistry,* Bd. 4, Nr. 23, p. 636–638, 1951.

[32] H. Lohninger, „Statistics4u.info," [Online]. Available: http://www.statistics4u.info/fundstat_germ/cc_outlier_tests_dixon.html. [Zugriff am 05 2017].

[33] H. A. David, H. O. Hartley und E. S. Pearson, „The distribution of the ratio, in a single, normal sample, of range to standard deviation," *Biometrika,* Bd. 41, p. 482–493, 1954.

[34] J. E. Walsh, „Some Nonparametric Tests of whether the Largest Observations of a Set are too Large or too Small," *Annals of Mathematical Statistics. ,* Bd. 21, Nr. 4, pp. 583-592, 1950.

[35] J. E. Walsh, „Correction to "Some Nonparametric Tests of Whether the Largest Observations of a set are too Large or too Small".," *Annals of Mathematical Statistics,* Bd. 24, Nr. 1, pp. 134-135, 1953.

[36] J. Cohen, Statistical Power Analysis For The Behavioral Science, Taylor and Francis Group, LLC, 1988, second Edition.

[37] W. Krämer, So lügt man mit Statistik, Frankfurt am Main: Campus Verlag, 2015.

[38] H. H. Dubben und H. P. Beck-Bornholdt, Der Hund, der Eier legt, Reinbek: Rowohlt Verlag, 9. Auflage, 2016.

[39] W. Weibull, „A Statistical Representation of Fatigue in Solids.," Transactions of the Royal Institute of Technology., Stockholm, 1949.

[40] K. Pearson:, „On the criterion that a given system of derivations from the probable in the case of a correlated system of variables is such that it can be reasonably supposed to have arisen from random sampling.," *The London, Edinburgh, and Dublin Philosophical Magazine and Journal of Science.,* pp. 157-175, Band 50 5 1900.

22 STICHWORTVERZEICHNIS

Bonus: Zum Schmunzeln

- „Es ist einfach mit Statistik zu lügen. Aber es ist einfacher ohne Statistik zu lügen" (Frederick Mosteller)
- „Eine Statistik ist wie ein Bikini, sie zeigt Interessantes, aber verhüllt Wesentliches."
- "Ja, Statistiken. Aber welche Statistik stimmt schon? Nach der Statistik ist jeder vierte Mensch ein Chinese, aber hier spielt gar kein Chinese mit." (Werner Hansch)
- "Die Qualität eines Volkswirts erkennt man daran, ob er in der Lage ist, auch aus einer falschen Statistik die richtigen Schlüsse zu ziehen." (Helmut Schlesinger)
- "Die Statistik ist eine sehr gefällige Dame. Nähert man sich ihr mit entsprechender Höflichkeit, dann verweigert sie einem fast nie etwas." (Edouard Herriot)
- "Die Statistik ist wie eine Laterne im Hafen. Sie dient dem betrunkenen Seemann mehr zum Halt als zur Erleuchtung." (Hermann Josef Abs)
- "Ich denke bei "Statistik" an den Jäger, der an einem Hasen beim erstenmal knapp links vorbei schoß und beim zweitenmal knapp rechts vorbei. Im statistischen Durchschnitt ergäbe dies einen toten Hasen." (Franz Steinkühler)
- "Ein Manager ohne Statistik ist wie ein Schiffbrüchiger in der Weite des Ozeans: ein Manager mit Statistik ist wie ein Adler hoch über den Wolken. - Doch leider versperren die Wolken oft den klaren Blick, und die Luft dort oben ist sehr dünn." (Daniel Goeudevert)
- "Ich stehe Statistiken etwas skeptisch gegenüber. Denn laut Statistik haben ein Millionär und ein armer Schlucker je eine halbe Million." (Franklin D. Roosevelt)
- "Wenn Sie mal eine Telefonnummer vergessen haben, dann fragen Sie einen Statistiker, der gibt Ihnen eine gute Schätzung." (Johannes Rau)
- „Statistiken sind das einzige Mittel mit Zahlen das klar zu machen, was man mit Worten nicht auf die Reihe bringt."
- „Statistiken sind mit Vorsicht zu genießen und mit Verstand einzusetzen." (Carl Hahn)
- „Wenn Ihr Experiment Statistiken benötigt, brauchen Sie ein besseres Experiment." (Ernest Rutherford)
- „There are three types of lies -- lies, damn lies, and statistics." (Benjamin Disraeli)
- „In der Theorie gibt es keinen Unterschied zwischen Theorie und Praxis. Aber in der Praxis gibt es ihn!" (Yogi Berra)